全国水利行业“十三五”规划教材(职业技术教育)
中国水利教育协会策划组织

水工建筑材料与检测

主　编　许明丽　高亚威
副主编　李方灵　吕丽芬　赫文秀
　　　　安书全　董向前
主　审　赵再琴　王泽鹏

黄河水利出版社
·郑州·

内 容 提 要

本书是全国水利行业“十三五”规划教材,是根据中国水利教育协会职业技术教育分会高等职业教育教学研究会制定的水工建筑材料与检测课程教学大纲编写完成的。本书从水工建筑材料与检测方面较全面地阐述了常见的水工建筑材料与检测的方法和要求。全书共分9个项目,包括建筑材料的基本知识及建筑材料检测基础知识,水泥、混凝土、建筑砂浆、建筑钢材、防水材料、土工合成材料、止水材料的性质、应用及检测技术、方法。

本书是为适应国家高等职业技术教育的发展而编写的,可作为高等职业技术学院、高等专科学校等水利水电工程建筑、农田水利工程、水利工程施工、工程造价、工程监理等专业的教材,也可作为水利、建筑等行业岗位培训、技能鉴定的教材,亦可供其他相关专业的师生和工程技术人员阅读参考。

图书在版编目(CIP)数据

水工建筑材料与检测/许明丽,高亚威主编. —郑州:黄河水利出版社,2021.1

全国水利行业“十三五”规划教材. 职业技术教育

ISBN 978-7-5509-2900-5

Ⅰ.①水… Ⅱ.①许…②高… Ⅲ.①水工建筑物-建筑材料-检测-高等职业教育-教材 Ⅳ.①TV6

中国版本图书馆 CIP 数据核字(2021)第015826号

组稿编辑:王路平　电话:0371-66022212　E-mail:hhslwlp@163.com

田丽萍　66025553　912810592@qq.com

出 版 社:黄河水利出版社　网址:www.yrcp.com

地址:河南省郑州市顺河路黄委会综合楼14层　邮政编码:450003

发行单位:黄河水利出版社

发行部电话:0371-66026940、66020550、66028024、66022620(传真)

E-mail:hhslcbs@126.com

承印单位:河南承创印务有限公司

开本:787 mm×1 092 mm　1/16

印张:18.25

字数:420千字　印数:1—3 100

版次:2021年1月第1版　印次:2021年1月第1次印刷

定价:50.00元

前 言

本书是贯彻落实《国家中长期教育改革和发展规划纲要(2010~2020年)》、《国务院关于加快发展现代职业教育的决定》(国发〔2014〕19号)、《现代职业教育体系建设规划(2014~2020年)》和《水利部 教育部关于进一步推进水利职业教育改革发展的意见》(水人事〔2013〕121号)等文件精神,依据中国水利教育协会水教协〔2016〕16号文《关于公布全国水利行业“十三五”规划教材名单的通知》,在中国水利教育协会精心组织和指导下,由中国水利教育协会职业技术教育分会组织编写的全国水利行业“十三五”规划教材。教材以学生能力培养为主线,具有鲜明的时代特点,体现了实用性、实践性、创新性的特色,是一套水利高职教育精品规划教材。

水工建筑材料检测是水利工程与管理类专业一门重要的专业基础课,既为学生学习专业课程提供必要的基础知识,也为他们将来解决工程实际问题奠定基础。

本书从建设行业一线对技能型人才的需求出发,采用国家与行业最新规范、规程与相关标准,根据高等职业技术应用型人才培养的要求及工程实际应用与最新发展动态,以“必需、够用”为原则,以项目为引领,以任务为驱动进行编写。全书分9个项目,项目1和项目2介绍了建筑材料的基本知识及建筑材料检测基础知识,项目3至项目9分别介绍了不同建筑材料的性质、应用及检测技术、方法。本书不仅可以作为各类高职高专院校相关专业的建筑材料课程教材和教学用书,还可以作为水利、建筑等行业岗位培训、技能鉴定的教材和工程技术人员的参考书。

本书编写人员及编写分工如下:辽宁生态工程职业学院许明丽编写项目1、项目7,安徽水利水电职业技术学院李方灵编写项目2和项目5,云南水利水电职业学院吕丽芬编写编目3,沈阳工学院高亚威编写项目4,辽宁生态工程职业学院赫文秀编写项目6,温州科技职业学院安书全编写项目8,山西水利职业技术学院董向前编写项目9。本书由许明丽、高亚威担任主编,许明丽负责全书统稿及框架设计;由李方灵、吕丽芬、赫文秀、安书全、董向前担任副主编;由铜仁职业技术学院赵再琴和山西省西山提黄灌溉工程建设管理中心王泽鹏担任主审。

本书在编写过程中,得到了各院校的专家、教授以及出版社的支持、帮助,同时,参考了不少相关资料、著作、教材,对提供帮助的同仁及资料、著作、教材的作者,在此一并致以诚挚的谢意!

由于编者水平有限,书中难免存在错漏和不足之处,恳切希望广大读者批评指正。

编 者

2020年11月

目 录

项目1 建筑材料的基本知识

【学习目标】

知识目标

1. 掌握建筑材料的定义及分类、材料的物理状态参数、材料的力学性质,以及材料与水有关的性质的物理意义、指标、影响因素及对其他性质的影响。

2. 理解材料的组成、结构、构造对材料性质的影响,材料耐久性的含义。

技能目标

1. 能从多个方面鉴别建筑材料性能。

2. 具有对建筑材料的密度、表观密度、吸水率等性能进行检测的能力。

【项目导图】

任务1 建筑材料的定义及分类

在建筑物中使用的材料统称为建筑材料(building materials)。新型的建筑材料包括的范围很广,保温材料、隔热材料、高强度材料、会呼吸的材料等都属于新型材料。

建筑材料具备如下四大特点:适用、耐久、量大和价廉。

建筑材料是一切建筑工程的物质基础。

(1)工业建筑、水利工程、港口工程、交通运输工程及大量民用住宅工程需要巨量的、优质的、品种齐全的建筑材料。

(2)建筑材料有很强的经济性,直接影响工程的总造价。

(3)建筑材料的质量如何,直接影响建筑物的坚固性、适用性、耐久性。

(4)人民生活水平的不断改善,要求建筑材料具有轻质、高强、美观、保温、吸声、防水、防震、防火、节能等功能。

1.1.1　建筑材料的定义

建筑材料是建筑工程中所应用的各种材料及其制品的总称,包括:

(1)构成建筑物本身的材料,如钢材、木材、水泥、石灰、砂石等。

(2)施工过程中所用的材料,如钢、木模板,脚手架等。

(3)各种建筑器材,如给排水设备、采暖通风设备、空调、电器等。

1.1.2　建筑材料的分类

建筑材料品种繁多,分类方法也很多。最常用的分类方法是按材料的化学成分分类,可分为无机材料、有机材料和复合材料三大类,如表 1-1 所示。此外,建筑材料按使用功能可分为结构材料、墙体材料、建筑功能材料、建筑器材等,如表 1-2 所示。按材料所处的建筑物部位可分为主体结构材料、屋面材料、地面材料、外墙材料、内墙材料、吊顶材料等,如表 1-3 所示。

表 1-1　建筑材料按化学成分分类

分类			实例
无机材料	金属材料	黑色金属	钢、铁及其合金、合金钢、不锈钢等
		有色金属	铜、铝及其合金等
	非金属材料	天然石材	砂、石及石材制品
		烧土制品	黏土砖、瓦、陶瓷制品等
		胶凝材料及其制品	石灰、石膏及其制品、水泥及混凝土制品、硅酸盐制品等
		玻璃	普通平板玻璃、特种玻璃等
		无机纤维材料	玻璃纤维、矿物棉等
有机材料	植物材料		木材、竹材、植物纤维及其制品等
	沥青材料		煤沥青、石油沥青及其制品等
	合成高分子材料		塑料、涂料、胶黏剂、合成橡胶等
复合材料	有机与无机非金属材料复合		聚合物混凝土、玻璃纤维增强塑料等
	金属与无机非金属材料复合		钢筋混凝土、钢纤维混凝土等
	金属与有机材料复合		PVC 钢板、有机涂层铝合金板等

表1-2　建筑材料按使用功能分类

分类	定义	实例
结构材料	构成基础、柱、梁、板等承重结构的材料	砖、石材、钢材、钢筋混凝土
墙体材料	构成建筑物内、外承重墙体及内分割墙体的材料	石材、砖、加气混凝土、砌块
建筑功能材料	不承受荷载，但具有某种特殊功能的材料	保温隔热材料：加气混凝土
		吸声材料：毛毡、泡沫塑料
		采光材料：各种玻璃
		防水材料：沥青及其制品
		防腐材料：煤焦油、涂料
		装饰材料：石材、陶瓷、玻璃
建筑器材	为满足使用要求，而与建筑物配套使用的各种设备	电工器材及灯具、水暖及空调器材、环保器材、建筑五金

表1-3　建筑材料按所处的建筑物部位分类

分类	实例
主体结构材料	砖、石材、钢材、钢筋混凝土等
屋面材料	石材、陶瓷、玻璃等
地面材料	木材、陶瓷、石材等
外、内墙材料	石材、砖、加气混凝土、砌块等

任务2　建筑材料的作用及发展趋势

1.2.1　建筑材料的作用

材料是人类社会中重要的基础物资。一直以来，材料在社会发展中有着重要的地位和作用，而建筑材料又是材料中最不可或缺和占有最重要地位的一种。人类社会的进步和人的生存条件的改善都与各种工具的使用密不可分，而工具的发展水平又与人自身的聪颖程度和材料的先进程度紧密相关。因此，作为制造工具的物质基础——材料，则是人类社会发展水平的客观标志。材料是人类赖以生产和生活的坚实的物质基础。实际上，人类从诞生的那一天起，就没有离开对材料的使用和依赖。因此，人们也习惯于以材料作为划分时代的标志。材料在人类的发展中是非常重要的，在今天以人为本的理念下，人的生存和可持续发展才是最重要的。人离不开建筑，而建筑则需要物资材料中的建筑材料。

随着科学技术的发展和社会的进步，人们对建筑材料的需求也越来越大，对建筑材料的要求也越来越苛刻，原有的材料已难以胜任，这就促使各种各样的新材料和复合材料的出现。因此，在先进材料研制、传统材料的应用研究方面，尚有许多事情要做。

建筑材料是各项基本建设的重要物质基础，其产量及质量直接影响着建筑业的进步和国民经济的发展。建筑材料在建设工程中的用量相当大，建筑材料是否节约、正确、合理的使用，直接影响到建筑工程的造价和投资。据统计，在工程总造价中，材料费所占比例可达 50%~70%。所以，在建设工程中恰当地选择、合理地使用建筑材料，对降低工程造价、提高投资效益具有十分重要的意义。

建筑材料的性能、种类、规格及合理使用，将影响工程的坚固、耐久、美观等工程质量。若选择、使用材料不当，轻则达不到预期效果，重则会导致工程质量降低，甚至酿成工程事故。因此，加强建筑材料质量检测工作是保证工程质量与安全的重要措施。

建筑材料对工程技术的发展也起着至关重要的作用，建材的发展赋予了建筑物时代的特性和风格，新材料的出现往往促使工程技术的革新，而工程变革与社会发展的需要又常常促进新材料的诞生。

1.2.2 建筑材料的发展

利用建筑材料改造自然、促进人类物质文明的进步，是人类社会发展的一个重要标志。远在新石器时代之前，人类就已开始利用土、石、木、竹等天然材料从事营造活动。据考证，我国在 4 500 年前就已有木架建筑和木骨泥墙建筑。随着生产力的发展，人类能够对天然原料进行简单的加工，出现了人造建筑材料，使人类突破了仅使用天然材料的限制，开始大量修建房屋、寺塔、陵墓和防御工程。我国早在公元前 5 世纪的西周初期已有烧制的瓦；公元前 4 世纪的战国时期有了烧制的砖；始建于公元前 200 多年的万里长城，所使用的砖石材料就达 1 亿 m^3；山西五台山木结构的佛光寺大殿已有千余年历史。2 000 年前的古罗马已用石灰、火山灰、砂和砾石配制混凝土，建造著名的万神庙、斗兽场的巨大墙体。

17 世纪工业革命后，随着资本主义国家工业化的发展，建筑、桥梁、铁路和水利工程大量兴建，对建筑材料的性能有了较高的要求。17 世纪 70 年代在工程中开始使用生铁，19 世纪初开始用熟铁建造桥梁和房屋，出现了钢结构的雏形。自 19 世纪中叶开始，冶炼并轧制出强度高、延性好、质地均匀的建筑钢材，随后又生产出高强钢丝和钢索，钢结构得到了迅速发展，使建筑物的跨度从砖石结构、木结构的几米、几十米发展到百米、几百米乃至现代建筑的上千米。

19 世纪 20 年代，英国瓦匠约瑟夫·阿斯普丁发明了波特兰水泥，出现了现代意义上的水泥混凝土。19 世纪 40 年代，出现了钢筋混凝土结构，利用混凝土受压、钢筋受拉，以充分发挥两种材料各自的优点，从而使钢筋混凝土结构广泛应用于工程建设的各个领域。为了克服钢筋混凝土结构抗裂性能差、刚度低的缺点，20 世纪 30 年代又发明了预应力混凝土结构，使土木工程跨入了飞速发展的新阶段。

自中华人民共和国成立后，特别是改革开放以来，我国建筑材料生产得到了更迅速的发展。自 1995 年后，我国的水泥、平板玻璃、建筑卫生陶瓷和石墨、滑石等部分非金属矿产品产量已位居世界第一，是名副其实的建材生产大国。

据《2013—2017年中国轻质建筑材料制造行业产销需求与投资预测分析报告》统计，2010年中国轻质建筑材料制造行业规模以上企业有537家；实现产品销售收入415.73亿元，同比增长32.76%；实现利润总额33.67亿元，同比增长38.91%；平均从业人员7.07万人。报告显示，我国的轻质建材制造企业产量规模普遍偏小，仍处在多、小、乱，形不成规模，呈现恶性竞争、无序发展、粗放型生产的状态。

随着社会的发展，人类对建筑工程的功能要求越来越高，对建筑材料的性能要求也越来越高。轻质、高强、耐久、高效、便于施工等具有优良的综合性能的建筑材料，是今后发展的基本方向。同时，随着人们环境保护与可持续发展意识的增强，保护环境、节约能源与土地，合理开发和综合利用原料资源，尽量利用工业废料，也是建筑材料发展的一种趋势。

建筑设计理论的进步和施工技术的革新，不但受到建材发展的制约，也受到其发展的推动。

建筑材料的发展趋势如下：

(1)加强轻质高强的材料研究。

大力研究轻质高强的材料，提高建筑材料的比强度(材料的强度与密度之比)，以减小承重结构的截面尺寸，降低构件自重，从而减轻建筑物的自重，降低运输费用和施工人员的劳动强度。

(2)由单一材料向复合材料及制品发展。

复合材料可以克服单一材料的弱点，而发挥其综合的复合性能。通过复合手段，材料的各种性能都可以按照需要进行设计。复合化已成为材料科学发展的趋势。目前，正在开发的组合建筑制品主要有型材、线材和层压材料两大类。利用层压技术把传统材料组合起来形成的建筑制品，具有建筑学、力学、热学、声学和防火等方面的新功能，它为建筑业的发展开辟了新天地。组合建筑制品必须既能改善技术性能，又能提高现场劳动生产率，其发展取决于新的工业装配技术的开发，特别是胶结材料的研制。

(3)提高建筑物的使用功能。

发展高效能的无机保温、绝热材料，吸声材料，改善建筑物围护结构的质量，提高建筑物的使用功能。例如，配筋的加气混凝土板材，可作为墙体材料广泛用于工业与民用建筑的屋面板和隔墙板，同时具有良好的保温效果。随着材料科学的发展，将涌现出越来越多的同时具有多种功能的高效能的建筑材料。

(4)发展适应机械化施工的材料和制品。

积极创造条件，努力发展适应机械化施工的材料和制品，并力求使制品尺寸标准化、大型化，便于实现设计标准化、结构装配化、预制工厂化和施工机械化。这方面，我们与国外差距较大。目前，我国的钢筋混凝土预制构件厂能够形成规模化、标准化的产品主要是各种规格的楼板，轻质墙板也只是处于推广应用阶段。如果我们也能同建筑材料工业发达的国家一样，对楼梯、雨篷等构件都能做到预制工厂化，那么势必会大力推动我国建筑业的发展。因为历史已经证明，一种新材料及其制品的出现，会促使结构设计理论及施工方法的革新，使一些本来无法实现的构想变为现实。

(5)综合利用天然材料和工业废料。

充分利用天然材料和工业废料,大搞综合利用,生产建筑材料,化害为利,变废为宝,改善能源利用状况,为人类造福。随着材料科学的不断发展,越来越多的工业废料将应用到建筑材料的生产中,从而有效地保护环境,并降低建材成本。

(6)适合不断提高的人们生活水平的需要。

为了满足人们生活水平不断提高的要求,需要研究更多花色品种的装饰材料,美化人们的生活环境。随着人们物质生活水平的提高,装修居室、改善生活条件成为人们的普遍需求。目前,具有装饰功能的材料有很多,如天然石材、石膏制品、玻璃、铝合金、陶瓷、木材、涂料等,装饰材料的发展趋势是开发出更多的新型建筑材料,扩大装饰材料的适用范围。例如,石膏装饰材料的耐水性、抗冻性较差,故不宜用于室外装修。因此,我们应探索在石膏制品中适当掺入一些混合材料或外加剂,提高石膏制品的适用性,使它同样也可以用于室外装修。

1.2.3 建筑材料的应用

我国是应用建筑材料较早的国家之一。早在石器、铁器时代,我国劳动人民就懂得将土、石、竹和木稍做加工后建筑棚屋。后来又学会利用黏土来烧制砖、瓦,利用岩石烧制石灰、石膏等。与此同时,木材的加工技术与金属的冶炼和应用技术也都有了一定的发展。“秦砖汉瓦”就是那个时代的特征,并且作为最大宗、应用最广的建筑材料在人类生活和生产中发挥着无可估量的作用。约在公元前200多年开始修建的万里长城,主要就是由砖石砌筑的。到了唐、宋、元、明时代,砖进一步规格化,强度得到提高。同时随着宫廷建筑的需要,琉璃瓦、描金等建筑装饰材料迅速发展,将一些宫廷建筑装饰得富丽堂皇,北京紫禁城建筑群即为高标准木结构建筑的典型代表。近代,随着城市规模日益扩大,交通运输日益发达,公共建筑、海港、桥梁以及给排水、采暖通风等配套设施的广泛采用,进一步推动了建筑材料的发展。水泥、混凝土开始在我国应用;炼钢业开始兴起,钢结构、钢筋混凝土结构也应运而生。

近年来,随着社会生产力的发展,我国的建材工业也得到了飞速发展,已经形成了品种齐全、质量稳定、产量充足的良好局面。我国已跻身于水泥、钢铁、玻璃、陶瓷等产品世界生产大国之列。目前,我国已成功研制了特种水泥及专用水泥100余种,自1985年水泥产量居世界第一以来,连续30多年雄居世界首位,2008年水泥产量超过14亿t,达到14.5亿t。各种混凝土添加剂的出现,使早强混凝土、高强混凝土、泵送混凝土以及有特殊性能的混凝土推广应用于各类工程。我国从1996年钢铁生产超过1亿t开始,钢产量已连续14年居世界第一位。2001年我国商品房屋施工面积为77 213.5万m^2,2008年商品房屋施工面积高达274 149万m^2,建筑规模增加近20亿m^2。如果没有钢铁供应能力的增长,房屋施工的发展速度也是无法实现的。

现代建筑对装饰装修材料提出了更高的要求。近年来,我国建筑涂料、塑料板材、复合地板、墙纸、化纤地毯等合成高分子装饰材料,大理石、花岗岩等天然石材,瓷砖、马赛克、水磨石等人造石材,铝合金饰面板、木质饰面板、纸面石膏板、彩色不锈钢板等各类装饰板材,都获得了广泛应用,花色品种已达4 000多种。我国从20世纪70年代开始开发和引进了许多新品种防水材料,使建筑物防水得到根本性改观。另外,玻璃制造与加工技术的飞速发展更是为建筑师提供了丰富多彩和多种功能的建筑材料,如各种热反射玻璃、吸热玻璃,具有隔热、隔音性能的中空玻璃,安全性能良好的钢化玻璃和夹层玻璃,具有装饰功能的各种雕刻、磨花玻璃和玻璃砖等。建筑玻璃已从窗用采光材料发展到具有控光、保温隔热、隔音及内外装饰等多功能的建筑材料。墙体材料的用量占整个房屋建筑总重量的40%~60%。长期以来,我国的墙体材料一直以黏土砖为主,既破坏了大量的良田,又耗用了大量能源。小型空心砌块、条板和大型复合墙板等新型墙体材料的大量使用,加速了墙体改革的进程。另外,塑料管道、塑料门窗等也正得到普及和推广。随着人们生活水平的提高和科学技术的进步,建筑材料会向着更高的水平发展。

任务3　材料的物理性质

1.3.1　与质量有关的性质

材料与质量有关的性质主要是指材料的各种密度和描述其孔隙与空隙状况的指标,在这些指标的表达式中都有质量这一参数。自然界中的材料,由于其单位体积中所含孔隙形状及数量不同,因而其基本的物理性质参数——单位体积的质量也有差别。

1.3.1.1　**密度**

材料的密度大小取决于组成物质的原子量大小和分子结构,原子量越大,分子结构越紧密,则材料的密度越大。

密度是指材料在绝对密实状态下单位体积的质量,用式(1-1)计算:

$$\rho = \frac{m}{V} \tag{1-1}$$

式中　ρ——材料的密度,g/cm^3;

m——材料在干燥状态下的质量,g;

V——材料在绝对密实状态下的体积,cm^3。

材料在绝对密实状态下的体积,才是材料的实际体积。实际上,只有少数材料(如钢材、玻璃、沥青等)可视为密实材料,可直接测定其密度。其他大多数材料内部都含有一定的孔隙,对这类材料,可将其磨制成规定细度的粉末,用排液法(密度瓶法等)测得其体积,再根据式(1-1)计算出其密度。

块状材料在自然状态下的体积是由固体物质体积及其内部孔隙体积组成的。材料内部的孔隙按特征又分为开口孔隙和闭口孔隙。闭口孔隙不进水,开口孔隙与材料周围的介质相通,材料在浸水时易吸水饱和,见图1-1。

散粒材料是指具有一定粒径材料的堆积体,如工程中常用的砂、石子等。其体积构成包括固体物质体积、颗粒内部孔隙体积及固体颗粒之间的空隙体积,见图1-2。

在自然状态下,含孔块体的体积 V_0 是由固体物质的体积(绝对密实状态下材料体积)V 和孔隙体积 $V_孔$ 两部分组成的。在测定有孔隙的材料密度时,应把材料磨成细粉以排除其内部孔隙,经干燥后用李氏密度瓶测定其绝对体积。对于某些较为致密但形状不规则的散粒材料,在测定其密度时,可以不必磨成细粉,而直接用排水法测量其绝对体积的近似值(颗粒内部的封闭孔隙体积没有排除),这时所求得的密度为视密度。混凝土所用砂、石等散粒材料常按此法测定其密度。

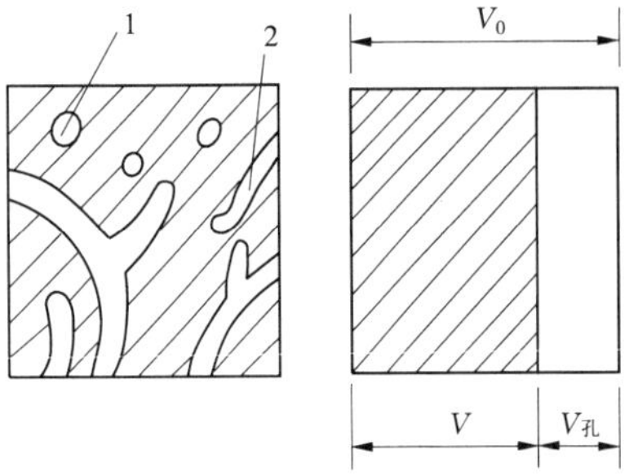

1—闭口孔隙;2—开口孔隙

图 1-1 块状材料体积构成示意图

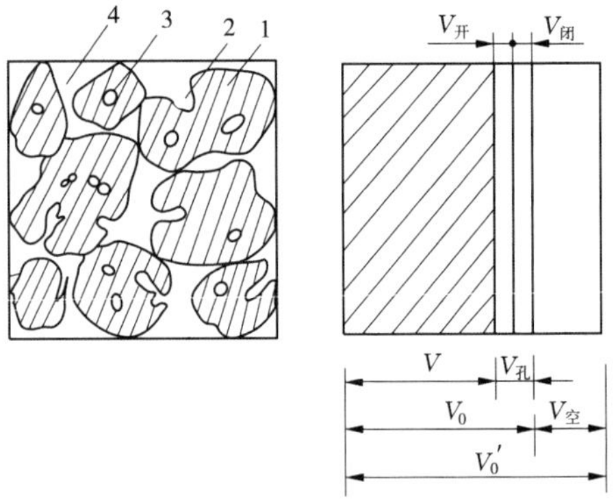

1—颗粒中固体物质;2—颗粒的开口孔隙;
3—颗粒的闭口孔隙;4—颗粒间的空隙

图 1-2 散粒材料体积构成示意图

1.3.1.2 表观密度

表观密度是指材料在自然状态下单位体积的质量。材料在自然状态下的体积,是指构成材料的固体物质的体积与全部孔隙体积之和,又称表观体积。根据表观体积测定方法的不同,材料的表观密度通常可分为体积密度和视密度两种。

材料在自然状态下,包含材料所有孔隙条件下单位体积的质量称为体积密度,可用式(1-2)计算:

$$\rho_0 = \frac{m}{V_0} \tag{1-2}$$

式中 ρ_0——材料的体积密度,g/cm³ 或 kg/m³;

m——材料的质量,g 或 kg;

V_0——材料在自然状态下的体积,cm³ 或 m³。

在自然状态下,材料内部的孔隙可分为两类:有的孔之间相互连通,且与外界相通,称为开口孔;有的孔互相独立,不与外界相通,称为闭口孔,如图 1-3 所示。大多数材料在使用时其体积为包括内部所有孔隙在内的体积,即自然状态下的外形体积(V_0),如砖、石材、混凝土等。有的材料如砂、石在拌制混凝土时,因其内部的开口孔被水占据,因此材料体积只包括材料实体积及其闭口孔体积(以 V 表示)。为了区别这两种情况,常将包括所有孔隙在内时的密度称为体积密度;把只包括闭口孔在内时的密度称为表观密度(亦称视密度),表观密度在计算砂、石在混凝土中的实际体积时有实用意义。

在自然状态下,材料内部常含有水分,其质量随含水程度而改变,因此体积密度应注明其含水程度。干燥材料的体积密度称为干体积密度。可见,材料的体积密度除取决于材料的密度及构造状态外,还与含水程度有关。

只包含内部闭口孔隙条件下单位体积的质量称为视密度,可用式(1-3)计算:

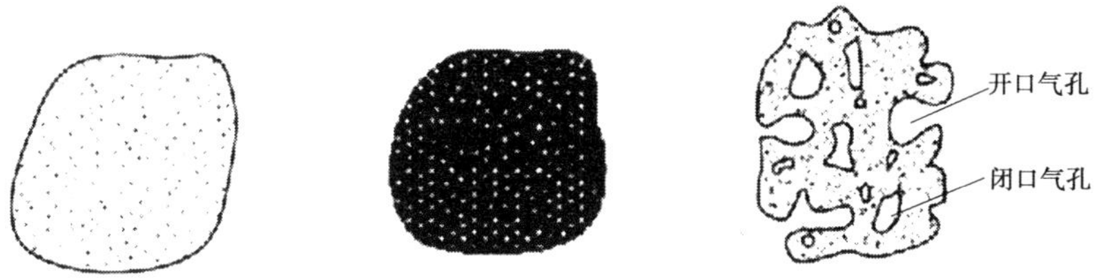

(a) 密实的颗粒(如河砂)　(b) 具有封闭气孔的颗粒(如人造轻骨料)　(c) 具有开口气孔和闭口气孔的颗粒(如火山高炉渣)

图1-3 颗粒的气孔与孔隙的类型

$$\rho' = \frac{m}{V_{(b)}} \tag{1-3}$$

式中 ρ'——材料的视密度,g/cm^3 或 kg/m^3;

m——材料的质量,g 或 kg;

$V_{(b)}$——材料在自然状态下不含开口孔隙的体积,cm^3 或 m^3。

测定材料在自然状态下的体积的方法较简单:若材料外观形状规则(如砖、混凝土、石材等),可直接度量外形尺寸,按几何公式计算;若外观形状不规则(如卵石、砂等),可用排液法测得,为了防止液体由孔隙渗入材料内部而影响测定值,应在材料表面涂蜡。对于砂石,由于孔隙率很小,常把近似密度称为表观密度,如果要测定砂石真正意义上的表观密度,应蜡封开口孔后用排水法测定。每种材料的密度是固定不变的。当材料含有水分时,其自然状态下质量、体积的变化会导致表观密度的改变,故对于所测定的材料而言,其表观密度必须注明含水状态。通常,材料表观密度是指在气干状态(长期在空气中存放的干燥状态)下的表观密度。材料在烘干状态下测得的表观密度,称为干表观密度;材料在潮湿状态下测得的表观密度,称为湿表观密度。

表观体积是指材料的实体积与闭口孔隙体积之和。测定表观体积时,可用排水法测定。

材料的表观密度的大小除取决于密度外,还与材料闭口孔隙率和孔隙的含水程度有关,就是与材料的含水状态有关,含水状态不同,材料的质量及体积均会发生改变,故在提供材料的表观密度的同时,应提供材料的含水率。未注明者,是指干燥状态的体积密度。材料闭口孔隙越多,表观密度越小;当孔隙中含有水分时,其质量和体积均有所变化。因此,在测定表观密度时,须注明含水状况,没有特别标明时常指气干状态下的表观密度,在进行材料对比试验时,则以绝对干燥状态下测得的表观密度值(干表观密度)为准。

1.3.1.3 堆积密度

堆积密度(旧称松散容重),是指散粒(粉状、粒状或纤维状)材料在自然堆积状态下,单位体积(包含了颗粒内部的孔隙及颗粒之间的空隙)所具有的质量,用式(1-4)计算:

$$\rho'_0 = \frac{m}{V'_0} \tag{1-4}$$

式中 ρ'_0——散粒材料的堆积密度,kg/m^3;

m——材料的质量,kg;

V'_0——材料的自然堆积体积，包括散粒的体积和颗粒之间空隙的体积（见图 1-4），也即按一定方法装入容器的容积，m^3。

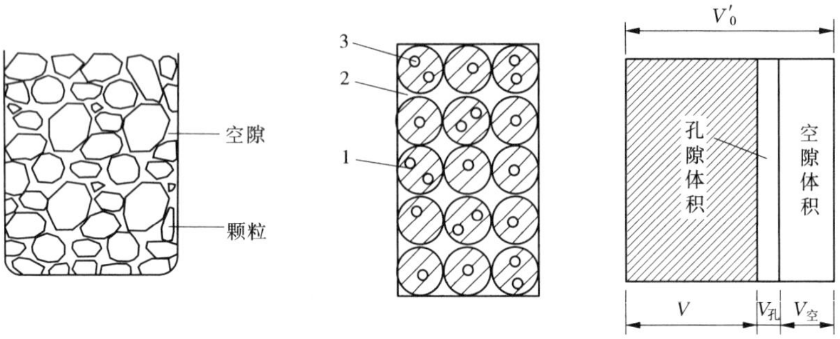

1—固体物质；2—空隙；3—孔隙

图 1-4　散粒材料堆积体积示意图（堆积体积 = 颗粒体积 + 空隙体积）

散粒材料的松散体积包括固体颗粒体积、颗粒内部孔隙体积和颗粒之间的空隙体积。松散体积用容量筒测定。堆积密度与材料的装填条件及含水状态有关。

材料的堆积密度取决于材料的表观密度以及测定时材料的装填方式和疏密程度。松堆积方式测得的堆积密度值要明显小于紧堆积时的测定值。工程中通常采用松散堆积密度，确定颗粒状材料的堆积空间。在土木建筑工程中，计算材料用量、构件的自重，计算配料以及确定堆放空间时经常要用到材料的密度、表观密度和堆积密度等数据。

1.3.1.4　材料的密实度与孔隙率

1. 密实度

密实度是指材料体积内被固体物质所充实的程度，也就是固体物质的体积占总体积的比例。密实度反映了材料的致密程度，以 D 表示。密实度用式（1-5）计算：

$$D = \frac{V}{V_0} \times 100\% = \frac{\rho_0}{\rho} \times 100\% \tag{1-5}$$

式中　ρ——材料的密度，g/cm^3；

ρ_0——材料的体积密度，g/cm^3。

含有孔隙的固体材料的密实度均小于 1。材料的很多性能如强度、吸水性、耐久性、导热性等均与其密实度有关。

材料的 ρ_0 与 ρ 越接近，即二者比值越接近于 1，材料就越密实。密实度、孔隙率是从不同角度反映材料的致密程度，一般工程上常用孔隙率。

常用材料的一些基本物性参数如表 1-4 所示。

2. 孔隙率

孔隙率指块状材料中孔隙体积与材料在自然状态下总体积的百分比。用 P 表示，计算式为：

$$P = \frac{V_孔}{V_0} \times 100\% \tag{1-6}$$

$$P = 1 - \frac{V}{V_0} = \left(1 - \frac{\rho_0}{\rho}\right) \times 100\% \tag{1-7}$$

孔隙率与密实度的关系为：

$$P + D = 1 \tag{1-8}$$

式(1-8)表明，材料的总体积是由该材料的固体物质与其包含的孔隙所组成。

材料开口孔隙率的计算式为：

$$P_K = \frac{m_2 - m_1}{V_0} \times \frac{1}{\rho_H} \times 100\% \tag{1-9}$$

式中　P_K——材料的开口孔隙率(%)；

m_1、m_2——材料在干燥状态和饱和面干状态下的质量，g；

ρ_H——水的密度，g/cm^3。

表 1-4　常用建筑材料的密度、体积密度、堆积密度和孔隙率

材料	密度(g/cm^3)	体积密度(kg/m^3)	堆积密度(kg/m^3)	孔隙率(%)
石灰岩	2.60	1 800~2 600	—	—
花岗岩	2.60~2.90	2 500~2 800	—	0.5~3.0
碎石	2.60	—	1 400~1 700	—
砂	2.60	—	1 450~1 650	—
黏土	2.60	—	1 600~1 800	—
普通黏土砖	2.50~2.80	1 600~1 800	—	20~40
黏土空心砖	2.50	1 000~1 400	—	—
水泥	3.10	—	1 200~1 300	—
普通混凝土	—	2 100~2 600	—	5~20
松木	1.55	380~700	—	55~75
建筑钢材	7.85	7 850	—	0
玻璃	2.55	—	—	—

材料的闭口孔隙率可从材料的孔隙率、开口孔隙率中求得，见式(1-10)：

$$P_B = P - P_K \tag{1-10}$$

式中　P_B——材料的闭口孔隙率(%)。

孔隙率的大小直接反映了材料的致密程度，其大小取决于材料的组成、结构以及制造工艺。材料的许多工程性质如强度、吸水性、抗渗性、抗冻性、导热性、吸声性等都与材料的孔隙有关。这些性质不仅取决于孔隙率的大小，还与孔隙的大小、形状、分布、连通与否等构造特征密切相关。

孔隙的构造特征，主要是指孔隙的形状和大小。材料内部开口孔隙增多会使材料的吸水性、吸湿性、透水性、吸声性提高，抗冻性和抗渗性变差。材料内部闭口孔隙的增多会提高材料的保温隔热性能。根据大小，孔隙分为粗孔和微孔。一般均匀分布的密闭小孔，要比开口或相连通的孔隙好。不均匀分布的孔隙，对材料性质影响较大。

1.3.1.5　材料的填充率与空隙率

1. 填充率

填充率是指散粒材料的堆积体积中，被其颗粒填充的程度，以 D' 表示，见式(1-11)：

$$D' = \frac{V_0}{V'_0} \times 100\% = \frac{\rho'_0}{\rho_0} \times 100\% \tag{1-11}$$

式中　ρ_0——材料颗粒的体积密度，当测试混凝土用骨料时，ρ_0 应取 ρ'，kg/m^3；

ρ_0'——颗粒材料的堆积密度，kg/cm³。

2. 空隙率

散粒材料在松散状态下，颗粒之间的空隙体积与松散体积的百分比称为空隙率。用 P' 表示，见式(1-12)：

$$P' = 1 - \frac{V_0}{V_0'} = (1 - \frac{\rho_0'}{\rho}) \times 100\% \tag{1-12}$$

即

$$D' + P' = 1 \tag{1-13}$$

空隙率的大小，反映了散粒材料的颗粒之间相互填充的致密程度。空隙率可作为控制混凝土骨料级配与计算含砂率的依据。

常用建筑材料的密度、体积密度、堆积密度和孔隙率见表 1-4。

1.3.2　与水有关的性质

水对于正常使用阶段的建筑材料，绝大多数都有不同程度的有害作用。但在建筑物使用过程中，材料又不可避免会受到外界雨、雪、地下水、冻融等的作用，故要特别注意建筑材料与水有关的性质，包括材料的亲水性和憎水性，以及材料的吸水性、含水性、抗冻性、抗渗性等。

1.3.2.1　亲水性与憎水性

材料在空气中与水接触，根据其能否被水润湿，将材料分为亲水性材料和憎水性材料。材料具有亲水性或憎水性的根本原因在于材料的分子组成。亲水性材料与水分子之间的分子亲和力，大于水分子本身之间的内聚力；反之，憎水性材料与水分子之间的亲和力，小于水分子本身之间的内聚力。

实际工程中，材料是亲水性还是憎水性，通常以润湿角的大小划分。在材料、空气、水三相交界处，沿水滴表面作切线，切线与材料表面(水滴一侧)所成的夹角 θ，称为润湿角。θ 越小，浸润性越强，当 θ 为零时，表示材料完全被水润湿。一般认为当 $\theta \leqslant 90°$ 时，水分子之间的内聚力小于水分子与材料分子之间的吸引力，此种材料称为亲水性材料；当 $\theta > 90°$ 时，水分子之间的内聚力大于水分子与材料分子之间的吸引力，材料表面不易被水润湿，此种材料称为憎水性材料，如图 1-5 所示。

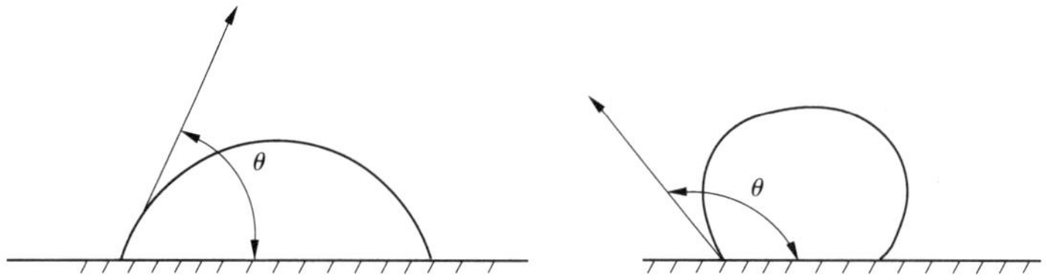

(a) 亲水性材料　　(b) 憎水性材料

图 1-5　材料的润湿示意图

沥青、石蜡等少数材料属于憎水性材料，表面不能被水润湿。憎水性材料能阻止水分渗入其毛细管中，能降低材料的吸水性。不仅可用作防水材料，还可以用于亲水性材料的表面处理,以降低其吸水性。

大多数建筑材料,如混凝土、砖石、木材等都属于亲水性材料,表面均能被水润湿,且能通过毛细管作用将水吸入材料的毛细管内部。通常可将亲水性材料的含水情况分为四种基本状态,见图1-6。

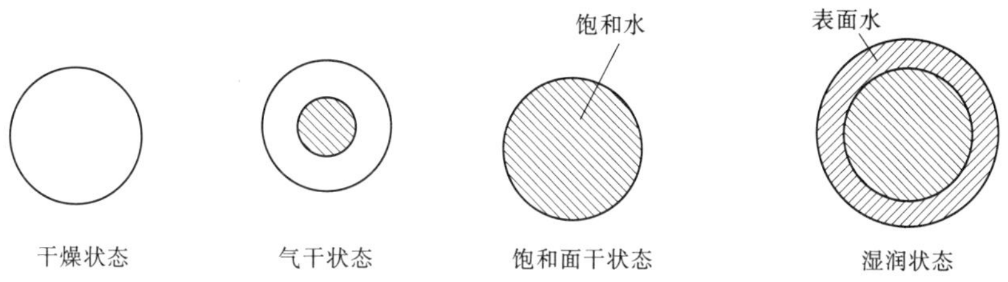

图1-6 材料的含水状态

(1)干燥状态:材料的孔隙中不含水或含水极微。

(2)气干状态:材料的孔隙中所含水与大气湿度相平衡。

(3)饱和面干状态:材料表面干燥,而孔隙中充满水达到饱和。

(4)湿润状态:材料不仅孔隙中含水饱和,而且表面上被水润湿附有一层水膜。

材料的含水状态会对材料的多种性质产生一定影响。

1.3.2.2 **吸水性**

材料在浸水状态下吸入水分的能力称为吸水性。多数材料由于具有亲水性及开口孔隙,其内部常含有水分。

材料吸水达到饱和状态时,其内部所含水分的多少,用吸水率表示。

材料的吸水率可用质量吸水率或体积吸水率表示。

(1)质量吸水率:质量吸水率是指材料吸水饱和时,所吸收水分的质量与材料干燥质量的百分比,用式(1-14)计算:

$$W_{质} = \frac{m_2 - m_1}{m_1} \times 100\% \tag{1-14}$$

式中 $W_{质}$ —— 材料的质量吸水率(%);

m_1、m_2—— 材料在干燥状态与饱和面干状态下的质量,g。

(2)体积吸水率:对于多孔材料常用体积吸水率表示。体积吸水率是指材料体积内被水充实的程度,即材料吸水饱和时,所吸收水分的体积与干燥材料自然体积的百分比,用式(1-15)表示:

$$W_{体} = \frac{V_{水}}{V_0} \times 100\% = \frac{m_2 - m_1}{V_0} \times \frac{1}{\rho_H} \times 100\% \tag{1-15}$$

式中 $W_{体}$——材料的体积吸水率(%);

ρ_H——水的密度,g/cm^3;

V_0——干燥材料在自然状态下的体积,cm^3。

质量吸水率与体积吸水率存在如下关系:

$$W_{体} = W_{质} \times \frac{\rho_0}{\rho_H} = W_{质} \times \rho_0 \qquad (1\text{-}16)$$

式中 ρ_0——材料干燥状态的体积密度。

材料吸水率的大小不仅取决于材料本身是亲水的还是憎水的，而且与材料的孔隙率的大小及孔隙特征密切相关。材料开口孔隙率越大，吸水性越强，特别是材料具有很多微小开口孔隙时，吸水率非常大。封闭的孔隙，水分不易进入；粗大开口的孔隙，水分不易存留，故材料的体积吸水率常小于孔隙率。这类材料常用质量吸水率表示它的吸水性。吸水率增大对材料的性质有不良影响，如表观密度增加、体积膨胀、导热性增大、强度及抗冻性下降等。

对于某些轻质材料，如加气混凝土、软木等，由于具有很多开口而微小的孔隙，所以它的质量吸水率往往超过100%，即湿质量为干质量的几倍。在这种情况下，最好用体积吸水率表示其吸水性。

1.3.2.3 吸湿性

干燥的材料在潮湿的空气中吸收空气中水分的性质，称为吸湿性。吸湿性的大小用含水率表示。材料在所处环境中其含水的质量占材料干燥质量的百分数，称为材料的含水率，可用式(1-17)计算：

$$W_{含} = \frac{m_3 - m_1}{m_1} \times 100\% \qquad (1\text{-}17)$$

式中 $W_{含}$——材料的含水率(%)；

m_1、m_3——材料在干燥状态和气干状态下的质量，g。

材料的含水率除与材料的亲水属性、组织构造有关外，还受周围空气的温度和湿度影响，空气的温度越低、相对湿度越大，材料的含水率越大。

材料随着空气湿度的大小，既能在空气中吸收水分，又可向空气中扩散水分，最后与空气湿度达到平衡，此时的含水率称为平衡含水率。木材的吸湿性随空气湿度变化特别明显。例如，木门窗制作后如长期处在空气湿度小的环境，为了与周围湿度平衡，木材便向外散发水分，于是门窗体积收缩导致干裂。

材料吸水后会对工程产生不良影响。如受潮后的材料表观密度、导热性增大，强度、抗冻性降低。

1.3.2.4 耐水性

一般材料吸水后，水分会分散在材料内微粒的表面，削弱其内部结合力，强度则有不同程度的降低。当材料内含有可溶性物质时(如石膏、石灰等)，吸入的水还可能溶解部分物质，造成强度的严重降低。

材料长期在饱和水作用下不破坏、强度也不显著降低的性质，称为耐水性。一般情况下，潮湿的材料均较干燥时强度低，主要是浸入的水分削弱了材料微粒间的结合力，同时材料内部往往含有一些易被水软化或溶解的物质(如黏土、石膏等)。

材料的耐水性以软化系数表示：

$$K_{软} = \frac{f_w}{f} \qquad (1\text{-}18)$$

式中　$K_{软}$—— 材料的软化系数；

f_w、f——材料在水饱和状态下及干燥状态下的强度，MPa。

软化系数一般在0~1波动，软化系数越大，耐水性越好。软化系数的大小反映材料浸水后强度降低的程度。在选择受水作用的结构材料时，$K_{软}$ 值是一项重要指标。受水浸泡或长期受潮的重要结构材料，其软化系数不宜小于0.85~0.90；受潮较轻或次要的结构材料，其软化系数不宜小于0.70~0.85。软化系数大于0.85的材料，通常认为是耐水材料。

1.3.2.5　抗渗性

土木建筑工程中许多材料常含有孔隙、孔洞或其他缺陷，当材料两侧的水压差较高时，水可能从高压侧通过内部的孔隙、孔洞或其他缺陷渗透到低压侧。这种压力水的渗透，不仅会影响工程的使用，而且渗入的水会带入能腐蚀材料的介质，或将材料内的某些成分带出，造成材料的破坏。

材料在压力水作用下抵抗渗透的性能，称为抗渗性（或不透水性）。抗渗性常用渗透系数和抗渗等级表示。

1. 渗透系数

材料在压力水作用下透过水量的多少遵守达西定律，即在一定时间 t 内，透过材料的水量 Q 与试件的过水断面面积 A 及作用于试件的水头差 H 成正比，与试件的厚度 d 成反比，比例系数 K 称为渗透系数，如图1-7所示。用式（1-19）表示：

$$K = \frac{Qd}{AtH} \tag{1-19}$$

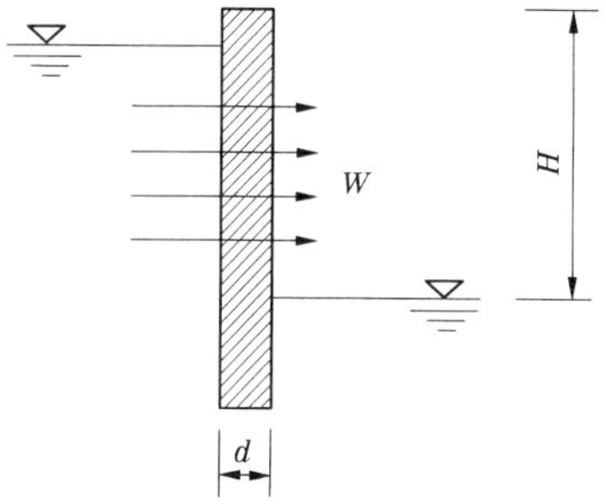

图1-7　材料透水示意图

式中　K——材料的渗透系数，cm/s；

Q——透水量，cm^3；

d——试件厚度，cm；

A——透水面积，cm^2；

t——透水时间，s；

H——静水压力水头，cm。

渗透系数反映材料内部组织构造的疏密程度。K 值越小，表明材料的抗渗能力越强。一些防水材料（如油毡）的防水性常用渗透系数表示。

2. 抗渗等级

材料的抗渗性也可用抗渗等级表示。用标准方法进行渗水性试验，测得材料能承受的最大水压力，并依此划分成不同的等级。混凝土的抗渗等级以每组6个试件中2个出现渗水时的最大水压力表示，见式（1-20）：

$$W = 10H - 1 \tag{1-20}$$

式中　W—— 混凝土的抗渗等级；

H——6个试件中有2个渗水时的水压力，MPa。

抗渗等级常用于表示砂浆和混凝土的抗渗能力，W 值越大，材料的抗渗能力越强。材料孔隙率小，且具有闭口孔隙的材料往往抗渗能力较强。

材料的抗渗性与其孔隙多少和孔隙特征关系密切，开口并连通的孔隙是材料渗水的主要渠道。材料越密实、闭口孔隙越多、孔径越小，水越难渗透；孔隙率越大、孔径越大、开口并连通的孔隙越多的材料，其抗渗性越差。此外，材料的亲水性、裂缝缺陷等也是影响抗渗性的重要因素。工程上常采用降低孔隙率、提高密实度、提高闭口孔隙比例、减少裂缝或进行憎水处理等方法来提高材料的抗渗性。

1.3.2.6　抗冻性

材料吸水后，在负温作用条件下，水在材料毛细孔内冻结成冰，体积膨胀所产生的冻胀压力对孔壁产生很大的内应力，会使材料遭到局部破坏。随着冻融循环的反复，材料的破坏作用逐步加剧，这种破坏称为冻融破坏。

材料在水饱和状态下，经受多次冻融循环作用而不破坏，其强度及质量也不显著降低的性质，称为抗冻性。

抗冻性试验通常是将规定的标准试件浸水饱和后，在-15 ℃温度条件下冻结一定时间，然后在室温的水中融化，进行反复冻融，试件强度降低及质量损失值不超过规定值、材料表面无明显损伤，以质量损失不超过 5%，强度下降不超过 25%，所能经受的最大冻融循环次数来表示，定为该材料的抗冻等级。材料的抗冻性用抗冻等级“F*i*”表示，“*i*”表示冻融循环次数，抗冻等级越高，材料的抗冻能力越强。材料的抗冻等级可分为 F15、F25、F50、F100、F200 等，分别表示此材料可承受 15 次、25 次、50 次、100 次、200 次的冻融循环。

冻结的破坏作用一方面是由于材料内部孔隙中的水受冻结冰时产生的膨胀所致。当材料孔隙中充满水时，水结冰约产生 9%的体积膨胀，对材料孔壁造成巨大的冰晶压力，产生拉应力，当由此产生的拉应力超过材料的抗拉极限强度时，材料内部即产生微裂纹，孔壁形成局部开裂，引起强度下降；另一方面是在冻结和融化过程中，材料内外的温差引起的温度应力会导致内部微裂纹的产生或加速原来微裂纹的扩展，而最终使材料破坏。显然，这种破坏作用随冻融作用的增多而加强，材料表面逐渐剥落，强度也随之降低。材料的抗冻等级越高，其抗冻性越好，材料可以经受的冻融循环越多。

实际应用中，材料抗冻性的好坏不但取决于材料的孔隙率及孔隙特征，并且与材料受冻前的吸水饱和程度、材料本身的抗拉强度以及冻结条件（如冻结温度、速度、冻融循环作用的频繁程度）等有关。闭口孔隙不易进水，粗大的开口孔隙水分不易充满，都会使材料抗冻能力提高；材料的抗拉强度高，变形能力强，也会提高材料的抗冻能力。

材料的强度越低，开口孔隙率越大，则材料的抗冻性越差。材料受冻时，其孔隙充水程度（以水饱和度 K_s 表示，即孔隙中水的体积 V_w 与孔隙体积 V_K 之比，即 $K_s = V_w/V_K$）越高，材料的抗冻性越差。理论上讲，若材料内孔隙分布均匀，当水饱和度 $K_s<0.91$ 时，结冻不会对材料孔壁造成压力；当 $K_s>0.91$ 时，未充水的孔隙空间亦不能容纳由于水结冰而增加的体积，故对材料的孔隙产生压力，因而引起冻害。实际上，由于孔隙分布不均匀和局部饱和水的存在，K_s 需小于 0.91 才是安全的。此外，冻结温度越低，速度越快，越频繁，那么材料产生的冻害就越严重。

所以，对于受大气和水作用的材料，抗冻性往往决定了它的耐久性，抗冻等级越高，材料越耐久。对抗冻等级的选择应根据工程种类、结构部位、使用条件、气候条件等因素来决定。水工建筑物经常处于干湿交替作用的环境中，选用材料时应按材料所处的工作环境和使用部位合理确定抗冻等级。

1.3.3　材料与热有关的性质

建筑材料除须满足必要的强度及其他性能的要求外，为了节约建筑物的使用能耗，以及为生产和生活创造适宜的条件，常要求材料具有一定的热性质。

1.3.3.1　导热性

材料的导热性是指当材料两侧有温度差时，热量由高温侧向低温侧传递的能力，一般用导热系数来表示。材料的导热系数和热容量是设计建筑物围护结构（墙体、屋盖）进行热工计算时的重要参数，设计时应选用导热系数较小而热容量较大的建筑材料，以使建筑物保持室内温度的稳定性。同时，导热系数也是工业窑炉热工计算和确定冷藏库绝热层厚度时的重要数据。

材料传导热量的性质称为导热性，见图 1-8。材料的导热能力用导热系数（热导率）λ 表示，在物理意义上，导热系数为单位厚度的材料，当两侧面温度差为 1 K 时，在单位时间内通过单位面积的热量。均质材料的导热系数用式（1-21）计算：

$$\lambda = \frac{Q\delta}{At(T_2 - T_1)} \tag{1-21}$$

式中　λ——材料的导热系数，W/（m · K）；

Q——传导的热量，J；

A——热传导面积，m^2；

δ——材料厚度，m；

t——导热时间，s；

T_1、T_2——材料两侧的温度，K。

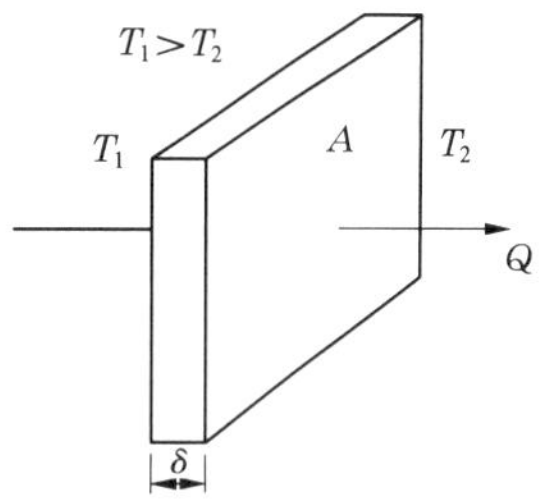

图 1-8　材料传热示意图

材料的导热系数取决于材料的化学组成、结构、构造、孔隙率与孔隙特征、含水状况及导热时的温度。一般来讲，金属材料、无机材料、晶体材料的导热系数分别大于非金属材料、有机材料、非晶体材料。宏观组织结构呈层状或显微构造的材料，其导热系数因热流与纤维方向不同而异，顺纤维或层内材料的导热系数明显高于与纤维垂直或层间方向的导热系数。由于密闭空气的导热系数很小[0.025 W/（m · K）]，远远小于固体物质的导热系数，因此材料的表观密度越小，则孔隙越多，材料的导热系数越小。当孔隙率相同时，由微小而封闭孔隙组成的材料比由粗大而连通的孔隙组成的材料具有更低的导热系数，原因是前者避免了材料孔隙内热的对流传导。此外，由于 $\lambda_{水}$ = 0.58 W/（m · K）、$\lambda_{冰}$ = 2.20 W/（m · K），因此当材料受潮或受冻时导热系数急剧增大，导致材料的保温隔热效果变差。而且对于大多数建筑材料（除金属外），导热系数会随导热时温度的升高而增大。

材料的导热系数越小,隔热保温效果越好。各种建筑材料的导热系数差别很大,有隔热保温要求的建筑物宜选用导热系数小的材料做围护结构,大致在 0.035 W/(m·K)(泡沫塑料)至 3.500 W/(m·K)(大理石)之间。工程中通常将 $\lambda<0.23$ W/(m·K)的材料称为绝热材料。

1.3.3.2 比热容及热容量

材料受热时吸收热量,使温度升高;冷却时放出热量,使温度降低。材料温度升高(或降低)1 K 时,所吸收(或放出)的热量称为材料的热容量,比热容为单位质量(1 g)材料温度升高或降低 1 K 所吸收或放出的热量。比热容的计算式为:

$$Q = cm(T_2 - T_1) \tag{1-22}$$

$$c = \frac{Q}{m(T_2 - T_1)} \tag{1-23}$$

式中 Q——材料吸收或放出的热量,J;

c——材料的比热容,J/(kg·K);

m——材料的质量,kg;

T_2-T_1——材料受热或冷却前后的温差,K。

材料的热导系数和比热容是设计建筑物维护结构、进行热工计算的重要参数,热容量值高的材料,对室温的调节作用大。选用热导系数小、比热容大的材料可以节约能耗并长时间地保持室内温度的稳定。材料的热容量值对保持材料温度的稳定性有很大作用。

几种常见材料的导热系数和比热容见表 1-5。

表 1-5　常见材料的导热系数和比热容

材料	导热系数[W/(m·K)]	比热容[J/(kg·K)]	材料	导热系数[W/(m·K)]	比热容[J/(kg·K)]
铜	370	0.38	绝热纤维板	0.05	1.46
钢	55	0.46	玻璃棉板	0.04	0.88
花岗岩	2.9	0.80	泡沫塑料	0.03	1.30
普通混凝土	1.8	0.88	冰	2.20	2.05
普通黏土砖	0.55	0.84	水	0.58	4.19
松木(顺纹)	0.15	1.63	密闭空气	0.025	1.00

1.3.3.3 耐燃性和耐火性

耐燃性是指材料在火焰或高温作用下可否燃烧的性质。我国相关规范把材料按耐燃性分为非燃烧材料(如钢铁、砖、石等)、难燃材料(如纸面石膏板、水泥刨花板等)和可燃材料(如木材、竹材等)。在建筑物的不同部位,根据其使用特点和重要性可选择不同耐燃性的材料。

耐火性是材料在火焰或高温作用下,保持其不破坏、性能不明显下降的能力。用其耐受时间(h)来表示,称为耐火极限。要注意耐燃性和耐火性概念的区别,耐燃的材料不一定耐火,耐火的一般都耐燃。如钢材是非燃烧材料,但其耐火极限仅有 0.25 h,故钢材虽为重要的建筑结构材料,但其耐火性却较差,使用时须进行特殊的耐火处理。

任务4 材料的力学性质

1.4.1 材料的强度

材料的力学性质是指材料在外力作用下抵抗破坏和变形的能力。材料在理想状态下应具有的强度——理论强度取决于质点间的作用力,如键能高的共价键、离子键,键能低的分子键。由于缺陷如裂缝、空隙引起了应力集中,故材料的实际强度远低于材料的理论强度。

1.4.1.1 静力强度

材料的强度是材料在应力作用下抵抗破坏的能力。通常情况下,材料内部的应力多由外力(或荷载)作用而引起,随着外力增加,应力也随之增大,直至应力超过材料内部质点所能抵抗的极限,即强度极限,材料发生破坏。在工程上,通常采用破坏试验法对材料的强度进行实测。将预先制作的试件放置在材料试验机上,施加外力(荷载)直至破坏,依据试件尺寸和破坏时的荷载值,计算材料的强度。

材料抵抗静荷载作用而不破坏的能力,称为静力强度。静力强度以材料试件按规定的试验方法,在静荷载作用下达到破坏时的极限应力值表示。

根据外力作用方式不同,静力强度可分为抗拉强度、抗压强度、抗剪强度及抗弯强度,如图1-9所示。

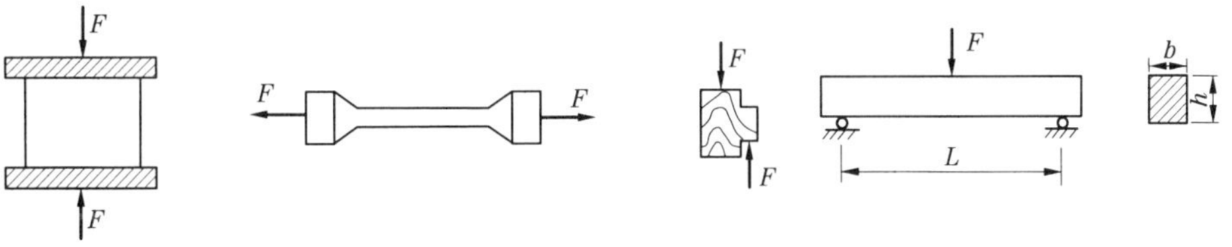

(a)抗压 (b)抗拉 (c)抗剪 (d)抗弯

图1-9 材料承受各种外力的示意图

不同种类的材料具有不同的强度特点,一般脆性材料具有较高的抗压强度,而抗拉、抗弯强度均较低;塑性材料的抗压及抗拉强度大致相同;纤维状的材料具有顺纹强度较高的特点。应根据材料在工程中的受力特性合理选用。

抗拉、抗压、抗剪强度的计算式为:

$$f=\frac{P_{\max}}{A} \tag{1-24}$$

式中 f——材料抗拉、抗压、抗剪强度,MPa;

$P_{\max}$——材料破坏时的最大荷载,N;

A——试件受力面积,mm^2。

材料的抗弯强度与受力情况有关,一般试验方法是将条形试件放在两支点上,中间作用一集中荷载。对矩形截面试件,其抗弯强度用式(1-25)计算:

$$f_t = \frac{3P_{max}L}{2bh^2} \tag{1-25}$$

式中 f_t——材料的抗弯强度,MPa;

P_{max}——材料受弯破坏时的最大荷载,N;

L——两支点的间距,mm;

b、h——试件横截面的宽度及高度,mm。

几种常用材料的静力强度见表1-6。

表1-6 常用材料的静力强度 (单位:MPa)

材料	静力强度			材料	静力强度		
	抗压	抗拉	抗弯		抗压	抗拉	抗弯
花岗岩	100~150	5~8	10~14	松木(顺纹)	30~50	80~120	60~100
普通黏土砖	7.5~30		1.8~4	建筑钢材	240~1 500	240~1 500	
普通混凝土	7.5~60	1~4	1.5~8				

1.4.1.2 比强度及强度等级

比强度是指材料单位质量的强度,常用来衡量材料轻质高强的性质。表1-7给出了建筑钢材、木材和混凝土的比强度。

表1-7 钢材、木材和混凝土的比强度

材料	表观密度(kg/m^3)	抗压强度(MPa)	比强度
低碳钢	7 860	415	0.53
松木	500	34.3(顺纹)	0.069
普通混凝土	2 400	29.4	0.012

比强度高的材料具有轻质高强的特性,可用于高层、大跨度结构。轻质高强是材料的发展方向。

为方便设计及对工程材料进行质量评价,对于以力学性质为主要性能指标的材料,通常按材料的极限强度划分为若干不同的强度等级。强度等级越高的材料,承受的荷载越大。一般脆性材料按抗压强度划分强度等级,塑性材料按抗拉强度划分强度等级。

1.4.1.3 影响材料强度的因素

材料的组成、结构及构造是决定材料强度的内在因素。材料强度除受内在因素的影响外,还受外在因素的影响,外在因素主要包括材料的表观密度、孔隙率、含水率、环境温度等。对于组成相同的材料,其强度取决于孔隙率的大小,如图1-10所示。试件强度还与试件形状、大小和

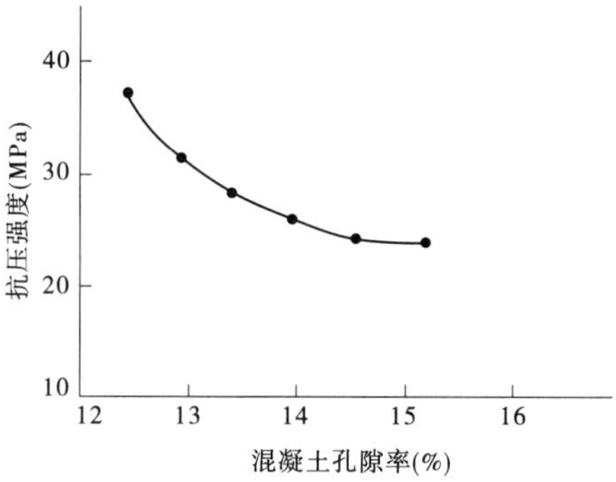

图1-10 混凝土强度与孔隙率的关系

试验条件密切相关。受试件与承压板表面摩擦的影响,棱柱体等长试件的抗压强度较立方体等短试件的抗压强度低;大试件由于材料内部缺陷出现机会增多,强度比小试件低一些;表面凹凸不平的试件受力面受力不均,强度也会降低;试件含水率的增大,环境湿度的升高,都会使材料强度降低;由于材料破坏是其变形达到极限变形而破坏,而应变发展总是滞后于应力发展,故加荷速度越快,所测强度值也越高。为了使试验结果具有可比性,材料试验应严格按国家有关试验规程的规定进行。

1.4.2　材料的弹性和塑性

材料在极限应力作用下会被破坏而失去使用功能,在非极限应力作用下则会发生某种变形。即材料在外力作用下会发生形状、体积的改变,即变形。当外力除去后,能完全恢复原有形状的性质,称为材料的弹性,这种完全恢复的变形称为弹性变形(或瞬时变形)。明显具有弹性变形的材料称为弹性材料。

这种变形是可逆的,弹性变形的大小与外力成正比,比例系数 E 称为弹性模量。在弹性变形范围内,用式(1-26)表达:

$$\varepsilon = \frac{\sigma}{E} \tag{1-26}$$

式中　ε——材料的应变;

σ——材料的应力,MPa;

E——材料的弹性模量,MPa。

弹性变形为可逆变形,材料在弹性变形范围内,弹性模量为常数。弹性模量是材料刚度的度量,是衡量材料抵抗变形能力的一个指标,弹性模量愈大,材料愈不易变形。弹性模量是结构设计的重要参数。

材料在外力作用下产生变形,但不破坏,除去外力后材料仍保持变形后的形状、尺寸,并且不产生裂缝的性质,称为材料的塑性,这种不能恢复的变形称为塑性变形(或永久变形)。塑性变形为不可逆变形。明显具有塑性变形的材料称为塑性材料。

弹性变形与塑性变形反映了材料在非极限应力作用下两种不同特征的变形。

实际上,纯弹性与纯塑性的材料都是不存在的。不同的材料在力的作用下表现出不同的变形特征。有些材料在受力不大时,表现为弹性变形,当外力超过一定限度后,材料产生塑性变形(如低碳钢);有些材料受力后,弹性变形和塑性变形同时产生,除去外力后,弹性变形可以恢复,具有上述变形特征的材料称为弹塑性材料,而塑性变形则不能恢复(如混凝土)。弹塑性材料变形曲线如图1-11所示。

通常在规定的试验条件下,按规定的试验方法对材料加荷,按材料在破坏前有无显著变形,将材料分为塑性材料和脆性材料两类。例如,在规定的温度、湿度及加荷方式和加荷速度条件下,对标准尺寸的试件施加荷载,若材料破坏时表现为塑性破坏,称为塑性材料,如低碳钢、沥青等;表现为脆性破坏者,称为脆性材料,如砖、石料、混凝土等。当受荷条件、试件尺寸及荷载类型改变时,材料破坏时所表现的破坏行为也会发生变化。如砖、石料、混凝土等脆性材料,在高温、高压及持久荷载条件下,也可能呈现塑性破坏;沥青材料在低温及快速加荷载时,则是脆性破坏;玻璃或石料等通常为脆性破坏,当制成玻璃纤

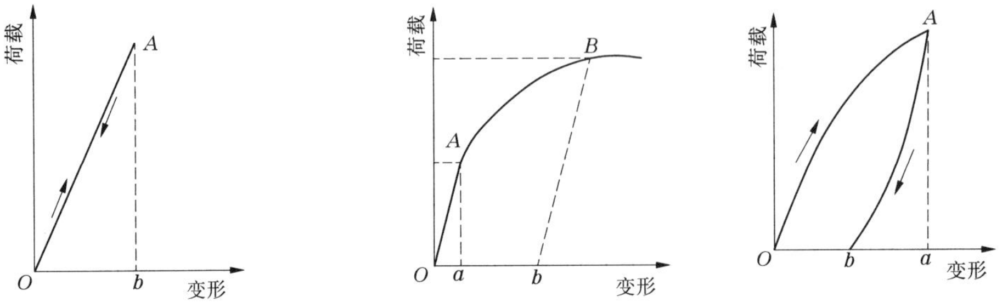

(a)材料的弹性变形 (b)材料的弹性与塑性变形 (c)材料弹塑性变形曲线

图 1-11 弹塑性材料变形曲线

维或矿物纤维时,则呈现出塑性行为。

在恒定外力的长期作用下,固体材料的变形随时间的延续而逐渐增大的现象,称为徐变;若总变形不变,其中塑性变形随时间的延续增大,弹性变形逐渐减小,从而引起材料中弹性应力随时间延长而逐渐降低的现象,称为应力松弛。

引起材料徐变和应力松弛的原因,主要是在材料中存在某些非晶体物质,在外力作用下产生黏性流动,晶体物质在剪应力作用下产生晶格错动或滑移。

徐变和应力松弛除与材料本身的性质有关外,还与材料所受外力的大小有关。当应力未超过某一极限时,徐变会随时间延长逐渐减小,最后徐变变形停止发展;当应力超过某一极限值时,徐变变形会随时间延长而逐渐加大,直至材料破坏。徐变和应力松弛还与材料所处的环境温度有关,温度越高,材料的徐变和应力松弛越大。

1.4.3 材料的韧性和脆性

材料受力达到一定程度时,突然发生破坏,并无明显的变形,材料的这种性质称为脆性。大部分无机非金属材料均属脆性材料,如天然石材、烧结普通砖、陶瓷、玻璃、普通混凝土、砂浆等。脆性材料的另一个特点是抗压强度高而抗拉、抗折强度低。

材料在冲击或动力荷载作用下,能吸收较大能量而不破坏的性能,称为韧性或冲击韧性。以试件受冲击时单位体积或单位面积内所能够吸收的冲击功来表示。根据冲击荷载作用的方式不同,冲击韧性分为冲击抗压、冲击抗拉、冲击抗弯等。对于冲击抗压,常以试件破碎时单位体积所消耗的功作为冲击韧性指标;对于冲击抗弯,常以小梁试件断裂时单位面积上所消耗的功作为冲击韧性指标。脆性材料受冲击后容易碎裂;强度低的材料不能承受较大的冲击荷载。冲击试验是用带缺口的试件做冲击抗弯试验。

材料冲击韧性可以反映材料既具有一定强度,又具有良好的受力变形能力的综合性能。冲击韧性以标准试件破坏时消耗于试件单位面积上的功(J/cm^2)表示。桥梁、路面、吊车梁桩及某些设备基础等有冲击抗震要求的结构,所用材料均要求考虑冲击韧性。砖、石料等脆性材料的韧性较小。低碳钢、木材、钢筋混凝土、沥青混凝土及合成高分子材料等具有一定强度,并能承受显著变形,其冲击韧性较高,属于韧性材料。韧性材料的特点是塑性变形大,受力时产生的抗拉强度接近或高于抗压强度。而脆性材料的冲击韧性均较差。

图 1-11(c) 中 ab 段为可恢复的弹性变形，bO 段为不可恢复的塑性变形。

1.4.4 材料的硬度和耐磨性

1.4.4.1 硬度

材料表面抵抗其他较硬物体压入或刻划的性能称为硬度。不同材料硬度的测定方法不同，刻划法用于天然矿物硬度的划分，按滑石、石膏、方解石、萤石、磷灰石、正长石、石英、黄玉、刚玉、金刚石的顺序，分为 10 个硬度等级。回弹法用于测定混凝土表面的硬度，并间接推算混凝土的强度，也用于测定陶瓷、砖、砂浆、塑料、橡胶、金属等的表面硬度并间接推算其强度。矿物质材料硬度按刻划法(莫氏硬度)分 10 级，钢材的硬度常用钢球压入法(布氏硬度)测定。硬度大的材料具有耐磨性较强、强度较高的特点，但不易机械加工。

1.4.4.2 磨损及磨耗

材料表面在外界物质的摩擦作用下，其质量和体积减小的现象称为磨损，磨损用磨损率表示，计算式为：

$$K = \frac{m_1 - m_2}{A} \tag{1-27}$$

式中 K——试件的磨损率，g/cm^2；

m_1、m_2——试件磨损前、后的质量，g；

A——试件受磨表面积，cm^2。

材料在摩擦和冲击同时作用下，其质量和体积减小的现象，称为磨耗。磨耗以试验前、后的试件质量损失百分数表示。

磨损与磨耗统称为材料的耐磨性。材料的硬度大、韧性好、构造均匀致密时，其耐磨性较强。土木建筑工程中，用于道路、地面、踏步等部位的材料，均应考虑其硬度和耐磨性。一般来说，强度较高且密实的材料，其硬度较大，耐磨性较好。多泥沙河流上水闸的消能结构的材料，要求使用耐磨性较强的材料。

任务 5 材料的耐久性和装饰性

1.5.1 材料的耐久性

材料的耐久性泛指材料在使用条件下，受各种内在或外来自然因素及有害介质的作用，能长久地保持其使用性能的性质。材料的工作性能是指材料在使用过程中所必需具备的物理、化学及力学性质。极限状态要依据材料的破坏程度、建筑物的安全度及经济指标等几方面因素综合确定。耐久性是衡量材料在长期使用条件下的安全性能的一项综合指标，包括抗冻性、抗渗性、抗化学侵蚀性、抗碳化性能、大气稳定性、耐磨性等多种性质。

材料在建筑物中，除要受到各种外力的作用外，还经常要受到环境中许多自然因素的破坏作用，这与材料所处的工作环境有关。环境因素的破坏作用主要是物理作用、化学作用及生物作用。这些因素或单独或交互发生，具有复杂多变的关系。材料的耐久性与环境破坏因素关系见表 1-8。

表 1-8　耐久性与环境破坏因素关系

名称	破坏作用	环境因素	评定指标
抗渗性	物理	压力水	渗透系数、抗渗等级
抗冻性	物理	水、冻融	抗冻等级
冲磨气蚀	物理	流水、泥沙	磨损率
碳化	化学	CO_2、H_2O	碳化深度
化学侵蚀	化学	酸、碱、盐及其溶液	*
老化	化学	阳光、空气、水	*
锈蚀	物理、化学	H_2O、O_2、Cl^-、电流	锈蚀率
碱骨料反应	物理、化学	K_2O、活性骨料	*
腐朽	生物	H_2O、O_2、菌	*
虫蛀	生物	昆虫	*
耐热	物理	湿热、冷热交替	*
耐火	物理	高温、火焰	*

注：* 表示可参考其强度变化率、裂缝开裂情况、变形情况进行评定。

物理作用有干湿变化、温度变化及冻融变化等。这些作用将使材料发生体积的胀缩，或导致内部裂缝的扩展。时间长久即会使材料逐渐破坏。在寒冷地区，冻融变化对材料起着显著的破坏作用。在高温环境下，经常处于高温状态的建筑物或构筑物，所选用的建筑材料要具有耐热性能。在民用和公共建筑中，考虑安全防火要求，须选用具有抗火性能的难燃或不燃的材料。化学作用包括大气、环境水以及使用过程中酸、碱、盐等液体或有害气体对材料的侵蚀作用。机械作用包括使用荷载的持续作用，交变荷载引起的材料疲劳、冲击、磨损、磨耗等。生物作用包括菌类、昆虫等的作用使材料腐朽、蛀蚀而破坏。

砖、石料、混凝土等矿物材料，多是由于物理作用而破坏，同时也可能会受到化学作用的破坏。金属材料主要是由于化学作用引起的腐蚀。木材等有机质材料常因生物作用而破坏。沥青材料、高分子材料在阳光、空气和热的作用下，会逐渐老化而使材料发黏、变脆或开裂。

材料的耐久性是一项综合性质。对材料耐久性的判断，需要在使用条件下进行长期的观察和测定。材料的耐久性指标是根据工程所处的环境条件来决定的。例如，处于冻融环境的工程，所用材料的耐久性以抗冻性指标来表示。处于暴露环境的有机材料，其耐久性以抗老化能力来表示。钢材易受氧化而锈蚀，无机非金属材料常因氧化、风化、碳化、溶蚀、冻融、热应力、干湿交替作用等而破坏；有机材料多因腐烂、虫蛀、老化而变质等。所以，混凝土的耐久性，主要以抗渗性、抗冻性、抗腐蚀性和抗碳化性所体现；钢材的耐久性，主要取决于其抗锈蚀性；沥青的耐久性则主要取决于其大气稳定性和温度敏感性。

由于耐久性是一项长期性质，所以对材料耐久性最可靠的判断是在使用条件下进行长期的观察和测定，这样做需要很长时间。通常对材料耐久性的判断，是根据工程对所用材料的使用要求，在实验室进行快速试验，并对此耐久性做出判断。实验室快速试验包括干湿循环、冻融循环、加湿与紫外线干燥循环、碳化、盐溶液浸渍与干燥循环、化学介质浸渍等。如常用软化系数来反映材料的耐水性;用实验室的冻融循环(数小时一次)试验得出的抗冻等级来说明材料的抗冻性;采用较短时间的化学介质浸渍来反映实际环境中的水泥石长期腐蚀现象等。

矿物质材料的抗冻性可以综合反映材料抵抗温度变化、干湿变化等风化作用的能力,因此抗冻性可作为矿物质材料抵抗周围环境物理作用的耐久性综合指标。在水利工程中,处于温暖地区的结构材料,为抵抗风化作用,对材料也提出一定的抗冻性要求。

选用建筑材料时,必须考虑材料的耐久性问题,因为只有采用了耐久性良好的建筑材料,才能保证建筑物的耐久性。提高材料的耐久性,对节约建筑材料、保证建筑物长期正常使用、减少维修费用、延长建筑物使用寿命等,均具有十分重要的意义。

1.5.2 材料的装饰性

1.5.2.1 材料装饰性的意义

建筑是技术与艺术相结合的产物,而建筑艺术的发挥,除建筑设计外,在很大程度上取决于建筑材料的装饰性。为了满足这方面的要求,建材行业的工作者们不断研制和生产出各种形形色色、琳琅满目的装饰材料。

建筑装饰材料主要用作建筑物内、外墙面,柱面,地面及顶棚等处的饰面层。这类材料往往兼具装饰、结构、绝热、防潮、防火、吸声、隔声或耐磨等两种以上的多种功能。因此,采用装饰材料修饰主体结构的面层,不仅能大大改善建筑物的外观艺术形象,使人们获得舒适和美的感受,最大限度地满足人们生理和心理上的各种需要,同时也起到了保护主体结构材料的作用,提高建筑物的耐久性。所以,材料的装饰性对于建筑物具有十分重要的作用。近年来,随着人们生活水平的提高,对建筑装修、装饰的要求越来越高,目前一般用于建筑装饰的费用占建筑总造价的1/3以上。

1.5.2.2 材料的装饰功能

装饰材料通常通过以下功能达到美化建筑物的目的。

1. 色彩

色彩最能突出表现建筑物的美,古今中外的建筑物,无一不是利用材料的色彩来塑造其美。同时,不同色彩能使人产生不同感觉。如建筑外部的浅色块给人以庞大、肥胖感,深色块使人感觉瘦小和苗条。在室内看到红、橙、黄等色使人联想到太阳、火焰而感到温暖,故称暖色。见到绿、蓝、紫罗兰等色会让人联想到大海、蓝天、森林而感到凉爽,故称冷色。暖色调使人感到热烈、兴奋、温暖,冷色调使人感到宁静、幽雅、清凉。因此,建筑装饰材料均制成具有各种不同色彩的制品,且要求其颜色能经久不褪,耐久性高。

颜色是材料对光的反射效果,构成材料颜色的本质比较复杂,它受其微量组成物质(如金属氧化物)的影响很大,同时它与光线的光谱组成和人眼对光谱的敏感性有关,不同的人对同一种颜色可能产生不同的色彩效果。因此,生产中装饰材料的颜色,通常采用标准色板进行比较,或者光谱分光色度仪进行测定。

2. 光泽

光泽是材料的表面特性之一,它也是材料的重要装饰性能。高光泽的材料具有很高的观赏性,同时在灯光的配合下,能对空间环境的装饰效果起到强化、点缀和烘托的作用。

光泽是光线在材料表面有方向性的反射，若反射光线分散在各个方向，称为漫反射；如与入射光线成对称的集中反射，则称镜面反射。镜面反射是材料光泽形成的主要原因。材料表面的光洁度越高，光线的反射越强，则光泽度越高。所以，许多装饰材料的面层均加工成光滑的表面，如天然大理石和花岗石板材、釉面砖、镜面玻璃、不锈钢钢板等，光泽度可采用光电光泽度计进行测定。

3. 透明性

材料的透明性是光线透射材料的结果，能透光又能透视的材料称为透明体（如普通平板玻璃），只能透光而不能透视者称半透明体（如压花玻璃）。由于透明材料具有良好的透光性，故被广泛用作建筑采光和装饰。采用大量透明材料建造的玻璃幕墙建筑，给人以通透明亮、具有强烈的时代气息之感。

4. 表面质感

表面质感是指材料本身具有的材质特性，或材料表面由人为加工至一定程度而造成的表面视感和触感，如表面粗细、软硬程度、手感冷暖、纹理构造、凹凸不平、图案花纹、明暗色差等，这些表面质感均会对人们的心理产生影响。设计时应根据建筑功能要求，恰当地选用不同质感的材料，充分发挥材料本身的质感特性。

5. 形状尺寸

材料的形状与尺寸是建筑构造的细部之一，将建筑材料加工成各种形状和不同尺寸的型材，以配合建筑形体和线条，可构筑成风格各异的建筑造型，既满足使用功能要求，又创造出建筑的艺术美。

任务6　材料基本性质试验

1.6.1　一般规定

在各类建筑物中，材料要受到各种物理、化学、力学因素单独及综合作用。因此，对建筑材料性质的要求是严格和多方面的。材料基本性质的试验项目较多，如密度、表观密度、孔隙率和吸水率等，对于各种不同材料及同种材料的不同用途，测试项目及测试方法视具体要求而有一定差别。

试验原理：本任务以石料为例，介绍材料的几种常用物理性能检测方法。其基本性质包括密度、表观密度、孔隙率等。石料密度是指石料单位体积（不包括开口孔隙体积与闭口孔隙体积）的质量。表观密度是指石料在干燥状态下包括孔隙在内的单位体积固体材料的质量。形状不规则石料的毛体积密度可采用静水称量法或蜡封法测定；对于规则几何形状的试件，可采用量积法测定其体积密度。孔隙率是指在材料的体积内，孔隙体积所占的比例。

1.6.2　密度试验（李氏比重瓶法）

1.6.2.1　试验目的

测定材料的密度，评定材料的品质，控制施工质量。

1.6.2.2　**主要仪器设备**

主要仪器设备包括李氏比重瓶、量筒、烘箱、天平、温度计、漏斗、小勺等。

1.6.2.3　**试样制备**

将材料(建议用石灰石)试样磨成粉末,使它完全通过筛孔为 0.2 mm 的筛,再将粉末放入烘箱内,在 105~110 ℃温度下烘干至恒重,然后在干燥器内冷却至室温,以待取用。

1.6.2.4　**试验方法及步骤**

(1)在李氏比重瓶中注入煤油或其他与试样不起反应的液体至突颈下部的零刻度线以上,将李氏比重瓶放在温度为(20±2)℃的恒温水槽内(水温必须控制在李氏比重瓶标定刻度时的温度),使刻度部分浸入水中,恒温 0.5 h。记下李氏比重瓶第一次读数 V_1(精确至 0.05 mL,下同)。

(2)从恒温水槽中取出李氏比重瓶,用滤纸将李氏比重瓶内零点起始读数以上的没有煤油的部分仔细擦净。

(3)取 100 g 左右试样,用感量为 0.001 g 的天平(下同)准确称取瓷皿和试样总质量 m_1。用牛角匙小心地将试样通过漏斗渐渐送入李氏比重瓶内(不能大量倾倒,因为这样会妨碍李氏比重瓶中的空气排出,或在咽喉部分形成气泡,妨碍粉末的继续下落),使液面上升接至 20 mL 刻度处(或略高于 20 mL 刻度处),注意勿使石粉黏附于液面以上的瓶颈内壁上。摇动李氏比重瓶,排出其中空气,至液体不再产生气泡。再放入恒温水槽,在相同温度下恒温 0.5 h,记下李氏比重瓶第二次读数 V_2。

(4)准确称取瓷皿加剩下的试样总质量 m_2。

1.6.2.5　**试验结果处理与评定**

(1)石料试样密度按式(1-28)计算(精确至 0.01 g/cm³):

$$\rho_t = \frac{m_1 - m_2}{V_1 - V_2} \tag{1-28}$$

式中　ρ_t——石料密度,g/cm³;

m_1——试验前试样加瓷皿总质量,g;

m_2——试验后剩余试样加瓷皿总质量,g;

V_1——李氏比重瓶第一次读数,mL;

V_2——李氏比重瓶第二次读数,mL。

(2)以 2 次试验结果的算术平均值作为测定值,如 2 次试验结果相差大于 0.02 g/cm³,应重新取样进行试验。

1.6.3　石子表观密度试验(广口瓶法)

1.6.3.1　**试验目的**

测定材料的表观密度,评定材料的品质,为混凝土配合比设计提供数据。

1.6.3.2　**主要仪器设备**

主要仪器设备包括广口瓶、烘箱、天平、筛子、浅盘、带盖容器、毛巾、刷子、玻璃片。

1.6.3.3　**试样制备**

将试样筛去 5 mm 以下的颗粒,用四分法缩分至不少于 2 kg,洗刷干净后,分成两份备用。

1.6.3.4 **试验方法及步骤**

(1)将试样 300 g 左右浸入水饱和,然后装入广口瓶中。装试样时,广口瓶应倾斜放置,注入饮用水,用玻璃片覆盖瓶口,以上下左右摇晃的方法排除气泡。

(2)气泡排尽后,向瓶中添加饮用水,直至水面凸出瓶口边缘。然后用玻璃片沿瓶口迅速滑行,使其紧贴瓶口水面。擦干瓶外水分后,称出试样、水、瓶和玻璃片总质量 m_1,精确至 1 g。

(3)将瓶中试样倒入浅盘,放在烘箱中于(105±5)℃下烘干至恒重,待冷却至室温后,称出其质量 m,精确至 1 g。

(4)将瓶洗净并重新注入饮用水,用玻璃片紧贴瓶口水面,擦干瓶外水分后,称出水、瓶和玻璃片总质量 m_2,精确至 1 g。

1.6.3.5 **试验结果处理与评定**

(1)表观密度按式(1-29)计算(精确至 10 kg/m³):

$$\rho_g = \frac{m}{m + m_2 - m_1}\rho_w \times 1\ 000 \tag{1-29}$$

式中 ρ_g——石子表观密度,kg/m³;

m_1——试样、水、瓶和玻璃片的总质量,g;

m——烘干试样质量,g;

m_2——水、瓶和玻璃片总质量,g;

ρ_w——水的密度,g/cm³。

(2)以两次检验结果的算术平均值作为测定值,如两次结果之差大于 20 kg/m³,可取 4 次试验结果的平均值。

1.6.4 体积密度试验

1.6.4.1 **试验目的**

体积密度是计算材料孔隙率、确定材料体积及结构自重的必要数据。通过体积密度还可估计材料的某些性质(如导热系数、强度等)。

1.6.4.2 **主要仪器设备**

主要仪器设备包括游标卡尺、天平、烘箱、干燥器等。

1.6.4.3 **试样制备**

将石料加工成规则几何形状的试件(3 个)后放入烘箱内,以(100±5)℃的温度烘干至恒重。

1.6.4.4 **试验步骤及结果评定**

(1)用游标卡尺量其尺寸(精确至 0.01 cm),并计算其体积 V_0(cm³)。然后用天平称其质量 m(精确至 0.01 g)。按式(1-30)计算其体积密度:

$$\rho_t' = \frac{m}{V_0} \tag{1-30}$$

(2)求试件体积时,如试件为立方体或长方体,则每边应在上、中、下三个位置分别量

测,求其平均值,然后按式(1-31)计算体积:

$$V_0 = \frac{a_1 + a_2 + a_3}{3} \cdot \frac{b_1 + b_2 + b_3}{3} \cdot \frac{c_1 + c_2 + c_3}{3} \tag{1-31}$$

式中　a、b、c———试件的长、宽、高。

(3)求试件体积时,如试件为圆柱体,则在圆柱体上、下两个平行切面及试件腰部,两个互相垂直的方向量其直径,求 6 次量测的直径平均值 d,再在互相垂直的两直径与圆周交界的 4 点上量其高度,求 4 次量测的平均值 h,最后按式(1-32)求其体积:

$$V_0 = \frac{\pi d^2}{4} h \tag{1-32}$$

(4)组织均匀的石料,其体积密度应为 3 个试件测得结果的平均值;组织不均匀的石料,应记录最大值与最小值。

1.6.5　堆积密度试验

堆积密度是指粉状或颗粒状材料,在堆积状态下单位体积的质量。下面以细骨料和粗骨料为例介绍两种堆积密度的测试方法。

1.6.5.1　细骨料堆积密度试验

1. 主要仪器设备

主要仪器设备包括标准容器(容积为 1 L)、标准漏斗、台秤、铝制料勺、烘箱、直尺等。

2. 试样制备

用四分法缩取 3 L 试样放入浅盘中,将浅盘放入温度为(105±5)℃的烘箱中烘至恒重,取出冷却至室温,分为大致相等的两份备用。

3. 试验方法及步骤

(1)称取标准容器的质量(m_1)。

(2)取试样一份,用漏斗和铝制料勺将其徐徐装入标准容器,直至试样装满并超出标准容器筒口。

(3)用直尺将多余的试样沿筒口中心线向两个相反方向刮平,称其质量(m_2)。

4. 试验结果确定

试样的堆积密度 ρ'_0 按式(1-33)计算(精确至 10 kg/m³):

$$\rho'_0 = \frac{m_2 - m_1}{V'_0} \times 1\,000 \tag{1-33}$$

式中　m_1——标准容器的质量,kg;

m_2——标准容器和试样总质量,kg;

V'_0——标准容器的容积,L。

1.6.5.2　粗骨料堆积密度试验

1. 主要仪器设备

主要仪器设备包括容量筒(规格容积见表 1-9)、平头铁锹、烘箱、磅秤。

表 1-9　容量筒的规格要求

碎石或卵石的最大粒径(mm)	容量筒容积(L)	容量筒规格(mm)		微壁厚度(mm)
		内径	净高	
9.5、16.0、19.0、26.5	10	208	294	2
31.5、37.5	20	294	294	3
63.0、75.0	30	360	294	4

2. 试样制备

用四分法缩取不少于表 1-10 规定数量的试样,放入浅盘,在(105±5)℃的烘箱中烘干,也可以摊在洁净的地面上风干,拌匀后分成大致相等的两份备用。

表 1-10　堆积密度试验所需的试样最小数量

最大公称直径(mm)	10.0	16.0	20.0	25.0	31.5	40.0	63.0	80.0
试样质量(kg)	40	40	40	40	80	80	120	120

3. 试验方法与步骤

(1)称取容量筒质量 m_1(kg)。

(2)取试样一份置于平整、干净的混凝土地面或铁板上,用平头铁锹铲起试样,使石子在距容量筒上口约 5 cm 处自由落入容量筒内,容量筒装满后,除去凸出筒口表面的颗粒,并以比较合适的颗粒填充凹陷空隙部分,使表面稍凸起部分和凹陷部分的体积基本相等。

(3)称出容量筒连同试样的总质量 m_2(kg)。

4. 试验结果及确定

试样的堆积密度 ρ'_0 按式(1-34)计算(精确至 10 kg/m^3):

$$\rho'_0 = \frac{m_2 - m_1}{V'_0} \times 1\ 000 \tag{1-34}$$

式中　m_1——标准容器的质量,kg;

m_2——标准容器和试样总质量,kg;

V'_0——标准容器的容积,L。

按规定,堆积密度应用两份试样平行测定两次,并以两次结果的算术平均值作为测定结果。

1.6.6　孔隙率、空隙率的计算

1.6.6.1　孔隙率计算

孔隙率是指材料体积内,孔隙体积所占的比例。

材料的孔隙率 P 按式(1-35)计算:

$$P = \left(1 - \frac{\rho_0}{\rho}\right) \times 100\% \tag{1-35}$$

1.6.6.2 空隙率的计算

空隙率是指粉状或颗粒状材料的堆积体积中，颗粒间空隙体积所占的比例。

材料的空隙率 P' 按式(1-36)计算：

$$P' = \left(1 - \frac{\rho'_0}{\rho_0}\right) \times 100\% \tag{1-36}$$

基础训练

1-1 何为材料的耐久性？包括哪些内容？

1-2 材料的吸水性、吸湿性、耐水性、抗渗性和抗冻性各用什么指标表示？

1-3 简述材料的孔隙率及孔隙特征对材料吸水性、抗渗性、抗冻性、保温性能及强度的影响。

能力训练

1-1 为什么新建房屋墙体保暖性差，尤其在冬季更差？

1-2 生产材料时，在组成一定的情况下，可采取什么措施来提高材料的强度和耐久性？

1-3 什么是材料的强度？影响材料强度的因素有哪些？

项目 2　建筑材料检测基础知识

【学习目标】

知识目标

1. 了解质量检测的特点，熟悉质量检测的过程。

2. 了解行业技术标准与技术等级。

技能目标

1. 对具体检测任务能做好前期准备工作。

2. 具有熟练的数据处理能力。

【项目导图】

任务 1　材料质量检测基础知识

建筑材料试验与建设工程施工质量检测，在建筑施工生产、科研及发展中具有举足轻重的地位。材料质量检测基础知识的普及和建设工程施工质量检测技术的提高，不仅是评定和控制材料质量、施工质量的手段和依据，也是推动科技进步，合理使用工程材料和工业废料，降低生产成本，增进企业效益、环境效益和社会效益的有效途径。

质量责任重于泰山。建筑材料质量的优劣，直接影响建筑物的质量和安全。因此，建筑材料性能试验与质量检测，是从源头抓好建设工程质量管理工作，确保建设工程质量和安全的重要保证。

为了加强建设工程质量，就要设立各级工程质量尤其是建筑材料质量的检测机构，培养从事工程材料性能和建设工程施工质量检验的专门人才，从事材料质量的检测与控制工作，为推进建筑业的发展、提高工程建设质量发挥积极作用，做出突出贡献。

随着建筑业的改革与发展，新材料、新技术层出不穷，尤其是我国加入 WTO 以后，技术标准逐渐与国际标准接轨。国家工程材料检测技术规程、标准、规范进行大范围修订和更新，新方法、新仪器的采用和检测标准的变更，更要求我们不断学习，更新知识。所以，要在学好理论课的基础上，重视试验理论，搞懂试验原理，学会试验方法，加强动手能力，出具公正、规范、科学的检测报告。

2.1.1　检测工作内容

2.1.1.1　取样

在进行材料检测之前，首先要选取具有代表性的材料作为试样。取样的原则是代表性和随机性，即在若干批次的材料中，按照相应规定对任意堆放材料抽取一定数量试样，并依据测试结果对其所代表的批次的质量进行判断。取样方法因材料的不同而不同，相关技术规范标准中都做出了明确的规定。

2.1.1.2　仪器的选择

材料检测仪器的选择要充分考虑精度和量程的要求。通常，称量精度大致为试样质量的 0.1%，有效量程以仪器最大量程的 20%~80%为宜。例如，需要称取试件或称量试样的质量时，若试样称量的精度要求为 0.1 g，则应选用感量为 0.1 g 的天平。测量试件的尺寸时，同样有精度要求，一般对边长大于 50 mm 的试件，精度可取 1 mm；对边长小于 50 mm 的试件，精度可取 0.1 mm。力学试验时，对试验机量程的选择，根据试件破坏荷载的大小，以使指针停在试验机度盘的 20%~80%为宜。

2.1.1.3　测试

检测前一般应将取得的试样进行处理、加工或成型，以制备满足检测要求的试样或试件。制备方法随检测项目而异，应严格按照各个试验所规定的方法进行。如混凝土抗压强度检测要制成标准立方体试件，水泥胶砂抗压、抗折强度检测要制成相应尺寸的试件。

2.1.1.4　结果计算与评定

对各次检测结果进行数据处理，一般情况下，取 n 次平行检测结果的算术平均值作为检测结果。检测结果应满足精度和有效数字的要求。检测结果经计算处理后，应给予相应评定，评定是否满足标准要求，评定其等级。有时，根据需要还应对检测结果进行分析，并得出结论。

2.1.2　检测条件

由于材料自身的复杂性，总会有这样或那样的不同，材料检测的结果也不会是完全一样的。同一材料在检测条件发生变化的时候，质量特性也会有很大的不同，导致得出不同的检测结果。如温度、湿度、试件尺寸、荷载及试件制作的差别都会引起检测数据的变化，最终影响检测数据的准确性。

2.1.2.1　温度

检测时的温度对材料的某些检测结果影响很大，特别是温度冷热极端的情况下更加明显。在常温下进行检测，对一般材料来说影响不大，但对温度敏感性强的材料，必须严格控制温度。一般情况下，材料的强度会随着检测时温度的升高而降低。

2.1.2.2　湿度

检测时试件的湿度也明显影响检测数据，试件的湿度越大，测得的强度越低。在物理性能测试中，材料的干湿程度对检测结果的影响就更为明显。因此，在检测时试件的湿度应控制在一定范围内。

2.1.2.3 **试件尺寸**

由材料力学性质可知,当试件受压时,对于同一材料,小试件强度比大试件强度高。相同受压面积的试件,高度大的试件比高度小的试件检测强度小。因此,对于不同材料的试件,尺寸大小都有规定。如混凝土立方体抗压强度试件,标准尺寸是 150 mm×150 mm×150 mm,如果不采用标准立方体试件尺寸,计算的过程中要乘以相应的折算系数。

2.1.2.4 **受荷面平整度**

试件受荷面的平整度也会对检测强度造成影响,如受荷面不平整,较为粗糙,会引起应力集中而使强度大为降低。在混凝土强度检测中,不平整度达到 0.25 mm 时,强度可能降低 30%。上凸比下凹引起的应力集中更加明显。所以,受压面必须平整,如成型面受压,必须用适当强度的材料找平。

2.1.2.5 **加载速度**

施加于试件的加载速度对强度检测结果有较大影响,加载速度越慢,测得的强度越低,这是由于应变有足够的时间发展,应力还不大时变形已达到极限应变,试件即破坏。因此,对各种材料的力学性能检测都有加载速度的规定。

2.1.3 检测报告

材料检测的主要结果应在检测报告中反映,检测报告的格式可以不尽相同,但一般都由封面、扉页、报告主页、附件等组成。

工程的质量检测报告内容一般包括委托方名称和地址、报告日期、样品编号、工程名称、样品产地和名称、规格及代表数量、检测条件、检测依据、检测项目、检测结果和结论、审核与批准信息、有效性声明等一些辅助备注说明等。

检测报告反映的是质量检测经过数据整理、计算、编制的结果,而不是原始记录,更不是计算过程的罗列。经过整理计算后的数据可以用图表等形式表示,达到说明的目的,起到一目了然的效果。

2.1.4 检测记录

为了编写出符合要求的检测报告,在整个检测过程中必须认真做好有关现象及原始数据的记录,以便于分析、评定检测结果。

2.1.4.1 **检测记录的基本要求**

(1)完整性。检测记录的完整性要求是:检测记录应信息齐全,以保证检测行为能够再现;检测表格内容应齐全;记录齐全,计算公式齐全,步骤齐全,应附加的曲线、资料齐全;签字手续完备、齐全;工程检测记录档案齐全完整。

(2)严肃性。检测记录的严肃性要求是:按规定要求记录、修正检测数据,保证记录具有合法性和有效性;记录数据清晰、规整,保证其识别的唯一性;保证检测、记录、数据处理及计算过程的规范性,保证其校核的简便、正确。

(3)实用性。检测记录的实用性要求是:记录应符合实际需要,记录表格应按参数技术特性设计,栏目先后顺序表现较强的逻辑关系;表格栏目内容应包含数据处理过程和结果;表格应按检测需要设计栏目,避免检测时多数栏目出现空白情况;记录用纸应符合归档和长期保存的要求。

(4)原始性。检测记录的原始性要求是:检测记录必须当场完成,不得追记、誊写,不得事后采取回忆方式补记;记录的修正必须当场完成,不得事后修改;记录必须使用规定的笔完成;记录表格必须事先准备统一规格的正式表格,不得采用临时设计的未经过批准的非正式表格。

(5)安全性。检测记录的安全性要求包括:记录应有编码,以保证其完整性;记录应定点有序存放保管,不得丢失和损坏;记录应按保密要求妥善保管;记录内容不得随意扩散,不得占有利用;记录应及时整理,全部上交归档,不得私自留存。

2.1.4.2　原始记录的基本要求

(1)所有的检测原始记录应按规定的格式填写,书写时应使用蓝(黑)钢笔或签字笔,要求字迹端正、清晰,不得漏记、补记、追记。记录数据占记录格的1/2以下,以便修正记录错误。

(2)修正记录错误应遵循"谁记录谁修正"的原则,由原始记录人员采用"杠改"方式更正,即先杠改发生的错误记录,表示该记录数据已经无效,然后在杠改记录格的右上方填写正确的数据,并加盖自己的名章或签名。其他人不得代替原始记录人修改。在任何情况下都不得采用涂抹、刮除或其他方式销毁原错误的记录,并应保证其清晰可见。

(3)使用法定计量单位,按标准规定的有效数字的位数记录,正确进行数据修约。

(4)原始记录在检测期间应由检测人妥善保管,不丢失、不损坏。

(5)原始记录应用书面方式归档保存。

(6)原始记录属于保密文件,无关人员不得随意借阅,借阅时需按规定程序批准。

(7)原始记录的保存期应根据要求确定。如根据我国目前的有关政策规定,水利工程的检测记录要求在工程运行期内不得销毁。

任务2　建筑材料技术标准

建筑材料质量检测,是利用一定的检测方法和仪器对建筑材料的一项或多项质量特性进行测量、检查、试验或度量,并将结果与相关的技术标准或规定要求相比较,从而确定每项特性的合格情况。材料检测工作内容可概括为"测、比、判","测"就是测量、检查、试验、度量,"比"就是将"测"的结果与规定要求进行比较,"判"就是根据"比"的结果做出合格与否的判断。建筑材料的检测工作与建筑物的安全、经济效益关系密切,不仅是判定和控制建筑材料质量、监控施工过程、保障工程质量的手段和依据,也是推动科技进步、合理使用建筑材料、降低生产成本、提高企业效益的有效途径。建筑材料检测贯穿于工程施工的整个过程,各项建筑材料的检测结果,是工程施工及工程质量验收必需的技术依据。

建筑材料检测工作,均以现行的技术标准及有关的规范、规程为依据。技术标准或规范主要是对产品在工程建设的质量、规格及其检测方法等方面所做的技术规定,也是在生产、建设、科学研究及商品流通工作中一种共同的技术依据。建筑材料技术标准的主要内容包括产品规格、分类、技术要求、检测方法、验收规则、包装、标志、运输储存等。

目前,建筑材料技术标准大致包括材料质量要求和检测两方面。有些标准的质量要求和检测二者合在一起,有些标准则分开订立。在现场配制的一些材料,其原材料应符合相应的材料标准要求,而其制成品的检测和使用方法,通常在施工验收规范和有关规程中得以体现。如钢筋混凝土材料,其原料水泥、细骨料(砂子)、粗骨料(石子)、钢筋等应符合各自相关标准要求,而钢筋混凝土构件的检测常包含于施工验收规范及有关规程中。

2.2.1　技术标准的分类

2.2.1.1　按照标准化对象划分

按照标准化对象的不同,通常把标准分为技术标准、管理标准和工作标准三大类。

(1)技术标准是指对标准化领域中需要协调统一的技术事项所制定的标准。技术标准包括基础技术标准、产品标准、工艺标准、检测试验方法标准,以及安全、卫生、环保标准等。

(2)管理标准是指对标准化领域中需要协调统一的管理事项所制定的标准。管理标准包括管理基础标准、技术管理标准、经济管理标准、行政管理标准、生产经营管理标准等。

(3)工作标准是指对工作的责任、权利、范围、质量要求、程序、效果、检查方法、考核办法所制定的标准。工作标准一般包括部门工作标准和岗位(个人)工作标准。

2.2.1.2　按标准性质划分

按标准性质的不同,把标准分为强制性标准和推荐性标准两类性质的标准。保障人体健康,人身、财产安全的标准和法律、行政法规规定强制执行的标准是强制性标准,其他标准是推荐性标准。

2.2.2　技术标准的分类原则

国家标准是指由国家标准化主管机构批准发布,对全国经济、技术发展有重大意义,且在全国范围内统一的标准。国家标准是在全国范围内统一的技术要求,由国务院标准化行政主管部门编制计划,协调项目分工,组织制定(含修订),统一审批、编号、发布。法律对国家标准的制定另有规定的,依照法律的规定执行。国家标准的年限一般为5年,过了年限后,国家标准就要被修订或重新制定。此外,随着社会的发展,国家需要制定新的标准来满足人们生产、生活的需要。因此,标准是种动态信息。

2.2.2.1　坚持企业为主的原则,提高标准的适用性

以市场为主导、企业为主体,贴近经济,紧跟市场,服务企业,以满足市场需求为目标,使企业成为制定标准、实施标准的主力军。

2.2.2.2　坚持国际化原则,提升我国的综合竞争力

遵循WTO的规则,积极采用国际标准,加快与国际接轨的步伐。加大实质性参与国际标准化活动的力度,努力实现从"国际标准本地化"到"国家标准国际化"的转变,全面提升我国的综合竞争力。

2.2.2.3　坚持重点保障原则,促进经济平衡较快发展

面向国民经济的主战场,重点加强社会急需的农业、食品、安全、卫生、环境保护、资源节约、高新技术、服务等领域的标准化工作,为国民经济和社会发展提供技术保障。

2.2.2.4　坚持自主创新原则，提高我国的标准水平

加强标准化工作与科技创新活动的紧密结合，促进我国自主创新技术通过标准快速形成生产力，提高标准水平，增强产品竞争力。同时，进一步完善以标准为基础的技术制度，提高我国的自主创新能力。

2.2.3　技术标准的等级

建筑材料的技术标准根据发布单位与适用范围的不同，分为国家标准、行业标准（含协会标准）、地方标准及企业标准四级。各项标准分别由相应的标准化管理部门批准并颁布，国家质量监督检验检疫总局是我国国家标准化管理的最高机关。国家标准和行业标准都是全国通用标准，分为强制性标准和推荐性标准。地方标准是由地方主管部门制定和发布的地方性技术文件，根据本地区的现状、经济要素等适合本地区使用。如省、自治区、直辖市有关部门制定的工业产品的安全、卫生要求等地方标准在本行政区域内是强制性标准。企业生产的产品没有国家标准、行业标准、地方标准的，企业应制定相应的企业标准作为组织生产管理的依据。企业标准由企业组织制定，一般情况下，企业标准所制定的相关技术要求应高于类似（或相关）产品的国家标准，并报请有关主管部门审查备案。鼓励企业制定各项技术指标均严于国家标准、行业标准、地方标准的企业标准在企业内使用。

2.2.4　技术标准编码代号

根据《中华人民共和国标准化法》和《中华人民共和国标准化法实施条例》的有关规定，为正确使用标准代号，维护法律的权威性和政令的严肃性，避免标准代号混乱造成的不良影响和后果，国家质量监督检验检疫总局特作如下规定：

（1）中华人民共和国国家标准代号：

GB——强制性国家标准；

GB/T——推荐性国家标准；

（2）中华人民共和国行业标准、地方标准、企业标准（节选）：

JC——中华人民共和国建筑材料行业标准；

JGJ——中华人民共和国住房和城乡建设部建筑工程行业标准；

JGJ/T——中华人民共和国住房和城乡建设部建筑工程行业推荐性标准；

SL——中华人民共和国水利行业标准；

DL——中华人民共和国电力行业标准；

DL/T——中华人民共和国电力行业推荐性标准；

SY——中华人民共和国石油行业标准；

YB——中华人民共和国冶金行业标准；

JT——中华人民共和国交通行业标准；

SECS——中国工程建设标准化协会标准；

DB——地方标准；

QB——企业标准。

标准的表示方法,由标准名称、部门代号、标准编号和颁布年份组成。例如,国家推荐性标准《低碳钢热轧圆盘条》(GB/T 701—2008),标准的部门代号为 GB/T,编号为 701,颁布年份为 2008 年。建筑材料行业标准《砂浆、混凝土防水剂》(JC474—2008),标准的部门代号为JC,编号为474,颁布年份为2008 年。又如,1999 年制定的硅酸盐水泥及普通硅酸盐水泥的国家强制性标准是《硅酸盐水泥、普通硅酸盐水泥》(GB 175—1999),2007年修订了该标准,但标准编号不变,颁布的时间改变了,则标准名称改为《通用硅酸盐水泥》(GB 175—2007)。

世界各国对材料的标准化都很重视,均制定了各自的标准。如美国的材料试验协会标准"ASTM"、英国标准"BS"、德国工业标准"DIN"、罗马尼亚国家标准"STSA"、匈牙利国家标准"MSZ"、日本工业标准"JIS"等。世界范围内,统一使用的国际标准为"ISO"体系。

任务 3　检测数据的分析与处理

2.3.1　数据分析

2.3.1.1　误差

在材料检测中,由于测量仪器设备、方法、人员或环境等因素,测量结果与被测量的量的真值之间总会有一定差距。误差就是指测量结果与真值之间的差异。

1. 绝对误差和相对误差

绝对误差是测量结果 X 减去被测量的量的真值 X_0 所得的差,简称误差,即 $\Delta = X - X_0$。绝对误差往往不能用来比较测试的准确程度,为此,需要用相对误差来表达差异。相对误差是绝对误差 Δ 除以被测量的量的真值 X_0 所得的商,即 $S = \Delta / X_0 \times 100\% = (X - X_0)/X_0 \times 100\%$。

2. 系统误差和随机误差

系统误差是指在重复性条件下(是指在测量程序、人员、仪器、环境等尽可能相同的条件下,在尽可能短的时间间隔内完成重复测量任务),对同一量进行无限多次测量所得结果的平均值与被测量的量的真值之差。系统误差决定测量结果的正确程度,其特征是误差的绝对值和符号保持恒定或遵循某一规律变化。

随机误差是指测量结果与在重复条件下对同一被测量进行无限多次测量所得结果的平均值之差。随机误差决定测量结果的精密程度,其特征是每次误差的取值和符号没有一定规律,且不能预计,多次测量的误差整体服从统计规律,当测量次数不断增加时,其误差的算术平均值趋于零。

2.3.1.2　可疑数据的取舍

在一组条件完全相同的重复检测中,当发现某个过大或过小的可疑数据时,应按数理统计方法给予鉴别并决定取舍。常用方法有以下两种。

1. 格拉布斯方法

(1)把试验所得数据从小到大排列:$X_1, X_2, X_i, \cdots, X_n$。

(2)计算统计量 T 值。

设 X_i 为可疑值,则

$$T = \frac{\overline{X} - X_i}{S} \tag{2-1}$$

式中　$\overline{X}_1$——试件平均值,$\overline{X}=\sum_{i=1}^{n} X_i/n$;

X_i——测定值;

n——试件个数;

S——试件标准差,$S=\sqrt{\frac{1}{n-1}\sum_{i=1}^{n}(X_i-\overline{X})^2}$。

(3)选定显著性水平 a(一般取 0.05),查表 2-1 中相应于 n 与 a 的 $T(n,a)$的值。

表 2-1　n、a 和 T 值的关系

a(%)	当 n 为下列数值时的 T 值							
	3	4	5	6	7	8	9	10
5.0	1.15	1.46	1.67	1.82	1.94	2.03	2.11	2.18
2.5	1.15	1.48	1.71	1.89	2.02	2.13	2.21	2.29
1.0	1.15	1.49	1.75	1.94	2.10	2.22	2.31	2.41

(4)当计算的统计量 $T \geqslant T(n,a)$时,则假设的可疑数据是对的,应予舍弃。当 $T<T(n,a)$时,则不能舍弃。

这样判决犯错的概率为 $a=0.05$。

2. 三倍标准差法

三倍标准差法是美国混凝土标准中所采用的方法。其准则是:$X_i-\overline{X}>3S$(S 为样本标准差)时应予舍弃;$X_i-\overline{X} \leqslant 3S$ 时则保留,但需存疑。当发现试件制作、养护、检测过程中有可疑的变异时,该试件强度值应予舍弃。

以上两种方法,三倍标准差法最简单,但要求较宽,几乎绝大部分数据可不舍弃。格拉布斯方法适用于标准没有规定的情况。

2.3.2　数据统计

2.3.2.1　数据的均值

测试结果的真值是一个理想概念,一般情况下是不知道的。根据统计规律,当测试次数足够多时,测试结果的均值便接近真值。但在工程实践中,测试次数不可能太多,一般检测项目都规定了进行有限次平行测试,将各次测试数据的均值作为测试结果。

1. 算术平均值

算术平均值是最常用的一种均值计算方法,用来了解一批数据的平均水平,度量这些数据中间位置,按下式计算:

$$\overline{X} = \frac{X_1 + X_2 + \cdots + X_n}{n} = \frac{\sum_{i=1}^{n} X_i}{n} \tag{2-2}$$

式中　$\overline{X}$——算术平均值；

$X_1, X_2, \cdots, X_n$——各个测试数据值；

n——测试数据个数。

2. 均方根平均值

均方根平均值对数据大小跳动反映较为灵敏，计算公式如下：

$$X_S = \sqrt{\frac{X_1^2 + X_2^2 + \cdots + X_n^2}{n}} = \sqrt{\frac{\sum_{i=1}^{n} X_i^2}{n}} \tag{2-3}$$

式中　X_S——各测试数据的均方根平均值；

$X_1, X_2, \cdots, X_n$——各个测试数据值；

n——测试数据个数。

3. 加权平均值

测试数据均值的大小不仅取决于各个测试数据的大小，而且取决于各测试数据出现的次数(频数)，各测试数据出现的次数对其在平均数中的影响起着权衡轻重的作用。因此，可将各测试数据乘以其出现的次数，加总求和后再除以总的测试次数，得到的数值称为加权平均值。其中，各测试数据出现的次数称为权数或权重。计算公式如下：

$$X_M = \frac{X_1 g_1 + X_2 g_2 + \cdots + X_n g_n}{g_1 + g_2 + \cdots + g_n} = \frac{\sum_{i=1}^{n} X_i g_i}{\sum_{i=1}^{n} g_i} \tag{2-4}$$

式中　X_M——加权平均值；

$X_1, X_2, \cdots, X_n$——各个不同测试数据值；

$g_1, g_2, \cdots, g_n$——各个不同测试数据值的频数；

n——总的测试数据个数。

建筑材料检测中，计算水泥的平均强度通常采用加权平均值。

2.3.2.2　中位数

将一组数据按大小顺序排列，位于中间的数据称为中位数，也叫中值。当数据的个数 n 为奇数时，居中者即为该组数据的中位数；当数据的个数 n 为偶数时，居中间的两个数据的平均值即是该组数据的中位数。例如一组混凝土抗压强度的测试值分别为 25.20 MPa、25.62 MPa、25.71 MPa、25.93 MPa、25.43 MPa、25.62 MPa，则这组数据的中位数为 25.62 MPa。

2.3.2.3　数据的分散程度

1. 极差

极差表示数据离散的范围，可用来度量数据的离散性，也称为范围误差或全距，是指一组平行测试数据中最大值和最小值之差。例如三块砂浆试件抗压强度分别为 5.20 MPa、5.63 MPa、5.71 MPa，则这组试件的极差或范围误差为 5.71−5.20＝0.51(MPa)。

2. 算术平均误差

算术平均误差又叫平均偏差，是指各个测试数据与总体平均值的绝对误差的绝对值的平均值，其计算公式为：

$$\delta = \frac{|X_1 - \overline{X}| + |X_2 - \overline{X}| + \cdots + |X_n - \overline{X}|}{n} \tag{2-5}$$

式中　δ——算术平均误差；

$X_1, X_2, \cdots, X_n$——各个测试数据值；

$\overline{X}$——测试数据的算术平均值；

n——测试数据个数。

例如三块砂浆试块的抗压强度分别为5.21 MPa、5.63 MPa、5.72 MPa，这组试件的平均抗压强度为5.52 MPa，则其算术平均误差为

$$\delta = \frac{|5.21 - 5.52| + |5.63 - 5.52| + |5.72 - 5.52|}{3} = 0.2(\text{MPa})$$

3. 标准差(均方根差)

只知试件的平均水平是不够的，还要了解数据的波动情况及其带来的危险性，标准差(均方根差)是衡量波动性(离散性大小)的指标。标准差的计算公式为：

$$S = \sqrt{\frac{(X_1 - \overline{X})^2 + (X_2 - \overline{X})^2 + \cdots + (X_n - \overline{X})^2}{n - 1}} \tag{2-6}$$

式中　S——标准差；

$X_1, X_2, \cdots, X_n$——各个测试数据值；

$\overline{X}$——测试数据的算术平均值；

n——测试数据个数。

例如凌河水泥厂某月生产10个编号的32.5级矿渣硅酸盐水泥试件，28 d抗压强度分别为37.3 MPa、35.0 MPa、38.4 MPa、35.8 MPa、36.7 MPa、37.4 MPa、38.1 MPa、37.8 MPa、36.2 MPa、34.8 MPa，这10个编号水泥试件的算术平均强度为：

$$\overline{X} = \frac{\sum_{i=1}^{n} X_i}{n} = \frac{367.5}{10} = 36.8(\text{MPa})$$

其标准差为

$$S = \sqrt{\frac{(X_1 - \overline{X})^2 + (X_2 - \overline{X})^2 + \cdots + (X_n - \overline{X})^2}{n - 1}} = \sqrt{\frac{14.47}{10 - 1}} = 1.268(\text{MPa})$$

4. 变异系数

标准差是表示测试数据绝对波动大小的指标，当测试较大的量值时绝对误差一般较大，因此需要考虑用相对波动的大小来表示标准差，即变异系数。计算式为：

$$C_V = \frac{S}{\overline{X}} \times 100\% \tag{2-7}$$

式中　C_V——变异系数(%)；

S——标准差；

$\overline{X}$——测试数据的算术平均值。

由变异系数可以看出用标准差所表示不出来的数据波动情况。例如，甲、乙两厂均生产 32.5 级矿渣水泥，甲厂某月的水泥 28 d 抗压强度平均值为 39.8 MPa，标准差为 1.68。同月乙厂生产的水泥 28 d 抗压强度平均值为 36.2 MPa，标准差为 1.62。两厂的变异系数分别为：甲厂 $C_V=\frac{1.68}{39.8}\times 100\%=4.22\%$，乙厂 $C_V=\frac{1.62}{36.2}\times 100\%=4.48\%$。从标准差看，甲厂大于乙厂。但从变异系数看，甲厂小于乙厂，说明乙厂生产的水泥强度相对跳动要比甲厂大，产品的稳定性较差，进而可以说明其质量差别大。

5. 正态分布和概率

如果想得到测试数据波动更加完整的规律，则须通过画出测试数据概率分布图的办法观察分析。在工程实践中，很多随机变量的概率分布都可以近似地用正态分布来描述。读者可参阅有关教材或文献资料。

2.3.3　数据修约

2.3.3.1　有效数字及其运算规则

若某一近似数据的绝对误差不大于（小于等于）该近似值末位的半个单位，则以此近似数据左起第一个非零数字起到最后一位数字止的所有数字都是有效数字，有效数字的个数为该近似数据的有效位数。如 0.005 6、0.056、5.6、5.6×10^{-2} 均为两位有效数字，0.056 0、5.60×10^{-2} 为三位有效数字，0.056 00 为四位有效位数。

常见的有效数字运算规则如下。

1. 加、减运算

当几个有效数字做加、减运算时，在各数中以小数位数最少的数为准，其余各数均凑成比该数多一位小数位。若计算结果尚需参加下一步运算，则有效位数可多保留一位。例如，$12.37+0.656-3.8\rightarrow12.37+0.66-3.8=9.23\approx9.2$，计算结果为 9.2，若尚需要参与下一步运算，则取 9.23。

2. 乘、除运算

当几个有效数字做乘、除运算时，在各数中以小数位数最少的数为准，其余各数均凑成比该数多一位小数位。若计算结果尚需参加下一步运算，则有效位数可多保留一位。例如，$1.162\,8\times0.72\times0.508\,00\rightarrow1.163\times0.72\times0.508=0.425\,4\approx0.425$，计算结果为 0.425，若需参与下一步运算，则取 0.425 4。

乘方、开方运算规则同乘、除运算。例如，$12.6^2=1.58\times10^2$。

3. 计算平均值

在计算几个有效数字的平均值时，如有 4 个以上的数字进行平均计算，则平均值的有效位数可以增加一位。

2.3.3.2　数据修约规则

在运算或其他原因需要减少数字位数时，应按照数字修约进舍规则进行修约。

（1）当拟舍弃数字的最左一位数字小于 5，则舍去，即保留数的末位数字不变。例如，将 16.243 8 修约到个数位,得 16;将 16.243 8 修约到一位小数,得 16.2。

(2)当拟舍弃数字的最左一位数字大于 5,则进一,即保留数的末位数字加 1。例如,将 21.68 修约到个数位,得 22;将 21.68 修约到一位小数,得 21.7。

(3)当拟舍弃数字的最左一位数字是 5,5 后有非 0 数字时,则进一,即保留数的末位数字加 1。当 5 后无数字或皆为 0 时,则保留数的末位数字应凑成偶数(若所保留的末位数字为奇数,则保留数字的末位数字加 1;若所保留的末位数字为偶数,则保留数字的末位数字不变)。例如,将 11.500 2 修约到个数位,得 12;将 250.650 00 修约为 4 位有效数字,得 250.6;将 18.075 00 修约为 4 位有效数字,得 18.08。

(4)负数修约时,先将它的绝对值按上述规定进行修约,然后在所得值前面加上负号。例如,将 -0.036 5 修约到两位小数,得 -0.04;将 -0.037 5 修约到三位小数,得-0.038。

(5)拟修约数字应确定修约间隔或指定修约数位后一次修约获得结果,而不得多次按进舍规则连续修约。例如将 97.46 修约到保留一位小数,正确的做法是 97.46→97.5(一次修约),不正确的做法是 97.46→97.5→98.0(两次修约)。

2.3.4　根据检测数据建立直线关系式

在进行材料检测时,有时需要根据测试数据找出材料的某两个质量特性指标之间的关系,建立相关经验公式,如抗压强度—抗拉(抗折)强度的关系、快速试验—标准试验强度的关系等。在工程实践中,常见的两个变量之间的经验相关公式是简单的直线关系式,如标准稠度 $p=33.4-0.185S$(下沉深度) $f_{cu}=0.53f_{ce}(B/W-0.20)$ 等经验公式都是直线关系式。直线关系式为

$$Y = b + aX \tag{2-8}$$

式中　Y——因变量;

X——自变量;

a——系数或斜率;

b——常数或截距。

建立两个变量间直线关系的方法很多,有作图法、选点法、平均法、最小二乘法等,下面举例逐一说明。

【例 2-1】　测得 8 对水泥快速抗压强度 $R_{快}$ 与 28 d 标准抗压强度 $R_{标}$ 值见表 2-2。试分别用作图法、选点法、平均法、最小二乘法建立标准抗压强度 $R_{标}$ 与快速抗压强度 $R_{快}$ 的直线相关公式。

表 2-2　水泥快速抗压强度 $R_{快}$ 与 28 d 标准抗压强度 $R_{标}$ 值　(单位:MPa)

序号	1	2	3	4	5	6	7	8
$X(R_{快})$	6.3	40.9	12.5	38.6	19.6	21.5	25.2	31.9
$Y(R_{标})$	26.1	62.6	29.0	58.4	37.1	41.1	45.7	52.6

解:(1)作图法。建立坐标系,横坐标代表快速抗压强度 $R_{快}$,纵坐标代表标准抗压强度 $R_{标}$,将 8 对测试数据点绘于坐标中,通过点群中心画一直线(见图 2-1),使 8 个点在直

线两侧分布均匀。这条直线即表示 $Y=b+aX$，就是 $R_{快}$ 与 $R_{标}$ 的相关式。延长直线使之与纵坐标轴相交，交点至零点的距离即为截距 $b=17.3$ MPa，系数 a 为直线的斜率 $a=\dfrac{Y}{X}=\dfrac{35.6}{32.8}=1.0854$，则得 $R_{标}=17.3+1.0854R_{快}$。

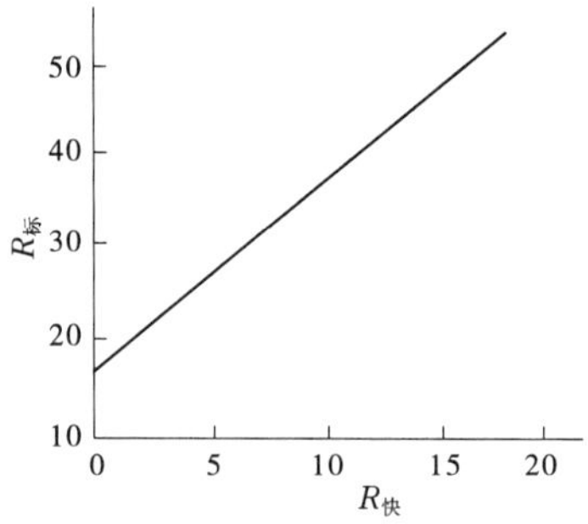

图 2-1　$R_{快}$—$R_{标}$ 相关直线

有了上述经验公式，就可以用快速抗压强度 $R_{快}$ 推算 28 d 标准抗压强度 $R_{标}$。如测得快速抗压强度 $R_{快}=30.0$ MPa，代入相关公式 $R_{标}=17.3+1.0854R_{快}$，得 28 d 标准抗压强度 $R_{标}=49.9$ MPa。

用作图法求两个变量间的直线经验公式时，要特别注意截距 b 和斜率 a 的正负号。相关直线与 Y 轴(纵坐标)的交点在零点以上时，b 为正值；交点在零点以下时，b 为负值。

(2)选点法。先将 8 对测试数据按照从小到大排序，见表 2-3。在 8 对测试数据中大小两端各任选一对数据，如选第 1 组(6.3,26.1)和第 8 组(40.9,62.6)，则根据这两组数据可得联立方程组：

$$\begin{cases}26.1 = b + 6.3a\\62.6 = b + 40.9a\end{cases}$$

通过求解此方程组，可得 $a=1.0549$，$b=19.5$，由此可写出 $R_{快}$ 和 $R_{标}$ 的直线关系式：$R_{标}=19.5+1.0549R_{快}$。

如果测得快速抗压强度 $R_{快}=30.0$ MPa，代入上式得 28 d 标准抗压强度 $R_{标}=51.1$ MPa。

利用选点法建立的相关公式，因选择的两组测试数据的不同而有差别。

表 2-3　按照大小次序排列的水泥快速抗压强度 $R_{快}$ 与 28 d 标准抗压强度 $R_{标}$ 值

(单位：MPa)

序号	1	2	3	4	5	6	7	8
$X(R_{快})$	6.3	12.5	19.6	21.5	25.2	31.9	38.6	40.9
$Y(R_{标})$	26.1	29.0	37.1	41.1	45.7	52.6	58.4	62.6

(3)平均法。先将 8 对测试数据按照从小到大排序，见表 2-3。再将 8 对测试数据分成两组，前 4 对一组，后 4 对一组，并求出两组检测数据的算术平均值：

第一组　$\overline{X_1}=15.0$，$\overline{Y_1}=33.3$

第二组　$\overline{X_2}=34.2$，$\overline{Y_2}=54.8$

组成方程组

$$\begin{cases}33.3 = b + 15.0a\\54.8 = b + 34.2a\end{cases}$$

求解此方程组得 $a=1.11979$，$b=16.503$，即可得到 $R_{快}$ 和 $R_{标}$ 的直线关系式为 $R_{标}=$

$16.503+1.119\ 79R_{快}$。

(4)最小二乘法。最小二乘法是一种最常用的统计分析方法,其基本原理是使各测试数据与统计分析得到的直线关系间的误差的平方和为最小。最小二乘法中,直线方程式的截距 b、斜率 a、相关系数 r、标准离差 σ 及变异系数 C_V 的计算公式如下:

截距

$$b=\frac{\sum XY\sum X-\sum Y\sum X^2}{(\sum X)^2-n\sum X^2}$$

斜率

$$a=\frac{\sum X\sum Y-n\sum XY}{(\sum X)^2-n\sum X^2}$$

相关系数

$$r=\frac{n\sum XY-\sum X\sum Y}{\sqrt{[n\sum X^2-(\sum X)^2][n\sum Y^2-(\sum Y)^2]}}$$

标准离差

$$\sigma=\sqrt{1-r^2}\frac{\sqrt{n\sum Y^2-(\sum Y)^2}}{n(n-2)}$$

变异系数

$$C_V(\%)=\frac{\sigma}{\overline{X}}\times 100\%$$

先列表计算 8 对测试数据的 $\sum X$、$\sum Y$、$\sum X^2$、$\sum Y^2$、$\sum XY$ 等数值,见表 2-4,然后代入上述公式计算得到 b、a、r、σ、C_V 值。

表 2-4　最小二乘法计算表

n	$Y(R_{标})$	$X(R_{快})$	Y^2	X^2	XY
1	26.1	6.3	681.21	39.69	164.43
2	62.6	40.9	3 918.76	1 672.81	2 560.34
3	29.0	12.5	841.00	156.25	362.50
4	58.4	38.6	3 410.56	1 489.96	2 254.24
5	37.1	19.6	1 376.41	384.16	727.16
6	41.1	21.5	1 689.21	462.25	883.65
7	45.7	25.2	2 088.49	635.04	1 151.64
8	52.6	31.9	2 766.76	1 017.61	1 677.94
合计	352.6	196.5	16 772.40	5 857.77	9 781.90

代入公式得:

$$b=\frac{9\ 781.90\times196.5-352.6\times5\ 857.77}{196.5^2-8\times5\ 857.77}=17.371\approx17.4$$

$$a=\frac{196.5\times352.6-8\times9\ 781.90}{196.5^2-8\times5\ 857.77}=1.087\ 2$$

得到 b 和 a 值后，即可写出直线关系式 $R_{标}=17.4+1.087\ 2R_{快}$，如果测得快速抗压强度 $R_{快}=30.0$ MPa，代入关系式便得到 28 d 标准抗压强度 $R_{标}=50.0$ MPa。

另外，将列表计算得到的数值分别代入 r、σ、C_V 的计算公式可得 $r=0.994\ 9$，$\sigma=1.445$ MPa，$C_V=5.88$。相关系数越接近 1，说明统计分析得到的直线关系式与测试数据之间的相关性越好，公式的使用可靠性越大，用公式计算的结果越接近实测值。

用最小二乘法统计分析直线关系式的计算较为复杂、费时，但利用 Excel 电子表格进行计算则可大大提高计算的效率和精度。

基础训练

2-1　建筑材料检测的主要工作内容有哪些？

2-2　什么是绝对误差和相对误差？

能力训练

2-1　在对某批水泥做抗压强度试验时，测得下列数值（单位：kN）：53.6，55.7，51.2，52.0，54.0，53.0，54.1，该水泥的抗压强度是多少？

2-2　测得 6 对水泥快速抗压强度 $R_{快}$ 与 28 d 标准抗压强度 $R_{标}$ 值见表 2-5。试用最小二乘法建立标准强度 $R_{标}$ 与快速强度 $R_{快}$ 的直线相关公式。

表 2-5　水泥快速强度 $R_{快}$ 与 28 d 标准强度 $R_{标}$ 值　（单位：MPa）

序号	1	2	3	4	5	6
$X(R_{快})$	12.5	6.3	38.6	21.5	25.2	31.9
$Y(R_{标})$	29.0	26.1	58.4	41.1	45.7	52.6

项目3 水 泥

【学习目标】

知识目标

1. 了解硅酸盐水泥的定义、矿物组成、硬化机制和基本性质。

2. 熟悉不同品种水泥的技术指标和检测标准。

3. 掌握水泥检测的试验方法和操作步骤。

技能目标

1. 能够根据相关规范标准抽取水泥试样,并进行相关检测。

2. 能够按照规范标准对检测数据进行处理,并出具相关的检测报告。

【项目导图】

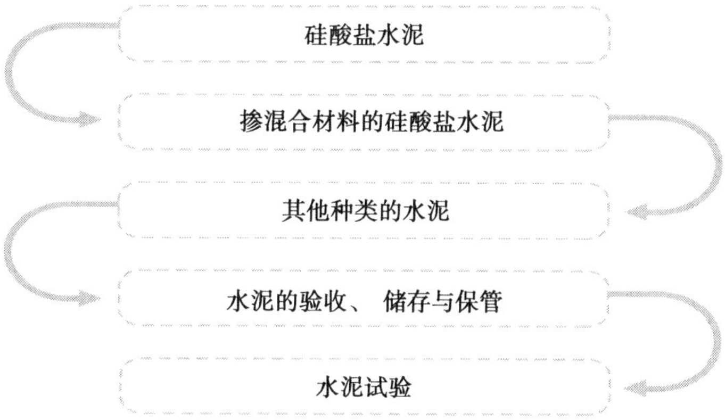

任务1 硅酸盐水泥

硅酸盐水泥属于水硬性胶凝材料,凡是以硅酸盐水泥熟料和适量的石膏及一定量的混合材料制成的水硬性胶凝材料,均称为硅酸盐水泥,这类水泥不仅能在空气中凝结硬化,而且能更好地在水中凝结硬化并保持强度增长。本任务若不特别标明类别定语,水泥二字是硅酸盐水泥的简称。

硅酸盐水泥是最主要的建筑材料之一,主要用于配制混凝土和砂浆,广泛应用于建筑、水利、道桥和国防等工程中。本任务以通用硅酸盐水泥为主来讨论与水泥生产和水化理论相关的基础知识,其他水泥与此有共性的(如熟料煅烧、水泥粉磨、水化和硬化的细节等),就不在其他任务中详细介绍了,在那里只介绍与此不同的性能。

3.1.1 硅酸盐水泥的生产与矿物组成

根据《通用硅酸盐水泥》(GB 175—2007)标准规定,凡是由硅酸盐水泥熟料、0~5%

石灰石或粒化高炉矿渣、适量石膏磨细制成的水硬性胶凝材料，称为硅酸盐水泥（国外称为波特兰水泥）。硅酸盐水泥为通用硅酸盐水泥中强度最高的产品，硅酸盐水泥中根据其是否掺有混合材料可分为Ⅰ型硅酸盐水泥和Ⅱ型硅酸盐水泥，不掺混合材料的为Ⅰ型硅酸盐水泥，其代号为P · Ⅰ，掺有混合材料的为Ⅱ型硅酸盐水泥，其代号为P · Ⅱ。在硅酸盐水泥中掺有超过5%混合材料的水泥产品，根据混合料的种类和掺量不同，另有五大类产品，统一称为硅酸盐水泥。硅酸盐水泥的分类及主要配料比例见表3-1。

表3-1　硅酸盐水泥的分类及主要配料比例

品种	代号	组分				
		熟料+石膏	粒化高炉矿渣	火山灰质混合材料	粉煤灰	石灰石
硅酸盐水泥	P · Ⅰ	100	—	—	—	—
	P · Ⅱ	≥95	≤5	—	—	—
		≥95	—	—	—	≤5
普通硅酸盐水泥	P · O	≥80且<95	>5且≤20		—	
矿渣硅酸盐水泥	P · S · A	≥50且<80	>20且≤50	—	—	—
	P · S · B	≥30且<50	>50且≤70	—	—	—
火山灰质硅酸盐水泥	P · P	≥60且<80	—	>20且≤40	—	—
粉煤灰硅酸盐水泥	P · F	≥60且<80	—	—	>20且≤40	—
复合硅酸盐水泥	P · C	≥50且<80	>20且≤50			

3.1.1.1　硅酸盐水泥的生产

通用硅酸盐水泥熟料的主要原材料包括石灰质原材料和黏土质原材料两种。石灰质原材料可采用石灰石、白垩和石灰质凝灰岩，它主要提供CaO。黏土质原材料有黏土和黄土等，主要提供SiO_2、Al_2O_3和少量的Fe_2O_3，有时还需要加入少量的铁矿石以弥补Fe_2O_3的不足。为了改善煅烧条件，常常加入少量的矿化剂和晶种等。水泥工艺流程见图3-1。

1. 熟料生产方法

硅酸盐水泥熟料生产随生料制备方法不同，可分为干法（包括半干法）与湿法（包括半湿法）两种。

（1）干法生产：将原料同时烘干并粉磨，或先烘干经粉磨成生料粉后喂入干法窑内煅烧成熟料的方法。也有将生料粉加入适量水制成生料球，送入立波尔窑内煅烧成熟料的方法，称为半干法，仍属干法生产的一种。

（2）湿法生产。将原料加水粉磨成生料浆后，喂入湿法窑煅烧成熟料的方法。也有将湿法制备的生料浆脱水后，制成生料块入窑煅烧成熟料的方法，称为半湿法，仍属湿法生产的一种。

干法生产的主要优点是热耗低（如带有预热器的干法窑熟料热耗为3 140～3 768

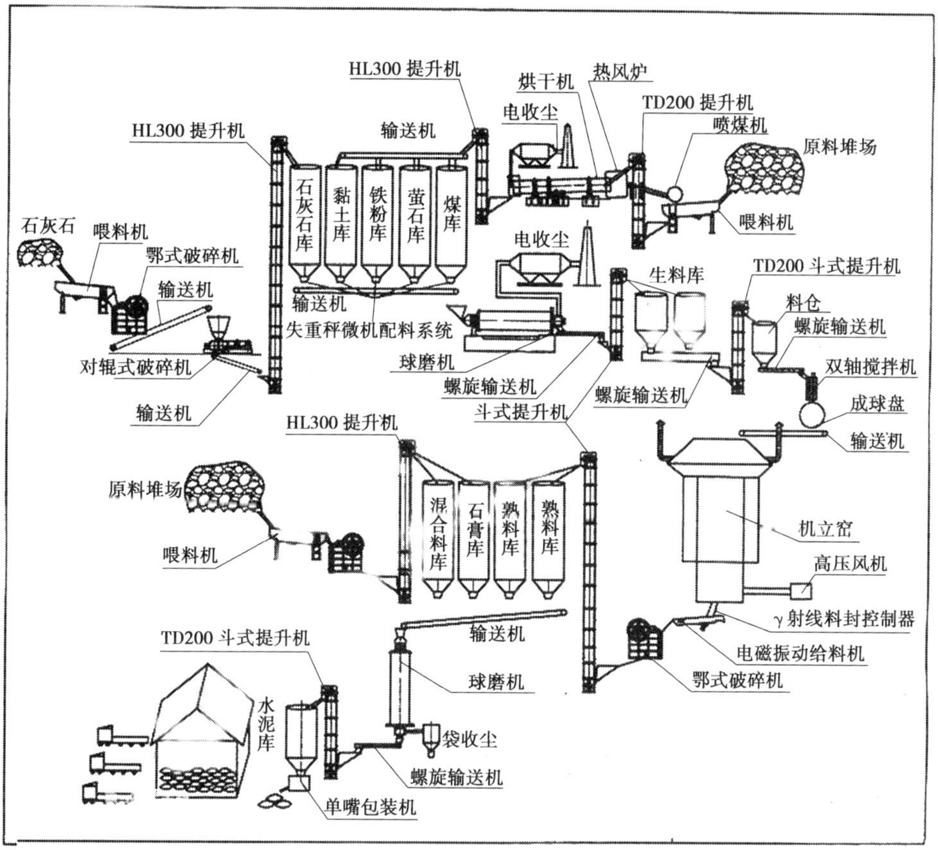

图 3-1 水泥工艺流程

J/kg)，缺点是生料成分不易均匀，车间扬尘大，电耗较高。湿法生产具有操作简单、生料成分容易控制、产品质量好、料浆输送方便、车间扬尘少等优点，缺点是热耗高(熟料热耗通常为 5 234~6 490 J/kg)。

2. 两磨一烧

水泥的生产步骤是：先将几种原材料按一定比例混合磨细制成生料，然后将生料入窑进行高温(温度为 1 450 ℃)煅烧成熟料，在熟料中加入适量石膏(和混合材料)混合磨细即得到成品水泥，此过程简称为“两磨一烧”。在煅烧过程中，原材料分解为 CaO 与 SiO_2、Al_2O_3、Fe_2O_3，在高温下，它们相互化合，生成了新的化合物，称为水泥熟料矿物。除熟料的矿物组合外，其他非硅酸盐水泥也按“两磨一烧”的工序生产。

3. 生产工序

1) 生料磨制

生料磨制分干法和湿法两种。干法一般采用闭路操作系统，即原料经磨机磨细后，进入选粉机分选，粗粉回流入磨再进行粉磨操作，并且多数采用物料在磨机内同时烘干并粉磨的工艺，所用设备有管磨、中卸磨及辊式磨等。

2) 煅烧

将生料入窑进行高温煅烧(温度为 1 450 ℃)。煅烧熟料的设备主要有立窑和回转窑两类，立窑适用于生产规模较小的工厂，大、中型厂宜采用回转窑。

3）粉磨

在水泥熟料中加入石膏或混合材料磨细。细磨通常采用圈流粉磨工艺（闭路操作系统）。

近年来，由于在原料预均化、生料粉的均化输送和收尘等方面采用了新技术和新设备，尤其是窑外分解技术的出现，一种干法生产新工艺随之产生。采用这种新工艺使干法生产的熟料质量不亚于湿法生产，电耗也有所降低，已成为各国水泥工业发展的趋势。

3.1.1.2　水泥熟料的矿物组成

硅酸盐水泥熟料的主要矿物组成见表 3-2。

表 3-2　硅酸盐水泥熟料的主要矿物组成

名称	化学式	简式	含量
硅酸三钙	$3CaO \cdot SiO_2$	C_3S	37%～60%
硅酸二钙	$2CaO \cdot SiO_2$	C_2S	15%～37%
铝酸三钙	$3CaO \cdot Al_2O_3$	C_3A	7%～15%
铁铝酸四钙	$4CaO \cdot Al_2O_3 \cdot Fe_2O_3$	C_4AF	10%～18%

上述主要矿物成分中，氧化钙和氧化硅组合在一起的 C_3S、C_2S，称为硅酸盐矿物，在熟料中不少于 70%，因此以它们作为主要水化组分的水泥称为硅酸盐水泥；后两种矿物成分（C_3A、C_4AF）总含量为 25%左右，称为溶剂矿物。除主要矿物成分外，硅酸盐水泥中还含有少量游离氧化钙、游离氧化镁和碱等，它们的总量不超过 10%。除此之外，水泥中还含有少量的碱（氧化钠和氧化钾），它们能与某些活性骨料起化学反应，通常称为碱—骨料反应，其反应生成物可引起混凝土膨胀破坏。所以，碱和游离氧化镁的含量必须根据国家标准，严格进行控制。

3.1.2　硅酸盐水泥的水化与凝结硬化

3.1.2.1　硅酸盐水泥的水化

水泥熟料矿物与水反应称为硅酸盐水泥的水化。水泥水化生成的主要水化物有水化硅酸钙凝胶、氢氧化钙、水化铝酸钙和水化硫铝酸钙晶体。其中，水化硅酸钙凝胶约占 70%，氢氧化钙约占 20%。其各矿物水化反应式如下。

1. 硅酸三钙

硅酸三钙在水泥熟料中的含量占 37%～60%，因此它的水化作用、产物及其所形成的结构对硬化水泥浆体的性能有很重要的影响。硅酸三钙在常温下的水化反应，大体上可用下面的方程式表示：

$$2(3CaO \cdot SiO_2) + 6H_2O \rightarrow 3CaO \cdot 2SiO_2 \cdot 3H_2O + 3Ca(OH)_2 \qquad (1)$$

上式表明，其水化产物为 C-S-H（$3CaO \cdot 2SiO_2 \cdot 3H_2O$）凝胶和氢氧化钙，C-S-H 有时也被称为水化硅酸钙。C-S-H 呈无定形的胶体状，其结晶程度极差，且即使经过很长时间，结晶度仍然提高不多。

2. 硅酸二钙

硅酸二钙的水化与 C_3S 相似，只不过水化速度慢而已，其反应式如下：

$$2(2CaO \cdot SiO_2) + 4H_2O \rightarrow 3CaO \cdot 2SiO_2 \cdot 3H_2O + Ca(OH)_2 \quad (2)$$

C_2S 所形成的水化硅酸钙与 C_3S 水化生成的产物相同。但生成 C-S-H 凝胶的量比 C_3S 少，结晶也比 C_3S 的粗大些。

3. 铝酸三钙

铝酸三钙与水反应迅速，放热快，其水化产物组成和结构受液相 CaO 浓度和温度的影响很大。在常温下，水化反应可简化为下式：

$$3CaO \cdot Al_2O_3 + 6H_2O \rightarrow 3CaO \cdot Al_2O_3 \cdot 6H_2O \quad (3)$$

4. 铁铝酸四钙

水泥熟料中，C_4AF 水化速率比 C_3A 慢，水化热较低，即使单独水化也不会引起快凝。铁铝酸四钙的水化反应式如下：

$$4CaO \cdot Al_2O_3 \cdot Fe_2O_3 + 7H_2O \rightarrow 3CaO \cdot Al_2O_3 \cdot 6H_2O + CaO \cdot Fe_2O_3 \cdot H_2O \quad (4)$$

硅酸盐水泥熟料四种主要矿物的水化特性各不相同，主要表现在对水泥强度、凝结硬化速度和水化热的影响上，各主要矿物成分的水化特性如表 3-3 所示。

表 3-3 各熟料矿物成分的水化特性

名称	硅酸三钙(C_3S)	硅酸二钙(C_2S)	铝酸三钙(C_3A)	铁铝酸四钙(C_4AF)
凝结硬化速度	快	慢	最快	快
28 d 水化热	多	少	最多	中
强度	早期强度高	早期低、后期高	低	低

由于水泥熟料的水化特性不同，改变水泥中各矿物成分的比例，水泥的性质也随之改变，因此在实际生产中，可以调整水泥中各矿物成分的含量，以生产出不同性质的水泥，满足不同环境条件、不同结构类型混凝土的要求。如生产低热水泥，可适当提高水泥熟料中硅酸二钙和铁铝酸四钙的含量，相应降低硅酸三钙和铝酸三钙的含量。

3.1.2.2 硅酸盐水泥的凝结硬化

水泥加水拌和后，最初形成的是可塑性浆体。随着时间的延长，水泥浆体逐渐变稠失去可塑性，称为水泥的凝结。凝结的水泥继续进行水化反应，使强度逐渐增强，最终形成坚硬的水泥石的过程称为硬化。

水泥加水拌和后，未水化的水泥颗粒分散在水中，形成了水泥浆体，如图 3-2(a)所示。

水泥的水化从其颗粒表面开始。水和水泥接触，首先是水泥颗粒的矿物成分溶解，然后与水发生化学反应，或水直接进入水泥颗粒内部发生水化反应，形成相应的水化产物。大多数水化产物溶解度很小，其生成速度大于扩散速度，在很短时间内，在水泥颗粒周围形成了水化产物膜层。由于水化产物较少，包有水化产物膜层的水泥颗粒仍然是分离的，水泥浆体具有良好的可塑性，如图 3-2(b)所示。

随着水泥颗粒的继续水化，水化产物不断增多，水泥颗粒的包裹层不断增厚而破裂，使水泥颗粒之间的空隙逐渐缩小。带有包裹层的水泥颗粒逐渐接近,甚至相互接触,在水泥颗粒之间形成了网状结构,水泥浆体的稠度不断增大,失去可塑性,但是不具有强度,这一过程称为水泥的凝结,如图 3-2(c)所示。

水泥的水化过程继续进行,水化产物不断增多并填充水泥颗粒之间的空隙,整个结构的孔隙率降低,密实度增加,水泥浆体开始产生强度并最后发展成具有一定强度的石状体,这就是水泥的硬化过程,如图 3-2(d)所示。

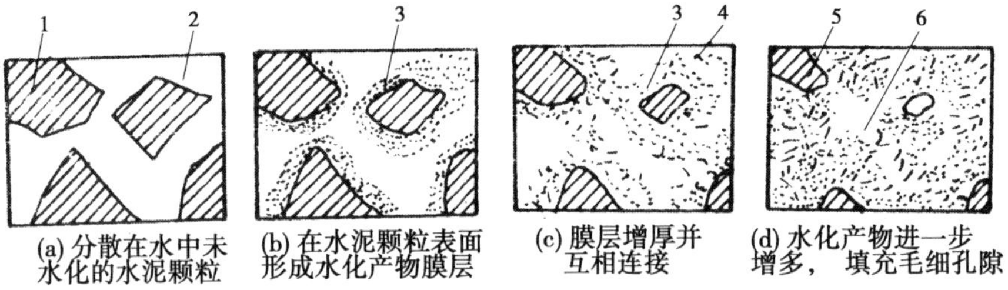

1—水泥颗粒;2—水;3—凝胶;4—晶体;5—未水化的水泥颗粒内核;6—毛细孔

图 3-2　水泥凝结硬化过程示意图

水泥的水化与凝结硬化从水泥颗粒表面开始进行,并逐渐深入到水泥的内部。初始的水化速度较快,水化产物增长较快,水泥石的强度提高也较快。由于水化产物的增多,堆积在水泥颗粒周围,水分渗入到水泥颗粒内部的速度和数量大大减小,水化速度也随之降低。但是无论水化多长时间,多数水泥颗粒内部不可能完全水化。因此,硬化的水泥是由水化产物、未水化的水泥颗粒、水和孔隙组成的。

3.1.3　影响硅酸盐水泥凝结、硬化的主要因素

掌握影响水泥凝结硬化的因素,其目的是在水泥实际生产中调节水泥性能和在水泥混凝土工程施工中正确使用水泥。影响水泥凝结硬化的主要因素包括熟料矿物组成、石膏掺量、水泥细度、水胶比、环境的温度和湿度、养护龄期、外加剂等。

3.1.3.1　熟料矿物组成

熟料矿物组成是影响水泥凝结硬化的主要内因。由于水泥中各种矿物组成的比例和性质不同,水泥表现出不同的性质。如硅酸二钙和硅酸三钙占熟料的比例最大,它是水泥的主要矿物成分,它们之间的比例关系决定水泥的基本性质;硅酸三钙和铝酸三钙的水化与凝结硬化的速率最快,当水泥中两者含量较高时,水泥的凝结硬化快、早期强度高,水化放热量大。

3.1.3.2　石膏掺量

为了调节水泥的凝结硬化速度,在硅酸盐水泥熟料磨细前掺入适量石膏。如不掺入石膏或石膏掺量不足,水泥浆在很短时间内迅速凝结硬化(也称为急凝)。其原因在于,铝酸三钙(C_3A)在溶液中电离出三价铝离子,三价铝离子与凝胶体所带电荷相反,使胶体凝聚。当掺入适量石膏时,石膏与 C_3A 反应,其化学产物延缓了水泥的凝结硬化速度。如果石膏掺量过多,会使凝结硬化速度加快,同时还会引起硬化水泥石膨胀开裂(称为体积安定性不良)。石膏的掺量取决于熟料中 C_3A 含量和石膏中三氧化硫含量。一般为水泥质量的 3%~5%,具体掺量应通过试验确定。

3.1.3.3 **水泥细度**

水泥的细度是指水泥颗粒的粗细程度。水泥颗粒越细,比表面积越大,水化的过程越完全,水化和凝结硬化速度越快,早期强度越高。但水泥颗粒过细,易与空气中的水分及二氧化碳反应而不易久存,并且成本明显提高。另外,水泥颗粒过细,用水量会增加,硬化时会产生较大的体积收缩,产生大量的孔隙,使水泥石强度降低。因此,水泥的细度要控制在合理的范围之内。

3.1.3.4 **水胶比**

水和水泥的质量比称为水胶比。水泥水化的水胶比约为0.23,但为了使水泥浆体具有一定的流动性和可塑性,往往需要增大水胶比。当水胶比较大时,多余的水分蒸发后会形成大量孔隙,使强度降低。而且拌和的水越多,形成的孔隙越多。因此,在不影响施工的前提下,水胶比越小,水泥的凝结硬化越快,形成的孔隙越少,水泥的强度、抗渗性能、抗侵蚀性能越好。

3.1.3.5 **环境温度和湿度**

温度对水泥的凝结硬化影响较大。通常温度较高时,水化和凝结硬化的速度较快,可以提高水泥的早期强度。当温度低于0 ℃时,水结冰使水化作用停止。一般要求水泥的水化、凝结硬化温度不低于5 ℃。水泥水化反应必须在潮湿的环境中才能进行,潮湿的环境能保证水泥浆体中的水分不蒸发、水化反应得以维持。

3.1.3.6 **养护时间(龄期)**

水泥的水化硬化是一个较长时期内不断进行的过程。随着养护龄期的不断增加,水化产物不断增多,胶凝体不断增加,孔隙数量不断减少,使水泥石强度随着龄期增长逐渐增加。实践证明:硅酸盐水泥28 d内强度发展较快,28 d后强度增长较慢。

3.1.3.7 **外加剂**

由于硅酸盐水泥的水化和凝结硬化受硅酸三钙和铝酸三钙的影响较大,因此凡对硅酸三钙和铝酸三钙的水化产生影响的外加剂,都能影响硅酸盐水泥的水化和凝结硬化。如水泥浆中掺入缓凝剂(木钙或糖类),会延缓水泥的水化和凝结硬化,影响水泥的早期强度;水泥浆中掺入早强剂,会促进水泥凝结硬化,提高其早期强度。

3.1.4 硅酸盐水泥的主要技术性质

根据国家标准《通用硅酸盐水泥》(GB 175—2007)规定,通用硅酸盐水泥的技术性质包括细度、标准稠度用水量、凝结时间、体积安定性、强度、碱含量、水化热和密度。

3.1.4.1 **细度**

水泥颗粒的粗细对水泥性质有较大影响,水泥颗粒粒径一般为0.007~0.2 mm。水泥颗粒越细,比表面积越大,水化反应速度越快,水泥石的早后期强度越高。但是消耗的粉磨能量高使成本增加,而且水泥硬化后收缩大。如果水泥颗粒过粗,则不利于水泥活性的发挥。一般认为水泥颗粒在0.04 mm以下活性较高,而水泥颗粒在0.1 mm以上时活性就很小。

国家标准规定,水泥的细度可采用筛析法和比表面积法测定。筛析法是采用边长为0.08 mm的方孔筛的筛余百分数表示水泥的细度。比表面积是指单位质量水泥粉末具有的总表面积，采用勃氏透气仪测定，其原理是根据一定量空气通过一定空隙和厚度水泥层时，因受阻力而引起流速变化来测定水泥的比表面积，其单位为 m^2/kg 或 cm^2/g。

《通用硅酸盐水泥》(GB 175—2007)明确规定，硅酸盐水泥和普通硅酸盐水泥细度以比表面积表示，不小于 300 m^2/kg；矿渣硅酸盐水泥、火山灰质硅酸盐水泥、粉煤灰硅酸盐水泥和复合硅酸盐水泥细度以筛余表示，要求 80 μm 方孔筛筛余不大于 10%或 45 μm 方孔筛筛余不大于 30%。凡是水泥细度不符合标准的为不合格品。按国家标准规定，水泥的细度应适当。若已知出厂水泥质量符合国家标准，则使用单位无需检测水泥细度。

3.1.4.2 **标准稠度用水量**

标准稠度用水量是指水泥拌制成特定的塑性状态时所需的用水量，以百分数来表示，一般为 24%～30%。由于用水量对水泥的性质(如凝结时间、体积安定性等)影响较大，因此为了使试验结果具有可比性，在测定这些性质时，应采用标准稠度净浆。

3.1.4.3 **凝结时间**

水泥的凝结时间分为初凝时间和终凝时间。初凝时间是指从水泥加水拌和起到水泥标准稠度净浆开始失去可塑性所需时间。终凝时间是指从水泥加水拌和起，到水泥标准稠度净浆完全失去可塑性，并开始产生强度所需时间。

水泥的凝结时间在水泥混凝土工程施工中具有重要意义，施工时要求“初凝时间不宜过早，终凝时间不宜过迟”。初凝时间不宜过早，以便有足够的时间，完成混凝土搅拌、运输、浇筑和振捣等工序。终凝时间不宜过迟，混凝土浇捣完毕后，尽快硬化并达到一定强度，以利于下一步工序的进行。

国家标准规定，水泥凝结时间的测定采用标准稠度水泥净浆，在规定的温湿度条件下，用凝结时间测定仪来测定。《通用硅酸盐水泥》(GB 175—2007)规定，硅酸盐水泥初凝时间不得早于 45 min，终凝时间不得迟于 6.5 h。实际上硅酸盐水泥初凝为 1～3 h，终凝为 5～8 h。凡是初凝时间不符合标准的视为废品，而终凝时间不符合标准的为不合格品。

3.1.4.4 **体积安定性**

体积安定性是指水泥凝结硬化过程中，水泥石体积变化的均匀性。如水泥硬化过程中，发生不均匀的体积变化，称为体积安定性不良。体积安定性不良的水泥会使混凝土构件因膨胀而产生裂缝，降低工程质量，甚至导致严重的工程事故。

引起水泥体积安定性不良的原因有：

(1)水泥熟料中存在过多的游离氧化钙和游离氧化镁。游离氧化钙和氧化镁均是过烧的，熟化很缓慢，在水泥硬化并产生一定强度后，才开始熟化，体积产生膨胀，引起水泥石不均匀的体积变化，使水泥石产生裂缝。

(2)水泥熟料中石膏掺量过多，水泥硬化后，石膏还会与固态的水化铝酸钙反应生成含有 31 个结晶水的高硫型水化硫铝酸钙，体积膨胀 1.5 倍以上，导致水泥体积安定性不良，使水泥石开裂。

对于过量的游离氧化钙引起的水泥体积安定性不良，国家标准规定采用沸煮法检验。沸煮法又分为试饼法(代用法)和雷氏法(标准法)两种。试饼法将标准稠度的净浆制成规定尺寸和形状的试饼，凝结后沸煮 3 h，如不开裂不翘曲定为合格，否则为不合格。雷氏法测定标准稠度水泥净浆在雷氏夹中沸煮 3 h 后的膨胀值,如两个试件膨胀值的平均值不大于 5 mm,可判断体积安定性合格。当两个试件的膨胀值相差超过 4 mm 时,应用同一水泥重做试验,再有此结果,则判断为不合格。

由于游离氧化镁比游离氧化钙熟化更为缓慢,因此沸煮法对游离氧化镁的影响根本无效果,一般采用压蒸法来测定游离氧化镁的体积安定性。石膏掺量过多引起的水泥体积安定性不良,需要长期浸在常温水中才能发现。由此可知游离氧化镁和石膏掺量过多引起的水泥体积安定性不良均不能快速检测,因此国家标准规定,硅酸盐水泥熟料中氧化镁含量不得超过 5.0%,硅酸盐水泥中三氧化硫含量不得超过 3.5%,以保证水泥的体积安定性。

国家标准规定水泥体积安定性必须合格,安定性不良的水泥视为废品,不能用在工程中。

3.1.4.5 强度和强度等级

强度是水泥的主要技术指标。由于硅酸盐水泥硬化过程中,其强度随着龄期而提高,在 28 d 以内强度发展较快,一般以 28 d 的抗压强度来表征水泥的强度等级。

目前,水泥强度的测定采用《水泥胶砂强度检验方法(ISO 法)》(GB/T 17671—1999)规定的方法。水泥与 ISO 标准砂的比为 1∶3,水胶比为 0.5,按规定的方法制成 40 mm×40 mm×160 mm 条形试件,在标准温度(20±1)℃的水中养护,分别测定 3 d、28 d 的抗折与抗压强度,根据测定结果及《通用硅酸盐水泥》(GB 175—2007)标准,将通用硅酸盐水泥分为 42.5、42.5R、52.5、52.5R、62.5 和 62.5R 六个强度等级。其中,代号 R 表示早强型水泥。

3.1.4.6 碱含量

水泥熟料中含有少量的碱,如 Na_2O 和 K_2O。水泥中的碱含量用 $Na_2O+0.658K_2O$ 的计算值表示。如果使用活性骨料,碱含量过高将导致碱—骨料反应,造成水泥凝固体的破坏。为了避免碱—骨料反应造成的破坏,当使用活性骨料时,应选用低碱水泥(水泥中碱含量不得大于 0.6%)。

3.1.4.7 水化热

水泥在水化过程中放出的热量称为水化热。水化热的多少与放热速度大小取决于水泥熟料的矿物成分与水泥的细度,还与混合材料、外加剂的品种及掺量有关。如水泥熟料矿物成分中铝酸三钙和硅酸三钙的含量较高,水泥颗粒较细,水化热就大,放热速度也快。如果水泥熟料矿物成分中硅酸二钙的含量较高,水泥颗粒较粗,在水泥中掺入混合材料,水化热小,放热速度也缓慢。

水泥的水化热对于混凝土工程既有利也有弊,水泥的水化热有利于混凝土的冬季施工,但是对于大体积混凝土是不利的。由于硅酸盐水泥放热量大而且集中,对于大型基础、大坝和桥墩等大体积混凝土,其内部散热缓慢,内部温度常达到 50~60 ℃。而大体积混凝土外部散热较快,温度较低,内外温差达到一定值时,就会形成温差裂缝,降低混凝土强度和耐久性。大体积混凝土施工宜用低水化热的硅酸盐水泥品种,如矿渣水泥、粉煤灰水泥等。

3.1.4.8　**密度和堆积密度**

在混凝土配比计算和水泥储运时,需要了解水泥的密度和堆积密度等基础数据。硅酸盐水泥的密度在3.0~3.15 g/cm^3 范围内,一般采用3.1 g/cm^3。堆积密度与其堆积紧密程度有关,可在1 000~1 600 kg/m^3 范围内取值。

3.1.5　硅酸盐水泥的腐蚀与防治

通用硅酸盐水泥硬化后,在一般使用条件下,具有较高的耐久性,但是当水泥石长期处于某些有腐蚀性介质环境中时,其强度和耐久性降低,甚至导致混凝土结构破坏的现象称为水泥石腐蚀。

3.1.5.1　**软水侵蚀(溶出性侵蚀)**

暂时硬度较低的水称为软水,暂时硬度是按每升水中重碳酸盐含量来计算的。如雨水、雪水、蒸馏水和冷凝水均为软水,有些重碳酸盐含量较低的湖水和河水也可看作软水。

当水泥石长期处在软水中时,由于水化产物都不同程度地溶解于水,其中氢氧化钙溶解度最大。氢氧化钙首先溶出于水泥石中,并很快达到饱和。如果水是静止的或是无压水,氢氧化钙的溶出仅限于溢出水泥石表面,因此对水泥石影响不大。相反,在流动水或者有压水中,水泥石中的氢氧化钙溶出并被水带走,其浓度会不断地降低,当水泥石中氢氧化钙的浓度降到一定值时,其他水化产物如水化硅酸钙、水化铝酸钙和水化硫铝酸钙等所赖以存在的环境遭到破坏,它们将相继分解溶蚀,使水泥石结构不断遭到破坏,强度逐渐降低,最终将导致整个水泥混凝土和钢筋混凝土工程的破坏。

如环境水质较硬(重碳酸盐含量较高),重碳酸盐与水泥石中的氢氧化钙反应生成溶解度较低的碳酸钙:

$$Ca(OH)_2 + Ca(HCO_3)_2 \rightarrow 2CaCO_3 + 2H_2O$$

碳酸钙沉积在水泥石表面孔隙内,使水泥石表面变得密实,阻止了介质水继续侵入。因此,水的暂时硬度越高,腐蚀性越小,而水质越软,腐蚀性越严重。

3.1.5.2　**硫酸盐腐蚀**

在海水、盐沼水、地下水和某些工业污水中常含有钠、钾和铵等硫酸盐,它们与水泥石中的氢氧化钙发生复分解反应,产物硫酸钙沉积在已硬化的水泥石表面孔隙内,结晶膨胀导致水泥石开裂。如生成的硫酸钙较多,新生成的硫酸钙活性高,容易与水泥石中固态水化铝酸钙反应:

$$4CaO \cdot Al_2O_3 \cdot 6H_2O + 3(CaSO_4 \cdot 2H_2O) + 19H_2O \rightarrow 4CaO \cdot Al_2O_3 \cdot 3CaSO_4 \cdot 31H_2O$$

其结果,生成了带有31个结晶水的高硫型水化硫铝酸钙,膨胀为原体积的1.5倍以上,对水泥石结构造成的破坏特别严重。由于高硫型的水化硫铝酸钙是针状晶体,因此称为“水泥杆菌”。

值得注意的是,在生产硅酸盐水泥时,为了调节硅酸盐水泥的凝结时间,加入了适量石膏。石膏与水化铝酸钙反应也生成了高硫型的水化硫铝酸钙,但它是在水泥浆尚具有一定可塑性时生成的,因此不具有破坏作用。

3.1.5.3　**镁盐腐蚀**

在海水、地下水和盐沼水中,常含有大量的以硫酸镁和氯化镁为主的镁盐,它们与水泥石中的氢氧化钙发生复分解反应：

$$MgSO_4+Ca(OH)_2+2H_2O \rightarrow CaSO_4 \cdot 2H_2O+Mg(OH)_2$$

$$MgCl_2+Ca(OH)_2 \rightarrow CaCl_2+Mg(OH)_2$$

产物中氢氧化镁松散且没有胶结能力，而氯化钙则易溶于水，二水石膏将会产生硫酸盐的腐蚀。因此，硫酸镁对水泥石具有镁盐和硫酸盐双重破坏作用。

3.1.5.4 酸的腐蚀

1. 碳酸的腐蚀

在工业废水和地下水中，常溶解有较多的二氧化碳，这种水对水泥石的腐蚀是通过以下方式进行的。

首先是水泥石中的氢氧化钙和二氧化碳作用，生成不溶于水的碳酸钙：

$$Ca(OH)_2+CO_2+H_2O \rightarrow CaCO_3+2H_2O$$

碳酸钙继续与二氧化碳反应生成易溶于水的碳酸氢钙：

$$CaCO_3+H_2O+CO_2 \rightarrow Ca(HCO_3)_2$$

由于水中溶解的二氧化碳较多，使上述反应向右进行，水泥石中氢氧化钙转化成易溶于水的碳酸氢钙而流失。当水泥石中氢氧化钙浓度降低到一定值时，其他水化产物相继分解，使水泥石结构遭到破坏。

2. 一般酸的腐蚀

工业废水、地下水和沼泽水中常含有无机酸和有机酸。各种酸对水泥石腐蚀程度不同，它们与水泥石中的氢氧化钙发生反应，其产物或者是易溶于水，或者结晶膨胀，均会降低水泥石的强度。无机酸中对水泥石腐蚀最严重的是盐酸、氢氟酸、硫酸和硝酸等，而有机酸中醋酸、蚁酸和乳酸等腐蚀作用最为严重。如盐酸与水泥石中的氢氧化钙反应生成易溶于水的氯化钙：

$$2HCl+Ca(OH)_2 \rightarrow CaCl_2+2H_2O$$

硫酸与水泥石中的氢氧化钙反应产物为硫酸钙：

$$H_2SO_4+Ca(OH)_2 \rightarrow CaSO_4 \cdot 2H_2O$$

硫酸钙将在水泥石的孔隙中结晶膨胀。如硫酸钙生成量较多，还会与水泥石中的固态水化铝酸钙反应，生成高硫型的水化硫铝酸钙，结晶膨胀1.5倍以上，对水泥石的危害更大。

3.1.5.5 强碱的腐蚀

硅酸盐水泥水化后，水化产物中的氢氧化钙存在，使水泥石显碱性（pH一般为12.5~13.5），所以一般碱浓度不高时，对水泥石不产生腐蚀。如果水泥中铝酸盐含量较高，遇到强碱介质，两者反应生成易溶于水的铝酸钠：

$$3CaO \cdot Al_2O_3+6NaOH \rightarrow 3Na_2O \cdot Al_2O_3+3Ca(OH)_2$$

氢氧化钠浸透进水泥后，与空气中的二氧化碳反应生成碳酸钠：

$$2NaOH+CO_2 \rightarrow Na_2CO_3+H_2O$$

碳酸钠在水泥石孔隙中结晶膨胀，导致水泥石产生裂缝，强度降低。

综上所述，从结果来看，水泥石腐蚀的类型可分为两类：一类是水泥中的某些水化产物逐渐溶失；另一类是水泥石水化产物与腐蚀性介质反应，产物或者是易溶于水，或者是松散后无胶结能力,或者是结晶膨胀。

在实际工程中,由于环境介质比较复杂,单一介质对水泥石造成的腐蚀几乎不存在,而是几种腐蚀类型同时存在,相互影响。造成水泥石腐蚀的外在原因为腐蚀性介质。内在原因包括两方面:一方面是水泥石中存在着氢氧化钙和水化铝酸钙等易腐蚀的组分;另一方面水泥石本身不密实,内部存在着很多腐蚀性介质容易进入的毛细孔通道。

3.1.5.6　水泥石腐蚀的防止

根据以上腐蚀环境特点和水泥石腐蚀的内在原因,在实际工程中,可采取以下防止措施。

1. 根据侵蚀环境特点,合理选择水泥品种

水泥石中易引起腐蚀的组分是氢氧化钙和水化铝酸钙,如选用水化产物中氢氧化钙含量少的水泥(掺有混合材料的水泥),可有效防止软水和镁盐(硫酸镁除外)等介质的侵蚀;如选用铝酸盐含量较少的水泥(抗硫酸盐水泥),可显著提高水泥石抵抗硫酸盐侵蚀的能力。

2. 提高水泥石的密实度

由于实际拌和用水量明显大于其化学反应的理论需水量,多余水分蒸发,在水泥石中形成许多孔隙。显然,采取可靠措施提高水泥石的密实度,可以有效地阻止侵蚀性介质的侵入,显著提高水泥石的抗腐蚀能力。在实际工程中一般采取降低水胶比,选择级配良好的骨料,掺入混合材料和外加剂,改善施工工艺等方法来提高混凝土的密实度。另外,还可以在混凝土表面进行碳化处理或者氟硅酸处理,使混凝土表面生成难溶的碳酸钙外壳或者氟化钙及硅胶,提高混凝土表面的密实度以阻止侵蚀性介质侵入内部。

3. 加做保护层

当遇到较强的腐蚀性介质时,在上述措施的基础上,可在混凝土表面加做耐腐蚀性强且不透水的保护层,如工程中常采用耐酸陶瓷、耐酸石料、玻璃、塑料等作为耐酸保护层。

3.1.6　硅酸盐水泥的性质与应用

(1)强度高,发展速度快。

硅酸盐水泥熟料中硅酸三钙和铝酸三钙含量高,凝结硬化速度快,早期强度很高,主要用于重要结构的高强混凝土、预应力混凝土或早强混凝土。

(2)抗冻性能好。

硅酸盐水泥凝结硬化快,早期强度高,拌和物不易发生泌水,密实度高,适用于寒冷地区和严寒地区遭受反复冻融作用的混凝土工程。

(3)抗碳化性能好。

硅酸盐水泥水化以后产生大量的氢氧化钙,水泥石的密实度较高,水泥石表面碳化作用生成的碳酸钙填充混凝土表面的孔隙,使混凝土表面更密实。因此,硅酸盐水泥抗碳化性能高,可用于有碳化要求的混凝土工程中。

(4)耐磨性好。

由于硅酸盐水泥强度高,因此其耐磨性好,可用于路面和机场跑道等混凝土工程中。

(5)耐腐蚀性差。

由于硅酸盐水泥熟料中硅酸三钙和铝酸三钙含量高,其水化产物中易腐蚀的氢氧化钙和水化铝酸钙含量高,因此硅酸盐水泥的耐磨性差,不宜用于受长期侵蚀性介质的混凝土工程中。

(6)水化热高。

由于硅酸盐水泥熟料中硅酸三钙和铝酸三钙含量较高,其水化热较大,混凝土在浇筑时内部产生大量的水化热,使得混凝土内部和外部之间产生温度差,导致混凝土开裂。因此,硅酸盐水泥不宜用于大体积混凝土工程中,但可以用于冬季施工的混凝土工程中。

(7)耐热性差。

硅酸盐水泥在温度不高的环境中能够发展其强度,当温度高于250 ℃时,硅酸盐水泥中的水化产物氢氧化钙分解为氧化钙;在遇到潮湿的环境时,氧化钙熟化体积膨胀,使混凝土遭到破坏。因此,硅酸盐水泥不宜用于有耐热要求的混凝土工程。

任务2 掺混合材料的硅酸盐水泥

3.2.1 混合材料

在生产通用硅酸盐水泥时,所加入的人工或天然的矿物材料称为混合材料。水泥混合材料分为活性混合材料和非活性混合材料两大类。

3.2.1.1 活性混合材料

常温下,加水拌和后能与水泥、石灰或石膏发生化学反应,生成具有一定水硬性胶凝产物的混合材料称为活性混合材料。常用的活性混合材料有粒化高炉矿渣、火山灰质混合材料和粉煤灰三种。

1. 粒化高炉矿渣

将炼铁高炉中浮在铁水表面的熔渣,经急速冷却处理得到的松软颗粒称为粒化高炉矿渣,其粒径一般为0.5~5 mm。

粒化高炉矿渣的活性取决于其化学成分含量和玻璃体含量,高炉矿渣的主要化学成分为CaO、MgO、Al_2O_3和SiO_2等,其中活性SiO_2和活性Al_2O_3含量越高,高炉矿渣的活性越高。高炉矿渣中玻璃体含量越高,其活性也越高。

2. 火山灰质混合材料

火山喷发时,随熔岩喷发出大量碎屑,沉积在地面和水中,这种松软物质被称为火山灰。由于这种高温喷发物在地面或水中急速冷却,其内部形成了大量玻璃体,使火山灰具有较高的活性。火山灰的主要活性成分是活性Al_2O_3和SiO_2,在激发剂的作用下,可以形成水化硅酸钙凝胶,提高水泥的强度。

3. 粉煤灰

粉煤灰是燃煤电厂所排放的工业废渣,以及从烟窗道中收集的粉末,后者又称为飞灰。粉煤灰化学活性的高低取决于活性化学成分Al_2O_3和SiO_2的含量及玻璃体的含量。

3.2.1.2 非活性混合材料

凡是不具有活性或活性很低的天然或人工矿物质材料称为非活性混合材料,它与水泥的水化产物基本不发生化学反应。在水泥中掺入非活性混合材料的目的是，调整水泥强度等级，增加产量，降低水化热。也就是说非活性混合材料仅起填充作用，常用的非活性混合材料有石英砂、石灰石和慢冷矿渣。

3.2.2 硅酸盐水泥

3.2.2.1 普通硅酸盐水泥

根据《通用硅酸盐水泥》(GB 175—2007)的规定，凡由硅酸盐水泥熟料、5%～20%活性混合材料和适量石膏磨细制成的水硬性胶凝材料，称为普通硅酸盐水泥，简称普通水泥，代号为 P·O。另外，还可以用不超过水泥质量 5%的窑灰或不超过水泥质量 10%的非活性混合材料代替活性材料。普通硅酸盐水泥的技术要求如下。

1. 强度

《通用硅酸盐水泥》(GB 175—2007)规定，普通硅酸盐水泥的强度等级分为 42.5、42.5R、52.5 和 52.5R 四个强度等级，各强度等级在不同龄期的强度不得低于表 3-4 规定的数值。

表 3-4 普通硅酸盐水泥各龄期的强度要求

品种	强度等级	抗压强度		抗折强度	
		3 d	28 d	3 d	28 d
普通硅酸盐水泥	42.5	≥17.0	≥42.5	≥3.5	≥6.5
	42.5R	≥22.0		≥4.0	
	52.5	≥23.0	≥52.5	≥4.0	≥7.0
	52.5R	≥27.0		≥5.0	

2. 细度

与硅酸盐水泥相同，细度以比表面积表示，不小于 300 m^2/kg。

3. 凝结时间

普通硅酸盐水泥的初凝时间不得早于 45 min，终凝不得迟于 10 h。

其他技术要求同硅酸盐水泥。

4. 应用

普通硅酸盐水泥是在硅酸盐水泥熟料中掺入了多一些的混合材料，主要是调节水泥强度等级，以合理利用水泥。由于混合材料掺量较少，和硅酸盐水泥相比，性能与应用范围相近，但普通硅酸盐水泥早期凝结硬化速度稍慢，早期强度(3 d 强度)、抗冻性、抗碳化性能及耐磨性与硅酸盐水泥相比稍差；而耐腐蚀性能比硅酸盐水泥稍好。普通硅酸盐水泥是我国主要水泥品种之一，广泛应用于各种混凝土及钢筋混凝土工程中。

3.2.2.2 矿渣硅酸盐水泥、火山灰质硅酸盐水泥和粉煤灰硅酸盐水泥

1. 矿渣硅酸盐水泥

凡是由硅酸盐水泥熟料和粒化高炉矿渣、适量石膏磨细制成的水硬性胶凝材料称为矿渣硅酸盐水泥(简称矿渣水泥)，代号 P·S。允许采用石灰石、粉煤灰、窑灰和火山灰

质混合材料中的一种材料代替矿渣，其数量不超过8%，代替后矿渣硅酸盐水泥中粒化高炉矿渣的含量不少于20%。

根据《通用硅酸盐水泥》(GB 175—2007)的规定，矿渣硅酸盐水泥中三氧化硫含量不得超过4.0%，因为石膏既调节水泥的凝结硬化时间，又作为硫酸盐激发剂，它与水化产物中水化铝酸钙反应，生成水化硫铝酸钙。因此，石膏掺量和普通硅酸盐水泥相比有所提高。其他技术要求同普通硅酸水泥。

矿渣硅酸盐水泥分为32.5、32.5R、42.5、42.5R、52.5和52.5R六个强度等级，不同强度等级的矿渣硅酸盐水泥各龄期的强度不得低于表3-5中规定的数值。

表3-5 矿渣硅酸盐水泥、火山灰质硅酸盐水泥和粉煤灰硅酸盐水泥各龄期的强度要求

品种	强度等级	抗压强度		抗折强度	
		3 d	28 d	3 d	28 d
矿渣硅酸盐水泥 火山灰质硅酸盐水泥 粉煤灰硅酸盐水泥 复合硅酸盐水泥	32.5	≥10.0	≥32.5	≥2.5	≥5.5
	32.5R	≥15.0		≥3.5	
	42.5	≥15.0	≥42.5	≥3.5	≥6.5
	42.5R	≥19.0		≥4.0	
	52.5	≥21.0	≥52.5	≥4.0	≥7.0
	52.5R	≥23.0		≥4.5	

矿渣硅酸盐水泥的细度以筛余表示，80 μm方孔筛筛余不大于10%或45 μm方孔筛筛余不大于30%。初凝时间不小于45 min，终凝时间不大于600 min。

2. 火山灰质硅酸盐水泥

凡由硅酸盐水泥熟料和火山灰质混合材料(20%~40%)、适量石膏磨细制成的水硬性胶凝材料称为火山灰质硅酸盐水泥(简称火山灰质水泥)，代号P·P。火山灰质混合材料掺量按质量百分比计为20%~40%。

根据《通用硅酸盐水泥》(GB 175—2007)的规定，火山灰质硅酸盐水泥中氧化镁含量不得超过6.0%，如有所超过的火山灰质硅酸盐水泥压蒸试验合格，则水泥中氧化镁含量可以适当放宽。火山灰质硅酸盐水泥中三氧化硫含量不得超过3.5%。火山灰质硅酸盐水泥的密度为2.8~3.1 g/cm^3，堆积密度通常为900~1 000 kg/m^3。

火山灰质硅酸盐水泥的细度、凝结时间、体积安定性和强度等技术要求同矿渣硅酸盐水泥。

3. 粉煤灰硅酸盐水泥

凡由硅酸盐水泥熟料和粉煤灰(20%~40%)、适量石膏磨细制成的水硬性胶凝材料称为粉煤灰硅酸盐水泥(简称为粉煤灰水泥)，代号为P·F。

根据《通用硅酸盐水泥》(GB 175—2007)规定，粉煤灰硅酸盐水泥的细度、凝结时间、体积安定性和强度等技术要求与矿渣硅酸盐水泥和火山灰质硅酸盐水泥基本相同。

4. 矿渣硅酸盐水泥、火山灰质硅酸盐水泥和粉煤灰硅酸盐水泥的共性特征

在这三种水泥中，混合料的化学成分相近，因此表现出的特征也十分相近。这三种水

泥与硅酸盐水泥和普通硅酸盐水泥相比具有以下共同特点：

(1)早期强度低、后期强度高。由于这三种水泥熟料较少，所以早期强度低，后期强度由于二次水化作用不断加深，得到不断的提升。因此，这三种水泥不适合早期强度要求高的混凝土工程，如冬季施工的混凝土工程等。

(2)对温度敏感，适合高温湿热养护。这三种水泥在低温下水化速率和强度发展较慢，而在高温养护时水化速率大大提高，强度发展加快，可得到较高的早期强度和后期强度。因此，适合采用高温湿热养护，如蒸汽养护或蒸压养护。

(3)水化热低。水泥熟料相对含量少，水化热低。因此，这三种水泥适用于大体积混凝土工程中。

(4)耐腐蚀性强。由于熟料含量少，水化生成的氢氧化钙少，而且二次水化需要消耗大量的氢氧化钙，所以水泥石中易腐蚀的成分减少，水泥石的耐软水腐蚀、耐硫酸盐腐蚀、耐酸性腐蚀等性能大大提高。

(5)抗碳化性较差。由于水化产物中氢氧化钙少，水泥石的碱度降低，遇有碳化的环境时，表面碳化较快，碳化深度较深，导致钢筋被腐蚀，降低结构物的耐久性。

(6)抗冻性和耐磨性较差。由于加入较多的混合料，用水量增加，硬化后在结构物内部形成较多的孔隙，故抗冻性和耐磨性降低。因此，它们不宜用于严寒地区水位升降范围内的混凝土工程和有耐磨要求的工程。

5. 矿渣硅酸盐水泥、火山灰质硅酸盐水泥和粉煤灰硅酸盐水泥的个性特征

(1)矿渣硅酸盐水泥。由于矿渣是在高温下形成的，所以矿渣硅酸盐水泥具有较强的耐热性；矿渣本身是一种玻璃体结构，对水的吸附能力较差，导致矿渣硅酸盐水泥的保水性差，易泌水；矿渣硅酸盐水泥需水量大，水泥石孔隙多，从而导致抗渗性降低，干缩变形较大。

(2)火山灰质硅酸盐水泥。火山灰质混合材料的颗粒有大量的细微孔隙，保水性好，泌水性低，并且水化中形成的硅酸钙凝胶较多，水泥石结构比较致密，因此火山灰质硅酸盐水泥具有较好的抗渗性和耐水性，可优先用于抗渗混凝土工程中。

(3)粉煤灰硅酸盐水泥。粉煤灰颗粒呈球形，较为致密，吸水性差，加水拌和时内摩擦力小、和易性好、需水量小，所以干缩小、抗裂性好。由于粉煤灰吸水性差，不宜用于干燥环境和抗渗要求高的工程。

3.2.2.3　复合硅酸盐水泥

凡由硅酸盐水泥熟料、两种或两种以上符合规定的混合材料、适量石膏磨细制成的水硬性胶凝材料，称为复合硅酸盐水泥(简称复合水泥)，代号 P·C。水泥中混合材料掺量按质量百分比计为20%~50%。允许采用不超过水泥量8%的窑灰代替部分混合材料。

复合硅酸盐水泥的细度、凝结时间、体积安定性和强度等技术要求同矿渣硅酸盐水泥。

将六种通用硅酸盐水泥的成分、特性及应用汇总列于表3-6中。

表3-6 六种通用硅酸盐水泥的成分、特性及应用

水泥品种	成分	特性	适用范围	不适用范围
硅酸盐水泥	水泥熟料，0~5%石灰石或粒化高炉矿渣，适量石膏	1. 早期强度高 2. 水化热高 3. 抗冻性好 4. 耐腐蚀性差 5. 干缩性小 6. 抗碳化性能好 7. 耐热性差 8. 耐磨性好 9. 湿热养护效果差	1. 早强混凝土 2. 路面混凝土 3. 有抗冻要求的混凝土 4. 干燥气候条件下混凝土 5. 有抗碳化要求的混凝土 6. 高强混凝土、预应力混凝土	1. 大体积混凝土 2. 受侵蚀的混凝土 3. 耐热混凝土
普通硅酸盐水泥	水泥熟料，5%~20%混合材料，适量石膏	与硅酸盐水泥基本相同	与硅酸盐水泥基本相同	与硅酸盐水泥基本相同
矿渣硅酸盐水泥	水泥熟料，20%~70%粒化高炉矿渣，适量石膏	1. 水化热低 2. 耐腐蚀性较强 3. 抗冻性较差 4. 干缩性较大 5. 抗碳化性能差 6. 耐磨性较差 7. 抗渗性差 8. 耐热性好 9. 湿热养护效果好 10. 早期强度较低，后期强度增长快	1. 大体积混凝土 2. 受侵蚀的混凝土 3. 耐热混凝土 4. 蒸汽养护的预制构件厂	1. 有抗碳化要求的混凝土 2. 有抗渗要求的混凝土 3. 早强混凝土
火山灰质硅酸盐水泥	水泥熟料，20%~40%火山灰质混合材料，适量石膏	1. 水化热低 2. 耐腐蚀性较强 3. 抗冻性差 4. 抗碳化性能差 5. 耐磨性差 6. 干缩性大 7. 抗渗性好 8. 湿热养护效果好 9. 早期强度较低，后期强度增长快	1. 大体积混凝土 2. 受侵蚀的混凝土 3. 抗渗混凝土 4. 蒸汽养护的预制构件厂	1. 有抗冻要求的混凝土 2. 有抗碳化要求的混凝土 3. 早强混凝土 4. 干燥气候条件下混凝土

续表 3-6

水泥品种	成分	特性	适用范围	不适用范围
粉煤灰硅酸盐水泥	水泥熟料，20%~40%粉煤灰，适量石膏	1. 水化热低 2. 耐腐蚀性较强 3. 抗冻性差 4. 抗碳化性能差 5. 耐磨性差 6. 抗渗性差 7. 干缩性小，抗裂性好 8. 湿热养护效果好 9. 早期强度低，后期强度增长快	1. 大体积混凝土 2. 受侵蚀的混凝土 3. 蒸汽养护的预制构件厂 4. 承受荷载较迟混凝土	1. 有抗冻要求的混凝土 2. 干燥气候条件下混凝土 3. 有抗碳化要求的混凝土 4. 路面混凝土 5. 早强混凝土
复合硅酸盐水泥	水泥熟料，20%~50%两种或两种以上的混合材料，适量石膏	1. 水化热低 2. 耐腐蚀性较强 3. 抗冻性较差 4. 抗碳化性能差 5. 耐磨性差 6. 湿热养护效果好 7. 早期强度较低，后期强度增长快	1. 大体积混凝土 2. 蒸汽养护的预制构件厂 3. 受侵蚀的混凝土	1. 有抗冻要求的混凝土 2. 干燥气候条件下混凝土 3. 有抗碳化要求的混凝土 4. 路面混凝土

上述所讲六种通用硅酸盐水泥，广泛应用于我国混凝土及钢筋混凝土工程中。针对一些混凝土及钢筋混凝土工程，在选用水泥时，应考虑混凝土的工程结构特点及工程所处环境。

任务3　其他种类的水泥

3.3.1　白色及彩色硅酸盐水泥

3.3.1.1　白色硅酸盐水泥

以适当成分的生料烧至部分熔融，得到的氧化铁含量很低(氧化铁含量小于0.5%)的白色硅酸盐水泥熟料，加入适量石膏，和符合《白色硅酸盐水泥》(GB/T 2015—2017)的混合材料磨细制成的水硬性胶凝材料称为白色硅酸盐水泥，简称白色水泥，代号为P·W。

白色硅酸盐水泥的技术性能基本与硅酸盐水泥相同，但三氧化硫的含量不超过3.5%。《白色硅酸盐水泥》(GB/T 2015—2017)规定：

(1)细度:45 μm 方孔筛筛余量不得超过 30%。

(2)凝结时间:初凝时间不得早于 45 min,终凝时间不得迟于 10 h。

(3)强度:根据白色硅酸盐水泥 28 d 抗压强度和抗折强度来确定强度等级,其强度等级为 32.5、42.5、52.5 三个等级。

(4)白度:白色硅酸盐水泥的白度值不低于 87。白度的检测方法按照《白色硅酸盐水泥》(GB/T 2015—2017)的规定。

白色硅酸盐水泥主要用于建筑物楼地面(水磨石)、楼梯(斩假石)和墙(水泥拉毛和水刷石)等的装饰上,也可制成雕塑和装饰制品(人造大理石和水磨石制品)。

3.3.1.2 彩色硅酸盐水泥

按建材行业标准《彩色硅酸盐水泥》(JC/T 870—2012),凡是由硅酸盐水泥熟料及适量石膏(或白色硅酸盐水泥)、混合材料及着色剂磨细或混合制成的带有彩色的水硬性胶凝材料,称为彩色硅酸盐水泥。其基本颜色为红、黄、蓝、绿、棕、黑,经供需双方协商,也可生产其他颜色的彩色硅酸盐水泥。所使用的硅酸盐水泥熟料及白色硅酸盐水泥均应满足国家标准或行业标准的要求。

彩色硅酸盐水泥的技术要求:

(1)三氧化硫:水泥中三氧化硫的含量不超过 4.0%。

(2)细度:用 80 μm 方孔筛,筛余量不得超过 10%。

(3)凝结时间:初凝时间不得早于 1 h,终凝时间不得迟于 10 h。

(4)安定性:用煮沸法检验必须合格。

彩色硅酸盐水泥也主要用于建筑物楼地面(水磨石)、楼梯(斩假石)和墙(水泥拉毛和水刷石)等的装饰上,也可制成雕塑和装饰制品(人造大理石和水磨石制品)。

3.3.2 快硬硅酸盐水泥

凡是以适当成分的生料,烧至部分熔融,得到以硅酸钙为主要成分的水泥熟料,再加入适量石膏磨细,制成的具有快硬早强性能的水硬性胶凝材料,称为快硬硅酸盐水泥,简称快硬水泥。

快硬硅酸盐水泥的生产方法和硅酸盐水泥基本相同,主要通过提高硅酸三钙和铝酸三钙的含量(两者之和不应小于 60%~65%),相应降低硅酸二钙和铁铝酸四钙的含量来达到快硬性能。

(1)细度:采用筛析法测定时,0.08 mm 方孔筛筛余量不得超过 10%。采用比表面积法测定时,其比表面积应大于 3 000 cm^2/g。

(2)凝结时间:初凝时间不得早于 45 min,终凝时间不得迟于 10 h。

(3)体积安定性:快硬硅酸盐水泥中三氧化硫含量不超过 4.0%,其余同硅酸盐水泥。

(4)强度:快硬硅酸盐水泥按 3 d 抗压强度和抗折强度划分强度等级,不同强度等级各龄期强度不得低于表 3-7 规定的数值。

表 3-7　快硬硅酸盐水泥各龄期强度要求

强度等级	抗压强度(MPa)			抗折强度(MPa)		
	1 d	3 d	28 d	1 d	3 d	28 d
32.5	15.0	32.5	52.5	3.5	5.0	7.2
37.5	17.0	37.5	57.5	4.0	6.0	7.6
42.5	19.0	42.5	62.5	4.5	6.4	8.0

由于快硬硅酸盐水泥熟料矿物成分中,硅酸三钙和铝酸三钙含量高,并且水泥细度和石膏掺量均高,因此快硬硅酸盐水泥具有凝结硬化快、早期强度高、抗冻性好和水化热大等特点,但是早期干缩率大。此外,快硬硅酸盐水泥密实度高,其抗渗性和抗冻性往往高于硅酸盐水泥,适用于紧急抢修混凝土工程、军事工程、有早强要求的混凝土工程、冬季施工的混凝土工程及预应力混凝土构件等,不能用于大体积混凝土工程。

由于快硬硅酸盐水泥细度高,在空气中受潮时,易水化和碳化,失去部分胶结能力,因此快硬硅酸盐水泥在运输和储存过程中,应特别注意防潮。一般储存期不超过一个月,超过一个月后,应重新鉴定,合格后方可使用。

3.3.3　道路硅酸盐水泥

由道路硅酸盐水泥熟料、适量石膏,以及国标允许加入的混合材料,磨细制成的水硬性胶凝材料,称为道路硅酸盐水泥(简称为道路水泥),代号 P · R。在道路硅酸盐水泥熟料中,铝酸三钙的含量不应超过 5%,铁铝酸四钙的含量应不低于 16.0%。

《道路硅酸盐水泥》(GB/T 13693—2017)规定,道路硅酸盐水泥的技术性质如下:

(1)细度:采用比表面积指标,比表面积在 300~450 m^2/kg 的范围内。

(2)凝结时间:道路水泥的初凝时间不得早于 90 min,终凝时间不得迟于 720 min。

(3)体积安定性:必须用煮沸法检验合格。

(4)强度等级:道路硅酸盐水泥的分为 7.5、8.5 两个强度等级。

(5)干缩率:道路硅酸盐水泥的 28 d 干缩率不得大于 0.10%。

(6)耐磨性:道路硅酸盐水泥耐磨性以磨耗量来表示,28 d 磨耗量不得大于 3.00 kg/m^2。

道路硅酸盐水泥熟料中,增加了铁铝酸四钙的含量。因此,它具有干缩性小、耐磨性好、抗冻性强、抗冲击性和抗折强度高等特点。道路硅酸盐水泥主要用于路面和机场跑道的混凝土工程,还可用于抗干缩性要求较高的其他混凝土工程。

3.3.4　砌筑水泥

凡由一种及一种以上的活性混合材料,加入适量的硅酸盐水泥熟料和石膏共同磨细制成的工作性较好的水硬性胶凝材料称为砌筑水泥,代号为 M。

《砌筑水泥》(GB/T 3183—2017)规定,砌筑水泥的技术性能如下:

(1)细度与安定性:与硅酸盐水泥相同。

(2)凝结时间:砌筑水泥的初凝时间不得早于 60 min,终凝时间不得迟于 720 min。

(3)强度:砌筑水泥分 12.5、22.5、32.5 三个强度等级。不同等级水泥各龄期强度不得低于表 3-8 的规定。

表 3-8 砌筑水泥各龄期强度要求

水泥强度等级	抗压强度(MPa)			抗折强度(MPa)		
	3 d	7 d	28 d	3 d	7 d	28 d
12.5	—	7.0	12.5	—	1.5	3.0
22.5	—	10.0	22.5	—	2.0	4.0
32.5	10.0	—	32.5	2.5	—	5.5

砌筑水泥强度等级较低,但是能满足砌筑砂浆强度要求。由于采用了大量活性混合材料,降低了水泥成本。砌筑水泥主要用于配制砌筑砂浆和抹面砂浆,不能用于结构混凝土。

3.3.5 铝酸盐水泥

3.3.5.1 概述

由以铝矾土和石灰石为原材料,经高温煅烧得到的以铝酸钙(氧化铝含量大于 50%)为主要成分的熟料,磨细制成的水硬性胶凝材料称为铝酸盐水泥,又称高铝水泥。铝酸盐水泥是一种硬化快、早期强度高、水化热高、耐热和耐腐蚀性能好的水泥。

3.3.5.2 铝酸盐水泥的技术性质

《铝酸盐水泥》(GB/T 201—2015)规定,铝酸盐水泥主要技术性质如下:

(1)密度和堆积密度:铝酸盐水泥的密度和堆积密度与硅酸盐水泥相近。

(2)细度:比表面积不得小于 300 m^2/kg,或筛孔尺寸为 0.045 mm 筛的筛余量不大于 20%。

(3)凝结时间:CA50、CA70 和 CA80 的初凝时间不得早于 30 min,终凝时间不得迟于 6 h;CA60 的初凝时间不得早于 60 min,终凝时间不得迟于 18 h。

(4)强度:铝酸盐水泥是按 3 d 的抗压强度和抗折强度确定强度等级的,不同强度等级各龄期强度值不得低于表 3-9 规定的数值。

表 3-9 铝酸盐水泥各龄期强度要求

水泥类性	抗压强度(MPa)				抗折强度(MPa)			
	6 h	1 d	3 d	28 d	6 h	1 d	3 d	28 d
CA50	20	40	50	—	3.0	5.5	6.5	—
CA60	—	20	45	85	—	2.5	5.0	10.0
CA70	—	30	40	—	—	5.0	6.0	—
CA80	—	25	30	—	—	4.0	5.0	—

3.3.5.3 铝酸盐水泥的特性和应用

1. 硬化快,早期强度高

当温度较低时(15 ℃左右),铝酸盐水泥凝结硬化快,早期强度高。当温度升高时(30 ℃以上),强度降低。在湿热养护条件下,强度降低更为明显。因此,铝酸盐水泥适用于紧急抢修工程和有早强要求的混凝土工程,不宜用于高温施工的工程,更不适合湿热养护的混凝土工程。

2. 水化热大

铝酸盐水泥水化时,集中放出大量的水化热,1 d 放出的水化热为总热量的 70%~80%。因此,铝酸盐水泥适用于冬季施工的混凝土工程,不宜用于大体积混凝土工程中。

3. 抗侵蚀性强(除碱外)

由于铝酸盐水泥水化后,产物中没有易受侵蚀的氢氧化钙和水化铝酸钙,而且水泥石结构密实,因此具有较高的抗渗性和抗侵蚀(软水、酸和盐)性。铝酸盐水泥在碱性环境中容易腐蚀,应避免与碱性介质接触。因此,铝酸盐水泥可用于有抗渗性和有抗侵蚀(软水、酸和盐)要求的混凝土工程中。

4. 耐热性高

虽然铝酸盐水泥不宜在高温条件下施工,但是硬化的铝酸盐水泥石具有较高的耐热性。因此,铝酸盐水泥可作为耐高温混凝土的胶凝材料,用于耐热混凝土的配制。

3.3.6 膨胀水泥和自应力水泥

多数水泥在硬化过程中都会产生体积收缩,从而使混凝土内部产生细微裂缝,导致强度、抗渗性、抗冻性等下降。膨胀水泥和自应力水泥中掺入膨胀组分,使得水泥在凝结硬化的过程中产生一定体积的膨胀。膨胀水泥的膨胀值较小,有中膨胀、微膨胀和无收缩三类,自应力水泥膨胀值较大。

膨胀水泥主要用于防渗混凝土工程中,还适用于结构加固、管道接头及修补工程,浇筑机器底座或固结地脚螺栓,并可用于接缝及修补工程,但不得在受硫酸盐侵蚀的工程中使用。自应力水泥适用于制造自应力钢筋混凝土压力管及其配件。

3.3.7 中、低热硅酸盐水泥

中、低热硅酸盐水泥适用于要求水化热较低的大坝和大体积混凝土工程。根据《中热硅酸盐水泥、低热硅酸盐水泥》(GB/T 200—2017),这两种水泥的定义如下:

(1)中热硅酸盐水泥:以适当成分的硅酸盐水泥熟料,加入适量石膏,磨细制成的具有中等水化热的水硬性胶凝材料,称为中热硅酸盐水泥(简称中热水泥),代号 P·MH。

(2)低热硅酸盐水泥:以适当成分的硅酸盐水泥熟料,加入适量石膏,磨细制成的具有低水化热的水硬性胶凝材料,称为低热硅酸盐水泥(简称低热水泥),代号 P·LH。

任务4 水泥的验收、储存与保管

3.4.1 水泥的验收与取样

3.4.1.1 水泥的验收

施工现场使用的水泥在进场时需要进行相关检验,检验合格以后,方可接收入库和使用。

按照《水泥包装袋》(GB 9774—2010)的规定,水泥包装袋上应清楚标明执行的标准、水泥品种、代号、生产者名称、生产许可证标志及编号、出厂编号和强度等级,硅酸盐水泥和普通硅酸盐水泥采用红色,矿渣硅酸盐水泥采用绿色,火山灰质硅酸盐水泥、粉煤灰硅酸盐水泥和复合硅酸盐水泥采用黑色或蓝色。

按照《通用硅酸盐水泥》(GB 175—2007)的规定检验,检验数量按同一生产厂家、同一等级、同一品种、同一批号且连续进场的水泥袋装不超过 200 t 为一批,散装不超过 500 t 为一批,每批抽样不少于一次。

当使用过程中对水泥的质量有质疑或出厂水泥已经超过 3 个月时,应进行复检,并按照检验结果使用。

3.4.1.2 水泥的取样

取样要具有代表性,一般可以从 20 个以上不同部位或 20 袋中取等量样品,总量至少 12 kg,拌和均匀后分成两等份,一份由实验室按照标准进行试验,另一份密封保存备校验用。在取样过程中按照下列步骤进行:

(1)袋装水泥在取样时可采用专用取样管,随机选择袋装水泥 20 个以上不同部位,将取样管插入适当深度,用大拇指按住气孔,小心抽出取样管。将所取样品放入洁净、干燥、不易污染的容器中。

(2)散装水泥在水泥卸料处或输送水泥的运输机上取样。当所取水泥深度不超过 2 m 时,可采用专用取样管,通过转动取样管内管控制开关,在适当位置插入水泥一定深度,关闭后小心抽出。所取样品放入洁净、干燥、不易污染的容器中。

3.4.2 水泥的保管与储存

水泥在保管时,应按照不同生产厂家、不同品种、强度等级和出厂日期分开存放,严禁混杂;在运输和保管时要注意防潮和防止空气流通,先存先用,不可久存。若保管不当,会使水泥风化而影响正常使用,甚至导致工程质量事故。

按照规定,常用水泥储存 3 个月,铝酸盐水泥储存 2 个月,快硬水泥不超过 1 个月,过期的水泥在使用时应重新检测,按照实际强度使用。

任务5 水泥试验

水泥试验包括水泥物理试验、力学试验和化学分析三个方面。从工程材料验收和复核的立场出发，通常仅做物理试验、力学试验，其项目有细度、标准稠度、凝结时间、体积安定性及强度等，其中体积安定性和强度为工程中的必检项目。此外，大体积混凝土工程中又常根据需要进行水化热试验。

3.5.1　一般规定

3.5.1.1　水泥取样

取样方法按《水泥取样方法》(GB/T 12573—2008)进行。可连续取，亦可从20个以上不同部位取等量样品，总量至少12 kg。

1. 取样部位

取样应在有代表性的部位进行，并且不应在污染严重的环境中取样。一般在以下部位取样：

(1)水泥输送管路中。

(2)袋装水泥堆场。

(3)散装水泥卸料处或水泥运输机具上。

2. 取样步骤

1)手工取样

手工取样主要针对散装水泥和袋装水泥，现分述如下：

(1)散装水泥。

当所取水泥深度不超过2 m时，每一个编号内采用散装水泥取样器随机取样。通过转动取样器内管控制开关，在适当位置插入水泥一定深度，关闭后小心抽出，将所取样品放入水泥取样桶中(水泥取样桶应为密闭的容器，封存样要加封条，容器应洁净、干燥、防潮、密闭、不易破损，并且不影响水泥性能)。每次抽取的单样量应尽量一致。

(2)袋装水泥。

采用袋装水泥取样器取样，每一个编号内随机抽取不少于20袋水泥。将取样器沿对角线方向插入水泥包装袋中，用大拇指按住气孔，小心抽出取样管，将所取样品放入水泥取样桶中。每次抽取的单样量应尽量一致。

2)自动取样

采用自动取样器取样。该装置一般安装在尽量接近水泥包装机或散装容器的管路中，从流动的水泥流中取出样品，将所取样品放入水泥取样桶中。

3. 取样量

(1)混合样的取样量应符合相关水泥标准要求。

(2)分割样的取样量应符合下列规定：①袋装水泥：每1/10编号从一袋中取至少6 kg；②散装水泥：每1/10编号在5 min内取至少6 kg。

检查数量：同一个生产厂家、同一强度等级(标号)、同一品种、同一批号且连续进场的水泥，不超过200 t为一批，每批抽样不少于一次。

3.5.1.2　试验前的准备及注意事项

1. 样品制备

每一编号所取水泥单样通过0.9 mm方孔筛后充分混匀，一次或多次将样品缩分到相关标准要求的定量,均分为试验样和封存样。试验样按相关标准要求进行试验,封存样按要求储存以备仲裁。样品不得混入杂物和结块。

当试验水泥从取样至试验要保持 24 h 以上时,应把水泥试样存放在密封干燥的容器内(一般使用铁桶或塑料桶),并在容器上注明水泥生产厂名称、品种、强度等级、出厂日期、送样日期等。

2. 试验用水

仲裁试验或其他重要试验用蒸馏水,其他试验可用饮用水。

3. 环境条件

(1)试件成型室温为(20±2)℃,相对湿度不低于 50%(水泥细度试验可不做此规定)。

(2)试件带模养护的湿气养护箱或雾室温度为(20±1)℃, 相对湿度不低于 90%。

(3)检测前,一切检测用材料,如水泥试样、拌和水、标准砂及检验仪器和用具等的温度应与实验室一致[(20±2)℃],实验室空气温度和相对湿度工作期间每天至少记录一次。

4. 仲裁试验

对水泥质量发生疑问需做仲裁试验时, 应按仲裁检验的办法进行。

5. 其他

检测时不得使用铝制或锌制模具、钵器和匙具等(因铝、锌的器皿易与水泥发生化学作用并易磨损变形,以使用铜、铁器具较好)。

3.5.2 水泥细度试验

水泥的细度直接影响水泥的凝结时间、强度、水化热等技术性质,因此测定水泥的细度是否达到规范的要求,对工程质量具有重要意义。

水泥细度的表示方法和检测方法有两种:用 80 μm 或 45 μm 方孔筛筛余表示细度的水泥,采用 80 μm 或 45 μm 筛筛析法;用比表面积表示细度的水泥,采用比表面积测定方法(勃式法)。本书主要介绍 80 μm 筛筛析法。

3.5.2.1 试验目的

试验目的是检验水泥颗粒的粗细程度。由于其与水泥的诸多性质有关, 因此必须检验水泥的细度, 以它作为评定水泥质量的依据之一。

3.5.2.2 主要仪器设备

(1)天平量程不大于 200 g,感量不大于 0.01 g。

(2)检验筛:由圆形筛框和筛网组成,分负压筛、水筛和手工筛三种,负压筛结构尺寸见图 3-3。

(3)负压筛析仪。由筛座、负压筛(方孔边长 0.08 mm)、负压源及吸尘器组成。其中筛座由转速为(30±2)r/min 的喷气嘴、负压表、控制板、微电机及壳体等部分构成,如图 3-4 所示。

3.5.2.3 试验步骤

(1)水泥样品应充分拌匀,通过 0.9 mm 方孔筛,记录筛余物情况,要防止过筛时混进

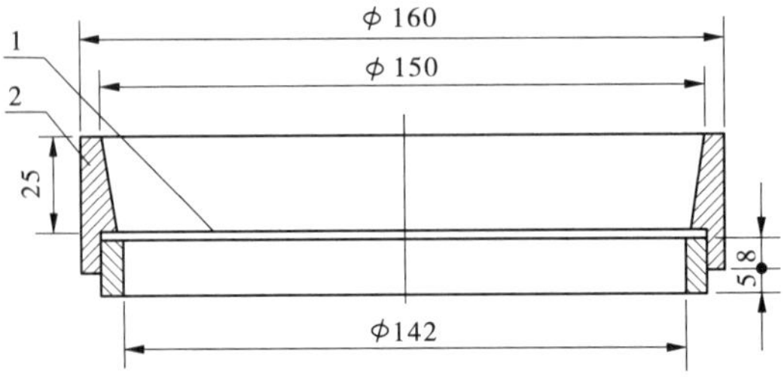

1—筛网;2—筛框

图 3-3　负压筛　(单位:mm)

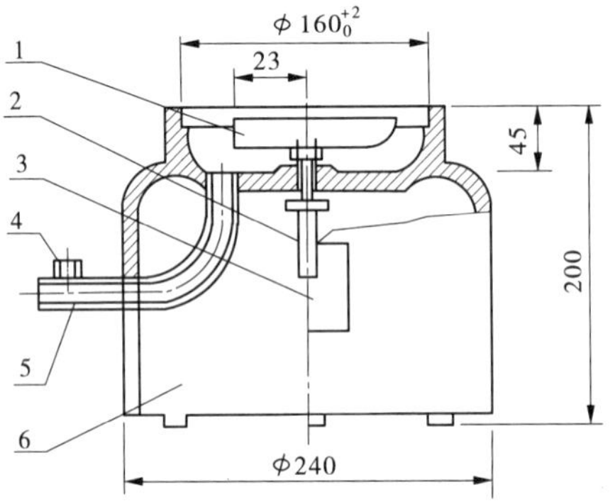

1—喷气嘴;2—微电机;3—控制板开口;4—负压表接口;5—负压源及吸尘器接口;6—壳体

图 3-4　负压筛析仪筛座示意图　(单位:mm)

其他水泥。

(2)筛析试验前,应把负压筛放在筛座上,盖上筛盖,接通电源,检查控制系统,调节负压至 4 000~6 000 Pa 范围内。

(3)称取试样 25 g,置于洁净的负压筛中,盖上筛盖,放在筛座上,开动筛析仪连续筛析 2 min,在此期间如有试样附着在筛盖上,可轻轻地敲击,使试样落下。筛毕,用天平称取筛余物,精确至 0.01 g。

(4)当工作负压小于 4 000 Pa 时,应清理吸尘器内水泥,使负压恢复正常。

3.5.2.4　**结果评定**

(1)水泥试样筛余百分率按式(3-1)计算:

$$F = \frac{R_s}{m} \times 100\% \tag{3-1}$$

式中　F——水泥试样的筛余百分率(%);

R_s——水泥筛余物的质量,g;

m——水泥试样的质量,g。

计算结果精确至 0.1%。

(2)评定:根据国家标准评定是否合格。

规定:水泥在 0.08 mm 方孔筛上筛余量不大于 10%。

3.5.2.5 筛余结果的修正

为使试验结果可比，应采用试验筛修正系数方法来修正计算结果。修正系数测定按规定进行。合格评定时，每个样品应称取两个试样分别筛析，取筛余平均值为筛析结果。若两次筛余结果绝对误差大于0.5%（筛余百分率大于5.0%时可放宽至1.0%），应再做一次试验，取两次相近结果的算术平均值作为最终结果。

3.5.2.6 填写试验表格

根据试验结果，填写水泥细度试验记录表3-10。

表3-10 水泥细度试验记录表（筛析法）

<table>
<tr><td>任务单号</td><td colspan="3"></td><td>检测依据</td><td colspan="2"></td></tr>
<tr><td>样品编号</td><td colspan="3"></td><td>检测地点</td><td colspan="2"></td></tr>
<tr><td>样品名称</td><td colspan="3"></td><td>环境条件</td><td>温度：</td><td>湿度：</td></tr>
<tr><td>样品描述</td><td colspan="3"></td><td>试验日期</td><td colspan="2"></td></tr>
<tr><td rowspan="5">主要仪器设备使用情况</td><td colspan="3">试验设备名称</td><td>型号规格</td><td>编号</td><td>使用情况</td></tr>
<tr><td colspan="3"></td><td></td><td></td><td></td></tr>
<tr><td colspan="3"></td><td></td><td></td><td></td></tr>
<tr><td colspan="3"></td><td></td><td></td><td></td></tr>
<tr><td colspan="3"></td><td></td><td></td><td></td></tr>
<tr><td colspan="2">试验方法</td><td colspan="5">负压筛析法</td></tr>
<tr><td rowspan="2">试验次数</td><td rowspan="2">试样质量
m(g)</td><td rowspan="2">筛余物质量
R_s(g)</td><td colspan="2">筛余百分率</td><td rowspan="2">修正
系数</td><td rowspan="2">修正后筛余
百分率(%)</td></tr>
<tr><td>单值</td><td>平均值</td></tr>
<tr><td>1</td><td></td><td></td><td></td><td rowspan="2"></td><td rowspan="2"></td><td rowspan="2"></td></tr>
<tr><td>2</td><td></td><td></td><td></td></tr>
<tr><td colspan="7">说明：</td></tr>
</table>

复核： 记录： 试验：

3.5.3 水泥标准稠度用水量试验

水泥净浆达到标准稠度时所需的拌和水量称为标准稠度用水量。水泥标准稠度用水量的标准测定方法为试杆法，以标准试杆沉入净浆并距离底板(6±1)mm的水泥净浆为标准稠度净浆。其拌和用水量为该水泥标准稠度用水量，按水泥质量的百分比计；水泥标准稠度用水量试验标准为《水泥标准稠度用水量、凝结时间、安定性检验方法》(GB/T 1346—2011)。有两种方法：一种是标准法，另一种是代用法，本书主要介绍标准法。

3.5.3.1　**试验目的**

通过试验测定水泥净浆达到标准稠度的需水量，作为水泥凝结时间、安定性试验的用水量标准。

3.5.3.2　**主要仪器设备**

(1)水泥净浆搅拌机。

(2)标准维卡仪。

(3)湿气养护箱：应使温度控制在(20±1)℃，相对湿度大于90%。

(4)电子天平：量程不小于1 000 g，分度值不大于1 g。

(5)量水器：最小刻度为0.1 mL，精确至1%。

3.5.3.3　**试验步骤(标准法)**

(1)仪器的校核与调整。检查维卡仪的金属棒能否自由滑动，试杆接触玻璃板时将指针对准零点，检查搅拌机是否运行正常。

(2)水泥净浆的拌制。用水泥净浆搅拌机搅拌，搅拌锅和搅拌叶片先用湿布擦过，将拌和水倒入搅拌锅内，然后在5~10 s内小心将称好的500 g水泥加入水中，防止水和水泥溅出；拌和时，先将锅放在搅拌机的锅座上，升至搅拌位置，启动搅拌机，低速搅拌120 s，停15 s，同时将叶片和锅壁上的水泥浆刮入锅中间，接着高速搅拌120 s停机。

(3)标准稠度用水量的测定。拌和结束后，立即将拌制好的水泥净浆装入已置于玻璃底板的试模中，用小刀插捣，轻轻振动数次，刮去多余的净浆；抹平后迅速将试模和底板移动到维卡仪上，并将其中心定在试杆下，降低试杆直接与水泥净浆表面接触，拧紧螺钉1~2 s后，突然放松，使试杆垂直自由沉入水泥净浆中。在试杆停止沉入或释放试杆30 s时记录试杆距底板之间的距离，升起试杆后，立即擦净(整个操作应该在搅拌后1.5 min内完成)。以试杆沉入净浆并距底板(6±1)mm的水泥净浆为标准稠度净浆，其拌和水量为该水泥的标准稠度用水量(P)，按水泥质量的百分比计。当试杆距玻璃板小于5 mm时，应适当减少用水量，重复水泥浆的拌制和上述过程；当距离大于7 mm时，则应适当加水，并重复水泥浆的拌制和上述过程。

3.5.3.4　**结果评定**

标准稠度用水量按式(3-2)计算：

$$P = \frac{w}{500} \times 100\% \tag{3-2}$$

式中　w——用水量，mL。

3.5.3.5　**填写试验表格**

根据试验结果，填写水泥标准稠度用水量记录表3-11。

3.5.4　水泥凝结时间试验

水泥凝结时间有初凝与终凝之分。初凝时间是指从加水到水泥净浆开始失去塑性的时间；终凝时间是指从加水到完全失去塑性的时间。凝结时间以h及min来表示。

3.5.4.1　**试验目的**

试验目的是测定水泥达到初凝和终凝所需的时间。由于凝结时间的长短对施工方法和工程进度有很大的影响，故需进行凝结时间的测定，以检验水泥是否满足国家标准的要求。

表 3-11 水泥标准稠度用水量、凝结时间、安定性试验记录

任务单号		检测依据		
样品编号		检测地点		
样品名称		环境条件	温度：	湿度：
样品描述		试验日期		
主要仪器设备使用情况	试验设备名称	型号规格	编号	使用情况

水泥标准稠度用水量测定（标准法）

用水量（mL）	试杆沉入净浆并距底板的距离（mm）	标准稠度用水量（mL）

凝结时间的测定

水泥加入水的时间 t_1（h：min）	试针沉至距底板（4±1）mm 的时间 t_2（h：min）	试针沉入试体 0.5 mm 的时间 t_3（h：min）	初凝时间 $t_4=t_2-t_1$（min）	终凝时间 $t_5=t_3-t_1$（min）

安定性的测定（标准法）

试验次数	沸煮前雷氏夹指针尖端的距离 A（mm）	沸煮后雷氏夹指针尖端的距离 C（mm）	试件沸煮后雷氏夹指针尖端增加距离 $C-A$（mm）	
			单值	平均值
1				
2				

说明：

复核：　　　　记录：　　　　试验：

3.5.4.2 主要仪器设备

仪器设备与标准稠度用水量相同。

3.5.4.3 **试验步骤**

(1)测定前准备工作。调整凝结时间测定仪的试针接触玻璃板时将指针对准零点。

(2)试件的制备。以标准稠度的水泥净浆一次装满试模,振动数次刮平,立即放入湿气养护箱中。记录水泥全部加入水中的时间作为凝结时间的起始时间。

(3)初凝时间的测定。试件在湿气养护箱中养护至加水后30 min时进行第一次测定。测定时,从湿气养护箱中取出试模放到试针下,降低试针与水泥净浆表面接触,拧紧螺钉1~2 s,突然放松,试针垂直自由地沉入水泥净浆。观察试针停止下沉或释放试针30 s时试针的读数。当试针沉至距底板(4±1)mm时,为水泥达到初凝状态,由水泥全部加入水中至初凝状态所经历的时间为水泥的初凝时间,用"min"表示。

(4)终凝时间的测定。为了准确观测试针沉入的状态,在终凝针上安装了一个环形附件。在完成初凝时间测定后,立即将试模连同浆体以平移的方式从玻璃板上取下,翻转180°,大端向上、小端向下放在玻璃板上,放入湿气养护箱中继续养护。临近终凝时间每隔15 min测定一次,当试针沉入试体0.5 mm时,即环形附件开始不能在试体上留下痕迹时,为水泥达到终凝状态,由水泥全部加入水中至终凝状态所经历的时间为水泥的终凝时间,用"min"表示。

(5)测定时应注意,最初的测定操作时应用手轻轻扶持金属柱,使其徐徐下沉,以防试针撞弯,但结果要以自由落下为准。在整个测试过程中试针沉入的位置至少要距离试模内壁10 mm。临近初凝时,每隔5 min测定一次,临近终凝时每隔15 min测定一次,到达初凝或终凝时应立即重复测一次,当两次结论相同时才能定为达到初凝或终凝状态。每次测定不能让试针落入原针孔,每次测试完毕需将试针擦净并将试模放回湿气养护箱内,整个测试过程要防止试模受振。

3.5.4.4 **试验结果处理**

凝结时间的计算,可按式(3-3)、式(3-4)进行:

(1)初凝时间:
$$T_{初}=T_1-T_0 \tag{3-3}$$

(2)终凝时间:
$$T_{终}=T_2-T_0 \tag{3-4}$$

式中 T_1——水泥初凝时刻;

T_2——水泥终凝时刻;

T_0——水泥全部加入水中的起始时刻。

3.5.4.5 **填写试验表格**

根据试验结果,填写水泥凝结时间记录表3-11。

3.5.5 水泥安定性试验

水泥安定性是指水泥在凝结硬化过程中体积变化的均匀性。水泥中如果含有较多的游离CaO、MgO或SO_3,就能使体积发生不均匀的变化。这样的水泥称为安定性不合格水泥。《水泥标准稠度用水量、凝结时间、安定性检验方法》(GB/T 1346—2011)的规定,水泥安定性的测定方法有标准法和代用法两种:标准法亦称雷氏法,通过测定装有水泥净浆的雷氏夹沸煮后的膨胀值来评价安定性;代用法又称饼法,通过观察试饼沸煮后的外形变化来评价安定性。有争议时以标准法为准。

3.5.5.1 标准法(雷氏法)

1. 试验目的

检验水泥在硬化过程中体积变化是否均匀，用以评定水泥质量。

2. 主要仪器设备

(1)雷氏夹:由铜质材料制成,其结构如图 3-5 所示。当用 300 g 砝码校正时,两根针的针尖距离增加应在(17.5±2.5)mm 范围内。

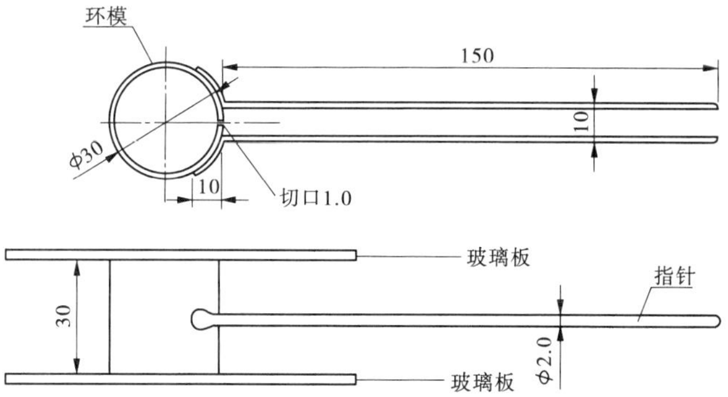

图 3-5 雷氏夹 (单位:mm)

(2)雷氏夹膨胀测定仪:其标尺最小刻度为 0.5 mm,见图 3-6。

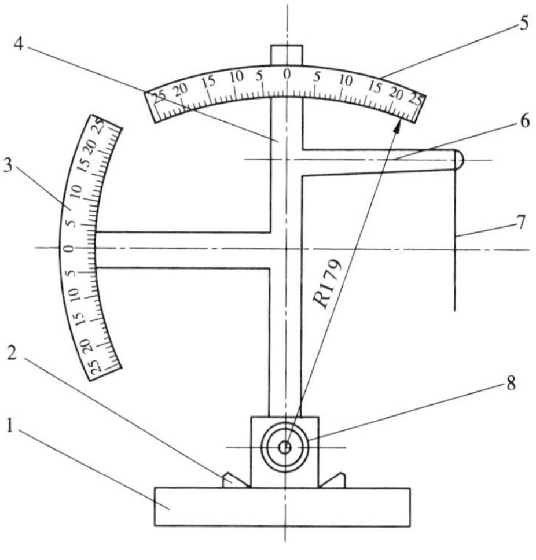

1—底座;2—模子座;3—测弹性标尺;4—立柱;5—测膨胀值标尺;6—悬臂;7—悬丝;8—弹簧顶钮

图 3-6 雷氏夹膨胀测定仪

(3)沸煮箱:有效容积为 410 mm×240 mm×310 mm,试件架与加热器之间的距离大于 50 mm。箱的内层由不易锈蚀的金属材料制成,能在(30±5)min 内将箱内的试验用水由室温加热至沸腾状态并保持 3 h 以上,整个过程不需要补充水量。

(4)其他:水泥净浆搅拌机、天平、湿气养护箱、小刀等。

3. 试验步骤

(1)测定前准备工作:每个试样需成型两个试件,每个雷氏夹需配备两个边长或直径约为 80 mm、厚度为 4~5 mm 的玻璃板,并先在与水泥接触的玻璃和雷氏夹表面稍稍涂上一层油。

(2)将制备好的标准稠度水泥净浆立即一次装满雷氏夹,装浆时一只手轻轻扶持雷氏夹,另一只手用宽约 25 mm 的直边刀在浆体表面轻轻插捣 3 次,抹平,盖上涂油的玻璃板,然后将试件移至湿气养护箱内养护(24±2)h。

(3)移去玻璃板取下试件,先测量雷氏夹两指针尖的距离(A),精确至 0.5 mm。然后将试件放入沸煮箱水中的试件架上,指针朝上,试件之间互不交叉,调好水位与水温,接通电源,在(30±5)min 内加热至沸腾,并恒沸(180±5)min。

(4)沸煮结束后,取出煮沸后冷却至室温的试件,用雷氏夹膨胀测定仪测量试件雷氏夹两指针尖的距离(*C*),精确至 0.5 mm。

当两个试件煮沸后增加距离(*C*-*A*)的平均值不大于 5.0 mm 时即认为水泥安定性合格。当两个试件的(*C*-*A*)值大于 5.0 mm 时,应用同一样品立即重做一次试验。若结果相同,则该水泥安定性不合格。

《通用硅酸盐水泥》(GB 175—2007)规定:硅酸盐水泥的体积安定性用沸煮法检验必须合格。

4. 填写试验表格

根据试验结果,填写水泥安定性记录表 3-11。

3.5.5.2　代用法试验步骤

(1)从拌制好的标准稠度净浆中取出约 150 g,分成两等份,用手团成球形,放在涂少许机油的玻璃板上,轻轻振动玻璃板,使水泥浆球扩展成试饼。

(2)用湿布擦过的小刀,从试饼的四周边缘向中心轻抹,试饼随着修抹略做转动,做成直径为 70~80 mm、中心厚约 10 mm、边缘渐薄、表面光滑的试饼。

(3)立即将制好的试饼连同玻璃板放入湿气养护箱内养护(24±2)h。

(4)将养护好的试饼从玻璃板上取下,首先检查试饼是否完整,如已龟裂、翘曲,甚至崩溃等(见图 3-7),要检查原因,确证无外因时,该试饼已属于安定性不合格(不必沸煮)。在试饼无缺陷的情况下,将试饼放在沸煮箱内水中的箅板上,(30±5)min 内加热到沸腾,并恒沸(280±5)℃。在整个沸煮过程中,应使水面高出试件,且不能中途加水。

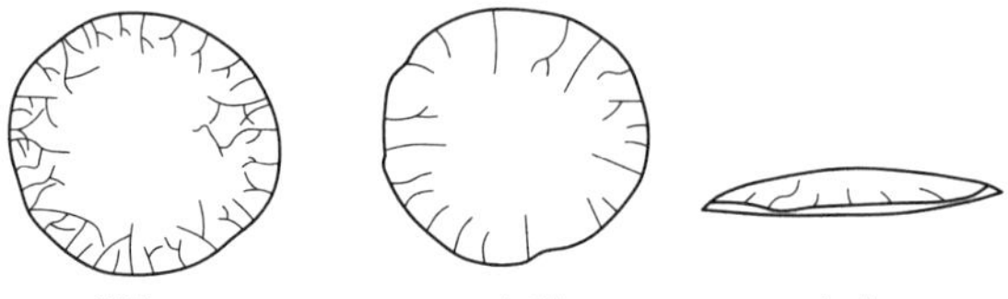

图 3-7　安定性不合格的试饼

(5)取出煮后试饼,若出现如图 3-7 中的任何一种情况,则安定性为不合格。若经肉眼观察未发现裂纹,用直尺检查没有翘曲(用钢直尺和试饼底部紧靠,以两者间不透光为不翘曲)的试饼的安定性合格,反之为不合格。当两个试饼的判断结果有矛盾时,该水泥的安定性为不合格。

3.5.6　水泥强度试验

水泥胶砂强度反映了水泥硬化到一定龄期后胶结能力的大小,是确定水泥强度等级的依据。它是水泥的主要质量指标之一。本试验方法的依据是《水泥胶砂强度检验方法(ISO 法)》(GB/T 17671—1999)。

3.5.6.1　试验目的

检验水泥各龄期强度,以确定强度等级,或已知强度等级,检验强度是否满足国家标准所规定的各龄期强度数值。

3.5.6.2 **主要仪器设备**

(1)行星式胶砂搅拌机:符合《行星式水泥胶砂搅拌机》(JC/T 681—2005)的规定,其搅拌叶片既绕自身轴线做顺时针自转,又沿搅拌锅周边做逆时针公转。水泥胶砂搅拌机叶片及搅拌锅如图 3-8 所示。

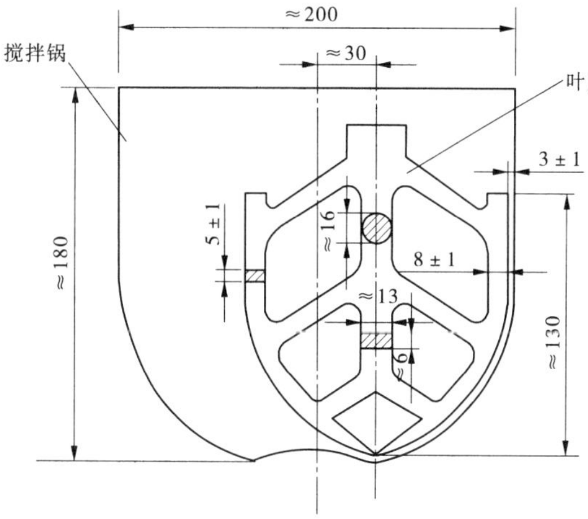

图 3-8 水泥胶砂搅拌机叶片及搅拌锅 (单位:mm)

搅拌机叶片自转时的速度为高速(285±10)r/min,低速(140±5)r/min;搅拌机叶片公转时的速度为高速(125±10)r/min,低速(62±5)r/min。

(2)胶砂试件成型振实台:由装有两个对称偏心轮的电动机产生振动,使用时固定于混凝土基座上,见图 3-9。振实台的振幅为(15±0.3)mm,振动频率为 1 Hz(1 次/s)。

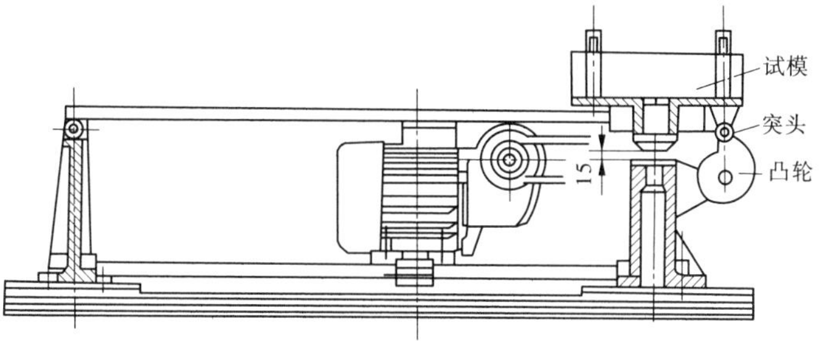

图 3-9 胶砂振实台 (单位:mm)

(3)试模:可装拆的三联试模,由隔板、端板、底座等部分组成,可同时成型三个截面为 40 mm×40 mm×160 mm 的菱形试件。

胶砂试模附有下料漏斗或播料器。

(4)刮平直尺:规格为 300 mm ×30 mm×2 mm。

(5)抗折试验机:一般采用双杠杆式电动抗折试验机,也可采用性能符合《水泥胶砂电动抗折试验机》(JC/T 724—2005)要求的其他试验机。

(6)抗压试验机:抗压试验机的量程以 200~300 kN 为佳，示值相对误差不超过 1%。

(7)抗压夹具:抗压夹具应符合《40 mm×40 mm 水泥抗压夹具》(JC/T 683—2005)要求，试件受压面积为 40 mm×40 mm。

3.5.6.3　**胶砂制备**

(1)试验前,将试模擦净,四周的模板与底座的接触面上应涂黄油,紧密装配,防止漏浆。内壁均匀刷薄层机油。搅拌锅、叶片和下料漏斗(或播料器)等用湿布擦干净(更换水泥品种时,也须用湿布擦干净)。

(2)胶砂配合比。水泥与中国 ISO 标准砂的质量比为 1∶3,水胶比为 0.5,即水泥:(450±2)g,中国 ISO 标准砂:(1 350±5)g; 拌和水:(225±1)mL。

(3)搅拌程序。先将称量好的水加入锅内,再加入称好的水泥,把锅放在固定架上,上升至固定位置。立即开动机器,低速搅拌 30 s 后,在第二个 30 s 开始的同时均匀加入标准砂。当各级标准砂是分装时,由粗到细依次加入。当为混合包装时,应均匀加入。标准砂全部加完后,把机器转至高速再拌 30 s。接着停拌 90 s,在刚停的 15 s 内用橡皮刮具,将叶片和锅壁上的胶砂刮至拌和锅内。最后高速搅拌 60 s。各个搅拌阶段,时间误差应在±1 s 以内,总搅拌时间为 4 min。

3.5.6.4　**试件成型**

(1)胶砂制备后立即进行成型。把试模固定在振实台上,用勺子将胶砂分两层装入试模。装第一层时,每个槽内约放 300 g 胶砂,用大播料器垂直加在模套顶部,沿每个模槽来回一次将料层播平,接着振实 60 次;再装第二层,用小播料器播平,再振实 60 次。

(2)振实完毕后,取下试模,用刮平直尺以近似 90°的角度,架在试模的一端,沿试模长度方向,以横向锯割动作向另一端移动,一次刮去高出试模多余的胶砂。最后用同一刮尺以近乎水平的角度,将试模表面抹平。然后在试模上做标记或加字条,标明试件编号和试件相对于振实台的位置。

3.5.6.5　**试件养护**

(1)脱模前的处理与养护。成型后立即将做好标记的试模放入雾室或湿气养护箱的水平架子上养护,养护时试模不应重叠。养护到规定的脱模时间(24±2)h 时取出试模,用防水墨汁或颜料笔对试件进行编号和做其他标记。两个龄期以上的试件,在编号时应将同一试模中的三条试件分在两个以上龄期的组中。

(2)脱模。脱模应非常小心,以防损伤试件,脱模时可用塑料锤或橡皮榔头或专门的脱模器。对 24 h 龄期的试件,应在强度试验前 20 min 脱模;对 24 h 以上的试件,应在成型后 20~24 h 之间脱模。硬化较慢的水泥允许延期脱模,但在试验报告中应予说明。

(3)水中养护。将做好标记的试件水平或竖直放在(20±1)℃的水中养护,水平放置时刮平面应朝上。养护期间,试件间隔和试件上表面的水深不得小于 5 mm,且不允许全部更换养护水。每个养护池(或容器)内只能养护同类型的水泥试件。

(4)试件龄期。试件龄期是从水泥加水搅拌开始时算起,至强度测定所经历的时间。不同龄期的试件必须相应地在 24 h±15 min、48 h±30 min、72±45 min、7 d±2 h、28 d±8 h 的时间内进行强度试验。到龄期的试件在强度试验前 15 min 从水中取出，揩去试件表面沉积物，并用湿布覆盖至试验开始。

3.5.6.6 水泥胶砂强度试验

1. 抗折强度试验

(1) 将抗折试验机夹具的圆柱表面清理干净，并调整杠杆处于平衡状态。

(2) 用湿布擦去试件表面的水分和砂粒，将试件放入夹具内，使试件成型时的侧面与夹具的圆柱接触。调整夹具，使杠杆在试件折断时尽可能接近平衡位置。

(3) 以(50±10) N/s 的速度进行加荷，直到试件被折断，记录破坏荷载 P(N)或抗折强度 f_f(MPa)。

(4) 保持半截棱柱体(断块)处于潮湿状态直至抗压试验开始。

(5) 按式(3-5)计算每条试件的抗折强度，计算结果精确至 0.1 MPa。

$$f_f = 3PL/(2bh^2) = 0.002\,34P \qquad (3\text{-}5)$$

式中 P——破坏荷载，N；

L——支撑圆柱的中心距离，为 100 mm；

b、h——试件断面的宽和高，均为 40 mm。

(6) 每组试件的抗折强度，以三条棱柱体试件抗折强度测定值的算术平均值作为试验结果。当三个测定值中仅有一个超出平均值的±10%时，应剔除这个数据，再以其余两个测定值的平均数作为试验结果。

2. 抗压强度试验

(1) 在抗折试验后，立即在 6 个断块的侧面上进行抗压试验。抗压试验须用抗压夹具，使试件受压面积为 40 mm×40 mm。试验前，应将试件受压面与抗压夹具清理干净，试件的底面应紧靠夹具上的定位销，断块露出上压板外的部分应不少于 10 mm。

(2) 在整个加荷过程中，夹具应位于压力机承压板中心，以(2 400±200) N/s 的速率均匀地加荷直至破坏，记录破坏荷载 P(kN)。

(3) 按式(3-6)计算每块试件的抗压强度 f_c，计算结果精确至 0.1 MPa。

$$f_c = P/A = 0.625P \qquad (3\text{-}6)$$

式中 P——破坏荷载，kN；

A——受压面积，40 mm×40 mm。

(4) 每组试件的抗压强度，以三条棱柱上得到的 6 个抗压强度测定值的算术平均值作为试验结果。如 6 个测定值中仅有一个超出平均值的±10%，应剔除这个数据，再以其余 5 个测定值的平均数作为试验结果；如果 5 个测定值中再有超出其平均值±10%的，则该组结果作废。

根据上述测得的抗折、抗压强度的试验结果，按相应水泥标准确定其水泥强度等级。

3.5.6.7 填写试验表格

根据试验结果，填写水泥胶砂强度试验记录表(见表 3-12)。

表 3-12 水泥胶砂强度试验记录表

<table>
<tr><td>任务单号</td><td colspan="3"></td><td>检测依据</td><td colspan="2"></td></tr>
<tr><td>样品编号</td><td colspan="3"></td><td>检测地点</td><td colspan="2"></td></tr>
<tr><td>样品名称</td><td colspan="3"></td><td>环境条件</td><td>温度：</td><td>湿度：</td></tr>
<tr><td>样品描述</td><td colspan="3"></td><td>试验日期</td><td colspan="2"></td></tr>
<tr><td rowspan="5">主要仪器设备使用情况</td><td colspan="3">试验设备名称</td><td>型号规格</td><td>编号</td><td>使用情况</td></tr>
<tr><td colspan="3"></td><td></td><td></td><td></td></tr>
<tr><td colspan="3"></td><td></td><td></td><td></td></tr>
<tr><td colspan="3"></td><td></td><td></td><td></td></tr>
<tr><td colspan="3"></td><td></td><td></td><td></td></tr>
<tr><td>养护条件</td><td colspan="4"></td><td>成型日期</td><td></td></tr>
<tr><td rowspan="7">抗折强度</td><td>龄期(d)</td><td>试验日期</td><td>试件尺寸(mm)</td><td>破坏荷载(kN)</td><td>抗折强度值(MPa)</td><td>抗折强度平均值(MPa)</td></tr>
<tr><td rowspan="3">3</td><td rowspan="3"></td><td rowspan="3"></td><td></td><td></td><td rowspan="3"></td></tr>
<tr><td></td><td></td></tr>
<tr><td></td><td></td></tr>
<tr><td rowspan="3">28</td><td rowspan="3"></td><td rowspan="3"></td><td></td><td></td><td rowspan="3"></td></tr>
<tr><td></td><td></td></tr>
<tr><td></td><td></td></tr>
<tr><td rowspan="13">抗压强度</td><td>龄期(d)</td><td>试验日期</td><td>试件尺寸(mm)</td><td>破坏荷载(kN)</td><td>抗压强度值(MPa)</td><td>抗压强度平均值(MPa)</td></tr>
<tr><td rowspan="6">3</td><td rowspan="6"></td><td rowspan="6"></td><td></td><td></td><td rowspan="6"></td></tr>
<tr><td></td><td></td></tr>
<tr><td></td><td></td></tr>
<tr><td></td><td></td></tr>
<tr><td></td><td></td></tr>
<tr><td></td><td></td></tr>
<tr><td rowspan="6">28</td><td rowspan="6"></td><td rowspan="6"></td><td></td><td></td><td rowspan="6"></td></tr>
<tr><td></td><td></td></tr>
<tr><td></td><td></td></tr>
<tr><td></td><td></td></tr>
<tr><td></td><td></td></tr>
<tr><td></td><td></td></tr>
<tr><td colspan="7">说明：</td></tr>
</table>

复核： 记录： 试验：

发展动态

水泥是资源消耗大、污染大的产业。随着经济发展、人民生活水平提高，人们对生活居住环境要求日益提高。现在国家主张转变经济增长方式，发展低碳经济，注重节能环保，走可持续发展的道路。因此，水泥的未来发展方向将发生重大的变化。

1. 标号化，提高水泥的性能

在当前“低碳经济”发展规律和国家政策的引导下，水泥生产会向着“高标号化”和“多样化”的方向发展。现阶段我国主要使用的是32.5强度等级的水泥，这使得水泥生产时浪费原材料，环境污染较大。因此，未来水泥的生产会向着低碳、节能、高效、环保的方向发展。

2. 特种化，实现水泥品种多样化

现阶段，我国建筑领域主要是以硅酸盐水泥为主要原材料，品种比较单一。因此，水泥生产应该加大创新力度，大力发展特种水泥，使产品向着多样化发展。我国的特种水泥品种相对还比较单一，使用数量相对较少，但随着建筑行业的快速发展，特种水泥的使用量会不断增加。所以，水泥的生产应该进一步提升技术含量，增加水泥的品种，提高水泥的附加值。

3. 商混化，推进粉磨站搅拌站一体化

近几年来商品混凝土（商混）得到了快速的发展，把水泥和商混结合起来，让商混作为水泥的终端产品出现，减少中间环节，节约成本，保证质量，会使商混成为未来建筑行业当中的中坚力量。此外，如果能把粉磨站和搅拌站结合起来，形成一个整体，不但能够促进水泥的利用率，还可以促进水泥产品的质量。

4. 水泥制品构件化，推动水泥与建筑的结合

水泥制品构件化是水泥未来发展的一个趋势，水泥产品大构件化、集成化、模式化，可以极大提高水泥产品的附加值，提高经济效益。

基础训练

3-1 水泥的矿物成分有哪些？

3-2 常用的水泥是指哪几种？各有什么特点？

3-3 掺混合材料的水泥与普通水泥相比，在组成和性能上有何区别？

3-4 简述检验水泥强度的方法及强度等级的评定。

3-5 为何水泥的细度越细，强度不一定越高？

3-6 高铝水泥的主要矿物是什么？温度、湿度对高铝水泥水化产物及其强度有何影响？

能力训练

3-1 已测得某普通硅酸盐水泥3 d的抗折强度及抗压强度均达到42.5水泥强度要求，28 d的抗折强度分别为8.20 MPa、7.90 MPa、7.80 MPa，28 d抗压破坏荷载分别为71.3 kN、72.4 kN、70.1 kN、70.9 kN、73.1 kN、70.8 kN。试评定该水泥的强度等级。

3-2 某建筑工程，因甲方原因造成工程停工3个月，停工前工地仓库中存放的水泥应如何处理？

3-3 某工地材料仓库存有四种白色粉末，原分别标明为磨细生石灰、建筑石膏、白水泥和白色石灰石粉，后因保管不善，标签脱落，问可用什么简易方法来加以辨认？

项目 4　混凝土

【学习目标】

知识目标

1. 了解普通混凝土的组成,掌握其原材料的质量控制。
2. 掌握普通混凝土的主要技术性质:和易性、强度和耐久性。
3. 掌握普通混凝土的配合比设计及质量控制。
4. 了解混凝土各类外加剂的工作原理和应用。

技能目标

1. 能进行砂和石子的颗粒级配及粗细程度的检测。
2. 能进行混凝土配合比设计。
3. 能进行混凝土标准稠度的检测。
4. 能进行混凝土强度的检测。

【项目导图】

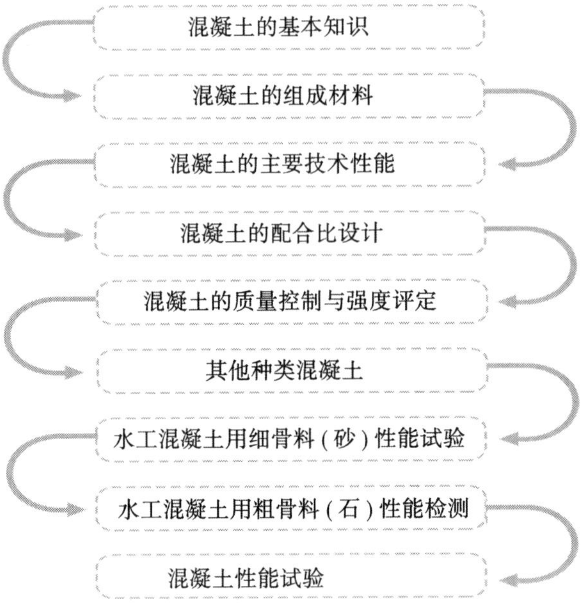

任务 1　混凝土的基本知识

4.1.1　混凝土的定义与分类

4.1.1.1　混凝土的定义

混凝土,简称为“砼(tóng)”,是指由胶凝材料将骨料胶结成整体的工程复合材料的统称。通常讲的混凝土一词是指用水泥作胶凝材料,砂、石作骨料,与水(加或不加外加剂和掺和料)按一定比例配合,经搅拌、成型、养护而得的水泥混凝土,也称普通混凝土,广泛应用于建筑工程、水利工程、道路工程、地下工程、国防工程等,是当代最重要的建筑材料之一,也是世界上用量最大的人工建筑材料。

4.1.1.2 混凝土的分类

1. 按表观密度大小分类

(1)重混凝土。重混凝土是指干表观密度大于2 800 kg/m^{3}的混凝土。重混凝土常采用重晶石、铁矿石、钢屑等作骨料和锶水泥、钡水泥共同配置防辐射混凝土,它们具有不透X射线和γ射线的性能,主要作为核工程的屏蔽结构材料。

(2)普通混凝土。普通混凝土的干表观密度为2 000~2 800 kg/m^3,是以水泥为胶凝材料,以砂、石为骨料,加水拌制成的水泥混凝土。普通混凝土在建筑工程中用量最大、用途最广泛,主要用于各种承重结构。

(3)轻混凝土。轻混凝土是指干表观密度小于2 000 kg/m^{3}的混凝土。它又可以分为三种:轻骨料混凝土(用膨胀珍珠岩、浮石、陶粒、煤渣等轻质材料作骨料)、多孔混凝土(泡沫混凝土、加气混凝土等)和无砂大孔混凝土(组成材料中不加细骨料)。轻混凝土由于自重轻,弹性模量低,因而抗震性能好。与普通烧结砖相比,不仅强度高、整体性好,而且保温性能好。由于结构自重小,特别适合高层和大跨度结构。

2. 按所用胶凝材料分类

混凝土按所用胶凝材料分为水泥混凝土、沥青混凝土、石膏混凝土、水玻璃混凝土、聚合物混凝土等。其中,水泥混凝土在建筑工程中用量大、用途最广泛。

3. 按用途分类

混凝土按用途分主要有结构用混凝土、防水混凝土、装饰混凝土、防辐射混凝土、隔热混凝土、耐酸混凝土、耐火混凝土等。

4.1.2 混凝土的特点与应用

4.1.2.1 混凝土的优点

(1)材料来源广泛。混凝土中占整个体积80%以上的砂、石料均就地取材,其资源丰富,有效降低了制作成本。

(2)性能可调整范围大。根据使用功能要求,改变混凝土的材料配合比例及施工工艺,可在相当大的范围内对混凝土的强度、保温耐热性、耐久性及工艺性能进行调整。

(3)在硬化前有良好的塑性。优良的可塑成型性,使混凝土可适应各种形状复杂的结构构件的施工要求。

(4)施工工艺简易、多变。混凝土既可简单进行人工浇筑,亦可根据不同的工程环境特点灵活采用泵送、喷射、水下等施工方法。

(5)可用钢筋增强。钢筋与混凝土虽为性能迥异的两种材料,但两者却有近乎相等的线胀系数,从而使它们可共同工作,弥补了混凝土抗拉强度低的缺点,扩大了其应用范围。

(6)有较高的强度和耐久性。近代高强混凝土的抗压强度可达100 MPa以上,同时具备较高的抗渗、抗冻、抗腐蚀、抗碳化性,其耐久年限可达数百年以上。

4.1.2.2 混凝土的缺点

自重大、养护周期长、导热系数较大、不耐高温、拆除废弃物再生利用性较差等缺点,随着混凝土新功能、新品种的不断开发,正不断克服和改进。

在建筑工程中,用量最大、用途最广泛的是以水泥为胶凝材料的普通水泥混凝土,通常简称为普通混凝土。本项目主要讲述普通混凝土。

4.1.3 混凝土的发展

今后抗压强度为60~100 MPa的高强混凝土以及100 MPa以上的超高强混凝土的应用将日趋广泛。具有特殊性能(如高和易性、高密实性、高耐久性、高抗裂性、低脆性、低自身质量等)的混凝土及具有多种特殊性能的高性能混凝土也将逐步得到应用。此外,在配制普通混凝土的原材料方面将更注重利用再生资源及工农业废料。积极发展以水泥混凝土为基材的复合材料,以获得特殊功能混凝土。

任务2 混凝土的组成材料

普通混凝土是由水泥、砂子、石子和水按适当比例配合,拌制成拌和物,经一定时间硬化而成的人造石材。在混凝土中,砂子、石子统称为骨料,主要起骨架作用,一般不参与水泥与水的化学反应。水泥与水形成水泥浆,水泥浆包裹在骨料表面并填充其空隙。在混凝土硬化前,水泥浆主要起润滑作用,赋予混凝土拌和物一定的流动性,以便于施工;水泥浆硬化后主要起胶结作用,将砂、石骨料胶结成为一个坚实的整体,并使混凝土具有一定的强度。水泥混凝土的结构如图4-1所示。

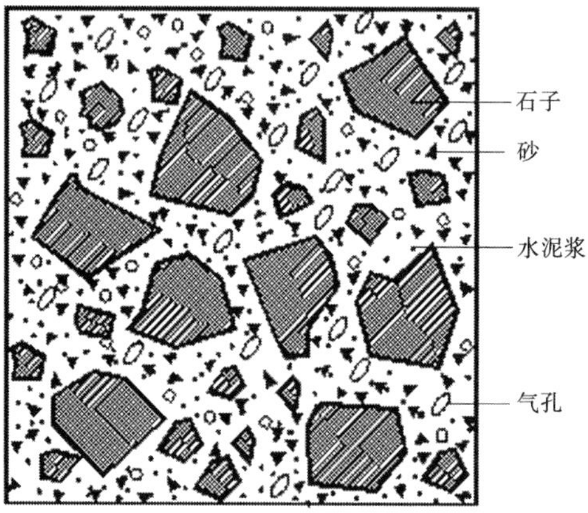

图4-1 水泥混凝土的结构

混凝土的技术性质在很大程度上是由原材料的性质及其相对含量决定的,同时也与施工工艺(搅拌、成型、养护等)等有关。因此,要想保证混凝土的质量,就必须了解组成混凝土原材料的性质和质量要求,从而做到合理选择原材料。

4.2.1 水泥

水泥是混凝土中价格最贵、最重要的原材料，它直接影响混凝土的强度、耐久性和经济性，所以要合理选择水泥的品种和强度等级。

4.2.1.1 水泥品种选择

配制混凝土一般采用通用水泥，必要时也可采用其他水泥。需在分析工程特点、环境特点、施工条件的基础上，结合水泥的性能特点来选择，水泥的性能指标须符合现行国家有关标准的规定。具体参见本项目任务 3。

【例 4-1】 豫西水利枢纽工程“进水口、洞群和溢洪道”标段（Ⅱ标）为提高泄水建筑物抵抗黄河泥沙及高速水流的冲刷能力，浇筑了 28 d 抗压强度达 70 MPa 的混凝土约 50 万 m^3，但都出现了一定数量的裂缝。裂缝产生有多方面的原因，其中原材料的选用是一个方面。请就其胶凝材料的选用分析其裂缝产生的原因。其中，水泥采用的是早强型普通硅酸盐水泥。

【分析与解答】 对于大体积泄水建筑物，设计和选用无水化热控制要求的普通硅酸盐水泥，不利于混凝土温度控制。早强型普通硅酸盐水泥水化速度快，其早期温度拉应力增长往往大于其带来的抗拉强度增长。此类混凝土宜选用中热硅酸盐水泥。

4.2.1.2 水泥强度等级的选择

配制混凝土所用水泥的强度等级应与混凝土的设计强度等级相适应。原则上是配制高强度等级的混凝土，选用高强度等级水泥；配制低强度等级的混凝土，选用低强度等级水泥。对于一般强度混凝土，水泥强度等级宜为混凝土强度等级的 1.5~2.0 倍。如配制 C25 混凝土，可选用强度等级为 42.5 的水泥；配制 C30 混凝土，可选用强度等级为 52.5 的水泥。

【例 4-2】 水泥混凝土配合比设计时，是不是选用水泥强度越高越好？

【分析与解答】 不是越高越好，因为混凝土配合比设计跟混凝土的和易性、耐久性及强度有关。具体要求如下：

(1) 满足施工条件要求的和易性。

(2) 满足结构设计或施工进度所要求的强度。

(3) 满足与使用条件相适应的耐久性。

(4) 满足经济上的合理性，在保证混凝土质量的前提下，尽量节约水泥，合理地使用材料和降低成本。

4.2.2 细骨料——砂子

粒径为 0.15~4.75 mm 的骨料称为细骨料（砂子）。砂子分为天然砂和人工砂两类。天然砂是岩石自然风化后所形成的大小不等的颗粒，包括河砂、山砂及淡化海砂；人工砂包括机制砂和混合砂。一般混凝土用砂采用天然砂。

拌制混凝土要选用质量良好的砂子，对砂的质量要求主要有以下几个方面。

4.2.2.1 有害杂质的含量

用来配制混凝土的砂要求清洁不含杂质，以保证混凝土的质量。但实际上砂中常含有云母、硫酸盐、黏土、淤泥等有害杂质，这些杂质黏附在砂的表面，妨碍水泥与砂的黏结，降低混凝土的强度，同时还增加混凝土的用水量，从而加大混凝土的收缩，降低混凝土的耐久性。一些硫酸盐、硫化物，还对水泥石有腐蚀作用。氯化物容易加剧钢筋混凝土中钢筋的锈蚀，也应进行限制。国家标准《建设用砂》(GB/T 14684—2011)对砂中有害杂质含量做了具体规定，见表4-1。

4.2.2.2 砂子的坚固性与碱活性

砂子的坚固性，是指其抵抗自然环境对其腐蚀或风化的能力。通常用硫酸钠溶液干湿循环5次后的质量损失来表示砂子坚固性的好坏，对砂子的坚固性要求见表4-1。

砂中若含有活性氧化硅，可能与水泥中的碱分起作用，产生碱—骨料反应，并使混凝土发生膨胀开裂。因此，通常应选用无活性氧化硅的骨料。

表4-1 混凝土用砂有害杂质及坚固性要求 (%)

项目	指标		
	Ⅰ类	Ⅱ类	Ⅲ类
云母(按质量计)，≤	1.0	2.0	2.0
轻物质(按质量计)，≤	1.0	1.0	1.0
有机物(比色法)	合格	合格	合格
硫化物及硫酸盐(按 SO_3 质量计)，≤	0.5	0.5	0.5
氯化物(按氯离子质量计)，≤	0.01	0.02	0.06
含泥量(按质量计)，≤	1.0	3.0	5.0
泥块含量(按质量计)	0	≤1.0	≤2.0
硫酸钠溶液干湿循环5次后的质量损失，≤	8	8	10

注：表中Ⅰ类宜用于强度等级大于C60的混凝土；Ⅱ类宜用于强度等级C30～C60及有抗冻、抗渗或其他要求的混凝土；Ⅲ类宜用于强度等级小于C30的混凝土(或建筑砂浆)。

4.2.2.3 砂的粗细程度与颗粒级配

砂的粗细程度是指不同粒径的砂粒混合在一起的平均粗细程度。根据粗细程度，砂可分为粗砂、中砂、细砂和特细砂。在砂用量相同的条件下，若砂子过细，则砂的总表面积就较大，需要包裹砂粒表面的水泥浆的数量多，水泥用量就多；若砂子过粗，虽能少用水泥，但混凝土拌和物黏聚性较差，容易发生分层离析现象。所以，用于拌制混凝土的砂不宜过粗，也不宜过细。

砂的颗粒级配是指不同粒径的砂粒相互间的搭配情况。在混凝土中砂粒之间的空隙是由水泥浆所填充的，为了节约水泥和提高混凝土强度，就应尽量减小砂粒之间的空隙。从图4-2可以看出：如果是相同粒径的砂，空隙就大，见图4-2(a)；用两种不同粒径的砂搭配起来，空隙就减小了，见图4-2(b)；用三种不同粒径的砂搭配，空隙就更小了，见图4-2(c)。由此可见，要想减小砂粒间的空隙，就必须有大小不同粒径的砂相互搭配。所以，混凝土用砂要选用颗粒级配良好的砂。

综上所述，混凝土用砂应同时考虑砂的粗细程度和颗粒级配。当砂的颗粒较粗且级

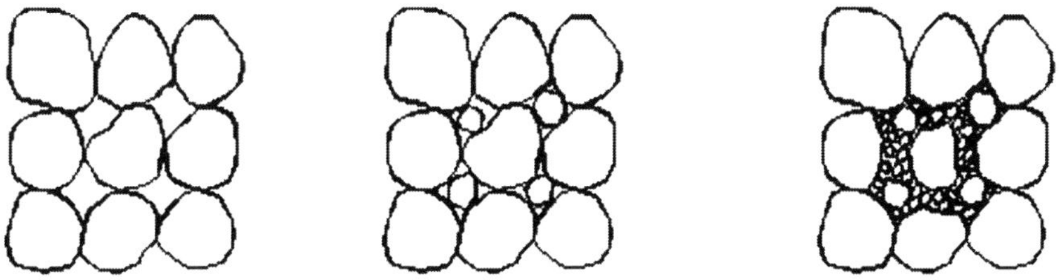

(a) (b) (c)

图 4-2 砂的颗粒级配

配良好时,砂的空隙率和总表面积均较小,这样不仅可以节约水泥,而且可提高混凝土的强度和密实性。可见,控制混凝土砂的粗细程度和颗粒级配有很大的技术经济意义。

砂的粗细程度和颗粒级配常用筛分析的方法进行测定,用细度模数来判断砂的粗细程度,用级配区来表示砂的颗粒级配。筛分析法是用一套孔径分别为 4.75 mm、2.36 mm、1.18 mm、0.6 mm、0.3 mm、0.15 mm 的标准方孔筛,将 500 g 干砂试样依次过筛,然后称得余留在各号筛上砂的质量(分计筛余量),并计算出各筛上的分计筛余百分率(分计筛余量占砂样总质量的百分数)及累计筛余百分率(各筛和比该筛粗的所有分计筛余百分率之和)。砂的筛余量、分计筛余百分率、累计筛余百分率的关系见表 4-2。根据累计筛余百分率可计算出砂的细度模数和划分砂的级配区,以评定砂的粗细程度和颗粒级配。

表 4-2 筛余量、分计筛余百分率、累计筛余百分率的关系

筛孔尺寸(mm)	筛余量 m_i(g)	分计筛余百分率 a_i(%)	累计筛余百分率 A_i(%)
4.75	m_1	a_1	$A_1=a_1$
2.36	m_2	a_2	$A_2=a_1+a_2$
1.18	m_3	a_3	$A_3=a_1+a_2+a_3$
0.6	m_4	a_4	$A_4=a_1+a_2+a_3+a_4$
0.3	m_5	a_5	$A_5=a_1+a_2+a_3+a_4+a_5$
0.15	m_6	a_6	$A_6=a_1+a_2+a_3+a_4+a_5+a_6$

注:$a_i=m_i/500$。

砂的细度模数计算公式为:

$$M_x=\frac{(A_2+A_3+A_4+A_5+A_6)-5A_1}{100-A_1} \tag{4-1}$$

细度模数越大,表示砂越粗。M_x 在 3.7~3.1 为粗砂,M_x 在 3.0~2.3 为中砂,M_x 在 2.2~1.6 为细砂,M_x 在 1.5~0.7 为特细砂。普通混凝土用砂的细度模数,一般应控制在 2.0~3.5 较为适宜。

《建设用砂》(GB/T 14684—2011)对细度模数为 3.7~1.6 的普通混凝土用砂,根据 0.6 mm 筛孔的累计筛余百分率分成三个级配区,见表 4-3 和图 4-3(级配曲线)。混凝土用砂的

颗粒级配,应处于表 4-3 或图 4-3 的任何一个级配区内,否则认为砂的颗粒级配不合格。

表 4-3　砂的颗粒级配区

筛孔尺寸(mm)	级配区		
	1	2	3
	累计筛余(%)		
4.75	10~0	10~0	10~0
2.36	35~5	25~0	15~0
1.18	65~35	50~10	25~0
0.6	85~71	70~41	40~16
0.3	95~80	92~70	85~55
0.15	100~90	100~90	100~90

注:1. 砂的实际颗粒级配与表中所列数字相比,除 4.75 mm 和 0.6 mm 筛孔外,可以略有超出,但超出总量应小于 5%。

2. 1 区人工砂中 0.15 mm 筛孔的累计筛余可以放宽到 100%~85%,2 区人工砂中 0.15 mm 筛孔的累计筛余可以放宽到 100%~80%,3 区人工砂中 0.15 mm 筛孔的累计筛余可以放宽到 100%~75%。

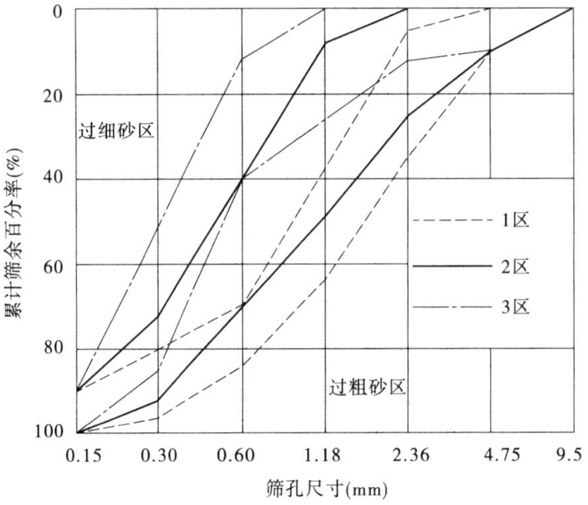

图 4-3　砂的级配曲线

一般认为,处于 2 区级配的砂,其粗细适中,级配较好。1 区砂含粗颗粒较多,属于粗砂,拌制的混凝土保水性差。3 区砂属于细砂,拌制的混凝土保水性、黏聚性好,但水泥用量大,干缩大,容易产生微裂缝。

混凝土用砂的级配必须合理,否则难以配制出性能良好的混凝土。当现有的砂级配不良时,可采用人工级配方法来改善,最简单的措施是将粗、细砂按适当比例进行试配,掺和使用。

【例4-3】 混凝土用砂是如何分类的?

【分析与解答】 按砂的生成过程特点,可将砂分为天然砂和人工砂。

天然砂根据产地特征,分为河砂、湖砂、山砂和海砂。河砂、湖砂材质最好,洁净、无风化、颗粒表面圆滑。山砂风化较严重,含泥较多,含有机杂质和轻物质也较多,质量最差。海砂中常含有贝壳等杂质,所含氯盐、硫酸盐、镁盐会引起水泥的腐蚀,故材质较河砂为次。

人工砂是经除土处理的机制砂和混合砂的统称。机制砂是由机械破碎、筛分而得的岩石颗粒,但不包括软质岩、风化岩石的颗粒。混合砂是由机制砂和天然砂混合而成的砂。

【例4-4】 混凝土对砂的基本要求有哪些?

【分析与解答】 混凝土对砂的基本要求有:

(1)砂的总表面积要小,即砂尽可能粗。

在混凝土中,水泥浆是通过骨料颗粒表面来实现有效黏结的,骨料的总表面积越小,水泥越节约。

(2)砂的颗粒级配良好。

颗粒级配是指粒径大小不同的砂相互搭配的情况。砂颗粒间大小搭配合理,达到逐级填充,减小空隙率,以实现尽可能高的密实度。可见用级配良好的砂配制混凝土,不仅空隙率小,节约水泥,而且因水泥的用量减小,水泥石含量少,混凝土的密实度提高,从而强度和耐久性得以加强。

4.2.3 粗骨料——石子

粗骨料一般指粒径大于4.75 mm的岩石颗粒,有卵石和碎石两大类。卵石是由自然条件作用形成的岩石颗粒,分为河卵石、海卵石和山卵石;碎石由天然岩石(或卵石)经破碎、筛分而得。根据《建设用卵石、碎石》(GB/T 14685—2011),按卵石、碎石的技术要求将卵石、碎石分为Ⅰ类、Ⅱ类、Ⅲ类。Ⅰ类宜用于强度等级大于C60的混凝土;Ⅱ类宜用于强度等级C30~C60及有抗冻、抗渗或其他要求的混凝土;Ⅲ类宜用于强度等级小于C30的混凝土(或建筑砂浆)。

卵石则多为圆形,表面光滑,与水泥的黏结较差;碎石多棱角,表面粗糙,与水泥黏结较好。当采用相同混凝土配合比时,用卵石拌制的混凝土拌和物流动性较好,但硬化后强度较低;而用碎石拌制的混凝土拌和物流动性较差,但硬化后强度较高。配制混凝土选用碎石还是卵石,要根据工程性质、当地材料的供应情况、成本等各方面综合考虑。

为了保证混凝土的强度和耐久性,《建设用卵石、碎石》(GB/T 14685—2011)对卵石和碎石的各项指标做了具体规定,主要有以下几个方面。

4.2.3.1 有害杂质含量

粗骨料中的有害杂质主要有黏土、淤泥、硫酸盐及硫化物和一些有机杂质等,其对混凝土的危害作用与细骨料中的相同。另外,粗骨料中还可能含有针状(颗粒长度大于相应粒级平均粒径的2.4倍)和片状(厚度小于平均粒径的0.4倍)颗粒,针状、片状颗粒易折断,其含量多时,会降低新拌混凝土的流动性和硬化后混凝土的强度。粗骨料中有害杂质及针片状颗粒的允许含量应符合表 4-4 的规定。

表 4-4　粗骨料中有害杂质及针片状颗粒限制值　(%)

项目	指标		
	Ⅰ 类	Ⅱ 类	Ⅲ 类
含泥量(按质量计),≤	0.5	1.0	1.5
泥块含量(按质量计)	0	≤0.2	≤0.5
有机物	合格	合格	合格
硫化物及硫酸盐(按 SO_3 质量计),≤	0.5	1.0	1.0
针片状颗粒含量(按质量计),≤	5	10	15

4.2.3.2　强度和坚固性

1. 强度

为了保证混凝土具有足够的强度,所采用的粗骨料应质地致密,具有足够的强度。碎石或卵石的强度,可用压碎指标和岩石立方体强度两种方法表示。对于经常性的生产质量控制,常用压碎指标值来检验石子的强度。但在选择采石场,或对粗骨料强度有严格要求,或对质量有争议时,宜用岩石立方体强度做检验。

压碎指标是将一定质量气干状态下粒径为 10~20 mm 的石子装入一定规格的圆桶内,在压力机上均匀加荷到 200 kN,然后卸荷后称取试样质量(m_0),再用孔径为 2.36 mm 的筛筛除被压碎的碎粒,称取试样的筛余量(m_1)。压碎指标可用下式计算:

$$压碎指标 = \frac{m_0 - m_1}{m_0} \times 100\% \tag{4-2}$$

压碎指标值越小,说明石子的强度越高。对不同强度等级的混凝土,所用石子的压碎指标应满足表 4-5 的要求。

表 4-5　碎石及卵石压碎指标和坚固性指标　(%)

项目	指标		
	Ⅰ 类	Ⅱ 类	Ⅲ 类
碎石压碎指标,≤	10	20	30
卵石压碎指标,≤	12	14	14
硫酸钠溶液干湿循环 5 次后的质量损失,≤	5	8	12

岩石立方体强度,是用母岩制成 50 mm×50 mm×50 mm 的立方体(或直径与高均为 50 mm 的圆柱体),浸泡水中 48 h,待吸水饱和后测得的极限抗压强度。岩石立方体抗压强度与设计要求的混凝土强度等级之比,不应低于 1.5。同时,火成岩试件的强度不宜低于 80 MPa,变质岩不宜低于 60 MPa,水成岩不宜低于 30 MPa。

2. 坚固性

石子的坚固性是指石子在气候、环境变化和其他物理力学因素作用下,抵抗破碎的能力。坚固性试验是用硫酸钠溶液浸泡法检验,试样经5次干湿循环后,其质量损失应满足表4-5的要求。

4.2.3.3 最大粒径和颗粒级配

1. 最大粒径

粗骨料中公称粒级的上限称为该粒级的最大粒径。例如,当采用5~40 mm的粗骨料时,此骨料的最大粒径为40 mm。骨料的粒径越大,其总表面积越小,包裹其表面所需的水泥浆量减少,可节约水泥;在和易性和水泥用量一定的条件下,能减少用水量而提高强度和耐久性。

正确合理地选用粗骨料的最大粒径,要综合考虑结构物的种类、构件截面尺寸、钢筋最小净距和施工条件等因素。《混凝土质量控制标准》(GB 50164—2011)规定,骨料的最大公称粒径不得大于构件截面最小尺寸的1/4,同时不得大于钢筋间最小净距的3/4。对于混凝土实心板,最大粒径不宜超过板厚的1/3且不得大于40 mm。对于大体积混凝土,粗骨料的最大公称粒径不宜小于31.5 mm;高强混凝土最大公称粒径不宜大于25 mm;对于泵送混凝土,碎石的最大粒径与输送管内径之比,不宜大于1∶3,卵石不宜大于1∶2.5。粒径过大,对运输和搅拌都不方便,容易造成混凝土离析、分层等质量问题。

【例4-5】 什么是最大粒径?加大最大粒径对混凝土有何影响?

【分析与解答】 粗骨料公称粒径的上限称为该粒级的最大粒径。如公称粒级5~20 mm的石子,其最大粒径即20 mm。

最大粒径在一定程度上反映了粗骨料的平均粗细程度。拌和混凝土中粗骨料的最大粒径加大,总表面积减小,单位用水量有效减少。在用水量和水胶比固定不变的情况下,最大粒径加大,骨料表面包裹的水泥浆层加厚,混凝土拌和物可获得较高的流动性。若在工作性一定的前提下,可减小水胶比,使强度和耐久性提高。通常加大粒径可获得节约水泥的效果。但最大粒径过大(大于150 mm),不但节约水泥的效果不再明显,而且会降低混凝土的抗拉强度,会对施工质量,甚至对搅拌机械造成一定的损害。

2. 颗粒级配

粗骨料的级配原理与细骨料基本相同,也要求有良好的颗粒级配,以减小空隙率,节约水泥,提高混凝土的密实度和强度。

粗骨料的颗粒级配也是通过筛分试验来测定的,用一套孔径分别为2.36 mm、4.75 mm、9.5 mm、16.0 mm、19.0 mm、26.5 mm、31.5 mm、37.5 mm、53.0 mm、63.0 mm、75.0 mm和90.0 mm的筛进行筛分,称得每个筛上的筛余量,计算出分计筛余百分率和累计筛余百分率(分计筛余百分率和累计筛余百分率的计算与细骨料相同)。粗骨料的颗粒级配分为连续粒级和单粒粒级,混凝土用粗骨料的颗粒应符合表4-6的规定。

连续粒级是石子粒级呈连续性,即颗粒由大到小,每级石子占一定的比例。连续粒级的石子颗粒间粒差小,配制的混凝土和易性好,不易发生离析现象。连续粒级是粗骨料最理想的级配形式,目前在建筑工程中最常用。

表 4-6 混凝土用碎石或卵石的颗粒级配要求

公称粒级 (mm)		累计筛余(%) 方孔筛(mm)											
		2.36	4.75	9.50	16.0	19.0	26.50	31.5	37.5	53.0	63.0	75.0	90.0
连续粒级	5~16	95~100	80~100	30~60	0~10	0							
	5~20	95~100	90~100	40~80	—	0~10	0						
	5~25	95~100	90~100	—	30~70	—	0~5	0					
	5~31.5	95~100	90~100	70~90	—	15~45	—	0~5	0				
	5~40	—	95~100	70~90	—	30~65	—	—	0~5	0			
单粒粒级	5~10	95~100	80~100	0~15	0								
	10~16		95~100	85~100	0~15								
	10~20		95~100	85~100		0~15	0						
	16~25			95~100	55~70	25~40	0~10						
	16~31.5		95~100		85~100			0~10	0				
	20~40			95~100		80~100			0~10	0			
	40~80					95~100			70~100		30~60	0~10	0

单粒粒级是人为剔除某些粒级颗粒,从而使粗骨料的级配不连续,又称间断粒级。单粒粒级较大粒径骨料之间的空隙直接由比它小几倍的小粒径颗粒填充,使空隙率达到最小,密实度增加,可以节约水泥。但由于颗粒粒径相差较大,混凝土拌和物容易产生离析现象,导致施工困难,一般工程中少用。单粒级配一般不单独使用,常用于组合成连续粒级,也可与连续粒级配合使用。

【例 4-6】 粗骨料的颗粒级配按实际使用情况分为哪两种?连续粒级和单粒级配各有何优缺点?级配原则是什么?

【分析与解答】 粗骨料的颗粒级配按实际使用情况分为以下两种。

连续粒级是石子的粒径从大到小连续分级,每一级都占适当的比例。连续级配的颗粒大小搭配连续合理(最小粒径都从 5 mm 起),用其配置的混凝土拌和物工作性好,不易发生离析,在工程中应用较多。但其缺点是,当最大粒径较大(大于 40 mm)时,天然形成的连续级配往往与理论最佳值有偏差,且在运输、堆放过程中易发生离析,影响到级配的均匀合理性。

单粒粒级级配是石子粒级不连续,人为剔去某些中间粒级的颗粒而形成的级配方式。单粒粒级能更有效降低石子颗粒间的空隙率,使水泥达到最大程度的节约,但由于粒径相差较大,故拌和混凝土易发生离析,单粒粒级需按设计进行掺配而成。

无论连续粒级还是单粒粒级,其级配原则是共同的,即:骨料颗粒间的空隙要尽可能小;粒径过渡范围小;骨料颗粒间紧密排列,不发生干涉。

4.2.4　水及外加剂

4.2.4.1　水

对拌和与养护混凝土用水的质量要求是：不影响混凝土的凝结和硬化；无损于混凝土的强度发展和耐久性，不加快钢筋的锈蚀；不引起预应力钢筋脆断；不污染混凝土表面等。《混凝土结构工程施工质量验收规范》(GB 50204—2015)规定，混凝土用水宜优先采用符合国家标准的饮用水。若采用其他水源，水质要求应符合《混凝土用水标准》(JGJ 63—2006)规定，水中各种杂质的含量应符合表4-7的规定。

表4-7　混凝土用水中物质含量限制值

项目	预应力混凝土	钢筋混凝土	素混凝土
pH，≥	5	4.5	4.5
不溶物(mg/L)，≤	2 000	2 000	5 000
可溶物(mg/L)，≤	2 000	5 000	10 000
氯化物(按Cl^-计)(mg/L)，≤	500	1 000	3 500
硫酸盐(按SO_4^{2-}计)(mg/L)，≤	600	2 000	2 700
硫化物(按S^{2-}计)(mg/L)，≤	1 500	1 500	1 500

【例4-7】　对混凝土拌和用水有何要求？混凝土拌和用水各有何适用？

【分析与解答】　对混凝土拌和用水的要求是：拌和用水所含物质不应影响混凝土的工作性及凝结；无损于混凝土强度发展；不降低混凝土的耐久性，不加快钢筋腐蚀，不导致预应力钢筋脆断；不污染混凝土表面。

符合国家标准的生活用水(自来水、河水、江水、湖水)可直接拌制各种混凝土。海水只可用于拌制素混凝土。地表水和地下水首次使用前应按规定进行检测，有关指标值在限值内才可作为拌和用水。

4.2.4.2　外加剂

混凝土外加剂是指在拌制混凝土过程中掺入的用以改善混凝土性能的物质，其掺量一般不超过水泥质量的5%。由于混凝土外加剂掺量较少，一般在混凝土配合比设计时不考虑外加剂对混凝土质量或体积的影响。

混凝土外加剂的使用是混凝土技术的重大突破，外加剂的掺量虽然很小，却能显著地改善混凝土的某些性能。在混凝土中应用外加剂，具有投资少、见效快、技术经济效益显著的特点。随着科学技术的不断进步，外加剂已越来越多地得到应用，现今外加剂已成为混凝土除四种基本组分以外的第五种重要组分。

1. 混凝土外加剂的类型

混凝土外加剂种类繁多，每种外加剂常具有一种或多种功能，其化学成分可以是无机物、有机物或二者的复合产品。混凝土外加剂按其主要功能可分为以下四类：

(1)改善混凝土拌和物流变性能的外加剂，如各种减水剂、泵送剂等。

(2)调节混凝土凝结时间、硬化性能的外加剂，如缓凝剂、早强剂、速凝剂等。

(3)改善混凝土耐久性的外加剂,如引气剂、防水剂、阻锈剂等。

(4)改善混凝土其他性能的外加剂,如膨胀剂、防冻剂、着色剂、脱模剂等。

2. 常用的混凝土外加剂

1)减水剂

减水剂是指在保证混凝土坍落度不变的条件下,能减少拌和用水量的外加剂。

(1)减水剂的作用机制。

水泥加水拌和后,由于水泥颗粒间具有分子引力作用,产生许多絮状物而形成絮凝结构,使10%~30%的游离水被包裹在其中(见图4-4),从而降低了混凝土拌和物的流动性。当加入适量减水剂后,减水剂分子定向吸附于水泥颗粒表面,使水泥的颗粒表面带上电性相同的电荷,产生静电斥力使水泥颗粒分开,见图4-5(a),从而导致絮状结构解体释放出游离水,有效地增加了混凝土拌和物的流动性。当吸附足够的减水剂后,在水泥颗粒表面形成一层稳定的溶剂化水膜,见图4-5(b),这层水膜是很好的润滑剂,有助于水泥颗粒的滑动,从而使混凝土的流动性进一步提高。

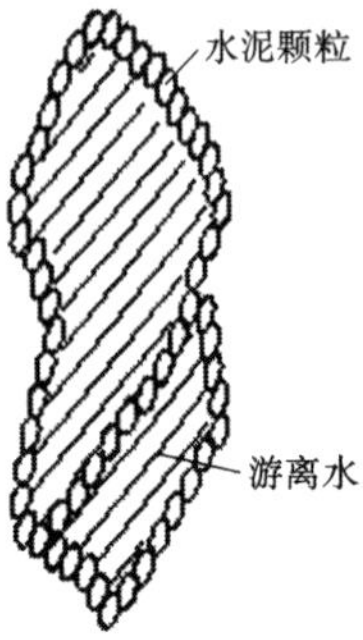

图4-4　水泥浆絮凝结构

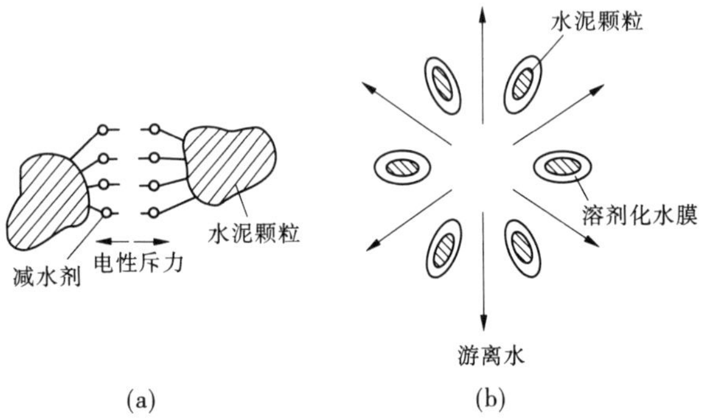

图4-5　减水剂作用简图

(2)减水剂的经济技术效果。

①在保持水胶比与水泥用量不变的情况下,可提高混凝土拌和物的流动性。

②在保证混凝土强度和坍落度不变的情况下,可节约水泥用量。

③在保证混凝土拌和物和易性及水泥用量不变的条件下,可减少用水量,降低水胶比,从而提高混凝土的强度和耐久性。

④可减少拌和物的泌水离析现象,延缓拌和物的凝结时间,降低水泥水化放热速度,显著提高混凝土的抗渗性及抗冻性,改善耐久性能。

(3)减水剂常用品种。

减水剂根据减水或增塑效果可分为普通减水剂和高效减水剂。普通减水剂是指在保证混凝土坍落度不变的情况下,能减少拌和水量不超过10%的减水剂;而高效减水剂的减水率多在15%~30%。常用减水剂的品种及减水效果见表4-8。

表 4-8　常用减水剂品种及减水效果

类别		普通减水剂		高效减水剂	
		木质素系	糖蜜系	多环芳香族磺酸盐系（萘系）	水溶性树脂系
主要品种		木质素磺酸钙（木钙） 木质素磺酸钠（木钠） 木质素磺酸镁（木镁）	3FG、TF、ST	NNO、NF、FDN、UNF、JN、MF、SN-2、NHJ、SP-1、DH、JW-1 等	SM、CRS 等
主要成分		木质素磺酸钙 木质素磺酸钠 木质素磺酸镁	矿渣、废蜜经石灰中和处理而成	芳香族磺酸盐 甲醛缩合物	三聚氢胺树脂磺酸（SM） 古玛隆-茚树脂磺酸钠（CRS）
适宜掺量（占水泥质量）（%）		0.2~0.3	0.2~0.3	0.2~1.0	0.5~2.0
效果	减水率（%）	10 左右	6~10	15~25	18~30
	早强			明显	显著
	缓凝	1~3 h	3 h 以上		
	引气（%）	1~2		一般为非引气或引气<2	<2

2）早强剂

早强剂是指能提高混凝土早期强度，并对后期强度无显著影响的外加剂。常用早强剂的品种有氯盐类、硫酸盐类、有机氨类及以它们为基础组成的复合早强剂，见表 4-9。

早强剂可在常温和负温（不小于-5 ℃）条件下加速混凝土硬化过程，多用于冬季施工和抢修工程。

表 4-9　常用早强剂

类别	氯盐类	硫酸盐类	有机氨类	复合类
常用品种	氯化钙	硫酸钠（元明粉）	三乙醇胺	（1）三乙醇胺（A）+氯化钠（B） （2）三乙醇胺（A）+亚硝酸钠（B）+氯化钠（C） （3）三乙醇胺（A）+亚硝酸钠（B）+二水石膏（C） （4）硫酸盐复合早强剂（NC）

续表 4-9

类别	氯盐类	硫酸盐类	有机氨类	复合类
适宜掺量（占水泥质量）(%)	0.5~1.0	0.5~2.0	0.02~0.05 一般不单独用，常与其他早强剂复合用	(1)(A)0.05+(B)0.5 (2)(A)0.05+(B)0.5+(C)0.5 (3)(A)0.05+(B)1.0+(C)2.0 (4)(NC)2.0~4.0
早强效果	显著； 3 d强度可提高50%~100%，7 d强度可提高20%~40%	显著； 掺1.5%时达到混凝土设计强度70%的时间可缩短一半	显著； 早期强度可提高50%左右，28 d强度不变或稍有提高	显著； 2 d强度可提高70%，28 d强度可提高20%

3）引气剂

引气剂是指在混凝土拌和物搅拌过程中，能引入大量分布均匀、稳定而封闭的微小气泡（直径在10~100 μm）的外加剂。引气剂的掺量十分微小，适宜掺量仅为水泥质量的0.005%~0.012%。

目前，常用的引气剂主要有松香热聚物、松香皂和烷基苯磺酸盐等。其中，以松香热聚物的效果最好、最常使用，松香热聚物是由松香与硫酸、石碳酸起聚合反应，再经氢氧化钙中和而得到的憎水性表面活性剂。

引气剂能有效减少混凝土拌和物的泌水离析，明显改善混凝土拌和物的和易性，提高硬化混凝土的抗冻性和抗渗性。引气剂主要用于抗冻混凝土、防渗混凝土、泌水严重的混凝土、抗硫酸盐混凝土及对饰面有要求的混凝土等，不宜用于蒸汽养护的混凝土和预应力混凝土。

4）缓凝剂

缓凝剂是指能延缓混凝土凝结时间，并对混凝土后期强度发展无不利影响的外加剂。

缓凝剂的品种及掺量应根据混凝土的凝结时间、运输距离、停放时间及强度要求来确定。主要品种有糖类、木质素磺酸盐类、羟基羧酸盐类及无机盐类，见表4-10。

缓凝剂具有缓凝、减水、降低水化热等多种功能，适用于大体积混凝土、炎热气候条件下施工的混凝土、长期停放及远距离运输的商品混凝土。

5）速凝剂

速凝剂是指能使混凝土迅速凝结硬化的外加剂。常用的速凝剂主要有红星1型、711型、782型等品种，见表4-11。

速凝剂主要用于矿山井巷、铁路隧洞、引水涵洞、地下厂房等工程及喷射混凝土工程。

表 4-10 常用缓凝剂

类别	品种	掺量(占水泥质量)(%)	延缓凝结时间(h)
糖类	糖蜜等	0.2~0.5(水剂) 0.1~0.3(粉剂)	2~4
木质素磺酸盐类	木质素磺酸钙(钠)等	0.2~0.3	2~3
羟基羧酸盐类	柠檬酸、酒石酸钾(钠)等	0.03~0.1	4~10
无机盐类	锌盐、硼酸盐、磷酸盐等	0.1~0.2	

表 4-11 常用速凝剂

种类	红星 1 型	711 型	782 型
主要成分	铝酸钠+碳酸钠+生石灰	铝氧熟料+无水石膏	矾泥+铝氧熟料+生石灰
适宜掺量(占水泥质量)(%)	2.5~4.0	3.0~5.0	5.0~7.0
初凝(min)	≤5		
终凝(min)	≤10		
强度	1 d 产生强度,1 d 强度可提高 2~3 倍,28 d 强度为不掺的 80%~90%		

3. 使用外加剂的注意事项

1)外加剂品种的选择

混凝土外加剂品种很多,效果各异。在选择外加剂时,必须先了解不同外加剂的性能,再根据工程需要、现场的材料条件等进行全面考虑。如有条件,应在使用前进行试验验证,然后使用。

2)外加剂掺量的选择

外加剂一般掺入量都很少,有的只占水泥质量的万分之几,且外加剂掺量对混凝土性能影响较大,所以必须严格而准确地加以控制。掺量过小,往往达不到预期效果;掺量过大,则会影响混凝土质量,甚至造成严重事故。在没有可靠的资料为依据时,尽可能通过试验来确定最佳掺量。

4. 外加剂的掺入方法

混凝土外加剂一般不能直接加入搅拌机内。对于可溶于水的外加剂,应先配成合适浓度的溶液,使用时按所需掺量加入拌和水中,再连同拌和水一起加入搅拌机内;对于不溶于水的外加剂,可先与适量的水泥、砂子混合均匀后再加入搅拌机中。

【例 4-8】 北京某旅馆的一层钢筋混凝土工程在冬季施工,为使混凝土防冻,在浇筑混凝土时掺入水泥用量 3% 的氯盐。建成使用两年后,在 A 柱柱顶附近掉下一块约 40 mm 直径的混凝土碎块。停业检查事故原因,发现除设计有失误外,其中一个重要原因是在浇筑混凝土时掺加的氯盐防冻剂,它不仅对混凝土有影响,而且腐蚀钢筋。观察底层柱破坏处钢筋,纵向钢筋及箍筋均已生锈,原直径ϕ6 的钢筋锈蚀后仅为ϕ5.2 左右。锈蚀后较细及稀的箍筋难以承受柱端截面上纵向筋侧向压屈所产生的横拉力,使得箍筋在最薄弱处断裂,钢筋断裂后的混凝土保护层易剥落,混凝土碎块掉落。

【分析与解答】 施工时加氯盐防冻,应同时对钢筋采取相应的阻锈措施。该工程因混凝土碎块掉落,引起了使用者的高度重视,停业卸去活荷载,并对症下药地对现有柱进行外包钢筋。

4.2.5 掺和料

混凝土掺和料是指在混凝土搅拌前或在搅拌过程中,与混凝土其他组分一起,直接加入的人造或天然的矿物材料以及工业废料,掺量一般大于水泥重量的5%。其目的是改善混凝土性能、调节混凝土强度等级和节约水泥用量等。

4.2.5.1 粉煤灰

粉煤灰又称飞灰,是一种颗粒非常细,以致能在空气中流动并被除尘设备收集的粉状物质。我们通常所指的粉煤灰是指燃煤电厂中磨细煤粉在锅炉中燃烧后从烟道排出,被收尘器收集的物质。《用于水泥和混凝土中的粉煤灰》(GB/T 1596—2017)根据粉煤灰的细度和烧失量,将用于混凝土和砂浆掺和料的粉煤灰分为三个等级:

Ⅰ级粉煤灰——0.045 mm 方孔筛筛余小于12%,烧失量小于5%。

Ⅱ级粉煤灰——0.045 mm 方孔筛筛余小于30%,烧失量小于8%。

Ⅲ级粉煤灰——0.045 mm 方孔筛筛余小于45%,烧失量小于10%。

我国还按 CaO 含量以10%为界分为高钙灰和低钙灰。

粉煤灰加入混凝土具有如下特点:

(1)新拌混凝土。Ⅰ级粉煤灰可减少混凝土需水量,改善混凝土的泵送性能,提高混凝土流动性和塑性。

(2)粉煤灰加入混凝土的养护。粉煤灰对混凝土养护湿度更为敏感,保持比较高的湿度将有利于粉煤灰混凝土性能的发展。

(3)强度。粉煤灰加入混凝土早期强度降低比较明显,90 d 后在掺量比较小的情况下,粉煤灰混凝土强度接近普通混凝土,1 年后甚至超过普通混凝土强度。

(4)弹性模量。粉煤灰加入混凝土的弹性模量与抗压强度也成正比关系

(5)变形能力。粉煤灰加入混凝土的徐变特性与普通混凝土没有多大差异。

(6)耐久性。粉煤灰改善了混凝土的孔结构,提高了混凝土的抗渗性,有较好的抗硫酸盐侵蚀的能力。

4.2.5.2 硅灰

硅灰是在生产硅铁、硅钢或其他硅金属时,高纯度石英和煤在电弧炉中还原所得到的以无定形 SiO_2 为主要成分的球状玻璃体颗粒粉尘。一般为青灰色或银白色,在电子显微镜下观察,硅灰的形状为非结晶的球形颗粒,表面光滑硅灰的用途很多。

硅灰单位重量很轻,包装、运输不很方便。硅灰活性极高,火山灰活性指标高达110%。

其用途主要有以下几个方面:

(1)配制高强混凝土。

(2)配制抗冲耐磨混凝土。

(3)配制抗化学腐蚀混凝土。

(4)抑制碱—骨料反应。

(5)配制喷射混凝土。

(6)配制泵送混凝土。

(7)用于基础灌浆。

4.2.5.3 沸石粉

沸石粉是以沸石岩经粉磨加工制成的含水化硅铝酸盐为主的矿物火山灰质活性掺和材料。沸石岩系有30多个品种,用作混凝土掺和料的主要有斜发沸石或绦光沸石。沸石粉的主要化学成分:SiO_2 占60%~70%,Al_2O_3 占10%~30%,可溶硅占5%~12%,可溶铝占6%~9%。

沸石岩具有较大的内表面积和开放性结构,沸石粉本身没有水化能力,在水泥中碱性物质激发下其活性才表现出来,又称F矿粉。

掺有沸石矿物的混凝土特点如下:

(1)可减少混凝土拌和物的泌水性,改善可泵性。

(2)提高混凝土强度。

(3)提高混凝土的密实性、抗渗性、抗冻性。

(4)抑制碱—骨料反应。

4.2.5.4 矿渣微粉

粒化高炉矿渣磨细后的细粉称为矿渣微粉。粒化高炉矿渣是熔化的矿渣在高温状态迅速水淬而成。《高强高性能混凝土用矿物外加剂》(GB/T 18736—2017)中对矿渣微粉等矿物外加剂规定了一系列技术要求。

矿渣微粉混凝土的性能特征简介如下:

(1)凝结时间:矿渣微粉混凝土的初凝、终凝时间比普通混凝土有所延缓,但幅度不大。

(2)流动性:掺有矿渣微粉能改善流动性。

(3)泌水性:矿渣微粉混凝土具有良好的黏聚性,因而显著改善了混凝土的泌水性。

(4)强度:在相同的混凝土强度等级与自然养护的条件下,矿渣微粉混凝土的早期强度比普通混凝土略低,但28 d及以后的强度增长显著多于普通混凝土。

(5)耐久性:矿渣微粉混凝土的抗渗性明显优于普通混凝土,提高了混凝土抗氯离子渗透能力和抗硫酸盐侵蚀性。对预防和抑制碱—骨料反应也是十分有利的。

粒化高炉矿渣粉可以等量取代水泥,并降低水化热、提高抗渗性和耐蚀性、抑制碱—骨料反应和提高长期强度等,可用于钢筋混凝土和预应力钢筋混凝土工程。大掺量粒化高炉矿渣粉混凝土特别适用于大体积混凝土、地下和水下混凝土、耐硫酸混凝土等。还可用于高强混凝土、高性能混凝土和预拌混凝土等。

4.2.5.5 其他掺和料

1. 磨细自燃煤矸石粉

自燃煤矸石粉是由煤矿洗煤过程中排出的矸石,经自燃而成的。自燃煤矸石具有一定的火山灰活性,磨细后可作为混凝土的掺和料。

2. 浮石粉、火山渣粉

浮石粉和火山渣粉均是火山喷出的轻质多孔岩石经磨细而得的掺和料。《用于水泥中的火山灰质混合材料》(GB/T 2847—2005)规定,浮石粉和火山渣粉的烧失量小于或等于10%;火山灰试验合格;SO_3含量小于或等于3.5%;水泥胶砂28 d强度比不得低于65%。

任务3 混凝土的主要技术性能

普通混凝土的主要技术性质是混凝土拌和物的和易性,硬化混凝土的强度、变形,混凝土的耐久性。

4.3.1 混凝土拌和物的和易性

4.3.1.1 和易性的概念

和易性是指混凝土拌和物易于各种施工工序(拌和、运输、浇筑、振捣等)操作并能获得质量均匀、成型密实的性能。和易性是一项综合技术性质,包括流动性、黏聚性和保水性三方面含义。

1. 流动性

流动性是指混凝土拌和物在自重或机械振捣作用下能产生流动,并均匀密实地填满模板的性能。流动性反映出拌和物的稀稠。若混凝土拌和物太干稠,流动性差,难以振捣密实;若拌和物过稀,流动性好,但容易出现分层离析现象,从而影响混凝土的质量。

2. 黏聚性

黏聚性是指混凝土拌和物各颗粒间具有一定的黏聚力,在施工过程中能够抵抗分层离析,使混凝土保持整体均匀的性能。黏聚性反映混凝土拌和物的均匀性。若混凝土拌和物黏聚性不好,混凝土中骨料与水泥浆容易分离,造成混凝土不均匀,振捣后会出现蜂窝、空洞等现象。

3. 保水性

保水性是指混凝土拌和物具有一定的保持水分的能力,在施工过程中不致产生严重的泌水现象。保水性反映混凝土拌和物的稳定性。保水性差的混凝土内部容易形成透水通道,影响混凝土的密实性,并降低混凝土的强度和耐久性。

混凝土拌和物的和易性是以上三个方面性能的综合体现,它们之间既相互联系,又相互矛盾。黏聚性好时保水性往往也好;流动性增大时,黏聚性和保水性往往变差。不同的工程对混凝土拌和物和易性的要求也不同,应根据工程具体情况既要有所侧重,又要互相照顾。

4.3.1.2 和易性的测定方法

由于混凝土拌和物的和易性是一项综合的技术性质,目前还很难用一个单一的指标来全面衡量。通常评定混凝土拌和物和易性的方法是:测定其流动性,以直观经验观察其黏聚性和保水性。常用的测定混凝土拌和物和易性的方法有坍落度试验和维勃稠度试验两种。

1. 坍落度试验

坍落度试验适用于骨料最大公称粒径不大于 40 mm,坍落度值不小于 10 mm 的塑性混凝土流动性的测定。如图 4-6 所示,将混凝土拌和物按规定的试验方法装入坍落筒内,然后按规定方法在 5~10 s 内垂直提起坍落筒,测量筒高与坍落后混凝土试体最高点之间的高差,即为新拌混凝土的坍落度,以 mm 为单位(精确至 1 mm)。

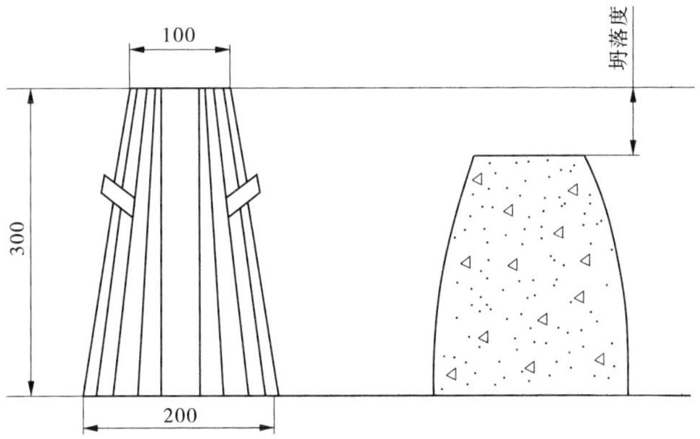

图 4-6 坍落度测定 (单位:mm)

坍落度数值越大,表示混凝土拌和物的流动性越好。根据混凝土拌和物坍落度的级别,按表 4-12 将混凝土进行分级。

表 4-12 混凝土拌和物坍落度等级划分(GB 50164—2011)

级别	名称	坍落度(mm)
S1	低塑性混凝土	10~40
S2	塑性混凝土	50~90
S3	流动性混凝土	100~150
S4	大流动性混凝土	160~210
S5	超流动性混凝土	≥220

在测定坍落度的同时,辅以直观定性评价的方法评价黏聚性和保水性。

(1)黏聚性评价。用捣棒在已坍落的拌和物锥体侧面轻轻敲打,如果锥体逐步下沉,表示黏聚性良好;如果突然倒塌,部分崩裂或石子离析,则为黏聚性不好。

(2)保水性评价。提起坍落度筒后如有较多的稀浆从底部析出,锥体部分的拌和物也因失浆而骨料外露,则表明保水性不好。如坍落度筒提起后无稀浆或稀浆较少,则表明保水性良好。

施工中选择混凝土拌和物的坍落度,一般依据构件截面的大小、钢筋分布的疏密、混凝土成型方式等来确定。若构件截面尺寸较小、钢筋分布较密,且为人工捣实,坍落度可选择大一些;反之,坍落度可选择小一些。混凝土的坍落度值可参考表 4-13 选用。

表 4-13　混凝土浇筑时的坍落度

结构种类	坍落度(mm)
基础或地面等的垫层、无配筋的大体积结构(挡土墙、基础等)或配筋稀疏的结构	10~30
板、梁和大型及中型截面的柱子	30~50
配筋密列的结构(薄壁、斗仓、筒仓、细柱等)	50~70
配筋特密的结构	70~90

2. 维勃稠度试验

维勃稠度测试方法是:将坍落度筒置于维勃稠度仪上的容器内,并固定在规定的振动台上。把拌制好的混凝土拌和物装入坍落度筒内,抽出坍落度筒,将维勃稠度仪上的透明圆盘转至试体顶面,使之与试体轻轻接触。开启振动台,同时由秒表计时,振动至透明圆盘底面被水泥浆布满的瞬间关闭振动台并停止秒表,由秒表读出的时间,即是该拌和物的维勃稠度值。维勃稠度值小,表示拌和物的流动性大。

维勃稠度试验法适用于粗骨料最大粒径不超过 40 mm,维勃稠度为 5~30 s 的混凝土拌和物,主要用于测定干硬性混凝土的流动性。

3. 坍落扩展度法

坍落扩展度法适用于骨料最大公称粒径不大于 40 mm,坍落度值大于 220 mm 的大流动性混凝土的稠度测定。

坍落扩展度试验是在坍落度试验的基础上,用钢尺测量混凝土扩展后最终的最大直径和最小直径,在这两个直径之差小于 50 mm 的条件下,用其算术平均值作为坍落扩展度值;否则,此次试验无效。

如果发现粗骨料在中央集堆或边缘有水泥浆析出,表示此混凝土拌和物抗离析性不好,应予记录。

【例 4-9】 混凝土拌和物的工作性常用的测定法有哪两种?它们各有何适用?由坍落度的大小可将混凝土拌和物分为哪五类?

【分析与解答】 (1)混凝土拌和物的工作性常用的测定法有坍落度试验和维勃稠度试验两种。

(2)坍落度试验一般仅适用于骨料最大粒径不大于 40 mm,坍落度值不小于 10 mm 的混凝土拌和物流动性的测定。维勃稠度测定法主要适用于干硬性的混凝土。

(3)由坍落度的大小可将混凝土拌和物分为低塑性混凝土(S=10~40 mm)、塑性混凝土(S=50~90 mm)、流动性混凝土(S=100~150 mm)、大流动性混凝土(S=160~210 mm)和超流动性混凝土($S \geq$220 mm)五类。

4.3.1.3　影响混凝土拌和物和易性的主要因素

1. 水泥浆的数量

在混凝土拌和物中,水泥浆起着润滑骨料、提高拌和物流动性的作用。在水胶比不变的情况下,单位体积拌和物内,水泥浆数量愈多,拌和物流动性愈大。但若水泥浆数量过多,不仅水泥用量大,而且会出现流浆现象,使拌和物的黏聚性变差,同时会降低混凝土的强度和耐久性；若水泥浆数量过少，则水泥浆不能填满骨料空隙或不能很好地包裹骨料表面，就会出现混凝土拌和物崩塌现象，使黏聚性变差。因此，混凝土拌和物中水泥浆的数量应以满足流动性要求为度，不宜过多或过少。

2. 水泥浆的稠度（水胶比）

水泥浆的稀稠是由水胶比决定的，水胶比是指混凝土拌和物中用水量与胶用量的比值。当水泥用量一定时，水胶比越小，水泥浆越稠，拌和物的流动性就越小。当水胶比过小时，水泥浆过于干稠，拌和物流动性过低，影响施工，且不能保证混凝土的密实性。水胶比增大会使流动性加大，但水胶比过大，又会造成混凝土拌和物的黏聚性和保水性较差，产生流浆、离析现象，并严重影响混凝土的强度和耐久性。所以，水泥浆的稠度（水胶比）不宜过大或过小，应根据混凝土强度和耐久性合理选用。混凝土常用水胶比为 0.40~0.75。

无论是水泥浆数量的多少，还是水泥浆的稀稠，实际上对混凝土拌和物流动性起决定作用的是用水量的多少。当使用确定的材料拌制混凝土时，为使混凝土拌和物达到一定的流动性，所需的单位用水量是一个定值。混凝土的单位用水量可参考表 4-14 选用。应当指出的是，不能单独用增减用水量（改变水胶比）的办法来改善混凝土拌和物的流动性，而应该在保持水胶比不变的条件下用增减水泥浆数量的办法来改善拌和物的流动性。

表 4-14　混凝土用水量的选用

所需坍落度（mm）	卵石最大粒径（mm）				碎石最大粒径（mm）			
	10	20	31.5	40	15	20	31.5	40
	用水量（kg/m^3）							
10~30	190	170	160	150	205	185	175	165
30~50	200	180	170	160	215	195	185	175
50~70	210	190	180	170	225	205	195	185
70~90	215	195	185	175	235	215	205	195

注：1. 本表不宜用于水胶比小于 0.4 或大于 0.8 的混凝土。

2. 本表用水量是采用中砂时的平均值，若用细（粗）砂，每立方米混凝土用水量可增加（减少）5~10 kg。

3. 掺用外加剂（掺和料），可相应增减用水量。

3. 砂率

砂率是指混凝土中砂的质量占砂、石总质量的百分数。砂率的变动会使骨料的空隙率和总表面积有显著改变，因而对混凝土拌和物的和易性产生显著的影响。砂率过大时，骨料的总表面积和空隙率都会增大，在水泥浆用量不变的情况下，相对的水泥浆就显得少了，则拌和物的流动性降低。若砂率过小，又不能保证粗骨料之间有足够的砂浆层，也会降低拌和物的流动性，且黏聚性和保水性变差。因此。砂率过大或过小都不好，应有一个合理砂率值。当采用合理砂率时，在用水量及水泥用量一定的情况下，能使混凝土拌和物获得最大的流动性且能保持良好的黏聚性和保水性，如图 4-7 所示；或者，当采用合理砂率时，能使混凝土拌和物获得所要求的流动性及良好的黏聚性和保水性，而水泥用量为最少,如图 4-8 所示。

确定合理砂率的方法很多,可根据本地区、本单位的经验累计数值选用;若无经验数据,可按骨料的品种、规格及混凝土的水胶比参考表 4-15 选用合理的砂率值。

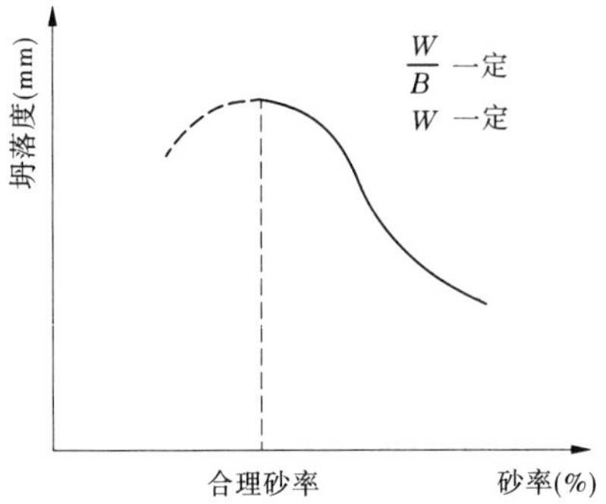

图 4-7　砂率与坍落度曲线趋势

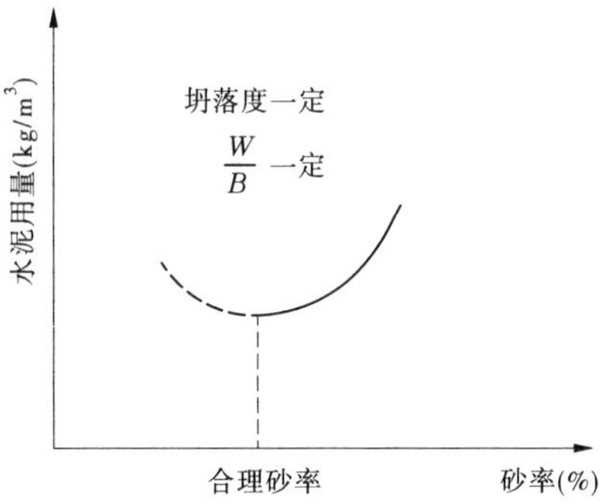

图 4-8　砂率与水泥用量关系曲线

表 4-15　混凝土砂率选用表　(%)

水胶比(W/B)	卵石最大粒径(mm)			碎石最大粒径(mm)		
	10	20	40	15	20	40
0.40	26~32	25~31	24~30	30~35	29~34	27~32
0.50	30~35	29~34	28~33	33~38	32~37	30~35
0.60	33~38	32~37	31~36	36~41	35~40	33~38
0.70	36~41	35~40	34~39	39~44	38~43	36~41

注:1. 本表适用于坍落度为 10~60 mm 的混凝土。若坍落度大于 60 mm,应在上表的基础上,按坍落度每增大 20 mm,砂率增大 1%的幅度予以调整。

2. 本表数值是采用中砂时的选用砂率。若用细(粗)砂,可相应减少(增加)砂率。

3. 只用一个单粒级骨料配制的混凝土,砂率应适当增加。

4. 掺有外加材料时,合理砂率经试验或参考有关规定选用。

4. 环境的温度和湿度

环境温度上升,水泥水化速度加快,混凝土拌和物的坍落度减小,同时随时间的推移坍落度也会减小,特别是在夏季施工或较长距离运输的混凝土,上述现象更加明显。空气湿度小,拌和物水分蒸发较快,坍落度也会偏小。

5. 施工工艺

采用机械拌和的混凝土比同等条件下人工拌和的混凝土坍落度大;采用同一种拌和方式,其坍落度随着有效拌和时间的增长而增大。搅拌机类型不同,拌和时间不同,获得的坍落度也不同。

6. 其他因素的影响

水泥的品种、骨料种类及形状、外加剂等,都对混凝土的和易性有一定影响。水泥的标准稠度用水量大,则拌和物的流动性小。骨料的颗粒较大,外形圆滑及级配良好时,则拌和物的流动性较大。此外,在混凝土拌和物中掺入外加剂(如减水剂),能显著改善和易性。

【例4-10】 合理砂率的定义有哪两种表述形式?如何选择合理砂率?

【分析与解答】 合理砂率的定义:

(1)在用水量和水胶比(水泥浆量)一定的前提下,能使混凝土拌和物获得最大流动性,且能保持良好黏聚性及保水性的砂率,称为合理砂率。

(2)在流动性不变的前提下,所需水泥浆总体积为最小的砂率称为合理砂率。

合理砂率的选择,除根据流动性及水泥用量的原则来考虑外,还要根据所用材料及施工条件对混凝土拌和物的黏聚性和保水性的要求而确定。如砂的细度模数较小,则应采用较小的砂率;水胶比较小,应采用较小的砂率;流动性要求较大,应采用较大砂率等。

4.3.2 混凝土的强度

4.3.2.1 混凝土的强度

混凝土的强度指标有立方体抗压强度、轴心抗压强度、抗拉强度等。混凝土的抗压强度最大,抗拉强度最小,因此在建筑工程中主要是利用混凝土来承受压力作用。混凝土的抗压强度是混凝土结构设计的主要参数,也是混凝土质量评定的重要指标。工程中提到的混凝土强度一般指的是混凝土的抗压强度。

1.混凝土的强度指标

1)混凝土立方体抗压强度

按照标准制作方法制成边长为150 mm的立方体试件,在标准条件[温度(20±2)℃,相对湿度95%以上]下养护至28 d龄期,按照标准试验方法测得的抗压强度值,称为混凝土立方体抗压强度,以f_{cu}表示。

测定混凝土立方体抗压强度时,也可选用不同的试件尺寸,然后将测定结果换算成相当于标准试件的强度值。边长为100 mm的立方体试件,换算系数为0.95;边长为200 mm的立方体试件,换算系数为1.05。

2)混凝土立方体抗压强度标准值及强度等级

立方体抗压强度标准值指按标准方法制作、养护的边长为150 mm的立方体试件,在28 d龄期用标准试验方法测得的具有95%保证率的抗压强度,用$f_{cu,k}$表示。

混凝土强度等级根据立方体抗压强度的标准值划分,单位为MPa。如C20表示混凝土立方体抗压强度标准值为20 MPa,该等级的混凝土立方体抗压强度大于20 MPa的占95%以上。

《混凝土质量控制标准》(GB 50164—2011)规定:普通混凝土按其立方体抗压强度的标准值共划分为19个等级,依次是C10、C15、C20、C25、C30、C35、C40、C45、C50、C55、C60、C65、C70、C75、C80、C85、C90、C95和C100。不同的工程或用于工程不同部位的混凝土,其强度等级要求也不相同。其中,C表示混凝土,C后面的数字表示混凝土立方体抗压强度标准值。如C30表示$f_{cu,k}=30$ MPa。

3)混凝土轴心抗压强度

混凝土的强度等级是采用立方体试件来确定的,但在实际工程中,混凝土结构构件的形式极少是立方体,大部分是棱柱体或圆柱体型。为了能更好地反映混凝土的实际抗压性能,在计算钢筋混凝土构件承载力时,常采用混凝土的轴心抗压强度作为设计依据。

采用150 mm×150 mm×300 mm的棱柱体作为标准试件,在标准条件[温度(20±2)℃,相对湿度90%以上]下养护至28 d龄期,按照标准试验方法测得的抗压强度为混凝土的轴心抗压强度,用f_c表示。混凝土轴心抗压强度f_c约为立方体抗压强度f_{cu}($f_{cu}\leqslant$ 40 N/mm^2)的70%~80%。

4)混凝土的抗拉强度

混凝土的抗拉强度很低,只有抗压强度的1/10~1/20,且随着混凝土强度等级的提高,比值有所降低,也就是当混凝土强度等级提高时,抗拉强度的增加不及抗压强度提高得快。因此,混凝土在工作时一般不依靠其抗拉强度。但抗拉强度对混凝土的抗裂性具有重要意义,是结构设计中确定混凝土抗裂度的重要指标,也用来衡量混凝土与钢筋的黏结性好坏。

测定混凝土抗拉强度的试验方法有直接轴心受拉试验和劈裂试验,直接轴心受拉试验时试件对中比较困难,因此我国目前常采用劈裂试验方法测定。劈裂试验方法是采用边长为150 mm的立方体标准试件,按规定的劈裂抗拉试验方法测定混凝土的劈裂抗拉强度。其劈裂抗拉强度的计算式为:

$$f_{ts} = \frac{2F}{\pi A} = 0.637\frac{F}{A} \tag{4-3}$$

式中 f_{ts}——混凝土的劈裂抗拉强度,MPa;

F——破坏荷载,N;

A——试件劈裂面积,mm^2。

混凝土劈裂抗拉强度f_{ts}与混凝土立方体抗压强度f_{cu}之间的关系,可用经验公式表示为:

$$f_{ts} = 0.19f_{cu}^{3/4} \tag{4-4}$$

2.影响混凝土强度的主要因素

混凝土受压破坏可能有三种形式:骨料与水泥石界面的黏结破坏、水泥石本身的破坏和骨料发生破坏。试验证明,混凝土的受压破坏形式通常是前两种,这是因为骨料强度一般都大大超过水泥石强度和黏结面的黏结强度。所以,混凝土强度主要取决于水泥石强度和水泥石与骨料表面的黏结强度。而水泥石强度、水泥石与骨料表面的黏结强度又与水泥强度等级、水胶比、骨料性质等有密切关系。此外,还受施工工艺、养护条件、龄期等多种因素的影响。影响混凝土强度的因素主要有以下几种。

1)水泥强度等级和水胶比

水泥强度等级和水胶比是影响混凝土强度最重要的因素。在混凝土配合比相同的条件下,所用的水泥强度等级越高,制成的混凝土强度等级也越高;在水泥强度等级相同的情况下,水胶比越小,混凝土的强度越高。但应说明,如果水胶比太小,拌和物过于干硬,无法保证施工质量,将使混凝土中出现较多的蜂窝、孔洞,显著降低混凝土的强度和耐久性。试验证明,混凝土的强度在一定范围内,随水胶比的增大而降低,呈曲线关系,如图4-9(a)所示;而混凝土强度与胶水比的关系,则呈直线关系,如图4-9(b)所示。

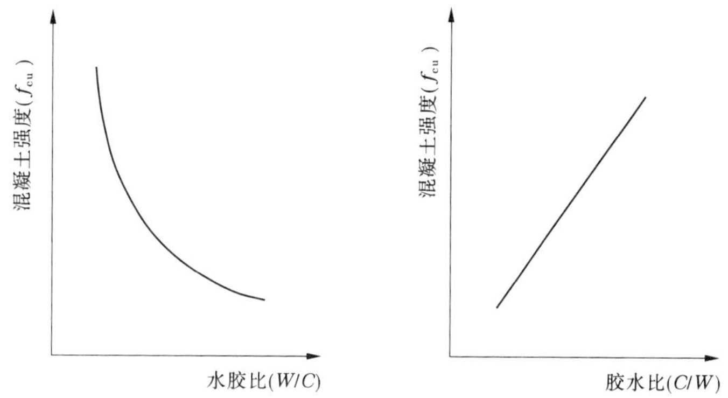

(a)混凝土强度与水胶比关系　　(b)混凝土强度与胶水比关系

图 4-9　混凝土强度与水胶比或胶水比关系曲线

瑞士学者保罗米通过大量试验研究,应用数理统计的方法,提出了混凝土强度与水泥强度等级及水胶比之间的关系式,即混凝土强度公式(4-5):

$$f_{cu,28} = \alpha_a f_{ce}\left(\frac{B}{W} - \alpha_b\right) \tag{4-5}$$

式中　$f_{cu,28}$——混凝土 28 d 龄期立方体抗压强度,MPa;

f_{ce}——水泥实际强度,MPa,f_{ce} 可通过试验确定,也可根据《普通混凝土配合比设计规程》(JGJ 55—2011)规定取水泥强度富余系数 $\gamma_c = 1.13$,按 $f_{ce} = 1.13f_c$ 计算,f_c 为水泥强度等级;

B——每立方米混凝土中胶凝材料用量,kg;

W——每立方米混凝土中水的用量,kg;

α_a、α_b——经验系数,与骨料品种等有关,当采用碎石时 $\alpha_a = 0.53$、$\alpha_b = 0.20$;采用卵石时 $\alpha_a = 0.49$、$\alpha_b = 0.13$。

利用上述的强度公式可解决以下两个问题:一是当所采用的水泥强度等级已定,欲配制某种强度的混凝土时,可以估算应采用的水胶比值;二是当已知所采用的水泥强度等级和水胶比时,可以估计混凝土 28 d 可能达到的立方体抗压强度。

2)养护的温度与湿度

混凝土强度的增长过程,是水泥水化和凝结硬化的过程,必须在一定的温度和湿度条件下进行。如果在干燥环境中养护,混凝土会失水干燥而影响水泥的正常水化,甚至停止水化。这不仅严重降低混凝土的强度,而且会引起干缩裂缝和结构疏松,从而影响耐久性。而在湿度较大的环境中养护混凝土,则会使混凝土的强度提高。

在保证足够湿度的情况下,养护温度不同,对混凝土强度影响也不同。温度升高,水泥水化速度加快,混凝土强度增长也加快;温度降低,水泥水化作用延缓,混凝土强度增长也较慢。当温度降至 0 ℃以下时,混凝土中的水分大部分结冰,不仅强度停止发展,而且混凝土内部还可能因结冰膨胀而破坏,使混凝土的强度大大降低。

为了保证混凝土的强度持续增长,必须在混凝土成型后一定时间内,维持周围环境有一定的温度和湿度。冬天施工,尤其要注意采取保温措施;夏天施工的混凝土,要经常洒水保持混凝土试件潮湿。

3)养护时间(龄期)

混凝土在正常养护条件下,强度将随龄期的增长而提高。混凝土的强度在最初的3~7 d内增长较快,28 d后逐渐变慢,只要保持适当的温度和湿度,其强度会一直有所增长。一般以混凝土28 d的强度作为设计强度值。

在标准养护条件下,混凝土强度大致与龄期的对数成正比,计算式如下:

$$\frac{f_{cu,n}}{\lg n}=\frac{f_{cu,28}}{\lg 28} \tag{4-6}$$

式中 $f_{cu,n}$——n d龄期混凝土的立方体抗压强度,MPa;

$f_{cu,28}$——28 d龄期混凝土的立方体抗压强度,MPa;

n——龄期天数,$n\geqslant 3$。

式(4-6)适用于在标准条件下养护的普通水泥拌制的中等强度等级的混凝土。由于混凝土强度影响因素很多,强度发展也很难一致,因此该公式仅做参考。

4)骨料的种类、质量、表面状况

当骨料中含有杂质较多,或骨料材质低劣,强度较低时,将降低混凝土的强度。表面粗糙并富有棱角的骨料,与水泥石的黏结力较强,可提高混凝土的强度。所以在相同混凝土配合比的条件下,用碎石拌制的混凝土强度比用卵石拌制的混凝土强度高。

5)试验条件

试验条件,如试件尺寸、试件承压面的平整度及加荷速度等,都对测定混凝土的强度有影响。试件尺寸越小,测得的强度越高;尺寸越大,测得的强度越低。试件承压面越光滑平整,测得的抗压强度越高;如果受压面不平整,会形成局部受压使测得的强度降低。加荷速度越快,测得的强度越高。当试件表面涂有润滑剂时,测得的强度较低。因此,在测定混凝土的强度时,必须严格按照国家规范规定的试验规程进行,以确保试验结果的准确性。

【例4-11】 普通混凝土受压破坏的特点是什么?

【分析与解答】 普通混凝土受压破坏的特点有:水泥石与粗骨料的结合面由于水泥浆的泌水及水泥石的干缩存在着早期微裂缝,随着所加外荷载的逐渐加大,这些微裂缝逐渐加大、发展,并迅速进入水泥石,最终造成混凝土的整体贯通开裂。

4.3.2.2 提高混凝土强度的主要措施

1.采用高强度等级的水泥

提高水泥的强度等级可有效提高混凝土的强度,但由于水泥强度等级的增加受到原料、生产工艺的制约,故单纯靠提高水泥强度来达到提高混凝土强度的目的,往往是不现实的,也是不经济的。

2.降低水胶比

这是提高混凝土强度的有效措施。降低混凝土拌和物的水胶比,可降低硬化混凝土的孔隙率,明显增加水泥与骨料间的黏结力,使强度提高。但降低水胶比,会使混凝土拌和物的工作性下降。因此,必须有相应的技术措施配合,如采用机械强力振捣、掺加提高工作性的外加剂等。

3. 湿热养护

除采用蒸汽养护、蒸压养护、冬季骨料预热等技术措施外，还可利用蓄存水泥本身的水化热来提高强度的增长速度。

4. 龄期调整

如前所述，混凝土随着龄期的延续，强度会持续上升。实践证明，混凝土的龄期在3~6个月时，强度较28 d会提高25%~50%。工程某些部位的混凝土如在6个月后才能满载使用，则该部位的强度等级可适当降低，以节约水泥。但具体应用时，应得到设计、管理单位的批准。

5. 改进施工工艺

如采用机械搅拌和强力振捣，都可使混凝土拌和物在低水胶比的情况下更加均匀、密实地浇筑，从而获得更高的强度。近年来，国外研制的高速搅拌法、二次投料搅拌法及高频振捣法等新的施工工艺在国内的工程中应用，都取得了较好的效果。

6. 掺加外加剂

掺加外加剂是提高混凝土强度的有效方法之一，减水剂和早强剂都对混凝土的强度发展起到明显的作用。

4.3.3 混凝土的变形

混凝土在硬化期间和使用过程中，会受到各种因素作用而产生变形。混凝土的变形直接影响到混凝土的强度和耐久性，特别是对裂缝的产生有直接影响。引起混凝土变形的因素很多，归纳起来可分为两大类，即非荷载作用下的变形和荷载作用下的变形。

4.3.3.1 非荷载作用下的变形

1. 化学收缩

一般水泥水化生成物的体积比水化反应前物质的总体积要小，因此会导致水化过程的体积收缩，这种收缩称为化学收缩。化学收缩随混凝土硬化龄期的延长而增加，在40 d内收缩值增长较快，以后逐渐稳定。化学收缩是不能恢复的，它对结构物不会产生明显的破坏作用，但在混凝土中可产生微细裂缝。

2. 干湿变形

干湿变形取决于周围环境的湿度变化。当混凝土在水中硬化时，水泥凝胶体中胶体离子的吸附水膜增厚，胶体离子间距离增大，使混凝土产生微小膨胀。当混凝土在干燥空气中硬化时，混凝土中水分逐渐蒸发，水泥凝胶体或水泥石毛细管失水，使混凝土产生收缩。若把已收缩的混凝土再置于水中养护，原收缩变形一部分可以恢复，但仍有一部分(30%~50%)不可恢复。

混凝土的湿胀变形量很小，对结构一般无破坏作用。但干缩变形对混凝土危害较大，干缩可能使混凝土表面出现拉应力而开裂，严重影响混凝土的耐久性。因此，应采取措施减少混凝土的收缩。可采取以下措施：

(1)加强养护，在养护期内使混凝土保持潮湿环境。

(2)减小水胶比。水胶比大，会使混凝土收缩量大大增加。

(3)减小水泥用量。水泥含量减少，骨料含量相对增加，骨料的体积稳定性比水泥浆好,可减小混凝土的收缩。

(4)加强振捣。混凝土振捣得越密实,内部孔隙量越少,收缩量也就越小。

3. 温度变形

混凝土的热胀冷缩变形称为温度变形。温度变形对大体积混凝土非常不利。在混凝土硬化初期,水泥水化放出较多的热量,而混凝土是热的不良导体,散热缓慢,使大体积混凝土内外产生较大的温差,从而在混凝土外表面产生很大的拉应力,严重时会产生裂缝。因此,对大体积混凝土工程,应设法降低混凝土的发热量,如使用低热水泥、减少水泥用量、采用人工降温措施等,以减少内外温差,防止裂缝的产生和发展。

对纵向较长的混凝土及钢筋混凝土结构,应考虑混凝土温度变形所产生的危害,每隔一段长度应设置温度伸缩缝。

4.3.3.2　荷载作用下的变形

1. 在短期荷载作用下的变形

混凝土是由水泥石、砂、石子等组成的不均匀复合材料,是一种弹塑性体。混凝土受力后既会产生可以恢复的弹性变形,又会产生不可恢复的塑性变形。全部应变(ε)是由弹性应变(ε_e)与塑性应变(ε_p)组成的,如图 4-10 所示。

混凝土的变形模量是反映应力与应变关系的物理量,混凝土应力与应变之间的关系不是直线而是曲线,因此混凝土的变形模量不是定值。混凝土的变形模量有三种表示方法,即初始弹性模量 $E_0=\tan\alpha_0$、割线变形模量 $E_c=\tan\alpha_1$ 和切线弹性模量 $E_h=\tan\alpha_2$,α_0、α_1、α_2 见图 4-11。

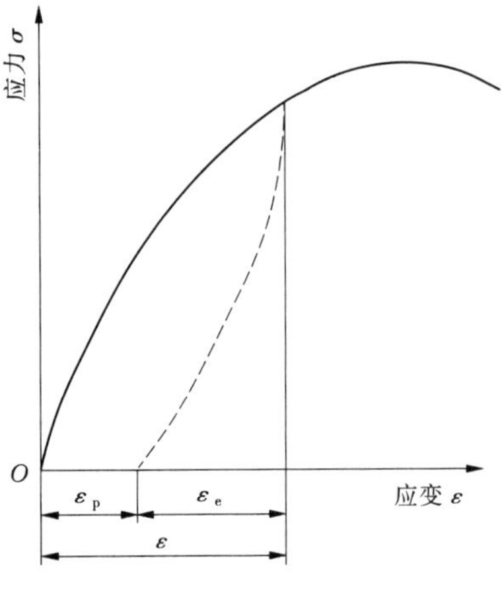

图 4-10　混凝土受压应力—应变图

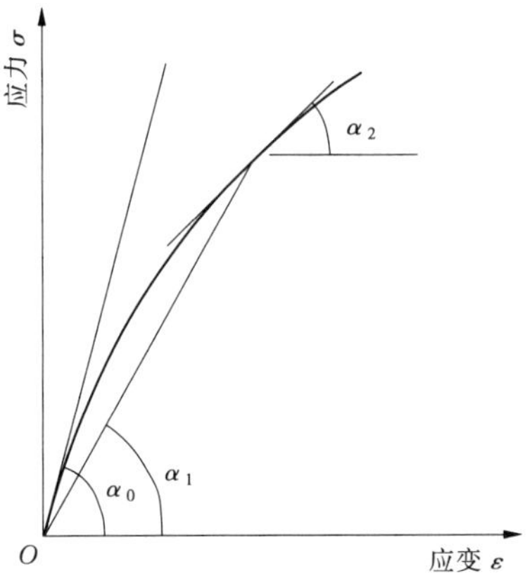

图 4-11　α_0、α_1、α_2 示意图

在计算钢筋混凝土构件的变形、裂缝及大体积混凝土的温度应力时,都需要知道混凝土的弹性模量。在钢筋混凝土构件设计中,常采用一种按标准方法测得的静力受压弹性模量作为混凝土的弹性模量。我国目前规定,采用 150 mm×150 mm×300 mm 的棱柱体试件,取测定点的应力等于试件轴心抗压强度的 40%,经三次以上反复加荷和卸荷后,测得应力与应变的比值,作为混凝土的弹性模量。

混凝土的强度等级越高,弹性模量也越高,两者存在一定的相关性。当混凝土的强度等级由C15增高到C80时,其弹性模量大致由2.20×10^4 MPa增至3.80×10^4 MPa。

2. 徐变

混凝土徐变是指混凝土在长期应力作用下,其应变随时间而持续增长的特性(注意,弹性应变不会随时间而持续增长)。在长期荷载作用下,结构或材料承受的应力不变,而应变随时间增长的现象称为混凝土的徐变。图4-12表示混凝土的徐变曲线。当混凝土开始加荷时产生瞬时应变,随着荷载持续作用时间的增长,就逐渐产生徐变变形。徐变变形初期增长较快,以后逐渐变慢,一般要延续2~3年才稳定下来。当变形稳定以后卸掉荷载,混凝土立即发生稍少于瞬时应变的恢复,称为瞬时恢复。在卸荷后的一段时间内,变形还会继续恢复,称为徐变恢复。最后残留下来的不能恢复的应变,称为残余应变。混凝土的徐变一般为$(3\sim15)\times10^{-4}$,即0.3 ~1.5 mm/m。

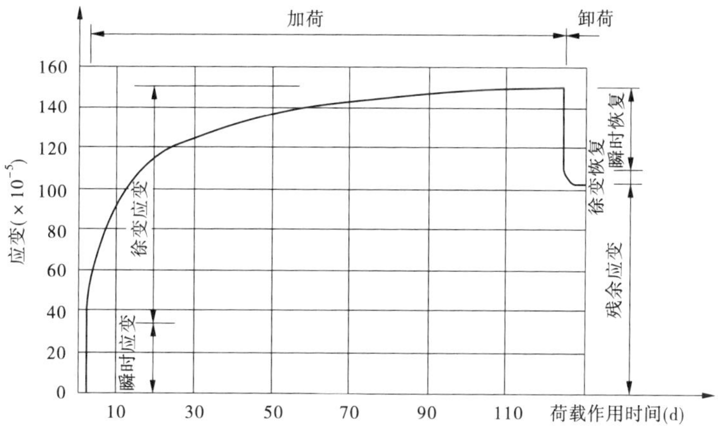

图4-12 混凝土徐变曲线

混凝土徐变产生的原因如下。

1)内部因素

(1)混凝土受力后,水泥石中的胶凝体产生的黏性流动(颗粒间的相对滑动)要延续一个很长的时间。

(2)骨料和水泥石结合面裂缝的持续发展。

(3)混凝土在本身重力作用下发生的塑性变形(类似于土的固结)。

2)外部因素

影响徐变的因素除和时间有关外,还与下列因素有关:

(1)应力条件:此应力一般指长期作用在混凝土结构上的应力,如恒载;同时活载大小也是其中的一个因素。试验表明,徐变与应力大小有直接关系。应力越大,徐变也越大。实际工程中,如果混凝土构件长期处于不变的高应力状态是比较危险的,对结构安全是不利的。

(2)加荷龄期。初始加荷时,混凝土的龄期越早,徐变越大。若加强养护,使混凝土尽早硬结或采用蒸汽养护,可减少徐变。

(3)周围环境。养护温度越高,湿度越大,水泥水化作用越充分,徐变就越小;试件受荷后,环境温度低,湿度大,徐变就越小。

(4) 混凝土中水泥用量越多,徐变越大;水胶比愈大,徐变愈大。

(5) 材料质量和级配好,弹性模量大,徐变小。

一般认为徐变是由于水泥石中的凝胶体在长期荷载作用下的黏性流动,并向毛细孔中移动的结果。影响混凝土徐变的因素很多,混凝土所受初应力越大,加荷载时龄期越短,水泥用量越多,水胶比越大,都会使混凝土的徐变增加;混凝土弹性模量越大,混凝土养护时温度越高、湿度越大,水泥水化越充分,徐变值越小。

混凝土的徐变会显著影响结构或构件的受力性能。如局部应力集中可因徐变得到缓和,使应力较均匀地重新分布,支座沉陷引起的应力及温度湿度力,也可由于徐变得到松弛。对大体积混凝土,则能消除一部分由于温度变形所产生的破坏应力,这对水工混凝土结构是有利的。

但徐变使结构变形增大对结构不利的方面也不可忽视,如徐变可使受弯构件的挠度增大 2~3 倍,会使构件的变形增加,使长柱的附加偏心距增大,还会导致预应力构件的预应力损失,从而降低结构的承载能力。

4.3.4 混凝土的耐久性

在建筑工程中不仅要求混凝土具有足够的强度来安全地承受荷载,还要求混凝土具有与环境相适应的耐久性来延长建筑物的使用寿命。

混凝土的耐久性是指混凝土在实际使用条件下抵抗各种破坏因素的作用,长期保持强度和外观完整性的能力。

混凝土的耐久性是一项综合技术指标,包括抗渗性、抗冻性、抗侵蚀性及抗碳化性等。

4.3.4.1 混凝土的抗渗性

混凝土的抗渗性是指混凝土抵抗压力液体(水、油等)渗透的能力。抗渗性是混凝土耐久性的一项重要指标,它直接影响混凝土的抗冻性和抗侵蚀性。当混凝土的抗渗性较差时,不但容易透水,而且由于水分渗入内部,当有冰冻作用或水中含侵蚀性介质时,混凝土就容易受到冰冻或侵蚀作用而破坏。对钢筋混凝土还可能引起钢筋的锈蚀,以及保护层的开裂和剥落。

混凝土的抗渗性用抗渗等级表示。抗渗等级是以 28 d 龄期的标准混凝土抗渗试件,按规定试验方法,以不渗水时所能承受的最大水压(MPa)来确定的。混凝土的抗渗等级用代号 W 表示,如 W2、W4、W6、W8、W10、W12 等不同的抗渗等级,它们分别表示能抵抗 0.2 MPa、0.4 MPa、0.6 MPa、0.8 MPa、1.0 MPa、1.2 MPa 的水压力而不出现渗透现象。

混凝土内部连通的孔隙、毛细管和混凝土浇筑中形成的孔洞、蜂窝等,都会引起混凝土渗水,因此提高混凝土抗渗性可采用低水胶比的干硬性混凝土,同时加强振捣和养护,以提高密实度,减少渗水通道的形成。混凝土的抗渗性除与水胶比关系密切外,还与水泥品种、骨料的级配、养护条件、采用外加剂的种类等因素有关。

4.3.4.2 混凝土的抗冻性

混凝土的抗冻性是指混凝土在水饱和状态下,能经受多次冻融循环作用而不破坏,同时也不严重降低强度的性能。在寒冷地区,尤其是经常与水接触、容易受冻的外部混凝土构件,应具有较高的抗冻性。

混凝土的抗冻性,常用抗冻等级来表示。抗冻等级是以标准养护条件下 28 d 龄期的混凝土试件,在规定试验条件下达到规定的抗冻融循环次数,同时满足强度损失不超过25%、质量损失不超过 5%的抗冻性指标要求。根据《水工混凝土结构设计规范》(SL 191—2008)的规定,水利建筑工程混凝土的抗冻等级分为 F50、F100、F150、F200、F250、F300、F400 共 7 个等级。

混凝土的抗冻性与混凝土的密实程度、水胶比、孔隙特征和数量等有关。一般来说,密实的、具有封闭孔隙的混凝土,抗冻性较好;水胶比越小,混凝土的密实度越高,抗冻性也越好;在混凝土中加入引气剂或减水剂,能有效提高混凝土的抗冻性。

4.3.4.3 混凝土抗侵蚀性

混凝土抗侵蚀性是指混凝土抵抗外界侵蚀性介质破坏作用的能力。当工程所处的环境有侵蚀介质时,对混凝土必须提出抗侵蚀性要求。

混凝土的抗侵蚀性与所用水泥的品种、混凝土的密实程度、孔隙特征等有关。密实性好的、具有封闭孔隙的混凝土,抗侵蚀性好。提高混凝土的抗侵蚀性应根据工程所处环境合理选择水泥品种。

4.3.4.4 混凝土的碳化

混凝土的碳化作用是指混凝土中的 $Ca(OH)_2$ 与空气中的 CO_2 作用生成 $CaCO_3$ 和水,使表层混凝土的碱度降低。

影响碳化速度的环境因素是二氧化碳浓度及环境湿度等,碳化速度随空气中二氧化碳浓度的增高而加快。在相对湿度 50%~75%的环境中,碳化速度最快;当相对湿度达100%或相对湿度小于 25%时,碳化作用停止。混凝土的碳化还与所用水泥品种有关,在常用水泥中,火山灰水泥碳化速度最快,普通硅酸盐水泥碳化速度最慢。

碳化对混凝土有不利的影响,减弱了混凝土对钢筋的保护作用,可能导致钢筋锈蚀;碳化还会引起混凝土的收缩,并可能导致产生微细裂缝。碳化作用对混凝土也有一些有利的影响,主要是提高了碳化层的密实度和抗压强度。总的来说,碳化对混凝土的影响是弊多利少,因此应设法提高混凝土的抗碳化能力。为防止钢筋锈蚀,钢筋混凝土结构构件必须设置足够的混凝土保护层。

4.3.4.5 提高混凝土耐久性的主要措施

以上所述,影响混凝土耐久性的各项指标虽不相同,但对提高混凝土耐久性的措施来说,却有很多共同之处。混凝土的耐久性主要取决于组成材料的品种与质量、混凝土本身的密实度、施工质量、孔隙率和孔隙特征等,其中最关键的是混凝土的密实度。提高混凝土耐久性的措施主要有以下几个方面:

(1)合理选择水泥品种。水泥品种的选择应与工程结构所处环境条件相适应,可参考前面内容选用水泥品种。

(2)控制混凝土的最大水胶比及最小水泥用量。在一定的工艺条件下,混凝土的密实度与水胶比有直接关系,与水泥用量有间接关系。所以,混凝土中的水泥用量和水胶比,不能仅满足于混凝土对强度的要求,还必须满足耐久性要求。《普通混凝土配合比设计规程》(JGJ 55—2011)对建筑工程所用混凝土的最大水胶比和最小水泥用量做了规定,见表 4-16。

表 4-16　混凝土的最大水胶比和最小水泥用量

<table>
<tr><th colspan="2" rowspan="2">环境条件</th><th rowspan="2">结构物类型</th><th colspan="3">最大水胶比</th><th colspan="3">最小水泥用量(kg)</th></tr>
<tr><th>素混凝土</th><th>钢筋混凝土</th><th>预应力混凝土</th><th>素混凝土</th><th>钢筋混凝土</th><th>预应力混凝土</th></tr>
<tr><td colspan="2">①干燥环境</td><td>·正常的居住或办公用房屋内部件</td><td>不做规定</td><td>0.65</td><td>0.60</td><td>200</td><td>260</td><td>300</td></tr>
<tr><td rowspan="2">②潮湿环境</td><td>无冻害</td><td>·高湿度的室内部件
·室外部件
·在非侵蚀土和(或)水中的部件</td><td>0.7</td><td>0.6</td><td>0.6</td><td>225</td><td>280</td><td>300</td></tr>
<tr><td>有冻害</td><td>·经受冻害的室外部件
·在非侵蚀土和(或)水中且经受冻害的部件
·高湿度且经受冻害的室内部件</td><td>0.55</td><td>0.55</td><td>0.55</td><td>250</td><td>280</td><td>300</td></tr>
<tr><td colspan="2">③有冻害和除冰剂的潮湿环境</td><td>·经受冻害和除冰剂作用的室内和室外部件</td><td>0.5</td><td>0.5</td><td>0.5</td><td>300</td><td>300</td><td>300</td></tr>
</table>

注:当用活性掺和料取代部分水泥时,表中的最大水胶比及最小水泥用量即为替代前的水胶比和水泥用量。

(3)选用较好的砂、石骨料。质量良好、技术条件合格的砂石骨料,是保证混凝土耐久性的重要条件。改善粗、细骨料的级配,在允许的最大粒径范围内,尽量选用较大粒径的粗骨料,可减少骨料的空隙率和总表面积,可节约水泥,提高混凝土的密实度和耐久性。

(4)掺入引气剂或减水剂,提高混凝土抗冻性、抗渗性。

(5)改善混凝土的施工操作方法,应搅拌均匀,振捣密实,加强养护等。

任务 4　混凝土的配合比设计

混凝土的配合比是指混凝土中各组成材料数量之间的比例关系。混凝土配合比设计就是要确定 1 m^3 混凝土中各组成材料的用量,使得按此用量拌制出的混凝土能够满足工程所需的各项性能要求。

混凝土配合比常用的表示方法有两种。一种是以 1 m^3 混凝土中各项材料的质量用量来表示,例如 1 m^3 混凝土中各项材料用量为水泥 310 kg,水 155 kg,砂 750 kg,石子 1 500 kg,另一种是以混凝土各项材料的质量比来表示(以水泥质量为 1),例如,水泥∶水∶砂∶石子=1∶0.5∶2.4∶3.6。

混凝土的配合比设计大致可分为初步配合比、基准配合比、实验室配合比、施工配合比四个设计阶段。

初步配合比主要是依据设计的基本条件,参照理论和大量试验提供的参数进行计算,得到基本满足强度和耐久性要求的配合比;基准配合比是在初步计算配合比的基础上,通过实配、检测,进行工作性的调整,对配合比进行修正;实验室配合比是通过对水胶比的微量调整,在满足设计强度的前提下,确定水泥用量最少的方案,从而进一步调整配合比;而施工配合比是考虑实际砂、石的含水对配合比的影响,对配合比最后的修正,是实际应用的配合比。

总之,配合比设计的过程是逐步满足混凝土的强度、工作性、耐久性、节约水泥等设计目标的过程。

4.4.1 混凝土配合比设计的基本要求

设计混凝土配合比的任务,就是要根据原材料的技术性能及施工条件,确定出能满足工程所要求的各项技术指标并符合经济原则的各项组成材料的用量。混凝土配合比设计的基本要求是:

(1)满足混凝土结构设计的强度等级。

(2)满足施工所要求的混凝土拌和物的和易性。

(3)满足混凝土结构设计中耐久性要求指标。

(4)节约水泥和降低混凝土成本。

4.4.2 配合比设计的基本资料

(1)明确设计所要求的技术指标,如强度、和易性、耐久性等。

(2)合理选择原材料,并预先检验,明确所用原材料的品质及技术性能指标,如水泥品种及强度等级、密度等,砂的细度模数及级配,石子种类、最大粒径及级配,是否掺用外加剂及掺和料等。

4.4.3 混凝土配合比设计中的三个参数

混凝土配合比设计中的三个基本参数是:水胶比,即水和胶凝材料之间的比例;砂率,即砂和石子间的比例;单位用水量,即骨料与水泥浆之间的比例。这三个基本参数一旦确定,混凝土的配合比也就确定了,见图4-13。

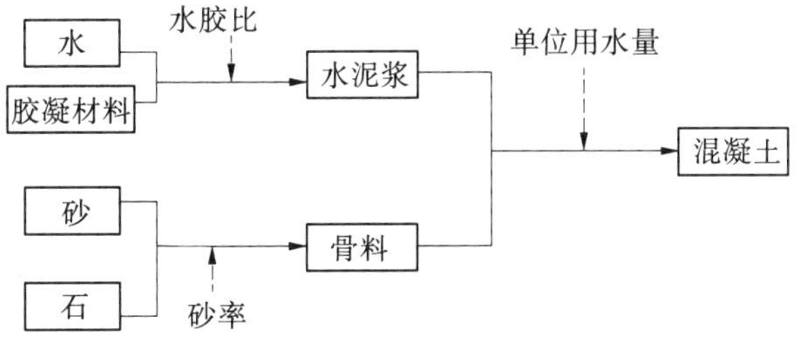

图4-13 混凝土配合比设计

4.4.3.1 水胶比

水胶比的确定主要取决于混凝土的强度和耐久性。从强度角度看,水胶比应小些,水胶比可根据混凝土的强度公式来确定。从耐久性角度看,水胶比小些,水泥用量多些,混凝土的密实度就高,耐久性则优良,这可通过控制最大水胶比和最小水泥用量来满足。由强度和耐久性分别决定的水胶比往往是不同的,此时应取较小值。但当强度和耐久性都已满足的前提下,水胶比应取较大值,以获得较高的流动性。

4.4.3.2 砂率

砂率主要应从满足工作性和节约水泥两个方面考虑。在水胶比和水泥用量(水泥浆量)不变的前提下,砂率应取坍落度最大,而黏聚性和保水性又好的砂率即合理砂率。在保证混凝土拌和物黏聚性和保水性要求的前提下,砂率尽可能取小值,以达到节约水泥的目的。

4.4.3.3 单位用水量

单位用水量在水胶比和水泥用量不变的情况下,实际反映的是水泥浆量与骨料用量之间的比例关系。水泥浆量要满足包裹粗、细骨料表面并保持足够流动性的要求,但用水量过大,会降低混凝土的耐久性。

4.4.4 混凝土配合比设计前的准备工作

混凝土配合比设计前,需确定和了解的基本资料主要有以下几个方面:

(1)混凝土设计强度等级和强度的标准差。

(2)材料的基本情况:包括水泥品种、强度等级、实际强度、密度;砂的种类、表观密度、细度模数、含水率;石子种类、表观密度、含水率;是否掺外加剂,外加剂种类。

(3)运输、施工等对混凝土的工作性要求,如坍落度指标。

(4)与工程耐久性要求有关的环境条件,如冻融状况、地下水情况等。

(5)工程特点及施工工艺,如构件几何尺寸、钢筋的疏密、浇筑振捣的方法等。

4.4.5 混凝土配合比设计的步骤

4.4.5.1 概述

1. 初步配合比计算

根据混凝土的性能要求,针对具体原材料试验数据,根据标准给出的公式、经验图表,初步确定各材料的关系。

2. 实验室配合比设计

实验室配合比主要是满足强度、耐久性、经济性的要求,一般要采用三组以上的配合比进行试验,通过实测强度、耐久性后,选择强度、耐久性满足要求而 W/B 较大的一组配合比作为实验室配合比。

3. 施工配合比换算

由于工地堆放的砂、石含水情况常有变化,所以在施工过程中应经常测定砂、石含水率,并按含水率变化情况做必要的修正。

4.4.5.2　具体步骤

1. 初步配合比的确定

《普通混凝土配合比设计规程》(JGJ 55—2011)规定,初步配合比按以下步骤和方法通过计算的方式确定。

1)确定混凝土配制强度($f_{cu,0}$)

在工程中配制混凝土时,如果所配制的混凝土的强度 $f_{cu,0}$ 等于设计强度 $f_{cu,k}$,这时混凝土的强度保证率只有 50%。因此,为了保证工程混凝土具有设计所要求的 95%的强度保证率,在混凝土配合比设计时,必须使配制强度大于设计强度。根据《普通混凝土配合比设计规程》(JGJ 55—2011)的规定,当混凝土的设计强度等级不小于 C60 时,配制强度可按式(4-7)计算:

$$f_{cu,0} \geqslant 1.15 f_{cu,k} \tag{4-7}$$

当混凝土的设计强度等级小于 C60 时,配制强度可按式(4-8)计算:

$$f_{cu,0} \geqslant f_{cu,k} + 1.645\sigma \tag{4-8}$$

式中　$f_{cu,0}$——混凝土配制强度,MPa。

$f_{cu,k}$——混凝土立方体抗压强度标准值,MPa。

σ——混凝土强度标准差,MPa。

标准差确定方法如下:施工单位有统计资料时,可根据同类混凝土的强度资料确定。当施工单位无历史统计资料时,可按表 4-17 取值。

表 4-17　混凝土强度标准差 σ 取值

混凝土强度标准值	≤C20	C25～C45	C50～C55
σ(MPa)	4.0	5.0	6.0

2)确定水胶比 W/B

(1)根据强度设计混凝土的水胶比(适用设计强度等级小于 C60):

$$\frac{W}{B} = \frac{\alpha_a f_b}{f_{cu,0} + \alpha_a \alpha_b f_b} \tag{4-9}$$

式中　$f_{cu,0}$——混凝土配制强度,MPa;

B——每立方米混凝土中胶凝材料的用量,kg;

W——每立方米混凝土中水的用量,kg;

α_a、α_b——回归系数,与骨料的品种、水泥品种等因素有关,可通过试验建立的水胶比与混凝土强度关系式确定,当不具备上述统计资料,采用碎石时 $\alpha_a = 0.53$、$\alpha_b = 0.20$,采用卵石时 $\alpha_a = 0.49$、$\alpha_b = 0.13$。

f_b———胶凝材料 28 d 胶砂抗压强度,MPa,可实测,且试验方法应按现行国家标准《水泥胶砂强度检验方法(ISO)法》(GB/T 17671—1999)执行,当 f_b 无实测值时,按式(4-10)计算:

$$f_b = \gamma_f \gamma_s f_{ce} \tag{4-10}$$

$$f_{ce} = \gamma_c f_{ce,g} \tag{4-11}$$

式中 γ_f、γ_s——粉煤灰和粒化高炉矿渣的影响系数；

f_{ce}——水泥的实际强度，MPa；

$f_{ce,g}$——水泥强度等级值，MPa；

γ_c——水泥强度等级值的富余系数，可按实际统计资料确定，当缺乏统计资料时，也可按表 4-18 选用。

表 4-18 水泥强度等级值的富余系数

水泥强度等级值，MPa	32.5	42.5	52.5
富余系数	1.12	1.16	1.10

(2)根据耐久性确定混凝土的最大水胶比 W/B，见表 4-16。

(3)取上述两个水胶比的最小值，作为初步设计的水胶比值。

3)选取每立方米混凝土的用水量 m_{w0}

根据结构的种类，通过“混凝土浇筑时的坍落度” 确定坍落度的大小，再根据已知粗骨料的种类及最大粒径，查表 4-19 选用合适的用水量。

表 4-19 混凝土单位用水量选用表

项目	指标	卵石最大粒径(mm)				碎石最大粒径(mm)			
		10	20	31.5	40	16	20	31.5	40
坍落度(mm)	10~30	190	170	160	150	200	185	175	165
	35~50	200	180	170	160	210	195	185	175
	55~70	210	190	180	170	220	205	195	185
	75~90	215	195	185	175	230	215	205	195
维勃稠度(s)	16~20	175	160	—	145	180	170	—	155
	11~15	180	165	—	150	185	175	—	160
	5~10	185	170	—	155	190	180	—	165

注：1. 本表用水量是采用中砂时的平均取值，如采用细砂，每立方米混凝土用水量可增加 5~10 kg，采用粗砂时则可减少 5~10 kg。

2. 掺用各种外加剂或掺和料时，可相应增减用水量。

3. 本表不适用于水胶比小于 0.4 时的混凝土以及采用特殊成型工艺的混凝土。

4)计算每立方米混凝土的水泥用量

(1)根据公式求解水泥用量：

$$\frac{m_{w0}}{m_{c0}} = \frac{W}{B} \Rightarrow m_{c0} = \frac{m_{w0}}{\frac{W}{B}} \tag{4-12}$$

(2)根据结构使用环境和耐久性要求，由表 4-16 表可得混凝土的最小水泥用量。

(3)取上述两个值中的最大值作为单位混凝土水泥的用量。

5)选择砂率 β_s

(1)坍落度为 10~60 mm 的混凝土砂率可根据粗骨料品种及水胶比按表 4-15 选取。

(2)坍落度大于 60 mm 的混凝土砂率,可经试验确定。也可在表 4-15 的基础上,按坍落度每增大 20 mm 砂率增大 1%的幅度予以调整。

(3)坍落度小于 10 mm 的混凝土,其砂率经试验确定。

6)计算粗骨料和细骨料的用量

用质量法(假定表观密度法)或体积法计算。

(1)质量法,又称假定表观密度法,工程上比较常用:

$$\begin{cases} m_{c0} + m_{w0} + m_{s0} + m_{g0} = m_{cp} \\ \beta_s = \dfrac{m_{s0}}{m_{s0} + m_{g0}} \end{cases} \tag{4-13}$$

式中　m_{c0}—— 每立方米混凝土的水泥用量,kg;

m_{g0}—— 每立方米混凝土粗骨料用量,kg;

m_{s0}—— 每立方米混凝土细骨料用量,kg;

m_{w0}—— 每立方米混凝上用水量,kg;

β_s—— 砂率(%);

m_{cp} ——每立方米混凝土拌和物的假定质量,其值可取 2 350~2 450 kg/m^3。

(2)体积法。

$$\begin{cases} \beta_s = \dfrac{m_{s0}}{m_{s0} + m_{g0}} \\ \dfrac{m_{c0}}{\rho_c} + \dfrac{m_{w0}}{\rho_w} + \dfrac{m_{s0}}{\rho_s} + \dfrac{m_{g0}}{\rho_g} + 0.01\alpha = 1 \end{cases} \tag{4-14}$$

式中　ρ_c—— 水泥密度,可取 2 900 ~ 3 100 kg/m^3;

ρ_g—— 粗骨料的表观密度, kg/m^3;

ρ_s—— 细骨料的表观密度, kg/m^3;

ρ_w—— 水的密度,可取 1 000 kg/m^3;

α—— 混凝土的含气量百分数,在不使用引气型外加剂时,α 可取为 1。

当有外加剂和掺和料时,应通过试验确定,并应符合国家标准的规定。

2. 实验室配合比

1)和易性调整

按初步配合比称取材料进行试拌。混凝土拌和物搅拌均匀后应测定坍落度,并检查其黏聚性和保水性的好坏。每次调整后再试拌,直到符合要求。试拌调整工作完成后,应测出混凝土拌和的表观密度 $\rho'_{c,t}$,然后提出供混凝土强度试验用的基准配合比。

在测定混凝土拌和物的和易性时,可能存在以下四种情况:

(1)流动性比要求的小。

调整办法:保持 W/B 不变,增大水、水泥用量。

(2)流动性比要求的大。

调整办法: 保持砂率不变,增大砂、石用量。

(3)砂浆不足引起黏聚性和保水性不良。

调整办法:单独增加砂的用量,适当增大砂率。

(4)砂浆过多引起黏聚性和保水性不良。

调整办法:单独减少砂的用量,适当降低砂率。

2)强度复核

分别用 $\frac{W}{B}$、$\frac{W}{B}\pm0.05$ 三个水胶比,拌制三个混凝土试样,测量其 28 d 的抗压强度值,看是否满足强度的要求。

3. 施工配合比

现场材料的实际称量应按工地砂、石的含水情况进行修正,修正后的配合比称为施工配合比。施工配合比按下列式计算:

$$m_c = m_{cb} \tag{4-15}$$

$$m_w = m_{wb} - m_{sb} \cdot a\% - m_{gb} \cdot b\% \tag{4-16}$$

$$m_s = m_{sb}(1 + a\%) \tag{4-17}$$

$$m_g = m_{gb}(1 + b\%) \tag{4-18}$$

式中　m_c、m_w、m_s、m_g——施工配合比中水泥、水、砂、石用量。

4.4.6　普通混凝土配合比设计实例

【例 4-12】　某办公楼钢筋混凝土梁(室内干燥环境),梁截面的最小尺寸为 250 mm,钢筋的最小净距为 60 mm。混凝土设计强度等级为 C30,采用 42.5 普通硅酸盐水泥,水泥密度为 3.1 g/cm^3;砂子为中砂,表观密度为 2.65 g/cm^3,堆积密度为 1 500 kg/m^3,施工现场含水率为 3%;石子为碎石,表观密度为 2.70 g/cm^3,堆积密度为 1 560 kg/m^3,施工现场含水率为 1%;混凝土采用机械搅拌、振捣,施工单位无混凝土强度标准差的统计资料。

试根据以上条件,求混凝土的初步配合比、实验室配合比和施工配合比。

【分析与解答】

1. 初步配合比的计算

(1)确定配制强度 $f_{cu,0}$。

由于施工单位无混凝土强度标准差的统计资料,查表 4-17,得 $\sigma=5.0$ MPa,将 σ 代入式(4-8)得:

$$f_{cu,0} = 30 + 1.645 \times 5.0 = 38.23(\text{MPa})$$

(2)确定水胶比(W/B)。

水泥实际强度 $f_{ce}=1.13f_c=1.13\times42.5=48.03$(MPa);采用碎石,$A=0.53$,$B=0.20$,将以上数据代入式(4-5)得:

$$\frac{W}{B} = \frac{\alpha_a f_{ce}}{f_{cu,0} + \alpha_a\alpha_b f_{ce}} = \frac{0.53 \times 48.03}{38.23 + 0.53 \times 0.20 \times 48.03} = 0.59$$

查表 4-16 得,满足耐久性要求的最大水胶比为 0.65。

由于 0.65>0.59,故取混凝土的水胶比 $W/B=0.59$。

(3)确定 1 m^3 混凝土的用水量(m_{w0})。

确定粗骨料的最大粒径：根据规范，粗骨料最大粒径不超过构件截面最小尺寸的 1/4，且不得大于钢筋间最小净距的 3/4，可得到：$D_{max} \leqslant \frac{1}{4} \times 250 = 62.5$(mm) 且 $D_{max} \leqslant \frac{3}{4} \times 60 = 45$(mm)。因此，粗骨料最大粒径应选用 $D_{max} = 40$ mm，即采用粒级为 5 ~ 40 mm 的碎石骨料。

确定施工所需的坍落度：查表 4-13，本构件为中型截面梁，坍落度选用 30~50 mm。

确定 1 m^3 混凝土的用水量：根据粗骨料的最大粒径和施工所需的坍落度，查表 4-14，选用 $M_{w0} = 175$ kg。

(4) 确定 1 m^3 混凝土的水泥用量(M_{c0})。

$$M_{c0} = \frac{M_{w0}}{W/B} = \frac{175}{0.59} = 297(\text{kg})$$

查表 4-16，本工程要求的最小水泥用量为 260 kg，故取 $M_{c0} = 297$ kg。

(5) 选取合理的砂率(β_S)。

查表 4-15，合理砂率范围为 $\beta_S = 31\% \sim 36\%$。

也可利用砂率公式来计算，$\beta_S = \frac{\rho'_{0s}P'}{\rho'_{0s}P' + \rho'_{0g}}\alpha$

其中 $P' = 1 - \frac{\rho'_{0g}}{\rho_{0g}} = 1 - \frac{1\ 560}{2\ 700} = 0.42$，$\alpha$ 取 1.2，代入上式得：

$$\beta_S = \frac{1\ 500 \times 0.42}{1\ 500 \times 0.42 + 1\ 560} \times 1.2 = 35\%$$

与表 4-15 的结果一致，故取 $\beta_S = 35\%$。

(6) 计算 1 m^3 混凝土中砂子(M_{s0})、石子(M_{g0})的用量。

采用体积法(取 $\alpha = 1.0$)计算，可列出以下两个方程：

$$\frac{297}{3.1} + \frac{M_{g0}}{2.65} + \frac{M_{g0}}{2.70} + \frac{175}{1.0} + 10 \times 1 = 1\ 000$$

$$\frac{M_{s0}}{M_{s0} + M_{g0}} \times 100\% = 35\%$$

解方程组得：$M_{s0} = 840$ kg，$M_{g0} = 1\ 559$ kg。

所以混凝土的初步配合比为：1 m^3 混凝土中水泥 297 kg，水 175 kg，砂 840 kg，石子 1 559 kg；或水泥 : 水 : 砂 : 石子 = 1 : 0.59 : 2.83 : 5.25。

2. 确定实验室配合比

(1) 和易性调整。

按初步配合比配制 15 L 混凝土进行试拌，各种材料用量为：水泥 $= 297 \times \frac{15}{1\ 000} = 4.45$(kg)，水 $= 175 \times \frac{15}{1\ 000} = 2.63$(kg)，砂子 $= 840 \times \frac{15}{1\ 000} = 12.6$(kg)，石子 $= 1\ 559 \times \frac{15}{1\ 000} =$

23.39(kg)。按规定方法拌和后,测得坍落度为 10 mm,小于设计要求的坍落度 30~50 mm,故需进行坍落度调整。保持水胶比不变,增加水泥和水用量各 5%,即水泥用量增加为 4.45×1.05=4.67(kg),水用量增加为 2.63×1.05=2.76(kg),砂、石用量不变。重新拌和后测得坍落度为 35 mm,且黏聚性和保水性良好,故调整后混凝土的和易性满足要求。调整后各项材料的用量为:水泥 4.67 kg, 水 2.76 kg,,砂子 12.6 kg, 石子 23.39 kg,实测混凝土拌和物的表观密度为 2 450 kg/m³。

(2)强度复核。

按和易性调整后的混凝土配合比,保持用水量和砂率不变,采用水胶比为 0.54、0.59、0.64 配制三组混凝土试件,标准养护 28 d 测定抗压强度。经检验水胶比为 0.59 的配合比能同时满足强度和和易性要求,故以上的基准配合比就是实验室配合比。因此,可得到实验室配合比中 1 m³ 混凝土各种材料的用量为:

水泥:$M_{cb}=\dfrac{4.67}{4.67+2.76+12.6+23.39}\times 2\ 450=263.51(\text{kg})$

水:$M_{wb}=\dfrac{2.76}{4.67+2.76+12.6+23.39}\times 2\ 450=155.73(\text{kg})$

砂:$M_{sb}=\dfrac{12.6}{4.67+2.76+12.6+23.39}\times 2\ 450=710.96(\text{kg})$

石子:$M_{gb}=\dfrac{23.39}{4.67+2.76+12.6+23.39}\times 2\ 450=1\ 319.8(\text{kg})$

本工程的实验室配合比为:

水泥∶水∶砂∶石子=263.51∶155.73∶710.96∶1 319.8=1∶0.59∶2.70∶5.01

3.计算施工配合比

根据现场砂的含水率为 3%,石子的含水率为 1%,可得到 1 m³ 混凝土中各项材料的实际称量为:

水泥:$m_0=263.51(\text{kg})$

砂:$m_s=710.96\times(1+3\%)=732.29(\text{kg})$

石子:$m_g=1\ 319.8\times(1+1\%)=1\ 333.0(\text{kg})$

水:$m_w=155.73-710.96\times 3\%-1\ 319.8\times 1\%=121.2(\text{kg})$

故该梁所用混凝土的施工配合比为:

水泥∶水∶砂∶石子=263.51∶121.2∶732.29∶1 333.0=1∶0.46∶2.78∶5.06

任务 5　混凝土的质量控制与强度评定

为了保证混凝土结构的安全性,必须对混凝土的质量进行控制。混凝土的质量控制包括生产控制和合格性控制;生产控制是对混凝土各个施工环节进行质量检查和控制;合格性控制是利用数理统计方法,进行混凝土强度的检验评定。

4.5.1　混凝土的生产控制

4.5.1.1　混凝土原材料的质量控制

水泥、水、砂子、石子等原材料必须通过质量检验,符合混凝土用原材料的要求和现行有关标准的规定后方可使用。各种原材料应逐批检查出厂合格证和检验报告,同时为了防止市场供应混乱而产生的混料及错批,或由于时间效应引起质量变化,材料在使用前最好进行复检。

4.5.1.2　混凝土配合比的控制

混凝土配合比通过设计计算和试配确定,在施工中,应严格按照配合比进行配料,一般不得随意改变配合比。在施工现场要经常测定骨料的含水率,如含水率出现变化,应即时调整混凝土施工配合比。

4.5.1.3　混凝土施工工艺的质量控制

(1)混凝土拌和时应准确控制原材料的称量,水泥和水的称量误差应控制在 2%以内,粗、细骨料的称量误差应控制在 3%以内,拌和时间控制在 1~2.5 min。

(2)混凝土运输中为防止离析、泌水等不良现象,应尽量减少转运次数,缩短运输时间,采取正确的装卸措施。

(3)浇筑时应采取适宜的入仓方法,限制卸料高度,对每层混凝土应按顺序振捣,严防漏振。

(4)浇筑后必须在一定时间内进行养护,保持必要的温度及湿度,保证水泥正常凝结硬化,从而确保混凝土的强度和防止发生干缩裂缝。

4.5.2　混凝土的合格性控制

混凝土的合格性控制主要指在正常连续生产的情况下,随机抽取试样进行混凝土抗压强度的测试,用数理统计方法来评定混凝土的质量。数理统计方法可用算术平均值、标准差、变异系数和保证率等参数来综合评定混凝土质量,下面以混凝土强度为例来说明数理统计方法的一些基本概念。

4.5.2.1　混凝土强度评定的数理统计方法

1. 混凝土强度平均值 $\overline{f_{cu}}$

对同一批混凝土,在某一统计期内连续取样制作几组试件(每组 3 块),测得各组试件的立方体抗压强度代表值分别为 $f_{cu,1}$,$f_{cu,2}$,$f_{cu,3}$,…,$f_{cu,n}$,求其算术平均值即得到混凝土强度平均值 $\overline{f_{cu}}$。

$$\overline{f_{cu}} = \frac{1}{n}\sum_{i=1}^{n} f_{cu,i} \tag{4-19}$$

式中　$\overline{f_{cu}}$——混凝土强度平均值,MPa;

n——试验组数;

$f_{cu,i}$——第 i 组试件立方体抗压强度代表值,MPa。

强度平均值仅反映混凝土总体强度的平均值,并不能说明混凝土强度的波动情况。

能反映强度波动情况的是标准差和变异系数。

2. 标准差 σ(又称均方差)

$$\sigma = \sqrt{\frac{\sum_{i=1}^{n}(f_{cu,i} - \overline{f_{cu}})^2}{n-1}} \tag{4-20}$$

标准差是强度分布曲线上拐点距强度平均值之间的距离。σ 越大,说明混凝土强度的离散程度越大,混凝土质量越不稳定。

3. 变异系数 C_v

$$C_v = \frac{\sigma}{\overline{f_{cu}}} \tag{4-21}$$

变异系数 C_v 值越小,说明混凝土质量越稳定,混凝土生产的质量水平越高。

4. 强度保证率 P

混凝土强度保证率是指混凝土强度总体分布中大于设计强度等级的概率,用强度分布曲线上的阴影部分来表示(见图 4-14)。

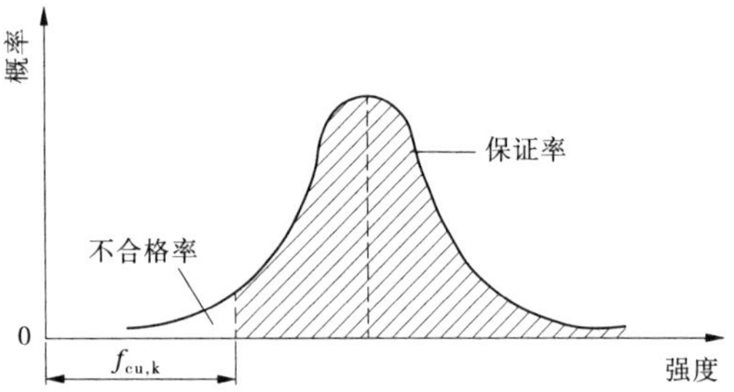

图 4-14　强度保证率

强度保证率的计算方法如下:根据混凝土的强度等级 $f_{cu,k}$、强度平均值 $\overline{f_{cu}}$、标准差 σ 或变异系数 C_v 计算出概率度 t。概率度 t 的计算公式如下:

$$t = \frac{\overline{f_{cu}} - f_{cu,k}}{\sigma} = \frac{\overline{f_{cu}} - f_{cu,k}}{C_v \overline{f_{cu}}} \tag{4-22}$$

根据概率度 t 值,由表 4-20 可查得强度保证率 P。

表 4-20　不同 t 值的保证率 P

t	0	0.50	0.80	0.84	1.00	1.04	1.20	1.28	1.40	1.50	1.60
P(%)	50.0	69.2	78.8	80.0	84.1	85.1	88.5	90.0	91.9	93.5	94.7
t	1.645	1.70	1.75	1.81	1.88	1.96	2.00	2.05	2.33	2.50	3.00
P(%)	95	95.5	96.0	96.5	97.0	97.5	97.7	98.0	99.0	99.4	99.87

4.5.2.2　混凝土强度评定标准

混凝土强度应分批进行检验评定,一个验收批的混凝土应由强度等级相同、龄期相同、生产工艺条件和配合比基本相同的混凝土组成。混凝土强度评定方法可分为统计方法和非统计方法两种。

1. 统计方法评定

1) 标准差已知的统计方法

当混凝土的生产条件在较长时间内保持一致,且同一品种混凝土的强度变异性能保持稳定时,每批的强度标准差 σ_0 可按常数考虑。强度评定应由连续的 3 个试件组成一个验收批,其强度应同时满足下列要求:

$$\overline{f_{cu}} \geq f_{cu,k} + 0.7\sigma_0 \tag{4-23}$$

$$f_{cu,min} \geq f_{cu,k} - 0.7\sigma_0 \tag{4-24}$$

当混凝土强度等级≤C20 时,强度最小值应满足下式要求:

$$f_{cu,min} \geq 0.85 f_{cu,k} \tag{4-25}$$

当混凝土强度等级>C20 时,强度最小值应满足下式要求:

$$f_{cu,min} \geq 0.90 f_{cu,k} \tag{4-26}$$

式中　$\overline{f_{cu}}$——同一验收批混凝土立方体抗压强度的平均值,MPa;

$f_{cu,min}$——同一验收批混凝土立方体抗压强度的最小值,MPa;

$f_{cu,k}$——混凝土设计强度等级,MPa;

σ_0——同一验收批混凝土立方体抗压强度的标准差,MPa。

2) 标准差未知的统计方法

当混凝土生产连续性差,生产条件在较长时间内不能保持一致,强度变异性不能保持稳定时,这时检验评定只能根据每一验收批抽样的强度数据来确定。强度评定应由不少于 10 组试件组成一个验收批,其强度应同时满足下列要求:

$$\overline{f_{cu}} - \lambda_1 S_{f_{cu}} \geq 0.9 f_{cu,k} \tag{4-27}$$

$$f_{cu,min} \geq \lambda_2 f_{cu,k} \tag{4-28}$$

式中　$S_{f_{cu}}$——同一验收批混凝土立方体抗压强度的标准差,MPa,当 $S_{f_{cu}} < 0.06 f_{cu,k}$ 时,取 $S_{f_{cu}} = 0.06 f_{cu,k}$。

λ_1、λ_2——合格性判定系数,按表 4-21 取用。

表 4-21　混凝土强度的合格性判定系数

试件组数	10~14	15~24	≥25
λ_1	1.70	1.65	1.60
λ_2	0.90	1.60	

验收批混凝土强度标准差 $S_{f_{cu}}$ 应按下式计算:

$$S_{f_{cu}} = \sqrt{\frac{\sum_{i=1}^{n} f_{cu,i}^2 - n\overline{f_{cu}}^2}{n-1}} \tag{4-29}$$

式中　$f_{cu,i}$——第 i 组混凝土试件的立方体抗压强度值,MPa;

n——一个验收批混凝土试件的组数。

用统计方法进行混凝土强度评定,适用于预拌混凝土厂、预制混凝土构件厂和采用现场集中搅拌混凝土的施工单位。

2. 非统计方法评定

当前我国各地普遍存在着小批量零星混凝土的生产方式,其试件组数有限,不具备按统计方法评定混凝土强度的条件,这时可采用非统计方法评定混凝土强度。

按非统计方法评定混凝土强度时,试件组数一般为 2~9 组,强度一般应同时满足下列条件:

$$\overline{f}_{cu} \geqslant 1.15 f_{cu,k} \tag{4-30}$$

$$f_{cu,min} \geqslant 0.95 f_{cu,k} \tag{4-31}$$

非统计方法评定混凝土强度,适用于零星生产的预制构件厂的混凝土或现场搅拌量不大的混凝土。

4.5.2.3　混凝土强度合格性判定

当混凝土分批进行检验评定时,若检验结果能满足上述规定要求,则该批混凝土强度质量判断为合格;当不能满足上述规定时,该批混凝土强度质量判为不合格。对于评定为不合格的混凝土结构或构件,应进行实体鉴定,经鉴定仍未达到设计要求的结构或构件,必须及时处理,确保混凝土强度满足设计要求。

当对混凝土试件强度的代表性有怀疑时,可采用从结构或构件中钻取试件的方法或采用非破损(回弹法、超声法)检验方法,按有关标准的规定对结构或构件中混凝土的强度进行评定。

【例 4-13】　混凝土生产的质量控制包括哪几个方面?

【分析与解答】　混凝土生产的质量控制包括:原材料的质量控制、配合比设计的质量控制、混凝土生产施工工艺的质量控制。

任务 6　其他种类混凝土

4.6.1　轻骨料混凝土

凡用轻粗骨料、轻砂(或普通砂)、水泥和水配制成的,干表观密度不大于 1 950 kg/m^3 的混凝土,称为轻骨料混凝土。与普通混凝土相比,轻骨料混凝土具有表观密度小、强度高、防火性和保温隔热性好等优点,特别适用于高层建筑、大跨度建筑和有保温要求的建筑。随着墙体材料的改革,轻骨料混凝土将有更广泛的前景。

4.6.1.1　轻骨料的要求

轻骨料常分为轻细骨料和轻粗骨料。粒径不大于 5 mm,堆积密度小于 1 200 kg/m^3 的骨料称为轻细骨料;粒径大于 5 mm,堆积密度小于 1 100 kg/m^3 的骨料称为轻粗骨料。轻骨料按其来源可分为天然轻骨料(浮石、火山渣等)、人造轻骨料(陶粒、膨胀珍珠岩等)和工业废料轻骨料(粉煤灰陶粒、自然煤矸石等)。轻骨料混凝土对轻骨料的要求主要有以下几项。

1. 颗粒尺寸和级配

因为轻骨料本身的强度较低,其粒径越大,配制混凝土的强度就越低。对轻粗骨料最大粒径的要求如下:承重混凝土用轻骨料最大粒径不宜大于 20 mm,非承重混凝土用轻骨料最大粒径不宜大于 40 mm;对轻细骨料,粒径大于 5 mm 的颗粒不宜超过 10%。

轻骨料也要求有良好的级配,轻骨料级配的测定与砂、石的测定相同。另外,轻粗骨料的空隙率应不大于 50%,以确保混凝土的强度和耐久性,减少水泥用量。

2. 强度

在轻骨料混凝土中,骨料的强度相对较低,它是决定混凝土强度的主要因素。表示轻骨料强度的指标是筒压强度,它是将轻骨料按要求装入标准承压筒中(见图 4-15),通过冲压模压入 20 mm 深,此时的压力值除以承压面积即为轻骨料的筒压强度。一般轻骨料的筒压强度值为 0.3~6.5 MPa,对应的混凝土实际强度为 3.5~40 MPa。

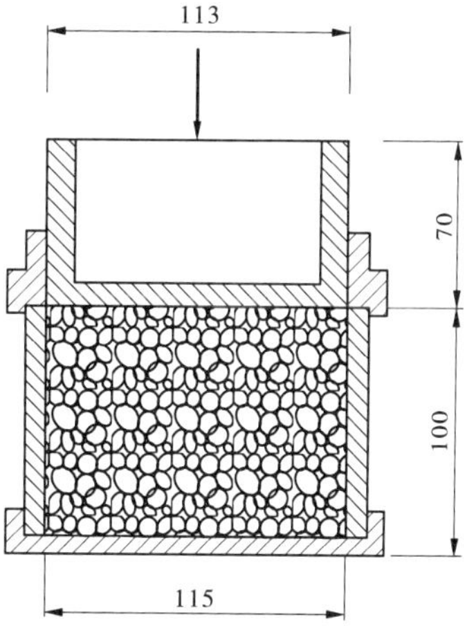

图 4-15　筒压强度测定方法简图

(单位:mm)

3. 吸水率

轻骨料内部为多孔结构,吸水能力较强。轻骨料的吸水主要集中在开始 1 h 内,24 h 后几乎不再吸水,因此轻骨料的吸水率是指其 1 h 的吸水率。骨料吸水率过大会影响混凝土的和易性及早期性能,一般要求轻骨料的吸水率不宜大于 22%,对于陶粒,吸水率不应大于 10%。建筑工程中要求使用轻骨料前,应先使骨料吸水达到 1 h 的吸水率,避免骨料在混凝土初期吸水影响混凝土的性能。

4.6.1.2　轻骨料混凝土的技术性质

1. 和易性

轻骨料混凝土具有表观密度小、表面多孔粗糙、吸水性强等特点。与普通混凝土相比,轻骨料混凝土拌和物黏聚性和保水性好,但坍落度值较小,流动性较差。轻骨料混凝土自重轻,其自重坍落趋势轻于普通混凝土,但在施工时受振动后表现出的流动性却接近普通混凝土。故在工程条件相同的情况下,对轻骨料混凝土的坍落度要求值,应比普通混凝土稍低些。

影响轻骨料混凝土和易性的因素,除水泥浆用量等因素外,轻骨料的吸水性也是一个重要因素。因此,轻骨料在使用前必须充分润湿,否则会影响轻骨料混凝土的流动性。轻骨料混凝土拌和后应及早使用,测定和易性的时间也应严格控制,一般应在拌和后 15~30 min 内进行。

2. 表观密度

轻骨料混凝土的强度、保温性、自重等性质,均与其表观密度关系密切,因此在工程中通过选择轻骨料混凝土的表观密度来满足工程要求。轻骨料混凝土按其干表观密度分为 12 个密度等级,见表 4-22。

表 4-22　轻骨料混凝土的密度等级

密度等级	干表观密度(kg/m^3)	密度等级	干表观密度(kg/m^3)
800	760～850	1 400	1 360～1 450
900	860～950	1 500	1 460～1 550
1 000	960～1 050	1 600	1 560～1 650
1 100	1 060～1 150	1 700	1 660～1 750
1 200	1 160～1 250	1 800	1 760～1 850
1 300	1 260～1 350	1 900	1 860～1 950

3. 抗压强度

轻骨料混凝土按其立方体抗压强度标准值划分为 11 个强度等级，即 CL5.0、CL7.5、CL10、CL15、CL20、CL25、CL30、CL35、CL40、CL45、CL50。

轻骨料的筒压强度是比较低的，但往往却能配制出强度比筒压强度高几倍的轻骨料混凝土。这是由于轻粗骨料表面粗糙而多孔，骨料的吸水作用使其表面局部呈低水胶比，从而提高了骨料表面附近水泥石的密度。同时，粗糙的骨料表面也促使轻骨料与水泥石的黏结力得以提高，在骨料周围形成坚硬的水泥石外壳，使混凝土受压破坏从骨料本身开始，而不是沿骨料与水泥石的界面破坏。

4. 其他性质

轻骨料混凝土的弹性模量比普通混凝土低 25%～60%，这有利于改善建筑物的抗震性能和抵抗动荷载的作用。轻骨料混凝土在硬化过程中的收缩率比普通混凝土大 20%～50%，徐变变形比普通混凝土大 30%～60%，热膨胀系数比普通混凝土小 20%左右，导热系数比普通混凝土降低 25%～75%，耐火性与抗冻性较普通混凝土有不同程度的改善。

4.6.2　无砂大孔混凝土

无砂大孔混凝土是由水泥、粗骨料和水拌制而成的一种不含砂的轻混凝土。无砂大孔混凝土的水泥用量一般为 200～300 kg/m^3，水胶比为 0.4～0.6，选用 10～20 mm 颗粒均匀的碎石或卵石。水泥浆在其中不起填充粗骨料空隙作用，仅起将粗骨料胶结在一起的作用。无砂大孔混凝土配制时要严格控制用水量，若用水量过多，水泥浆会沿骨料向下流淌，使混凝土强度不匀，容易在强度弱的地方折断。

普通无砂大孔混凝土的表观密度为 1 500～1 900 kg/m^3，抗压强度为 3.5～10 MPa。无砂大孔混凝土的导热系数小，保温性能好，吸湿性小，收缩较普通混凝土小 20%～50%，适宜做墙体材料。另外，大孔混凝土还具有透气、透水性大等优点，在水工建筑物中可用作排水暗道。

4.6.3　多孔混凝土

多孔混凝土是一种不用骨料，内部均匀分布着微小气泡的轻混凝土。常用的多孔混凝土有加气混凝土和泡沫混凝土。加气混凝土用含钙材料（水泥、石灰）、含硅材料（石英砂、粉煤灰等)和发气剂(铝粉)作为原料,经过磨细、配料、搅拌、浇筑、成型、切割和蒸压养护等工序生产而成。泡沫混凝土是水泥砂浆和泡沫剂搅拌均匀后经硬化而成的混凝土。

多孔混凝土的孔隙率可达85%,表观密度为300~1 200 kg/m^3,导热系数为0.081~0.29 W/(m·K),具有承重和保温双重功能,可制成砌块、墙板、屋面板及保温制品,广泛应用于工业与民用建筑及保温工程中。

4.6.4 特细砂混凝土

凡细度模数在1.6以下或平均粒径在0.25 mm以下的砂称为特细砂,用特细砂配制的混凝土称为特细砂混凝土。我国广大地区蕴藏着大量的特细砂,采用特细砂配制的混凝土,水泥用量略多于中、粗砂配制的混凝土,但符合"就地取材"的原则,因而仍然有很显著的经济效果。

4.6.4.1 特细砂混凝土的用砂要求

用于配制混凝土的特细砂,要满足《特细砂混凝土应用技术标准》(DBJ 50/T-287—2018)和《建设用砂》(GB/T 14684—2011)的要求。特细砂含泥量高于一般普通砂,且不易清洗。对特细砂中的含泥量可适当放宽,一般不宜超过下列数值:当水泥强度与混凝土强度之比小于或等于2时,含泥量不得大于5%;当水泥强度与混凝土强度之比大于2但小于3时,含泥量不得大于7.5%;当水泥强度与混凝土强度之比大于或等于3时,含泥量不得大于10%。

4.6.4.2 特细砂混凝土的特点

1. 低砂率

实践证明,采用低砂率是配制特细砂混凝土的关键。因为特细砂总表面积和空隙率都比普通砂大,因而包裹砂表面和填充砂空隙所用的水泥浆也多了。水泥浆多了,混凝土收缩性随之增大,只有适当减少其砂率才能消除上述不利情况。同时采用低砂率,砂浆包裹层厚度相对减少,在石子粒径和空隙率不变的情况下,石子用量相应增大,砂浆用量相应减少,可增进混凝土骨架坚固性,节约水泥,减少收缩,提高强度。但采用低砂率并非砂率越低越好,因为砂率过小,砂浆量过少,石子相对偏多,会使拌和物在施工过程中产生离析,不易捣实。配制特细砂混凝土砂率采用如下:当粗骨料用碎石时,砂率应控制在15%~30%;当粗骨料用卵石时,砂率应控制在14%~25%。

2. 低流动性

特细砂混凝土要求低流动性,这是因为特细砂混凝土拌和物中砂浆量少,若增加流动性,拌和物中就得多用水泥砂浆或提高水胶比、水泥强度等级,这在经济方面是不可取的,因此要求低流动性。采用坍落度法测定特细砂混凝土拌和物的流动性,其坍落度值不宜大于30 mm。因此,特细砂混凝土的流动性更适合用维勃稠度测定方法进行测定,维勃稠度值不宜大于30 s。

3. 特细砂混凝土施工

特细砂混凝土黏性大,不易拌和均匀,宜采用机械搅拌和振捣,拌和时间应比普通混凝土延长1~2 min。构件成型后,进行二次抹面以提高混凝土表面密实度。同时,应及时采取措施对成型混凝土进行早期养护,养护时间也要比普通混凝土适当延长。

4.6.5 水泥粉煤灰混凝土

水泥粉煤灰混凝土是指在水泥混凝土中掺加粉煤灰组分配制成的混凝土。在这类混凝土中,粉煤灰是作为掺和料加入混凝土中的,不同于生产水泥时与熟料共同磨细的混合材料。

在混凝土中掺入适量粉煤灰,可以节约水泥,改善混凝土的和易性,提高混凝土的强度(特别是后期强度),降低混凝土的水化热,减少混凝土的收缩,显著改善混凝土的耐久性(特别是抗渗性、耐腐蚀性)。粉煤灰混凝土不但在技术经济方面有显著的效益,而且大量粉煤灰的利用还可以解决工业废料对环境的污染。

在水泥粉煤灰混凝土施工中,粉煤灰是直接掺入混凝土中的,这使得粉煤灰混凝土不仅可以改善多种性能,节约水泥和降低成本,而且使用操作也非常方便。因此,粉煤灰混凝土在大体积混凝土、耐腐蚀混凝土、水工混凝土、防水混凝土、蒸养混凝土以及高强混凝土等结构中具有广泛的应用前景。

4.6.6 防水混凝土

防水混凝土也称抗渗混凝土,是指具有较高抗渗能力的混凝土。防水混凝土主要是在普通混凝土的基础上通过调整配合比、改善骨料级配、选择水泥品种以及掺入外加剂等方法,改善混凝土自身的密实性,从而达到防水抗渗的目的。目前,常用的防水混凝土有普通防水混凝土和外加剂防水混凝土。

4.6.6.1 普通防水混凝土

普通防水混凝土主要是通过严格控制骨料级配、水胶比、水泥用量等方法,提高混凝土密实性以满足抗渗要求的混凝土。为此,普通防水混凝土所用的材料除应满足普通混凝土对原材料的要求外,配合比还应符合以下要求:

(1)按设计要求合理选择水泥品种,水泥强度等级不低于42.5,1 m^3 混凝土水泥用量(含掺和料)不小于320 kg。

(2)粗骨料最大粒径不宜大于40 mm,表面不得黏附泥土,含泥量小于1.0%,泥块含量小于0.5%;细骨料宜采用级配良好的中砂,含泥量小于3.0%,泥块含量小于1.0%,砂率宜为35%~45%。

(3)水胶比应限制在0.6以下,灰砂比宜为0.4~0.5,坍落度宜为30~40 mm。

4.6.6.2 外加剂防水混凝土

外加剂防水混凝土是在混凝土中掺入适当品种和数量的外加剂,隔断或堵塞混凝土中的各种孔隙、裂缝及渗水通道,以提高抗渗性能的一种混凝土。常用的外加剂有引气剂和密实剂。

在混凝土中加入极微量的引气剂,可产生大量均匀的、孤立的和稳定的小气泡,它们填充了混凝土的孔隙,隔断了渗水通道。此外,引气剂还能使水泥石中的毛细管由亲水性变为憎水性,阻碍混凝土的吸水和渗水作用,也有利于提高混凝土的抗渗性。引气剂防水混凝土具有良好的和易性、抗渗性、抗冻性和耐久性,技术经济效果好,在国内外普遍采用。

密实剂防水混凝土是在搅拌混凝土时,加入一定数量的氢氧化铝或氢氧化铁溶液。这些溶液与氢氧化钙反应生成不溶于水的胶体,能堵塞混凝土内部的毛细管及孔隙,从而提高混凝土的密实性和抗冻性。密实剂防水混凝土适用于对抗渗性要求较高的混凝土,其缺点是造价高,当掺量过多时,对钢筋锈蚀及干缩影响较大。

防水混凝土主要应用于各种基础工程、水工构筑物、地下工程、屋面或桥面工程等,是一种经济可靠的防水材料。

4.6.7　高性能混凝土

高性能混凝土是近几年来提出的一个全新的概念。目前,各个国家对高性能混凝土还没有一个统一的定义,但其基本含义是指具有良好的工作性、较高的抗压强度、较高的体积稳定性和良好耐久性的混凝土。高性能混凝土既是流态混凝土(坍落度>200 mm),也是高强混凝土(强度等级≥C60)。因为流态混凝土具有大的流动性,混凝土拌和物不离析,施工方便;高强混凝土强度高、耐久性好、变形小。高性能混凝土也可以是满足某些特殊性能要求的均质性混凝土。

配制高性能混凝土的主要途径是:

(1)改善原材料性能,如采用高品质水泥,选用级配良好、致密坚硬的骨料,掺加超活性掺和料等。

(2)优化配合比,普通混凝土配合比设计方法在这里不再适用,必须通过试配优化后确定配合比。

(3)掺入高效减水剂,高效减水剂可减小水胶比,获得高流动性,提高抗压强度。

(4)加强生产质量管理,严格控制每个施工环节,如加强养护、加强振捣等。

(5)掺入某些纤维材料以提高混凝土的韧性,高性能混凝土是水泥混凝土的发展方向之一,广泛应用于高层建筑、工业厂房、桥梁工程、港口及海洋工程、水工结构等工程中。

4.6.8　耐热混凝土

耐热混凝土是指在长期高温作用下能保持其所需的物理力学性能的混凝土,它是由适当的胶凝材料、耐热粗细骨料和水按一定比例配制而成的。根据耐热混凝土所使用的胶凝材料不同,耐热混凝土有以下两种。

4.6.8.1　硅酸盐水泥耐热混凝土

它是由普通水泥或矿渣水泥、磨细掺和料、耐热粗细骨料和水配制而成的。这类耐热混凝土要求所用的水泥中不得掺有石灰岩类的混合材料,磨细掺和料可用黏土熟料、磨细石英砂、砖瓦粉末等,其中的 SiO_2、Al_2O_3 在高温下能与 CaO 作用,生成无水硅酸盐和铝酸盐,提高水泥的耐热性。耐热粗细骨料可采用重矿渣、红砖、黏土质耐火砖碎块等。普通水泥配制的耐热混凝土的极限使用温度在 1 200 ℃以下,矿渣水泥配制的耐热混凝土的极限使用温度在 900 ℃以下。

4.6.8.2　铝酸盐水泥耐热混凝土

它是由高铝水泥或低钙铝酸盐水泥、耐火度较大的掺和料、耐热粗细骨料和水配制而成的,其极限使用温度在 1 300 ℃以下。高铝水泥的熔化温度在 1 200~1 400 ℃,因此在此极限使用温度下是不会被熔化而降低强度的。

耐热混凝土在建筑工程中主要用来建造高炉基础、高炉外壳和热工设备基础及围护结构等。

4.6.9　纤维混凝土

纤维混凝土是一种以普通混凝土为基材,外掺各种短切纤维材料而制成的纤维增强混凝土。常用的短切纤维材料有尼龙纤维、聚乙烯纤维、聚丙烯纤维、钢纤维、玻璃纤维、碳纤维等。

众所周知,普通混凝土虽然抗压强度较高,但其抗拉、抗裂、抗弯、抗冲击等性能较差。在普通混凝土中加入纤维制成纤维混凝土可有效地降低混凝土的脆性,提高混凝土的抗拉、抗裂、抗弯、抗冲击等性能。

目前,纤维混凝土已用于屋面板、墙板、路面、桥梁、飞机跑道等方面,并取得了很好的效果,预计在今后的建筑工程中将得到更广泛的应用。

任务 7　水工混凝土用细骨料(砂)性能试验

4.7.1　一般规定

4.7.1.1　砂检验批的规定

(1)国家标准《建设用砂》(GB/T 14684—2011)中规定的检验批:

使用单位应按砂同分类、规格、类别及日产量每 600 t 为一批,不足 600 t 亦为一批;日产量超过 2 000 t,按 1 000 t 为一批,不足 1 000 t 亦为一批。

(2)行业标准《普通混凝土用砂、石质量及检验方法标准》(JGJ 52—2006)中规定的检验批:

采用大型工具(如火车、货船或汽车)运输的,应以 400 m^3 或 600 t 为一验收批;采用小型工具(如拖拉机等)运输的,应以 200 m^3 或 300 t 为一验收批;不足上述量者,应按一验收批进行。

(3)行业标准《水工混凝土施工规范》(SL 677—2014)规定,细骨料应按同料源每 600 ~ 1 200 t 为一批。

4.7.1.2　取样方法

国家标准《建设用砂》(GB/T 14684—2011)中规定的取样方法如下:

(1)在料堆上取样时,取样部位应均匀分布。先将取样部位表层铲除,再从不同部位抽取大致等量的砂样 8 份,组成一组样品。

(2)从皮带运输机上取样时,应用接料器在皮带运输机机尾的出料处定时抽取大致等量的砂样 4 份,组成一组样品。

(3)从火车、汽车、货船上取样时,应从不同部位和深度抽取大致等量的砂样 8 份,组成一组样品。

4.7.1.3　取样数量

国家标准《建设用砂》(GB/T 14684—2011)规定的每组样品的取样数量,对单项检测,应不小于表4-23规定的最少数量。须做几项检测时,若确能保证样品经一项检测后不致影响另一项检测结果,也可以用同一组样品进行几项不同的检测。

表4-23　单项检测所需砂的最少数量　(单位:kg)

序号	检测项目	最少取样数量	序号	检测项目	最少取样数量
1	颗粒级配	4.4	10	硫化物及硫酸盐含量	0.6
2	含泥量	4.4	11	氯化物含量	4.4
3	石粉含量	6.0	12	坚固性　天然砂	8.0
4	泥块含量	20.0		坚固性　机制砂	20.0
5	云母含量	0.6	13	表观密度	2.6
6	轻物质含量	3.2	14	松散堆积密度与空隙率	5.0
7	有机质含量	2.0	15	碱—骨料反应	20.0
8	贝壳含量	9.6	16	饱和面干吸水率	4.4
9	放射性	6.0			

4.7.1.4　试样处理

(1)人工四分法。将所取砂样置于平板上。在潮湿状态下拌和均匀,堆成厚约2 cm的"圆饼",然后沿互相垂直的两条直径把圆饼分成大致相等的4份,取其对角两份重新拌匀,再堆成"圆饼"。重复以上过程,直至缩分后质量略多于试验所必需质量。

(2)分料器法。将样品在潮湿状态下拌和均匀,然后通过分料器,取接料斗中的其中一份再次通过分料器。重复上述过程,直至把样品缩分到试验所需量。

(3)砂的含水率、堆积密度、紧密密度、人工砂坚固性检验所用试样可不经缩分,在拌匀后直接进行试验。

4.7.1.5　试样的包装

每组试样应采用能避免细骨料散失及防止污染的容器包装,并附卡片标明试样编号、产地、规格、质量、要求检验项目及取样方法。

4.7.1.6　试验环境

实验室的温度应保持在(20±5)℃。

4.7.2　砂的颗粒级配试验

4.7.2.1　试验目的

测定砂的颗粒级配,计算细度模数,评定砂料品质和进行施工质量控制。

4.7.2.2　主要仪器设备

(1)天平:称量1 000 g,感量1 g。

(2)筛:砂料标准筛一套,孔形为方孔,孔径(公称直径)为9.5 mm、4.75 mm、2.36

mm、1.18 mm、600μm、300μm、150μm，并附有底盘和盖。

（3）振（摇）筛机。

（4）烘箱：控制温度（105±5）℃。

（5）搪瓷盘、毛刷等。

4.7.2.3　试样制备

按规定取样，筛除粒径大于 10 mm 的颗粒（算出筛余百分率），并将试样缩分至约 1 100 g，放在烘箱中在（105±5）℃下烘干至恒量（指试样在烘干 3 h 以上的情况下，其前后质量之差不大于该项试验所要求的称量精度），待冷却至室温后，分成大致相等的试样两份备用。

4.7.2.4　试验步骤

（1）将标准筛按由上到下、筛孔按由大到小的顺序套装在筛的底盘上。

（2）准确称取烘干试样 500 g，精确至 1 g。倒入组装好的套筛上，盖好筛盖。

（3）将套筛装入摇筛机内固紧，筛分时间为 10 min；然后取出套筛，再按筛孔大小顺序，在清洁的浅盘上逐个进行手筛，直至每分钟的筛出量不超过试样总量的 0.1%，通过的颗粒并入下一个筛中，并和下一个筛中试样一起过筛；按这样的顺序过筛，直至每个筛全部筛完。

（4）当砂样在各号筛上的筛余量超过 200 g 时，应将该筛余砂样分成两份，再进行筛分，并以两次筛余量之和作为该号筛的筛余量。

注意：砂样为特细砂时，每份砂样量可取 250 g，筛分时在 0.16 mm 筛以下增加 0.08 mm 的方孔筛一只，并记录和计算 0.08 mm 筛的筛余量和分计筛余百分率。

无摇筛机时，可直接用手筛。手筛时，将装有砂样的整套筛放在试验台上，右手按着顶盖，左手扶住侧面，将套筛一侧抬起（倾斜度 30°～35°），使筛底与台面成点接触，并按顺时针方向滚动筛析 3 min，然后逐个过筛直至达到要求。

（5）筛完后，将各筛上剩余的砂粒用手刷轻轻刷净，称出每号筛上的筛余量。

4.7.2.5　结果计算与评定

（1）计算各筛的分计筛余百分率：各号筛的筛余量与试样总质量之比，精确至 0.1%。

（2）计算各筛的累计筛余百分率：该号筛的分计筛余百分率加上该号筛以上各分计筛余百分率之和，精确至 0.1%。

（3）计算砂的细度模数，精确至 0.01：

$$M_x = \frac{(A_2 + A_3 + A_4 + A_5 + A_6) - 5A_1}{100 - A_1} \tag{4-32}$$

式中　M_x——砂料细度模数；

$A_1, A_2, \cdots, A_6$——4.75 mm、2.36 mm、1.18 mm、600μm、300μm、150μm 各筛上的累计筛余百分率。

（4）以两次测值的平均值作为试验结果。如各筛的筛余量和底盘中粉砂质量的总和与原试样质量相差超过试样量的 1%，或两次测试的细度模数相差超过 0.2，应重新试验。

（5）根据各号筛的累计筛余百分率测定值绘制筛分曲线。

4.7.3 砂的含泥量试验

4.7.3.1 试验目的

检测砂的含泥量,评定砂的质量。

4.7.3.2 主要仪器设备

(1)烘箱:控制温度(105±5)℃。

(2)天平:称量1 000 g,感量0.1 g。

(3)方孔筛:孔径为75 μm和1.18 mm筛各1只。

(4)容器:在淘洗试样时,保持试样不溅出(深度大于250 mm)。

(5)搪瓷盘、毛刷等。

4.7.3.3 试样制备

按规定取样,并将试样用四分法缩分至约1 100 g,置于温度为(105±5)℃的烘箱中烘干至恒重,冷却至室温,分为大致相等的两份备用。

4.7.3.4 试验步骤

(1)滤洗:称取试样500 g置于容器中,注入清水,使水面约高出试样面150 mm,充分拌匀后,浸泡2 h。然后用手在水中淘洗砂样,使尘屑、淤泥和黏土与砂粒分离,并使之悬浮或溶于水中。将筛子用水湿润,将1.18 mm的筛套在75 μm的筛子上,将浑浊液缓缓倒入套筛,滤去粒径小于75 μm的颗粒。在整个过程中严防砂粒丢失,再次向筒中加水,重复淘洗过滤,直到筒内洗出的水清澈。

(2)烘干称量:用水冲洗留在筛上的细粒,将75 μm的筛放在水中,使水面略高出砂粒表面,来回摇动,以充分洗除粒径小于75 μm的颗粒。仔细取下筛余的颗粒,与筒内已洗净的试样一并装入搪瓷盘,置于温度为(105±5)℃的烘箱中烘干至恒重。冷却至室温后,称其质量,精确至0.1 g。

4.7.3.5 结果计算与评定

(1)含泥量按式(4-33)计算,精确至0.1%:

$$Q = \frac{G - G_1}{G} \times 100\% \tag{4-33}$$

式中 Q—— 含泥量(%);

G—— 试验前烘干试样的质量,g;

G_1——试验后烘干试样的质量,g。

(2)以两次试验结果的算术平均值作为测定值,如两次试验结果的差值超过0.5%,结果无效,须重做试验。

4.7.4 砂的泥块含量试验

4.7.4.1 试验目的

测定砂的泥块含量,评定砂的质量。

4.7.4.2 仪器设备

(1)烘箱:控制温度(105±5)℃。

(2)天平:称量 1 000 g,感量 0.1 g。

(3)方孔筛:孔径为 600 μm 和 1.18 mm 筛各 1 只。

(4)容器:在淘洗试样时,保持试样不溅出(深度大于 250 mm)。

(5)搪瓷盘、毛刷、铁铲等。

4.7.4.3 **试样制备**

按规定取样,并将试样缩分至约 5 000 g,置于温度为(105±5)℃的烘箱中烘干至恒重。冷却至室温,筛除粒径小于 1.18 mm 的颗粒,分为大致相等的两份备用。

4.7.4.4 **试验步骤**

(1)称取试样 200 g,精确至 0.1 g。将试样倒入淘洗容器中,注入清水,使水面高于试样表面约 150 mm,充分搅拌均匀后,浸泡 24 h。然后在水中用手碾碎泥块,再把试样放在 600 μm 筛上,用水淘洗,直至容器内的水目测清澈。

(2)将保留下来的试样小心地从筛中取出,装入浅盘后,放在干燥箱中于(105±5)℃下烘干至恒量,待冷却至室温后,称出其质量,精确至 0.1 g。

4.7.4.5 **结果计算与评定**

(1)泥块含量按式(4-34)计算,精确至 0.1%:

$$Q_b = \frac{G_1 - G_2}{G_1} \times 100\% \tag{4-34}$$

式中 Q_b—— 砂的泥块含量(%);

G_1——1.18 mm 筛筛余试样的质量,g;

G_2—— 试验后烘干试样的质量,g。

(2)取两次试验结果的算术平均值作为测定值,精确至 0.1%。

4.7.5 砂的表观密度试验

4.7.5.1 **检测目的**

测定砂的表观密度,供混凝土配合比计算和评定砂料质量。

4.7.5.2 **主要仪器设备**

(1)烘箱:控制温度(105±5)℃。

(2)天平:称量 1 000 g,感量 0.1 g。

(3)容量瓶:500 mL。

(4)其他:干燥器、搪瓷盘、滴管、毛刷、温度计、毛巾等。

4.7.5.3 **试样制备**

按规定取样,并将试样缩分至约 660 g,放入烘箱中于(105±5)℃下烘干至恒量,冷却至室温后,分为大致相等的两份备用。

4.7.5.4 **试验步骤**

(1)称取烘干砂 300 g(精确至 0.1 g),装入容量瓶中,注入冷开水至接近 500 mL 的刻度处,旋转摇动容量瓶,使砂样充分摇动,排除气泡,塞紧瓶盖,静置 24 h。然后用滴管小心加水至容量瓶 500 mL 刻度处,塞紧瓶塞,擦干瓶外水分,称出其质量(精确至 1 g)。

(2)倒出瓶内水和砂,洗净容量瓶,再向瓶内注水(应与前一步骤水温相差不超过 2

℃,并在 15~25 ℃范围内)至 500 mL 处,塞紧瓶塞,擦干瓶外水分,称其质量(精确至 1 g)。

注:在砂的表观密度试验过程中应测量并控制水的温度,试验的各项称量可在 15~25 ℃的温度范围内进行。从试样加水静置的最后 24 h 起,直至试验结束,其温度相差不应超过 2 ℃。

4.7.5.5　结果计算与评定

(1)表观密度按式(4-35)计算,精确至 10 kg/m³。

$$\rho_0 = \left(\frac{G_0}{G_0 + G_2 - G_1} - \alpha_t\right)\rho_k \tag{4-35}$$

式中　ρ_0、ρ_k——砂的表观密度和水的密度,kg/m³;

G_0、G_1、G_2——烘干试样质量,试样、水及容量瓶的总质量,水及容量瓶的总质量,g;

α_t——水温对砂的表观密度影响的修正系数,可按表 4-24 取用。

表 4-24　不同水温对砂的表观密度影响的修正系数

水温(℃)	15	16	17	18	19	20	21	22	23	24	25
α_t	0.002	0.003	0.003	0.004	0.004	0.005	0.005	0.006	0.006	0.007	0.008

(2)表观密度取两次检测结果的算术平均值(精确至 10 kg/m³),若两次之差大于 20 kg/m³,须重新试验。

任务 8　水工混凝土用粗骨料(石)性能检测

4.8.1　一般规定

4.8.1.1　石料检验批的确定

(1)国家标准《建设用卵石、碎石》(GB/T 14685—2011)中规定的检验批:

使用单位应按砂同分类、类别、公称粒级及日产量每 600 t 为一批,不足 600 t 亦为一批;日产量超过 2 000 t,按 1 000 t 为一批,不足 1 000 t 亦为一批;日产量超过 5 000 t,按 2 000 t 为一批,不足 2 000 t 亦为一批。

(2)行业标准《普通混凝土用砂、石质量及检验方法标准》(JGJ 52—2006)中规定的检验批:

采用大型工具(如火车、货船或汽车)运输的,应以 400 m³ 或 600 t 为一验收批;采用小型工具(如拖拉机等)运输的,应以 200 m³ 或 300 t 为一验收批;不足上述量者,应按一验收批进行。

石子在运输、装卸和堆放过程中,应防止颗粒离析、混入杂质,并应按产地、种类和规格分别堆放。碎石或卵石堆放高度不宜超过 5 m,对单粒粒级或最大粒径不超过 20 mm 的连续粒级,堆料高度可增加到 10 m。

(3)行业标准《水工混凝土施工规范》(SL 677—2014)规定,粗骨料应按同料源、同规格碎石每 2 000 t 为一批,卵石每 1 000 t 为一批。

4.8.1.2 **取样方法**

(1)在料堆上取样时,取样部位应均匀分布。取样前,应先将取样部位表层铲除,再从不同部位抽取大致等量的石子 15 份(在料堆顶部、中部和底部均匀分布的 15 个不同部位取得)组成一组样品。

(2)从皮带运输机上取样时,应用接料器在皮带运输机机尾的出料处定时抽取大致等量的石子 8 份,组成一组样品。

(3)从火车、汽车、货船上取样时,应从不同部位和深度抽取大致等量的石子 16 份,组成一组样品。

4.8.1.3 **取样数量**

碎石和卵石常规单项试验的最少取样数量见表 4-25。对于每一单项试验,应不小于最少取样的数量。需做几项试验时,如确能保证试样经一项试验后,不致影响另一项试验的结果,可用一组试样进行几项不同的试验。根据需要确定,若做全项检验,应不少于 50 kg。

表 4-25 单项检测所需碎石或卵石取样数量 (单位:kg)

序号	试验项目	不同最大粒径(mm)下的最少取样量							
		9.5	16.0	19.0	26.5	31.5	37.5	63.0	75.0
1	颗粒级配	9.5	16.0	19.0	25.0	31.5	37.5	63.0	80.0
2	含泥量	8.0	8.0	24.0	24.0	40.0	40.0	80.0	80.0
3	泥块含量	8.0	8.0	24.0	24.0	40.0	40.0	80.0	80.0
4	针片状颗粒含量	1.2	4.0	8.0	12.0	20.0	40.0	40.0	40.0
5	有机物含量	按试验要求的粒级和数量取样							
6	硫化物及硫酸盐含量								
7	坚固性								
8	岩石抗压强度	随机选取完整石块锯切或钻取成试验用样品							
9	压碎指标值、含水率	按试验要求的粒级和数量取样							
10	表观密度	8.0	8.0	8.0	8.0	12.0	16.0	24.0	24.0
11	堆积密度与空隙率	40.0	40.0	40.0	40.0	80.0	80.0	120.0	120.0
12	碱—骨料反应	20.0	20.0	20.0	20.0	20.0	20.0	20.0	20.0
13	吸水率	2.0	4.0	8.0	12.0	20.0	40.0	40.0	40.0
14	放射性	6.0							

4.8.1.4 **试样处理**

(1)试样的缩分。将每组样品置于平板上,在自然状态下拌混均匀,并堆成锥体,然后沿互相垂直的两条直径把锥体分成大致相等的四份,取其对角的两份重新拌匀,再堆成锥体，重复上述过程，直至缩分后的材料量略多于进行试验所必需的量。

(2)碎石或卵石的含水率、堆积密度、紧密密度检验所用的试样，不经缩分，拌匀后直接进行试验。

4.8.1.5 试样的包装

每组试样应采用能避免骨料散失及防止污染的容器包装，并附卡片标明试样编号、产地、规格、质量、要求检验项目及取样方法。

4.8.1.6 试验环境

实验室的温度应保持在(20±5)℃。

4.8.2 石子颗粒级配试验

4.8.2.1 试验目的

通过筛分试验测定碎石或卵石的颗粒级配，以便于选择优质粗骨料，达到节约水泥和改善混凝土性能的目的，并作为混凝土配合比设计和一般使用的依据。

4.8.2.2 主要仪器设备

(1)试验筛：孔径为 2.36 mm、4.75 mm、9.50 mm、16.0 mm、19.0 mm、26.5 mm、31.5 mm、37.5 mm、53.0 mm、63.0 mm、75.0 mm 及 90.0 mm 的方孔筛，并附有筛底和筛盖。

(2)台秤：称量 10 kg，感量 1 g。

(3)烘箱：控制温度(105±5)℃。

(4)摇筛机。

(5)搪瓷盘、毛刷等。

4.8.2.3 试样准备

按规定取样，将试样缩分到略大于表 4-26 规定的数量，烘干或风干后备用。

表 4-26 颗粒级配所需试样数量

最大粒径(mm)	9.5	16.0	19.0	26.5	31.5	37.5	63.0	75.0
最少试样质量(kg)	1.9	3.2	3.8	5.0	6.3	7.5	12.6	16.0

4.8.2.4 试验步骤

(1)按表 4-26 规定数量称取试样一份，精确至 1 g。将试样倒入按筛孔大小从上到下组合的套筛(附筛底)上。

(2)将套筛置于摇筛机上筛 10 min，取下套筛，按筛孔大小顺序再逐个用手筛，筛至每分钟通过量小于试样总量的 0.1%为止。通过的颗粒并入下一号筛中，并和下一号筛中的试样一起过筛，直至各号筛全部筛完。对粒径大于 19.0 mm 的颗粒，筛分时允许用手拨动。

(3)称出各筛的筛余量，精确至 1 g。

筛分后，若各筛的筛余量与筛底试样之和超过原试样质量的 1%，须重新试验。

4.8.2.5 结果计算与评定

(1)计算各筛的分计筛余百分率(各号筛的筛余量与试样总质量之比)，精确至

0.1%。

(2)计算各筛的累计筛余百分率(该号筛的分计筛余百分率加上该号筛以上各分计筛余百分率之和),精确至1%。

(3)根据各号筛的累计筛余百分率,评定该试样的颗粒级配。

4.8.3 石子含泥量试验

4.8.3.1 试验目的

测定石子的含泥量,评定石子的品质。

4.8.3.2 主要仪器设备

(1)烘箱:控制温度(105±5)℃。

(2)台秤(天平):称量10 kg,感量1 g。

(3)方孔筛:孔径为75 μm及1.18 mm的筛各1只。

(4)容器:要求淘洗试样时,保持试样不溅出。

(5)搪瓷盘、毛刷等。

4.8.3.3 试样准备

按规定取样,将试样缩分到略大于表4-27规定的2倍数量,放在烘箱中于(105±5)℃下烘干至恒量,待冷却至室温后,分为大致相等的两份备用。

表4-27　含泥量试验取样数量

最大粒径(mm)	9.5	16.0	19.0	26.5	31.5	37.5	63.0	75.0
最少试样质量(kg)	2.0	2.0	6.0	6.0	10.0	10.0	20.0	20.0

4.8.3.4 试验步骤

(1)称取按表4-27规定数量的试样一份,精确至1 g。将试样放入淘洗容器中,注入清水,使水面高于试样上表面150 mm,充分搅拌均匀后,浸泡2 h,然后用手在水中淘洗试样,使尘屑、淤泥和黏土与石子颗粒分离,把浑水缓缓倒入1.18 mm及75 μm的套筛上(1.25 mm筛放在75 μm筛上面),滤去粒径小于75 μm的颗粒。试验前筛子的两面应先用水润湿。在整个试验过程中应小心防止粒径大于75 μm的颗粒流失。

(2)向容器中注入清水,重复上述操作,直至容器内的水目测清澈。

(3)用水淋洗剩余在筛上的细粒,并将75 μm筛放在水中(使水面略高出筛中石子颗粒的上表面)来回摇动,以充分洗掉粒径小于75 μm的颗粒,然后将两只筛上筛余的颗粒和清洗容器中已经洗净的试样一并倒入搪瓷盘中,置于烘箱中于(105±5)℃下烘干至恒量,待冷却至室温后,称出其质量,精确至1 g。

4.8.3.5 结果计算与评定

(1)含泥量按式(4-36)计算,精确至0.1%:

$$Q_a = \frac{G_0 - G_1}{G_0} \times 100\% \tag{4-36}$$

式中 Q_a—— 各级试样的含泥量(%)；

G_0—— 试验前烘干试样的质量，g；

G_1——试验后烘干试样的质量，g。

(2)含泥量取两次试验结果的算术平均值，精确至 0.1%。

4.8.4 石子泥块含量试验

4.8.4.1 试验目的

测定石子的泥块含量，评定石子的品质。

4.8.4.2 主要仪器设备

(1)烘箱：控制温度(105±5)℃。

(2)台秤(天平)：称量 10 kg，感量 1 g。

(3)方孔筛：孔径为 2.36 mm 及 4.75 mm 的筛各 1 只。

(4)容器：要求淘洗试样时，保持试样不溅出。

(5)搪瓷盘、毛刷等。

4.8.4.3 试样准备

按规定取样，将试样缩分到略大于表 4-27 规定的 2 倍数量，放在烘箱中于(105±5)℃下烘干至恒量，待冷却至室温后，筛除粒径小于 4.75 mm 的颗粒，分为大致相等的两份备用。

4.8.4.4 试验步骤

(1)称取规定数量的试样一份，精确至 1 g。将试样倒入淘洗容器中，注入清水，使水面高于试样上表面。充分搅拌均匀后，浸泡 24 h。然后用手在水中碾碎泥块，再把试样放在 2.36 mm 筛上，用水淘洗，直至容器内的水目测清澈。

(2)保留下来的试样小心地从筛中取出，装入搪瓷盘后，放在烘箱中于(105±5)℃下烘干至恒量，待冷却至室温后，称出其质量，精确至 1 g。

4.8.4.5 结果计算与评定

(1)泥块含量按式(4-37)计算，精确至 0.1%：

$$Q_b = \frac{G_2 - G_1}{G_1} \times 100\% \tag{4-37}$$

式中 Q_b—— 泥块含量(%)；

G_1——4.75 mm 筛筛余试样的质量，g；

G_2——试验后烘干试样的质量，g。

(2)泥块含量取两次试验结果的算术平均值，精确至 0.1%。

4.8.5 石子表观密度试验

4.8.5.1 试验目的

通过试验测定石子的表观密度，为评定石子质量和混凝土配合比设计提供依据；石子的表观密度可以反映骨料的坚实、耐久程度，因此是一项重要的技术指标。

4.8.5.2　**主要仪器设备**

(1)天平或液体天平:称量应满足试样数量称量要求,感量不大于最大称量的0.05%,见图4-16。

(2)吊篮:由耐锈蚀材料制成,直径和高度为150 mm左右,四周及底部用1~2 mm的筛网编制或具有密集的孔眼。

(3)溢流水槽:在称重水中质量时能保持水面高度一定。

(4)烘箱:能控温在(105±5)℃。

(5)温度计。

(6)标准筛。

(7)其他:盛水容器(如搪瓷盘)、刷子、毛巾等。

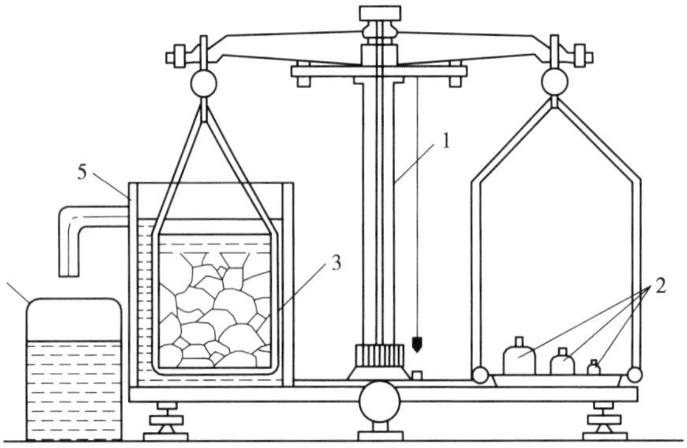

1—5 kg天平;2—砝码;3—网篮;4—容器;5—带有溢流孔的盛水筒

图4-16　液体天平

4.8.5.3　**试验步骤**

(1)按表4-25规定取样,并缩分至略大于表4-28规定的数量,风干后筛除小于4.75 mm的颗粒,然后洗刷干净,分为大致相等的两份备用。

表4-28　表观密度试验所需试样数量

最大粒径(mm)	<26.5	31.5	37.5	63.0	75.0
最少试样质量(kg)	2.0	3.0	4.0	6.0	6.0

(2)取试样一份装入吊篮,并浸入盛水的容器中,水面至少高出试样50 mm。浸泡24 h后,移放到称量用的盛水容器中,并用上下升降吊篮的方法排除气泡(试样不得露出水面)。吊篮每升降一次约1 s,升降高度30~50 mm。

(3)测定水温后(此时吊篮应全浸在水中),准确称出吊篮及试样在水中的质量,精确至5 g,称量时盛水容器中水面的高度由容器的溢流孔控制。

(4)提起吊篮,将试样倒入浅盘,放在干燥箱中于(105±5)℃下烘干至恒量,待冷却至室温后,称出其质量,精确至5 g。

(5)称出吊篮在同样温度水中的质量,精确至5 g。称量时盛水容器的水面高度仍由溢流孔控制。

5. 结果计算与评定

(1)表观密度按式(4-38)计算,精确至 10 kg/m³。

$$\rho_0 = \left(\frac{G_0}{G_0 + G_2 - G_1} - \alpha_t\right) \times \rho_{水} \tag{4-38}$$

式中 ρ_0——表观密度,kg/m³;

G_0——烘干后试样的质量,g;

G_1——吊篮及试样在水中的质量,g;

G_2——吊篮在水中的质量,g;

$\rho_{水}$——水的密度,1 000 kg/m³;

α_t——水温对表观密度影响的修正系数。

(2)表观密度取两次试验结果的算术平均值,若两次结果之差大于 20 kg/m³,须重新试验。

4.8.6 石子针状、片状颗粒含量试验

4.8.6.1 试验目的

测定粒径大于 4.75 mm 碎石或卵石中针状、片状颗粒的总含量,用于评价粗骨料的形状,推测抗压碎能力,以评定其工程性质。

4.8.6.2 主要仪器与设备

(1)针状规准仪和片状规准仪,见图 4-17 和图 4-18。

(2)天平:称量 2 kg,感量 1 g。

(3)台秤:称量 10 kg,感量 5 g。

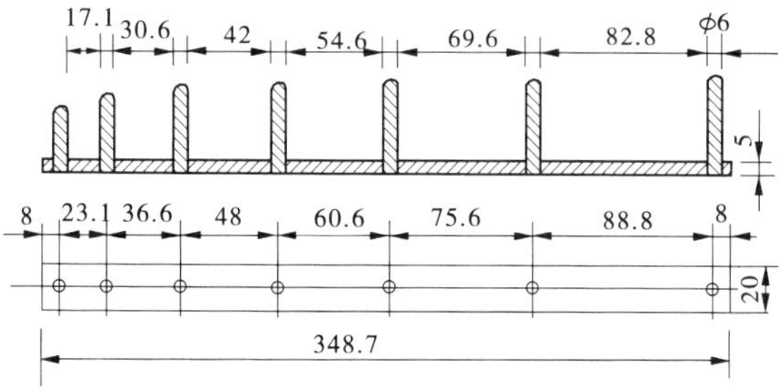

图 4-17 针状规准仪 (单位:mm)

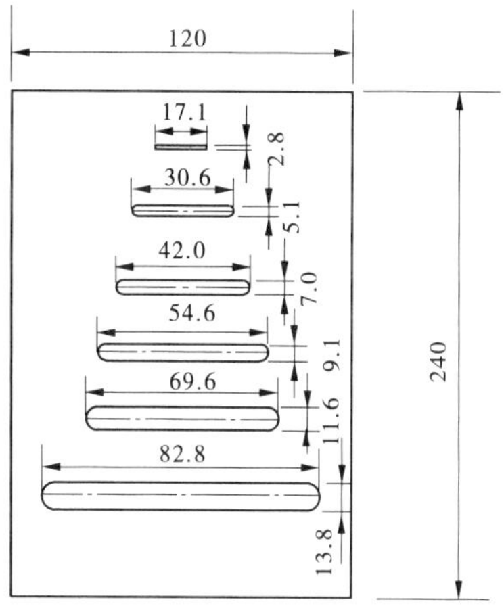

图 4-18 片状规准仪 (单位:mm)

(4)磅秤:称量 50 kg,感量 10 g。

(5)标准套筛:孔径分别为 4.75 mm、9.50 mm、16.0 mm、19.0 mm、26.5 mm、31.5 mm 及 37.5 mm 的方孔筛。

(6)卡尺、搪瓷盘、料斗等。

4.8.6.3 试样制备

试验前,将来样在室内风干至表面干燥,并用四分法缩分至规定的数量(见表 4-29),称量,然后筛分成规定的粒级备用。

表 4-29 针、片状颗粒含量试验所需试样数量 (单位:mm)

最大粒径(mm)	9.5	16.0	19.0	26.5	31.5	37.5	63.0	75.0
最少试样质量(kg)	0.3	1.0	2.0	3.0	5.0	10.0	10.0	10.0

4.8.6.4 试验步骤

(1)按规定的粒级选用规准仪,孔宽或间距见表 4-30。逐粒对试样进行鉴定,凡颗粒长度大于针状规准仪上相对应间距者,为针状颗粒。厚度小于片状规准仪上相应孔宽者,为片状颗粒。

表 4-30 针、片状颗粒含量试验的粒级划分及其相应的规准仪孔宽或间距 (单位:mm)

粒级	4.75~9.50	9.50~16.0	16.0~19.0	19.0~26.5	26.5~31.5	31.5~37.5
片状规准仪相对应孔宽	2.8	5.1	7.0	9.1	11.6	13.8
针状规准仪相对应间距	17.1	30.6	42.0	54.6	69.6	82.8

(2)粒径大于 37.5 mm 的碎石或卵石可用卡尺鉴定其针状、片状颗粒,卡尺卡口的设定宽度应符合表 4-31 的规定。

表 4-31 大于 37.5mm 颗粒针、片状颗粒含量试验的粒级划分及其相应的卡尺卡口设定宽度

(单位:mm)

粒径	37.5~53.0	53.0~63.0	63.0~75.0	75.0~90
检验片状颗粒的卡尺卡口设定宽度	18.1	23.2	27.6	33.0
检验针状颗粒的卡尺卡口设定宽度	108.6	139.2	165.6	198.0

(3)称量由各粒级挑出的针状颗粒和片状颗粒的总质量。

4.8.6.5 结果计算与评定

针状、片状颗粒含量按式(4-39)计算,精确至 1%:

$$Q_c = \frac{G_2}{G_1} \times 100\% \tag{4-39}$$

式中 Q_c——针状、片状颗粒含量(%);

G_2——针状、片状颗粒总质量,g;

G_1——试样总质量,g。

4.8.7 压碎指标试验

4.8.7.1 试验目的

测定碎石或卵石抵抗压碎的能力,以间接地推测其相应的强度。

4.8.7.2　**主要仪器设备**

(1)压力试验机:量程 300 kN,示值相对误差 2%。

(2)压碎指标测定仪(圆模):见图 4-19。

(3)天平:称量 10 kg,感量 1 g。

(4)方孔筛:孔径分别为 2.36 mm、9.50 mm 及 19.0 mm 的筛各 1 只。

(5)其他:直径 10 mm 垫棒,长 500 mm 圆钢。

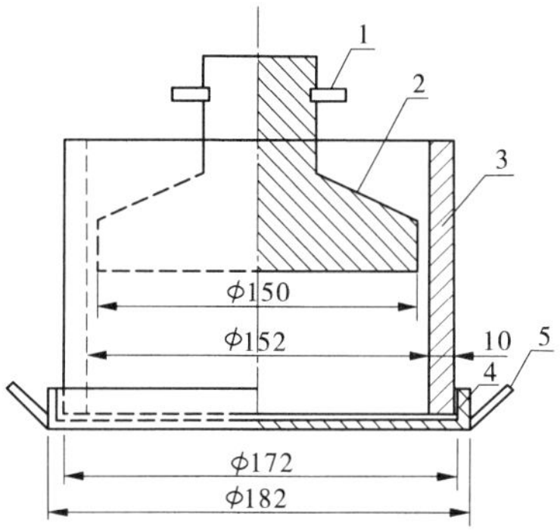

1—把手;2—加压头;3—圆模;4—底盘;5—手把

图 4-19　压碎指标测定仪　(单位:mm)

4.8.7.3　**试样准备**

标准试样一律应采用 9.50~19.0 mm 的颗粒,并在气干状态下进行试验。试验前,先将试样筛去 9.50 mm 以下及 19.0 mm 以上的颗粒,再用针状规准仪和片状规准仪剔除其针状和片状颗粒,然后称取每份 3 kg 的试样 3 份备用。

4.8.7.4　**试验步骤**

(1)置圆模于底盘上,取试样 1 份,分 2 层装入圆模内。每装完 1 层试样后,在底盘下面垫放一直径为 10 mm 的圆钢,将筒按住,左右交替颠击地面各 25 下。第 2 层颠实后,试样表面距盘底的高度应控制在 100 mm 左右。

(2)整平筒内试验表面,把加压头装好(注意应使加压头保持平正),放到试验机上,开动压力试验机,按 1 kN/s 速度均匀地加荷至 200 kN 并稳荷 5 s,然后卸荷,取出加压头,倒出试样,用孔径为 2.36 mm 的筛筛除被压碎的细粒,称出留在筛上的试样质量,精确至 1 g。

4.8.7.5　**结果计算与评定**

(1)压碎指标值按式(4-40)计算,精确至 0.1%:

$$Q_e = \frac{G_1 - G_2}{G_1} \times 100\% \tag{4-40}$$

式中　Q_e—— 压碎指标(%);

G_1—— 试样质量,g;

G_2—— 压碎后筛余时的试样质量 ,g。

(2)取三次测定的算术平均值作为试验结果,精确至 1%。

任务 9　混凝土性能试验

4.9.1　混凝土拌和物室内拌和方法

4.9.1.1　**试验目的**

为室内试验提供混凝土拌和物。

4.9.1.2　**主要仪器设备**

(1)混凝土搅拌机:容量 50~100 L,转速 18~22 r/min。

(2)拌和钢板:平面尺寸不小于 1.5 m×2.0 m,厚 5 cm 左右。

(3)磅秤:称量 50~100 kg,感量 50 g。

(4)台秤:称量 10 kg,感量 5 g。

(5)天平:称量 1 000 g,感量 0.5 g。

(6)盛料容器和铁铲等。

4.9.1.3　**试验步骤**

1. 人工拌和

(1)人工拌和在钢板上进行,拌和前应将钢板及铁铲清洗干净,并保持表面润湿。

(2)将称好的砂料、胶凝材料(水泥和掺和料预先拌均匀)倒在钢板上,用铁铲翻拌至颜色均匀,再放入称好的石料与之拌和,至少翻拌 3 次,然后堆成锥形。将中间扒成凹坑,加入拌和用水(外加剂一般先溶于水),小心拌和,至少翻拌 6 次,每翻拌一次后,用铁铲将全部拌和物铲切一次。拌和从加水完毕时算起,应在 10 min 内完成。

2. 机械拌和

(1)机械拌和在搅拌机中进行。拌和前应将搅拌机冲洗干净,并预拌少量同种混凝土拌和物或水胶比相同的砂浆,使搅拌机内壁挂浆后将剩余料卸出。

(2)将称好的石料、胶凝材料、砂料、水(外加剂一般先溶于水)依次加入搅拌机,开动搅拌机搅拌 2~3 min。

(3)将拌好的混凝土拌和物卸在钢板上,刮出黏结在搅拌机上的拌和物,用人工翻拌 2~3 次,使之均匀。

3. 计量

材料用量以质量计。称量精度:水泥、掺和料、水和外加剂为±0.3%,骨料为±0.5%。

(1)在拌和混凝土时,拌和间温度保持在(20±5)℃ 。对所拌制的混凝土拌和物应避免阳光照射及吹风。

(2)用以拌制混凝土的各种材料,其温度应与拌和间温度相同。

(3)砂、石料用量均以饱和面干状态下的质量为准。

(4)人工拌和一般用于拌和较少量的混凝土;采用机械拌和时,一次拌和量不宜小于搅拌机容量的 20%,也不宜大于搅拌机容量的 80%。

4.9.2　混凝土拌和物坍落度试验

4.9.2.1　**目的及适用范围**

混凝土拌和物坍落度试验的目的是测定混凝土拌和物的坍落度,以评定混凝土拌和物的和易性。必要时,也可用于评定混凝土拌和物和易性随拌和物停置时间的变化。

适用于骨料最大粒径不超过 40 mm,坍落度为 10~230 mm 的混凝土拌和物。

4.9.2.2　**主要仪器设备**

(1)坍落度筒:用 2~3 mm 厚的铁皮制成,筒内壁光滑,底部内径(200±2)mm,顶部内径(100±2)mm,高度(300±2)mm 的截圆锥形筒。

(2)捣棒:直径16 mm、长650 mm,一端为弹头形的金属棒。

(3)300 mm钢尺、40 mm孔径筛、装料漏斗、镘刀、小铁铲、温度计等。

4.9.2.3 **试验步骤**

(1)按"混凝土拌和物室内拌和方法"拌制混凝土拌和物。若骨料粒径超过40 mm,应采用湿筛法剔除。

注:湿筛法是对刚拌制好的混凝土拌和物,按试验所规定的最大骨料粒径选用对应的孔径筛进行湿筛,筛除超过规定粒径的骨料,再用人工将筛下的混凝土拌和物翻拌均匀的方法。

(2)将坍落度筒冲洗干净并保持湿润,放在测量用的钢板上,双脚踏紧踏板。

(3)将混凝土拌和物用小铁铲通过装料漏斗分三层装入筒内,每层体积大致相等。底层厚约70 mm,中层厚约90 mm。每装一层,用捣棒在筒内从边缘到中心按螺旋形均匀插捣25次。插捣深度:底层应穿透该层,中、上层应分别插进其下层10~20 mm。

(4)上层插捣完毕,取下装料漏斗,用镘刀将混凝土拌和物沿筒口抹平,并清除筒外周围的混凝土。

(5)将坍落度筒徐徐竖直提起,轻放于试样旁边。当试样不再继续坍落时,用钢尺量出试样顶部中心点与坍落度筒高度之差,即为坍落度值,精确至1 mm。

(6)整个坍落度试验应连续进行,并应在2~3 min内完成。

(7)若混凝土试样发生一边坍陷或剪坏,则该次试验作废,应取另一部分试样重做试验。

(8)测记试验时混凝土拌和物的温度。

4.9.2.4 **试验结果处理**

(1)混凝土拌和物的坍落度以mm计,取整数。

(2)在测定坍落度的同时,可目测评定混凝土拌和物的下列性质:

①棍度。根据做坍落度时插捣混凝土的难易程度分为上、中、下三级。上:表示容易插捣;中:表示插捣时稍有阻滞感觉;下:表示很难插捣。

②黏聚性。用捣棒在做完坍落度的试样一侧轻打,若试样保持原状而渐渐下沉,表示黏聚性较好。若试样突然坍倒、部分崩裂或发生石子离析现象,表示黏聚性不好。

③含砂情况。根据镘刀抹平程度分多、中、少三级。多:用镘刀抹混凝土拌和物表面时,抹1~2次就可使混凝土表面平整无蜂窝;中:抹4~5次就可使混凝土表面平整无蜂窝;少:抹面困难,抹8~9次后混凝土表面仍不能消除蜂窝。

④析水情况。根据水分从混凝土拌和物中析出的情况分多量、少量、无三级。多量:表示在插捣时及提起坍落度筒后就有很多水分从底部析出;少量:表示有少量水分析出;无:表示没有明显的析水现象。

注:本试验可用于评定混凝土拌和物和易性随时间的变化,如坍落度损失。此时可将拌和物保湿停置规定时间(如30 min、60 min、90 min、120 min等),再进行上述试验(试验前将拌和物重新翻拌2~3次),将试验结果与原试验结果进行比较,从而评定拌和物和易性随时间的变化。

4.9.2.5　**试验注意事项**

(1)人工拌和时,应先湿润拌板和拌铲。

(2)做坍落度试验前,应湿润坍落度筒、底板、捣棒。

(3)从开始装料到提起坍落度筒整个过程应在150 s内完成。提筒要垂直平稳,应在5~10 s内完成。

(4)环境条件:(20±5)℃。所拌制的混凝土拌和物避免阳光照射及吹风。

4.9.3　混凝土拌和物维勃稠度试验

4.9.3.1　**目的及适用范围**

混凝土拌和物维勃稠度试验的目的是测定混凝土拌和物的维勃稠度,用以评定混凝土拌和物的工作性,适用于骨料最大粒径不超过40 mm的混凝土。测定范围以5~30 s为宜。

4.9.3.2　**主要仪器设备**

(1)维勃稠度仪。由以下各部分组成:

①容量筒:内径(240±3)mm、高(200±2)mm、壁厚3 mm、底厚7.5 mm的金属圆筒,筒两侧有手柄,底部可固定于振动台上。

②坍落度筒:无踏脚板,其他规格与混凝土拌和物坍落度试验有关规定相同。

③圆盘:要求透明平整(可用无色有机玻璃制成),直径(230±2)mm,厚(10±2)mm,圆盘、滑杆及配重组成的滑动部分总质量为(2 750±50)g。滑杆上有刻度,可测读混凝土的坍落度。

④振动台:台面长380 mm、宽260 mm,振动频率为(50±3.3)Hz,空载振幅为(0.5±0.1)mm。

(2)捣棒、秒表、镘刀、小铁铲等。

4.9.3.3　**试验步骤**

(1)按"混凝土拌和物室内拌和方法"制备试样,骨料粒径大于40 mm时,用湿筛法剔除。

(2)用湿布将容量筒、坍落度筒及漏斗内壁润湿。

(3)将容量筒用螺母固定于振动台台面上。把坍落度筒放入容量筒内并对中,然后把漏斗旋转到筒顶位置并把它坐落在坍落度筒的顶上,拧紧螺丝,以保证坍落度筒不能离开容量筒底部。

(4)按"混凝土拌和物坍落度试验"中的试验步骤(3)规定将混凝土拌和物装入坍落度筒。上层插捣完毕后将螺丝松开,漏斗旋转90°,用镘刀刮平顶面。

(5)将坍落度筒小心缓慢地竖直提起,让混凝土慢慢坍陷,把透明圆盘转到坍陷的混凝土锥体上部,小心下降圆盘直至与混凝土面接触,此时可从滑杆上刻度读出坍落度数值。

(6)开动振动台,同时用秒表计时,当透明圆盘的整个底面都与水泥浆接触时(允许存在少量闭合气泡),立即卡停秒表,关闭振动台。

(7)记录秒表上的时间,精确至0.5 s。

4.9.3.4 试验结果处理

由秒表读出的时间(s)即为混凝土拌和物的维勃稠度值。

注:若测得的维勃稠度值小于 5 s 或大于 30 s,则该拌和物具有的稠度已超出本仪器适用范围。

4.9.4 混凝土拌和物表观密度试验

4.9.4.1 目的及适用范围

混凝土拌和物表观密度试验的目的是测定混凝土拌和物单位体积的质量,为配合比计算提供依据。当已知所用原材料表观密度时,还可用以计算拌和物近似含气量。

4.9.4.2 主要仪器设备

(1)容量筒:金属圆筒,筒壁应有足够刚度,使之不易变形,规格见表 4-32。

表 4-32 容量筒规格

骨料最大粒径(mm)	容量筒容积(L)	容量筒内部尺寸(mm)	
		直径	高度
40	5	186	186
80	15	267	267
150(120)	80	467	467

(2)磅秤:根据容量筒容积的大小,选择适宜称量的磅秤(称量 50~250 kg,感量 50~100 g)。

(3)捣棒、玻璃板(尺寸稍大于容量筒口)、金属直尺等。

4.9.4.3 试验步骤

(1)测定容量筒容积:将干净的容量筒与玻璃板一起称其质量,再将容量筒装满水,仔细用玻璃板从筒口的一边推到另一边,使筒内满水及玻璃板下无气泡,擦干筒、盖的外表面,再次称其质量。两次质量之差即为水的质量,除以该温度下水的密度,即得容量筒容积 V_c(在正常情况下,水温影响可以忽略不计,水的密度可取为 1 kg/L)。

(2)按"混凝土拌和物室内拌和方法"拌制混凝土。

(3)擦净空容量筒,称其质量 G_1。

(4)将混凝土拌和物装入容量筒内,在振动台上振至表面泛浆。若用人工插捣,则将混凝土拌和物分层装入筒内,每层厚度不超过 150 mm,用捣棒从边缘至中心螺旋形插捣,每层插捣次数按容量筒容积分为 5 L 15 次、15 L 35 次、80 L 72 次。底层插捣至底面,以上各层插至其下层 10~20 mm 处。

(5)沿容量筒口刮除多余的拌和物,抹平表面,将容量筒外部擦净,称其质量 G_0。

4.9.4.4 试验结果处理

(1)表观密度按式(4-41)计算(精确至 10 kg/m³):

$$\rho_h = \frac{G_0 - G_1}{V_c} \times 1\ 000 \tag{4-41}$$

式中　ρ_h—— 混凝土拌和物的表观密度,kg/m^3;

G_0—— 混凝土拌和物及容量筒总质量,kg;

G_1—— 容量筒质量,kg;

V_c—— 容量筒的容积, L。

(2)含气量按式(4-42)计算:

$$A = \frac{\rho_0 - \rho_h}{\rho_0} \times 100\% \tag{4-42}$$

$$\rho_0 = \frac{C + P + S + G + W}{C/\rho_c + P/\rho_p + S/\rho_s + G/\rho_g + W/\rho_w} \tag{4-43}$$

式中　A——混凝土拌和物的含气量(%);

ρ_0——不含气时混凝土拌和物的理论密度,按公式(4-34)计算,kg/m^3;

C、P、S、G、W——拌和物中水泥、掺和料、砂、石及水的质量,kg;

ρ_c、ρ_p、ρ_s、ρ_g、ρ_w——水泥、掺和料、砂、石、水的密度或表观密度,kg/m^3。

4.9.5　混凝土试件的成型与养护

4.9.5.1　试验目的

混凝土试件的成型与养护试验的目的是为室内混凝土性能试验制作试件。

4.9.5.2　主要仪器设备

(1)试模:试模最小边长应不小于最大骨料粒径的 3 倍。试模拼装应牢固,不漏浆,振捣时不得变形。尺寸精度要求:边长误差不得超过 1/150,角度误差不得超过 0.5°,平整度误差不得超过边长的 0.05%。

(2)振动台:频率(50±3)Hz,空载时台面中心振幅(0.5±0.1)mm。

(3)捣棒:直径为 16 mm,长 650 mm,一端为弹头形的金属棒。

(4)养护室:标准养护室温度应控制在(20±5)℃,相对湿度 95%以上。在没有标准养护室时,试件可在(20±3)℃的饱和石灰水中养护,但应在报告中注明。

4.9.5.3　试验步骤

(1)制作试件前应将试模清擦干净,并在其内壁上均匀地刷一薄层矿物油或其他脱模剂。

(2)按"混凝土拌和物室内拌和方法"拌制混凝土拌和物。当混凝土拌和物骨料最大粒径超过试模最小边长的 1/3 时,大骨料用湿筛法筛除。

(3)试件的成型方法应根据混凝土拌和物的坍落度而定。混凝土拌和物坍落度小于 90 mm 时宜采用振动台振实,混凝土拌和物坍落度大于 90 mm 时宜采用捣棒人工捣实。采用振动台成型时,应将混凝土拌和物一次装入试模,装料时应用抹刀沿试模内壁略加插捣,并使混凝土拌和物高出试模上口,振动应持续到混凝土表面出浆为止(振动时间一般为 30 s 左右)。采用捣棒人工插捣时,每层装料厚度不应大于 100 mm,插捣应按螺旋方向从边缘向中心均匀进行。插捣底层时,捣棒应达到试模底面;插捣上层时,捣棒应穿至下层 20~30 mm。插捣时捣棒应保持垂直,同时,还应用抹刀沿试模内壁插入数次。每层的插捣次数一般每 100 cm^2 不少于 12 次(以插捣密实为准)。成型方法需在试验报告中注明。

(4)试件成型后,在混凝土初凝前1~2 h,需进行抹面,要求沿模口抹平。

(5)根据试验目的不同,试件可采用标准养护或与构件同条件养护。确定混凝土强度等级或进行材料性能研究时应采用标准养护。在施工过程中作为检测混凝土构件实际强度的试件,如决定构件的拆模、起吊、施加预应力等,应采用与构件同条件养护。

(6)采用标准养护的试件,成型后的带模试件宜用湿布或塑料薄膜覆盖,以防止水分蒸发,并在(20±5)℃的室内静置24~48 h,然后拆模并编号。拆模后的试件应立即放入标准养护室中养护。在标准养护室内试件应放在架上,彼此间隔1~2 cm,并应避免用水直接冲淋试件。

(7)采用与构件同条件养护的试件,成型后应覆盖表面。试件的拆模时间可与实际构件的拆模时间相同。拆模后试件仍须同条件养护。

4.9.6 混凝土立方体抗压强度试验

4.9.6.1 试验目的

混凝土立方体抗压强度检验的目的是测定混凝土立方体试件的抗压强度。

4.9.6.2 主要仪器设备

(1)压力机或万能试验机:试件的预计破坏荷载宜在试验机全量程的20%~80%。试验机应定期校正,示值误差不应超出标准值的±1%。

(2)钢制垫板:尺寸比试件承压面稍大,平整度误差不应大于边长的0.02%。

(3)试模:150 mm×150 mm×150 mm的立方体试模为标准试模。

4.9.6.3 检验步骤

(1)按"混凝土拌和物室内拌和方法"及"混凝土试件的成型与养护"的有关规定制作试件。

(2)到达试验龄期时,从养护室取出试件,并尽快试验。试验前需用湿布覆盖试件,防止试件干燥。

(3)试验前将试件擦拭干净,测量尺寸,并检查其外观,当试件有严重缺陷时,应废弃。试件尺寸测量精确至1 mm,并据此计算试件的承压面积。如实测尺寸与公称尺寸之差不超过1 mm,可按公称尺寸进行计算。试件承压面的不平整度误差不得超过边长的0.05%,承压面与相邻面的不垂直度不应超过±1°。

(4)将试件放在试验机下压板正中间,上下压板与试件之间宜垫以钢垫板,试件的承压面应与成型时的顶面相垂直。开动试验机,若上垫板与上压板即将接触时有明显偏斜,应调整球座,使试件受压均匀。

(5)以0.3~0.5 MPa/s的速度连续而均匀地加荷。当试件接近破坏而开始迅速变形时,停止调整油门,直至试件破坏,记录破坏荷载。

4.9.6.4 检验结果处理

(1)混凝土立方体试件抗压强度按式(4-44)计算(精确至0.1 MPa):

$$f_{cc}=\frac{P}{A} \tag{4-44}$$

式中 f_{cc}——混凝土立方体试件抗压强度,MPa;

P——破坏荷载,N;

A——试件承压面积,mm^2。

(2)以三个试件测值的平均值作为该组试件的抗压强度试验结果。单个测值与平均值允许差值为±15%,超过时应将该测值剔除,取余下两个试件测值的平均值作为检验结果。当一组中可用的测值少于两个时,该组试验应重做。

基础训练

4-1　什么是混凝土的和易性?包括哪几方面含义?

4-2　普通混凝土的组成材料有哪几种?在混凝土中各起什么作用?

4-3　影响混凝土和易性的主要因素有哪些?

4-4　什么是合理砂率?采用合理砂率有何技术和经济意义?

4-5　影响混凝土强度的主要因素有哪些?提高混凝土强度的主要措施有哪些?

4-6　当使用相同配合比拌制混凝土时,卵石混凝土与碎石混凝土的性质有何不同?

4-7　提高混凝土耐久性的措施有哪些?

4-8　使用外加剂应注意哪些事项?

4-9　混凝土配合比设计的基本要求是什么?

4-10　在混凝土配合比设计中,需要确定的三个参数是什么?

能力训练

4-1　用强度等级为42.5的普通水泥、河砂及卵石配制混凝土,使用的水胶比分别为0.60和0.53,试估算混凝土28 d的抗压强度分别为多少?

4-2　500 g干砂筛分试验结果如下:4.75 mm→10 g、2.36 mm→80 g、1.18 mm→100 g、0.6 mm→120 g、0.3 mm→90 g、0.15 mm→80 g。试计算此砂的细度模数,并分析该砂的粗细程度和级配情况。

4-3　某混凝土的实验室配合比为1∶2.1∶4.0,W/B=0.6,混凝土的表观密度为2 410 kg/m^3。求1 m^3混凝土各材料用量。

4-4　已知混凝土经试拌调整后,各项材料用量为:水泥3.10 kg、水1.86 kg、砂6.24 kg、碎石12.8 kg,并测得拌和物的表观密度为2 500 kg/m^3,试计算:

(1)1 m^3混凝土各项材料的用量。

(2)如工地现场砂子含水率为2.5%,石子含水率为0.5%,求施工配合比。

项目5 建筑砂浆

【学习目标】

知识目标

1. 掌握砌筑砂浆的分类和组成材料的技术要求。

2. 掌握砌筑砂浆的技术性质,熟悉其配合比设计的方法和步骤。

技能目标

1. 能进行砂浆稠度的检测。

2. 能进行砂浆分层度的检测。

【项目导图】

任务1 砂 浆

砂浆是由胶凝材料、细骨料、掺和料和水按适当的比例配制而成的,广泛用于堤坝、护坡、桥涵及房屋建筑等砖石结构物的砌筑,还可用于结构物表面的抹面等。

砂浆按其所用胶凝材料可分为水泥砂浆、石灰砂浆、混合砂浆等,按用途可分为砌筑砂浆、抹面砂浆、防水砂浆等。其中,砌筑砂浆为将砖、石、砌块等块材经砌筑成为砌体,起黏结、衬垫和传力作用的砂浆。

而工程中又根据砂浆是否现场拌制,分为现场配制砂浆和预拌砂浆。现场配制砂浆,是由水泥、细骨料和水,以及根据需要加入的石灰、活性掺和料或外加剂在现场配制成的砂浆,分为水泥砂浆和水泥混合砂浆;预拌砂浆,是由专业生产厂生产的湿拌砂浆或干混砂浆。

砂浆在建筑工程中的用途广泛,主要用途有:

(1)将砖、石材、砌块等块状材料胶结成砌体。

(2)用于建筑物室内外的墙面、地面、梁、柱、顶棚等构件的表面抹灰。

(3)镶贴大理石、陶瓷墙地砖等各类装饰板材。

(4)用于装配式结构中墙板、混凝土楼板等各种构件的接缝。

(5)制成各类特殊功能的砂浆,如装饰砂浆、保温砂浆、防水砂浆等。

砂浆与混凝土的基本组成相近，只是缺少了粗骨料，因此砂浆又称为细骨料混凝土。有关混凝土的一些基本理论，如凝结硬化机制、强度发展规律、耐久性影响因素等，原则上也适用于砂浆。但由于砂浆在工程中的使用要求、使用环境和状态都与混凝土有很大差别，因此学习砂浆的有关知识，应在掌握混凝土有关理论的基础上，进一步掌握砂浆的性能特点和应用特点。

5.1.1 砂浆的组成材料

5.1.1.1 胶凝材料

砂浆常用的胶凝材料有水泥、石灰等。砂浆应根据所使用的环境和部位来合理选择胶凝材料种类，如处于潮湿环境中的砂浆只能选用水泥作为胶凝材料，而处于干燥环境中胶凝材料可选用水泥或石灰。砌筑砂浆所用水泥强度等级一般为砂浆强度等级的4~5倍，水泥砂浆采用的水泥强度等级不宜超过42.5。

5.1.1.2 细骨料(砂子)

砂浆所用的砂子应符合混凝土用砂的质量要求。但由于砂浆层较薄，对砂子的最大粒径应有所限制。用于砌筑石材的砂浆，砂子的最大粒径不应大于砂浆层厚度的1/4~1/5；砌砖所用的砂浆宜采用中砂或细砂，且砂子的粒径不应大于2.5 mm；用于各种构件表面的抹面砂浆及勾缝砂浆，宜采用细砂，且砂子的粒径不应大于1.2 mm。

此外，为了保证砂浆的质量，对砂中的含泥量也有要求。对强度等级≥M5的砂浆，砂中含泥量应不大于5%；对强度等级<M5的砂浆，砂中含泥量应不大于10%。

5.1.1.3 水

砂浆拌和用水与混凝土用水的质量要求相同。

5.1.1.4 掺和料

在砂浆中掺入掺和料可改善砂浆的和易性，节约水泥，降低成本。常用的掺和料有石灰、粉煤灰、黏土等。为了保证砂浆的质量，生石灰应充分熟化成石灰膏后，再掺入砂浆中。

5.1.1.5 外加剂

为了改善砂浆的某些性能，可在砂浆中掺入外加剂，如引气剂、缓凝剂、早强剂等。

外加剂的品种与掺量应通过试验确定。

5.1.2 砂浆的主要技术性质

砂浆的技术性质主要是新拌砂浆的和易性和硬化后砂浆的强度，另外还有砂浆的黏结力、变形等性能。

5.1.2.1 和易性

砂浆的和易性是指砂浆拌和物在施工中既方便操作，又能保证工程质量的性质。和易性好的砂浆，在运输和施工过程中不易产生分层、泌水现象，能在粗糙的砌筑底面上铺成均匀的薄层，使灰缝饱满密实，且能与底面很好地黏结成整体。砂浆的和易性包括流动性和保水性两个方面。

1. 流动性

砂浆流动性表示砂浆在自重或外力作用下易于流动的性能。流动性的大小通过砂浆稠度仪试验测定,用稠度或沉入度(mm)表示,即标准圆锥体在砂浆内自由沉入 10 s 的深度。稠度值大,表明砂浆流动性大。

砂浆的流动性与水泥的品种和用量、骨料粒径和级配及用水量有关,主要取决于用水量。砂浆稠度应根据砌体种类、施工条件及气候条件等按表 5-1 选择,天气炎热干燥时选大值,寒冷潮湿时选小值。

表 5-1 砌筑砂浆适宜稠度(JGJ/T 98—2010)

项次	砖石砌体种类	砂浆稠度(mm)
1	烧结普通砖砌体	70~90
2	轻骨料混凝土小型空心砌块	60~90
3	烧结多孔砖,空心砖砌体	60~80
4	烧结普通砖平拱式过梁 空斗墙,筒拱 普通混凝土小型空心砌块砌体 加气混凝土砌块砌体	50~70
5	石砌体	30~50

影响砂浆流动性的主要因素有:胶凝材料及掺和料的品种和用量,砂的粗细程度、形状及级配,用水量,外加剂品种与掺量,搅拌时间等。当其他材料确定后,流动性主要取决于用水量,施工中常用用水量的多少来控制砂浆的稠度。

2. 保水性

保水性指新拌砂浆保存水分的能力,也表示砂浆中各组成材料是否易分离的性能。新拌砂浆在存放、运输和使用过程中,都必须保持其水分不致很快流失,才能便于施工操作且保证工程质量。如果砂浆保水性不好,在施工过程中很容易泌水、分层、离析,或水分易被基面所吸收,使砂浆变得干稠,致使施工困难,同时影响胶凝材料的正常水化硬化,降低砂浆本身强度及与基层的黏结强度。因此,砂浆要具有良好的保水性。一般来说,砂浆内胶凝材料充足,尤其是掺加了石灰膏和黏土膏等掺和料后,砂浆的保水性均较好,砂浆中掺入加气剂、微沫剂、塑化剂等也能改善砂浆的保水性和流动性。但是砌筑砂浆的保水性并非越高越好,对于不吸水基层的砌筑砂浆,保水性太高会使得砂浆内部水分早期无法蒸发释放,从而不利于砂浆强度的增长并且增大了砂浆的干缩裂缝,降低了整个砌体的整体性。

砂浆的保水性用分层度表示。砂浆合理的分层度应控制在 10~20 mm,分层度大于 20 mm 的砂浆容易离析、泌水、分层或水分流失过快,不便于施工。分层度过小,如分层度为 0,说明砂浆中胶凝材料用量大,干缩大,易干裂,且胶凝材料用量多,也不经济。分层度小于 10 mm 的砂浆硬化后容易产生干缩裂缝。

5.1.2.2　**砂浆的强度**

砂浆强度等级以 70.7 mm×70.7 mm×70.7 mm 的 3 个立方体试块,按标准条件养护[水泥混合砂浆为(20±2)℃,相对湿度为 90%以上]至 28 d 的抗压强度平均值确定。

根据《砌筑砂浆配合比设计规程》(JGJ/T 98—2010)的规定,水泥砂浆及预拌砌筑砂浆强度等级分为 M5、M7.5、M10、M15、M20、M25、M30 共 7 个等级;水泥混合砂浆的强度分为 M5、M7.5、M10、M15 共 4 个等级。

一般办公楼、教学楼等工程宜用 M5~M10 砂浆,检查井、雨水井可用 M5 砂浆,特别重要的砌体才使用 M10 以上砂浆。

砂浆的实际强度除与砂浆组成材料性质和用量有关外,还与基底材料的吸水性有关。当砂浆摊铺在不吸水基层材料上时,其强度主要取决于水泥强度和水胶比,即砂浆的强度与水泥强度和水胶比呈正比关系。当砂浆摊铺在多孔的、易吸水的砖砌体基底上时,其强度主要取决于水泥强度和用量,而与水胶比无关。

5.1.2.3　**砂浆的黏结力**

砂浆黏结力的大小影响砌体的强度、耐久性、稳定性、抗震性等,与工程质量有密切关系。一般砂浆的抗压强度越高,黏结力越大。此外,砂浆的黏结力还与基层材料的表面状态、润湿情况、清洁程度及施工养护等条件有关,在粗糙的、润湿的、清洁的基层上使用且养护良好的砂浆与基层的黏结力较好。因此,砌筑墙体前应将块材表面清理干净、浇水润湿,必要时凿毛,砌筑后应加强养护,从而提高砂浆与块材之间的黏结力,保证砌体的质量。

5.1.2.4　**砂浆的变形**

砂浆在承受荷载、温度变化或湿度变化时,均会产生变形。变形过大或不均匀会降低砌体的整体性,引起沉降或裂缝。砂浆中混合料掺量过多或使用轻骨料,会产生较大的收缩变形。为了减少收缩,可在砂浆中加入适量的膨胀剂。

5.1.3　砂浆配合比设计

5.1.3.1　**砌筑砂浆的配合比设计**

石灰砂浆一般根据保水性来确定石灰和砂的比例,配合比一般取石灰膏∶砂=1∶(2~5)(体积比)。对于砌筑砖、砌块等吸水材料的水泥砂浆和水泥石灰混合砂浆,应按照《砌筑砂浆配合比设计规程》(JGJ/T 98—2010)的要求,按以下步骤设计配合比。

1. 确定砂浆配制强度

为了保证砂浆具有 95%的保证率,砂浆的配制强度应高于设计强度。配制强度按下式计算:

$$f_{m,0} = f_m + 0.645\sigma \tag{5-1}$$

式中　$f_{m,0}$——砂浆的配制强度,MPa;

f_m——砂浆的设计强度等级,MPa;

σ——砂浆现场强度标准差,MPa,σ 可按表 5-2 选用。

表 5-2 σ 取值

施工水平	砂浆强度等级						
	M5	M7.5	M10	M15	M20	M25	M30
	σ 的取值						
优良	1.00	1.50	2.00	3.00	4.00	5.00	6.00
一般	1.25	1.88	2.50	3.75	5.00	6.25	7.50
较差	1.50	2.25	3.00	4.50	6.00	7.50	9.00

2. *确定每立方米砂浆中水泥的用量 Q_c*

水泥用量为：

$$Q_c = \frac{1\ 000(f_{m,0} - B)}{Af_{ce}} \tag{5-2}$$

当计算出的水泥用量不足 200 kg/m³ 时，应取 $Q_c = 200$ kg/m³。

3. *确定每立方米砂浆中掺和料(石灰膏)的用量 Q_D*

为保证砂浆具有良好的流动性和保水性，每立方米砂浆中胶凝材料和掺和料的总量 Q_A 应控制在 300~350 kg/m³。则砂浆中掺和料的用量为：

$$Q_D = Q_A - Q_c \tag{5-3}$$

为了保证砂浆的流动性，石灰膏的稠度按(120±5) mm 计量。当石灰膏的稠度为其他值时，其用量应乘以换算系数，换算系数见表 5-3。

表 5-3 石灰膏不同稠度时的用量换算系数

石灰膏稠度(mm)	120	110	100	90	80	70	60	50	40
换算系数	1.00	0.99	0.97	0.95	0.93	0.92	0.90	0.88	0.87

4. *确定每立方米砂浆中砂子的用量 Q_s*

砂浆中的胶凝材料、掺和料和水是用来填充砂子中的空隙的，因此每立方米砂浆含有堆积体积为 1 m³ 的砂子。砂子的用量为：

$$Q = \rho_{0干}(1 + \beta) \tag{5-4}$$

式中 Q——每立方米砂浆中砂子的用量，kg/m³；

$\rho_{0干}$——砂子干燥状态的堆积密度，kg/m³；

β——砂子的含水率(%)。

5. *确定每立方米砂浆中水的用量 Q_w*

砂浆中用水量的多少对其强度等性能影响不大，用水量可根据经验选取，也可按表 5-4 选用。

表 5-4 砂浆用水量

砂浆品种	水泥砂浆	混合砂浆
用水量(kg/m^3)	270~330	250~300

6. 配合比的试配、调整

按照以上步骤计算出来的配合比试拌砂浆,测定其和易性和强度。若和易性和强度不符合要求,应进行配合比调整。最后,以满足和易性和强度要求,且水泥用量最小的配合比作为砂浆的配合比。

5.1.3.2 **砌筑砂浆配合比设计实例**

【例 5-1】 某工程砌筑砖墙采用强度等级为 M10 的水泥石灰混合砂浆。所采用原材料为强度等级为 32.5 的普通硅酸盐水泥;中砂,含水率为 3%,干燥堆积密度为 1 450 kg/m^3;石灰膏的稠度为 100 mm。此工程施工水平一般,试计算此砂浆的配合比。

【分析与解答】

1. 确定砂浆配制强度

f_m=10 MPa,σ=2.5 MPa(查表 5-2),根据式(5-1)可得到砂浆的配制强度为:

$$f_{m,0} = 10 + 0.645 \times 2.5 = 11.6(\text{MPa})$$

2. 计算每立方米砂浆中水泥的用量 Q_c

取 A=3.03,B=−15.09,f_{ce}=1.0×32.5=32.5(MPa),则每立方米砂浆中水泥的用量为:

$$Q_c = \frac{1\,000 \times (11.6 + 15.09)}{3.03 \times 32.5} = 271(\text{kg})$$

3. 计算每立方米砂浆中石灰膏的用量 Q_D

取每立方米砂浆中胶凝材料和掺和料的总量 Q_A=320 kg/m^3,由式(5-3)得到每立方米砂浆中石灰膏的用量为:

$$Q_D = Q_A - Q_c = 320 - 271 = 49(\text{kg})$$

查表 5-3 得,稠度为 100 mm 的石灰膏用量应乘以换算系数 0.97,则应掺加石灰膏的用量为 49×0.97=47.5(kg)。

4. 计算每立方米砂浆中砂子的用量 Q_s

$$Q_s = \rho_{0干}(1 + \beta) = 1\,450 \times (1 + 3\%) = 1\,493.5(\text{kg})$$

5. 计算每立方米砂浆中水的用量 Q_w

查表 5-4,选取用水量 Q_w=280 kg。

故此砂浆的设计配合比为:

水泥:石灰膏:砂:水=271:47.5:1 493.5:280=1:0.18:5.51:1.03

任务 2 砌筑砂浆和抹面砂浆

5.2.1 砌筑砂浆

用于砌筑砖、砌块、石材等各种块材的砂浆称为砌筑砂浆。砌筑砂浆起着胶结块材、传递荷载的作用,同时还起着填实块材缝隙,提高砌体绝热、隔声等性能的作用。砌筑砂浆要具有良好的和易性和一定的强度,应进行配合比设计来保证工程质量。

5.2.1.1 砌筑砂浆的技术要求

《砌筑砂浆配合比设计规程》(JGJ/T 98—2010)规定,砌筑砂浆需符合以下技术条件:

(1)砌筑砂浆的强度等级宜采用 M20、M15、M10、M7.5、M5。

(2)水泥砂浆拌和物的密度不宜小于 1 900 kg/m^3,水泥混合砂浆拌和物的密度不宜小于 1 800 kg/m^3。

(3)砌筑砂浆稠度、分层度、试配抗压强度必须同时符合要求。砌筑砂浆的稠度应按表 5-1 的规定选用。砌筑砂浆的分层度不得大于 30 mm。

(4)水泥砂浆中水泥用量不应小于 200 kg/m^3;水泥混合砂浆中水泥和掺加料总量宜为 300~350 kg/m^3。

(5)具有冻融循环次数要求的砌筑砂浆,经冻融试验后,质量损失率不得大于 5%,抗压强度损失率不得大于 25%。

5.2.1.2 常用砌筑砂浆的种类

1. 水泥砂浆

水泥砂浆由水泥、砂子和水组成。水泥砂浆和易性较差,但强度较高,适用于潮湿环境、水中及要求砂浆强度等级较高的工程。

2. 石灰砂浆

石灰砂浆由石灰、砂子和水组成。石灰砂浆和易性较好,但强度很低,又由于石灰是气硬性胶凝材料,故石灰砂浆不宜用于潮湿环境和水中。石灰砂浆一般用于地上、强度要求不高的低层建筑或临时性建筑。

3. 水泥石灰混合砂浆

水泥石灰混合砂浆由水泥、石灰、砂子和水组成,其强度、和易性、耐水性介于水泥砂浆和石灰砂浆之间。一般用于地面以上的工程。

5.2.2 抹面砂浆

抹面砂浆又称抹灰砂浆,是指涂抹在建筑物或建筑构件表面的砂浆。抹面砂浆的作用是保护结构主体免遭各种侵蚀,提高结构的耐久性,改善结构的外观。抹面砂浆对强度要求不高,但要求砂浆具有良好的和易性,容易抹成均匀平整的薄层;与基层有足够的黏结力,长期使用不致开裂和脱落。

5.2.2.1 抹面砂浆的定义及其特点

抹面砂浆是指涂抹在基底材料的表面,兼有保护基层和增加美观作用的砂浆。与砌筑砂浆相比,抹面砂浆具有以下特点:

(1)抹面层不承受荷载。

(2)抹面层与基底层有足够的黏结强度,使其在施工中或长期自重和环境作用下不脱落、不开裂。

(3)抹面层多为薄层,并分层涂抹。面层要求平整、光洁、细致、美观。

(4)多用于干燥环境,大面积暴露在空气中。

各层抹面的作用和要求不同,每层所选用的砂浆也不一样。同时,基底材料的特性和工程部位不同,对砂浆技术性能要求不同,这也是选择砂浆种类的主要依据。水泥砂浆宜用于潮湿或强度要求较高的部位;混合砂浆多用于室内底层或中层或面层抹灰;石灰砂浆、麻刀灰、纸筋灰多用于室内中层或面层抹灰。对混凝土基面,多用水泥石灰混合砂浆。对于木板条基底及面层,多用纤维材料增加其抗拉强度,以防止开裂。

为了保证砂浆抹灰层表面平整,避免砂浆脱落和出现裂缝,常采用分层薄涂的方法,一般分两层(中级抹灰)或三层(高级抹灰)施工。底层抹灰的作用是使砂浆与基层黏结牢固,要求砂浆具有较高的黏结力和良好的和易性;中层抹灰起抹平作用,可省去不用;面层抹灰起装饰作用,要求光洁平整。

常用抹面砂浆的配合比及应用范围见表 5-5。

表 5-5　常用抹面砂浆的配合比及应用范围

材料	体积配合比	应用范围
水泥:砂	(1:3)~(1:2.5)	潮湿房间的墙裙、踢脚、地面基层
水泥:砂	(1:2)~(1:1.5)	地面、墙面、天棚
水泥:砂	(1:0.5)~(1:1)	混凝土地面压光
石灰:砂	(1:2)~(1:4)	干燥环境中砖、石墙表面
石灰:水泥:砂	(1:0.5:4.5)~(1:1:5)	勒脚、檐口、女儿墙及较潮湿部位
石灰:黏土:砂	(1:1:4)~(1:1:8)	干燥环境墙表面
石灰:石膏:砂	(1:0.4:2)~(1:1:3)	干燥环境墙及天花板
石灰:石膏:砂	(1:2:2)~(1:2:4)	干燥环境的线脚及装饰
石灰膏:麻刀	100:2.5(质量比)	木板条顶棚面层
石灰膏:纸筋	100:3.8(质量比)	木板条顶棚面层
石灰膏:纸筋	1 m^3 石灰膏掺 3.6 kg 纸筋	较高级墙板、天棚
石灰:石膏:砂:锯末	1:1:3:5	用于吸声粉刷

5.2.2.2　抹面砂浆的分类、性能及应用

根据其功能不同,抹面砂浆一般可分为普通抹面砂浆和特殊用途砂浆(具有防水、耐酸、保温、吸声及装饰等用途的砂浆)。

1. 常用的普通抹面砂浆

水泥砂浆、石灰砂浆、水泥石灰混合砂浆、麻刀石灰砂浆(简称麻刀灰)、纸筋石灰砂浆(纸筋灰)等。

2. 特殊用途砂浆

1)防水砂浆

制作防水层的砂浆称为防水砂浆。砂浆防水层又叫刚性防水层。这种防水层仅用于不受振动和具有一定刚度的混凝土工程或砌体工程。对于变形较大或可能发生不均匀沉陷的建筑物,都不宜采用刚性防水层。

防水砂浆可以用普通水泥砂浆来制作,也可以在水泥砂浆中掺入防水剂来提高砂浆的抗渗能力,或采用聚合物水泥砂浆防水。常用的防水剂有氯化物金属盐类防水剂和金属皂类防水剂等。防水砂浆常用的施工方式有两种:

(1)利用高压喷枪将砂浆以 100 m/s 的高速喷到建筑物的表面,砂浆被高压空气压实

后，密度大，抗渗性能好，但由于施工条件的限制，目前应用还不广泛。

(2)分工多层抹压法，是将砂浆分几层压实，以减少内部的连通孔隙，提高密实度，达到防水的效果。防水砂浆一般采用四、五层施工，但这种防水层的施工方法对施工操作的技术要求很高。

2)装饰砂浆

涂抹在建筑物内外墙表面，且具美观装饰效果的抹灰砂浆通称为装饰砂浆。装饰砂浆的底层和中层抹灰与普通抹灰砂浆基本相同。主要是装饰砂浆的面层，要选用具有一定颜色的胶凝材料和骨料及采用某种特殊的操作工艺，使表面呈现出各种不同的色彩、线条与花纹等装饰效果。

(1)装饰砂浆的组成材料。

①胶凝材料。装饰砂浆采用的胶凝材料有普通水泥、矿渣水泥、火山灰水泥和白水泥浆、彩色水泥，或是在常用水泥中掺加耐碱矿物配成彩色水泥及石灰、石膏等。

②骨料。骨料常采用大理石、花岗石等带颜色的细石渣或玻璃、陶瓷碎片。

③着色剂。

(2)装饰砂浆的类型。

装饰砂浆按饰面方式可分为灰浆类装饰砂浆和石渣类装饰砂浆两大类。

①灰浆类装饰砂浆。灰浆类装饰砂浆常用的饰面方式有以下几种：拉毛灰、甩毛灰、仿面砖、喷涂、弹涂、拉条。

②石渣类装饰砂浆。石渣类装饰砂浆常用的饰面方式有以下几种：水刷石、干粘石、水磨石、斩假石。

3)绝热砂浆

采用水泥、石灰、石膏等胶凝材料与膨胀珍珠岩浆、膨胀蛭石或陶粒砂等轻质多孔骨料，按一定比例配制的砂浆称为绝热砂浆。绝热砂浆质轻，具有良好的绝热性能，其导热系数为 0.07~0.10 W/(m·K)，可用于屋面绝热层、绝热墙壁及供热管道绝热层等处。

4)吸声砂浆

一般绝热砂浆是由轻质多孔骨料制成的，同时具有吸声性能。还可以用水泥、石膏、砂、锯末(其体积比为 1:1:3:5)等配成吸声砂浆，或在石灰、石膏砂浆中掺入玻璃纤维、矿物棉等松软纤维材料。吸声砂浆用于室内墙壁和平顶的吸声。

任务 3 砂浆性能试验

5.3.1 一般规定

5.3.1.1 砂浆组批原则及取样规定

(1)砌筑砂浆：同一品种、同一强度的砂浆，每一楼层或 250 m^3 砌体(基础砌体可按一个楼层计)为一个取样单位，每取样单位标准养护试块的留置不得少于一组(每组 6 块)，一般要求至少取 3 组试件才能评定，如果仅有一组试件，那么此组试件的平均值不得低于设计强度标准值。

(2)干拌砂浆:同强度等级每 400 t 为一验收批,不足 400 t 也按一批计。每批从 20 个以上的不同部位取等量样品。总质量不少于 15 kg,分成两份,一份送试,一份备用。

(3)建筑地面用砂浆:建筑地面用水泥砂浆,以每一层或 1 000 m^2 为一检验批,不足 1 000 m^2 也按一批计。每批砂浆至少取样一组。当改变配合比时也应相应地留置试块。

5.3.1.2　**拌和物取样**

(1)砌筑砂浆试验用料根据不同要求,可从同一盘搅拌机或同一车运送的砂浆中取出,或在实验室用机械或人工单独拌制。

(2)施工中取样进行砂浆试验时,其取样方法和原则按相应的施工验收规范执行。一般应在使用地点的砂浆槽中、运送车内或搅拌机出料口,从不同部位,至少取 3 处,取样数量不应少于试验所需量的 4 倍。

5.3.1.3　**实验室制备砂浆**

(1)在实验室制备砂浆试样时,所用材料应提前 24 h 运入室内。拌和时,实验室的温度应保持在(20±5) ℃。当需要模拟施工条件下所用的砂浆时,所用原材料的温度宜与施工现场保持一致。

(2)试验所用原材料应与现场使用材料一致。砂应通过 5 mm 筛。

(3)实验室拌制砂浆时,材料用量应以质量计。水泥、外加剂、掺和料等的称量精度应为±0.5%,细骨料的称量精度应为±1%。

(4)在实验室搅拌砂浆时应采用机械搅拌,搅拌机应符合现行行业标准《试验用砂浆搅拌机》(JG/T 3033—1996)的规定,搅拌的用量宜为搅拌机容量的 30%~70%,搅拌时间不应少于 120 s。掺有掺和料和外加剂的砂浆,其搅拌时间不应少于 180 s。

(5)砂浆拌和物取样后,应尽快进行试验。现场取来的试样,试验前应经人工略翻拌,使其质量均匀。

5.3.2　砂浆稠度试验

5.3.2.1　**试验目的**

通过稠度试验,可以测得达到设计稠度时的加水量,或在施工过程中控制砂浆的稠度,以保证施工质量。

5.3.2.2　**主要仪器设备**

(1)砂浆稠度测定仪。主要构造有支架、底座、齿条测杆、带滑杆的圆锥体。带滑杆的圆锥体质量 300 g,圆锥体高度为 145 mm,锥底直径为 75 mm;刻度盘及盛砂浆的圆锥形金属筒筒高为 180 mm,锥底内径为 150 mm,见图 5-1。

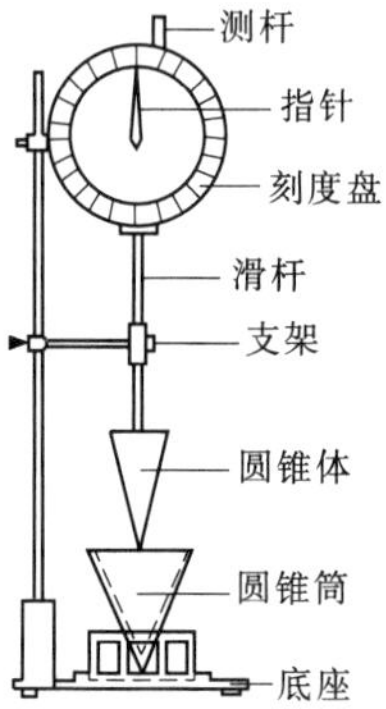

图 5-1　砂浆稠度测定仪

(2)钢制捣棒:直径 10 mm、长 350 mm。

(3)秒表等。

5.3.2.3　**试验步骤**

(1)盛浆容器和试锥表面用湿布擦干净,并用少量润滑油轻擦滑杆,使滑杆自由滑动。

(2)将砂浆拌和物一次装入金属筒内,砂浆表面低于筒口 10 mm 左右。

(3)用捣棒自筒边向中心插捣25次,然后轻轻地将筒摇动和敲击5~6下,使砂浆表面平整,然后将筒移至测定仪底座上。

(4)拧开滑杆的制动螺丝,向下移动滑杆,当试锥尖端与砂浆表面接触时,拧紧制动螺丝,使齿条测杆下端刚接触滑杆上端,并将指针对准零点。

(5)拧开制动螺丝,同时计时。待10 s后立即固定螺丝,将齿条侧杆下端接触滑杆上端,从刻度盘上读出下沉深度(精确至1 mm),即为砂浆稠度值。

(6)圆锥筒内砂浆只允许测定一次稠度,重复测定时应重新取样。

5.3.2.4 结果处理

(1)取两次试验结果的算术平均值,计算精确至1 mm。

(2)两次试验值之差若大于10 mm,则应另取砂浆搅拌后重新测定。

5.3.3 砂浆的分层度试验

5.3.3.1 试验目的

测定砂浆拌和物在运输及停放时的保水能力及砂浆内部各组分之间的相对稳定性,评价其和易性。

5.3.3.2 主要仪器设备

(1)砂浆分层度测定仪(见图5-2)。

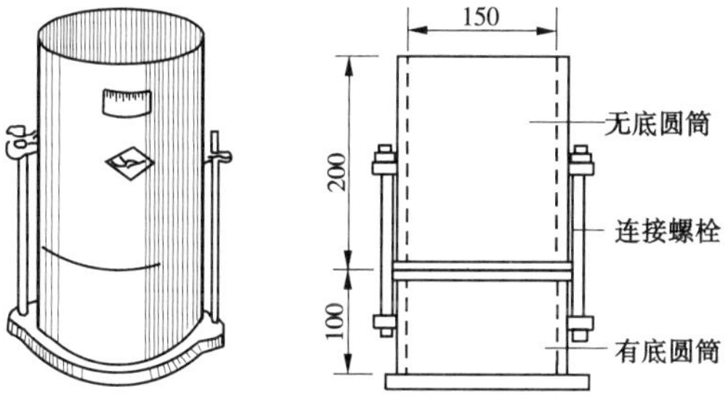

图5-2 砂浆分层度测定仪 (单位:mm)

(2)砂浆稠度测定仪。

(3)其他:拌和锅、抹刀、木槌等。

5.3.3.3 试验步骤

(1)将试样一次性装入分层度筒内,待装满后,用木槌在容器周围距离大致相等的四个不同地方轻轻敲击1~2次,如砂浆沉落到低于筒口,则应随时添加,然后刮去多余砂浆,并抹平。

(2)按测定砂浆流动性的方法,测定砂浆的沉入度值,以mm计。

(3)静置30 min后,去掉上面200 mm砂浆,倒出剩余的砂浆,放在搅拌锅中搅拌2 min。

(4)按测定流动性的方法,测定砂浆的沉入度,以mm计。

5.3.3.4 试验结果处理

(1)以前后两次沉入度之差为该砂浆的分层度,以mm计。

(2)当两次试验值之差大于 10 mm 时,应重新取样测定。

(3)砂浆的分层度应为 10~30 mm。大于 30 mm 的砂浆容易产生分层、离析和泌水等现象,不便于施工;但分层度小于 10 mm 的,硬化后易产生干缩裂缝。

5.3.4　砂浆的保水性试验

5.3.4.1　试验目的

测定砂浆保水性,以判定砂浆拌和物在运输及停放时内部组分的稳定性。

5.3.4.2　主要仪器设备

(1)金属或硬塑料环试模:内径为 100 mm,内部高度为 25 mm。

(2)可密封的取样容器:应清洁、干燥。

(3)2 kg 的重物。

(4)金属滤网:网格尺寸 0.045 mm,圆形,直径为(110±1) mm。

(5)超白滤纸:应采用现行国家标准《化学分析滤纸》(GB/T 1914—2017)规定的中速定性滤纸,直径应为 110 mm,单位面积质量为 200 g/m^2。

(6)2 片金属或玻璃的方形或圆形不透水片,边长或直径应大于 110 mm。

(7)天平:量程为 200 g,感量为 0.1 g;量程为 2 000 g,感量为 1 g。

(8)烘箱。

5.3.4.3　试验步骤

(1)称量底部不透水片与干燥试模质量(m_1)和 8 片中速定性滤纸质量(m_2)。

(2)将砂浆拌和物一次装入试模,并用抹刀插捣数次,当装入的砂浆略高于试模边缘时,用抹刀以 45°角一次性将试模表面多余的砂浆刮去,然后用抹刀以较平的角度在试模表面反方向刮平砂浆。

(3)抹掉试模边的砂浆,称量试模、底部不透水片与砂浆总质量(m_3)。

(4)用金属滤网覆盖在砂浆表面,再在滤网表面放上 8 片滤纸,用上部不透水片盖在滤纸表面,以 2 kg 重物把上部不透水片压住。

(5)静置 2 min 后移走重物和上部不透水片,取出滤纸(不包括滤网),迅速称量滤纸质量(m_4)。

5.3.4.4　试验结果处理与评定

(1)砂浆保水率应按式(5-5)计算:

$$W = \left[1 - \frac{m_4 - m_2}{a(m_3 - m_1)}\right] \times 100\% \tag{5-5}$$

式中　W—— 砂浆保水率(%);

m_1—— 底部不透水片与干燥试模质量,g,精确至 1 g;

m_2——8 片滤纸吸水前的质量,g,精确至 0.01 g;

m_3—— 试模、底部不透水片与砂浆总质量,g,精确至 1 g;

m_4——8 片滤纸吸水后的质量,g,精确至 0.1 g;

a—— 砂浆含水率(%)。

(2)取两次试验结果的算术平均值作为砂浆的保水率,精确至 0.1%,且第二次试验应重新取样测定。当两个测定值之差超过 2%时,此组试验结果为无效。

砂浆的含水率可根据砂浆配合比及加水量计算,若无法计算,可测定砂浆含水率。应称取(100±10)g 砂浆拌和物试样,置于一干燥并已称重的盘中,在(105±5)℃的烘箱中烘至恒重。

砂浆含水率按式(5-6)计算:

$$a = \frac{m_6 - m_5}{m_6} \times 100\% \tag{5-6}$$

式中　a—— 砂浆含水率(%);

m_5—— 烘干后砂浆样本的质量,g,精确至 1 g;

m_6—— 砂浆样本的总质量,g,精确至 1 g。

取两次试验结果的算术平均值作为砂浆的含水率,精确至 0.1%。当两个测定值之差超过 2%时,此组试验结果应为无效。

5.3.5　砂浆立方体抗压强度试验

5.3.5.1　试验目的

检验砂浆的强度等级并判断是否达到设计要求。

5.3.5.2　主要仪器设备

(1)试模:应为 70.7 mm×70.7 mm×70.7 mm 的带底试模,应符合现行行业标准《混凝土试模》(JG 237—2008)的规定,应具有足够的钢度并拆卸方便。试模的内表面应机械加工,其不平度应为每 100 mm 不超过 0.05 mm。组装后各相邻面的不垂直度不应超过±0.5°。

(2)钢制捣棒:直径为 10 mm,长度为 350 mm,端部磨圆。

(3)压力试验机:精度应为 1%,时间破坏荷载应不小于压力机量程的 20%,且不应大于全量程的 80%。

(4)垫板:试验机上、下压板及试件之间可垫以钢垫板,垫板的尺寸应大于试件的承压面,其不平度应为每 100 mm 不超过 0.02 mm。

(5)振动台:空载台面的垂直振幅应为(0.5±0.05)mm,空载频率应为(50±3)Hz,空载台面振幅均匀度不应大于 10%,一次试验应至少能固定 3 个试模。

5.3.5.3　试件制备

(1)应采用立方体试件,每组试件应为 3 个。

(2)应采用黄油等密封材料涂抹试模的外接缝,试模内应涂刷薄层机油或隔离剂。应将拌制好的砂浆一次性装满砂浆试模,成型方法应根据稠度确定。当砂浆稠度大于 50 mm 时,宜采用人工插捣法;当砂浆稠度不大于 50 mm 时,宜采用机械振动法。

①人工插捣:应采用捣棒均匀地由边缘向中心按螺旋方式插捣 25 次,插捣过程中当砂浆沉落低于试模口时,应随时添加砂浆,可用油灰刀插捣数次,并用手将试模一边抬高 5~10 mm 各振动 5 次,砂浆应高出试模顶面 6~8 mm。

②机械振动:将砂浆一次装满试模,放置到振动台上,振动时试模不得跳动,振动 5~10 s 持续到表面泛浆为止,不得过振。

(3)应待表面水分稍干后,再将高出试模部分的砂浆沿试模顶面刮去并抹平。

5.3.5.4　试件养护

(1)试件制作后应在温度为(20±5)℃的环境下静置(24±2)h,对试件进行编号、拆模。当气温较低时,或者凝结时间大于24 h的砂浆,可适当延长时间,但不应超出2 d。试件拆模后应立即放入温度为(20±2)℃、相对湿度为90%以上的标准养护室中养护。养护期间,试件彼此间隔不得小于10 mm,混合砂浆、湿拌砂浆试件上面应覆盖,防止有水滴在试件上。

(2)从搅拌加水开始计时,标准养护龄期应为28 d,也可根据相关标准要求增加7 d或14 d。

5.3.5.5　立方体试件抗压强度试验

(1)试件从养护地点取出后应及时进行试验。试验前应将试件表面擦拭干净,测量尺寸,检查其外观,并应计算试件的承压面面积。当实测尺寸与公称尺寸之差不超过1 mm时,可按公称尺寸进行计算。

(2)将试件安放在试验机的下压板或下垫板上,试件的承压面应与成型时的顶面垂直,试件中心应与下压板或下垫板中心对准。开动试验机,当上压板与试件或上垫板接近时,调整球座,使接触面均衡受压。承压试验应连续而均匀地加荷,加荷速度应为0.25~1.5 kN/s;砂浆强度不大于2.5 MPa时,宜取下限。当试件接近破坏而开始迅速变形时,停止调整试验机油门,直至试件破坏,然后记录破坏荷载。

5.3.5.6　试验结果评定

1.计算

砂浆立方体抗压强度按式(5-7)计算:

$$f_{m,cu}=\frac{N_u}{A} \tag{5-7}$$

式中　$f_{m,cu}$——砂浆立方体试件抗压强度,精确至0.1 MPa;

N_u——破坏荷载,N;

A——试件承压面面积,mm^2。

2.结果处理

(1)以3个试件测值的算术平均值作为该组试件的砂浆立方体抗压强度平均值,精确至0.1 MPa。

(2)当3个试件的最大值或最小值中有一个与中间值之差超过中间值的15%时,应把最大值及最小值一并舍去,取中间值作为该组试件的抗压强度值;当2个测试值与中间值的差值均超过中间值的15%时,该组检验结果应为无效。

基础训练

5-1　建筑砂浆的组成材料有哪几种?各有什么要求?

5-2　砂浆的和易性包括哪几方面含义?各用什么指标表示?

5-3　什么是砂浆的保水性?为什么要选用保水性良好的砂浆?

5-4　什么是砂浆的强度？影响砂浆强度的因素有哪些？如何计算砂浆的强度？

能力训练

5-1　某工程，需要制作 M5.0 的水泥石灰混合砂浆。现材料供应如下：水泥，强度等级 32.5 的普通硅酸盐水泥；砂，粒径小于 2.5 mm，含水率 3%，紧堆密度 1 600 kg/m^3；石灰膏，表观密度 1 300 kg/m^3。求 1 m^3 砂浆各材料的用量。

5-2　某工程砌筑砂浆设计等级为 M10 水泥砂浆，经检测破坏荷载分别为 60.20 kN、65.15 kN、58.20 kN，该组砂浆试块立方体抗压强度是多少？达到设计强度的百分比是多少？

项目6 建筑钢材

【学习目标】

知识目标

1. 掌握钢材的力学性能、测定方法及影响因素。

2. 掌握建筑钢材的分类及用途。

技能目标

1. 具备正确选用合适建筑钢材的能力。

2. 具备钢筋性能试验的能力。

【项目导图】

任务1 建筑钢材的基本知识

6.1.1 钢的冶炼

炼钢的目的就是把熔融的生铁进行加工,使其碳的含量降到2%以下,其他杂质的含量也控制在规定允许范围之内。根据炼钢设备的不同,目前国内炼钢方法主要有平炉炼钢法、氧气转炉炼钢法和电弧炉炼钢法三种。

(1)平炉炼钢法。利用火焰的氧化作用除去杂质。平炉钢质量较好,但能耗高,生产效率低,成本高,现已基本被淘汰。

(2)氧气转炉炼钢法。氧气转炉炼钢法已成为现代炼钢的主要方法。根据风口位置分为底吹、顶吹、侧吹三种,根据所鼓风的不同分为空气转炉和氧气转炉。

(3)电弧炉炼钢法。分为电弧炉、感应炉、电渣炉三种。用电热进行高温冶炼,温度易控制,钢的质量好,但成本高,多用于炼制合金钢。电炉分酸性和碱性两种。

6.1.2 钢的分类

钢是对含碳量(质量百分数)为0.02%~2.04%的铁合金的统称。钢的化学成分可以有很大变化,只含碳元素的钢称为碳素钢(碳钢)或普通钢;在实际生产中,钢往往根据用途的不同含有不同的合金元素,比如锰、镍、钒等。

6.1.2.1 按化学成分分类

1.碳素钢

低碳钢:含碳量为0.02%~0.25%,低碳钢易于接受各种加工,如锻造、焊接和切削,常用于制造链条、铆钉、螺栓、轴等。

中碳钢:含碳量为0.25%~0.60%,可不经热处理,直接使用热轧材、冷拉材,亦可经热处理后使用。淬火、回火后的中碳钢具有良好的综合力学性能。

高碳钢:含碳量为0.60%~ 2.04%,超过2.04%即为铸铁。这类钢一般在淬火后经中温回火或正火或在表面淬火状态下使用。主要用于制造弹簧和耐磨零件。

2.合金钢

低合金钢:合金元素总含量<5.0%。

中合金钢:合金元素总含量为5.0%~10%。

高合金钢:合金元素总含量>10%。

建筑工程中,钢结构用钢和钢筋混凝土结构用钢,主要使用非合金钢中的低碳钢,以及低合金钢加工成的产品。合金钢亦有少量应用。

6.1.2.2 按主要质量等级分类

(1)普通碳素钢:含硫量≤0.045%~0.050%,含磷量≤0.045%。

(2)优质碳素钢:含硫量≤0.035%,含磷量≤0.035%。

(3)高级优质钢:含硫量≤0.025%,含磷量≤0.025%;高级优质钢的钢号后加“高”字或“A”。

(4)特级优质钢:含硫量≤0.015% ,含磷量≤0.025%;特级优质钢后加“E”。

建筑上常用的主要钢种是普通碳素钢中的低碳钢和合金钢中的低合金高强度结构钢。

6.1.2.3 按冶炼时脱氧程度分类

(1)沸腾钢(F):属脱氧不完全的钢,浇铸后在钢液冷却时有大量一氧化碳气体逸出,引起钢液剧烈沸腾,称为沸腾钢。其代号为“F”。此种钢的碳和有害杂质磷、硫等的偏析较严重,钢的致密程度较差,故冲击韧性和焊接性能较差,特别是低温冲击韧性的降低更显著。但沸腾钢成本低,被广泛应用于建筑结构。目前,沸腾钢的产量逐渐下降并被镇静钢所取代。

(2)镇静钢(Z):浇铸时,钢液平静地冷却凝固,是脱氧较完全的钢。其代号为“Z”。含有较少的有害氧化物杂质,而且氮多半是以氮化物的形式存在。镇静钢钢锭的组织致密度大,气泡少,偏析程度小,各种力学性能比沸腾钢优越,用于承受冲击荷载或其他重要结构。

(3)半镇静钢(b):指脱氧程度和质量介于上述两种之间的钢,其质量较好。其代号为“b”。

(4)特殊镇静钢(TZ):比镇静钢脱氧程度还要充分彻底的钢,其质量最好,适用于特别重要的结构工程。其代号为“TZ”。

6.1.2.4　**按用途分类**

(1)结构钢:主要用于工程结构及机械零件的钢,一般为低、中碳钢。

(2)工具钢:主要用于各种刀具、量具及模具的钢,一般为高碳钢。

(3)特殊钢:具有特殊的物理、化学及机械性能的钢,如不锈钢、耐热钢、耐酸钢、耐磨钢、磁性钢等。

任务 2　建筑钢材的主要技术性能

钢材的技术性能包括力学性能和工艺性能两个方面。力学性能主要包括拉伸性能、冲击韧性、疲劳强度、硬度等;工艺性能是钢材中加工制造过程中所表现的特性,包括冷弯性能、焊接性能等。

6.2.1　建筑钢材的力学性能

建筑钢材的主要力学性能有抗拉性能、抗冲击性能、耐疲劳性能、硬度和应力松弛等,力学性能又称机械性能。

6.2.1.1　**抗拉性能(拉伸性能)**

将低碳钢(软钢)制成一定规格的试件,放在材料试验机上进行拉伸试验,可以绘出如图 6-1 所示的应力—应变关系曲线。从图 6-1 中可以看出,低碳钢受拉至拉断,经历了四个阶段:弹性阶段(*Ob*)、屈服阶段(*bc*)、强化阶段(*ce*)和颈缩阶段(*ef*)。

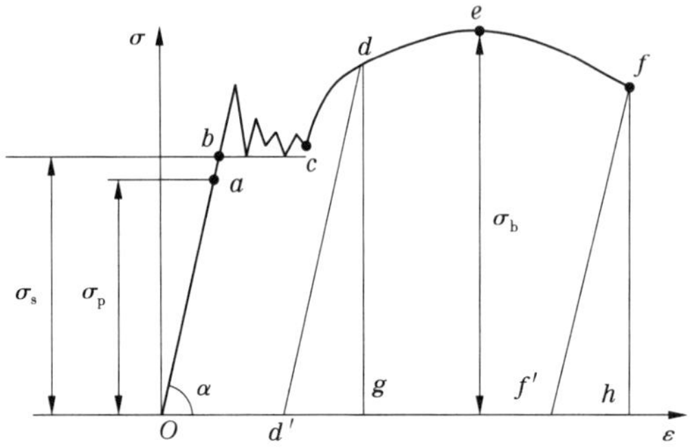

图 6-1　低碳钢受拉应力—应变曲线

1. 弹性阶段

在拉伸的初始阶段,曲线(*Oa* 段)为一直线,说明应力与应变成正比。线性段的最高点称为材料的比例极限(σ_p),线性段的直线斜率即为材料的弹性模量 E,应力与应变的比值为常数,$E=\sigma/\varepsilon$。弹性模量反映钢材抵抗弹性变形的能力,是钢材在受力条件下计算结构变形的重要指标。

2. 屈服阶段

超过弹性阶段后,应力几乎不变,只是在某一微小范围内上下波动,而应变却急剧增长,这种现象称为屈服。使材料发生屈服的应力称为屈服强度或屈服极限(σ_s)。

钢材受力大于屈服点后,会出现较大的塑性变形,已不能满足使用要求,因此屈服强度是设计上钢材强度取值的依据,是工程结构计算中非常重要的一个参数。

3. 强化阶段

当应力超过屈服强度后,应力增加且产生应变,钢材得到强化,所以钢材抵抗塑性变形的能力又重新提高,*ce* 呈上升曲线,称为强化阶段。对应于最高点的应力值(σ_b)称为极限抗拉强度,简称抗拉强度。

4. 颈缩阶段

试件受力达到最高点 *e* 点后,其抵抗变形的能力明显降低,变形迅速发展,应力逐渐下降,试件被拉长,在有杂质或缺陷处,断面急剧缩小,直到断裂,故 *ef* 段称为颈缩阶段。

屈服强度和抗拉强度之比(屈强比$=\sigma_s/\sigma_b$)能反映钢材的利用率和结构安全可靠程度。屈强比越小,其结构的安全可靠程度越高,但屈强比过小,又说明钢材强度的利用率偏低,造成钢材浪费。建筑结构钢合理的屈强比一般为 0.60~0.75。

通过拉伸试验,除能检测钢材屈服强度和抗拉强度等指标外,还能检测出钢材的塑性。塑性表示钢材在外力作用下发生塑性变形而不破坏的能力,用伸长率表示,见图 6-2。

伸长率的计算公式为:

$$\delta = \frac{L_1 - L_0}{L_0} \times 100\% \tag{6-1}$$

伸长率是衡量钢材塑性的一个重要指标,δ 越大,说明钢材的塑性越好,塑性变形能力越强,可使应力重新分布,避免应力集中,结构的安全性越大。塑性变形在试件标距内的分布是不均匀的,颈缩处的变形最大,离颈缩部位越远其变形越小。所以,原标距与直径之比越小,则颈缩处伸长值在整个伸长值中的比重越大,计算出来的 δ 值就越大。通常以 δ_5 和 δ_{10} 分别表示 $L_0=5d_0$ 和 $L_0=10d_0$ 时的伸长率。对于同一种钢材,其 $\delta_5>\delta_{10}$。

中碳钢与高碳钢(硬钢)的拉伸曲线与低碳钢不同,屈服现象不明显,难以测定屈服点,则规定产生残余变形为原标距长度的 0.2%时所对应的应力值,作为硬钢的屈服强度,也称条件屈服点,用 $\sigma_{0.2}$ 表示,如图 6-3 所示。

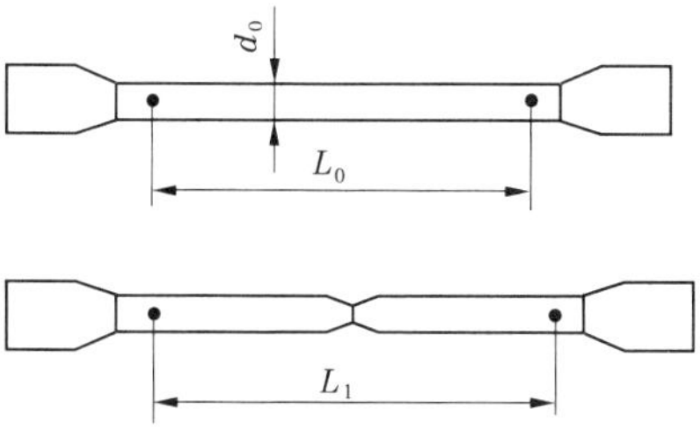

图 6-2　钢材伸长率

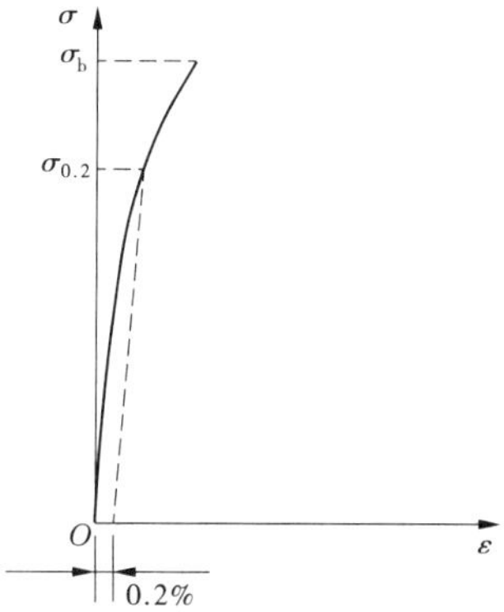

图 6-3　中、高碳钢的应力—应变曲线

6. 2. 1. 2 **冲击韧性**

冲击韧性是指钢材抵抗冲击荷载的能力。钢材的冲击韧性用标准试件(中部加工有V形或U形缺口)在摆锤式冲击试验机上进行冲击弯曲试验确定,如图6-4所示。

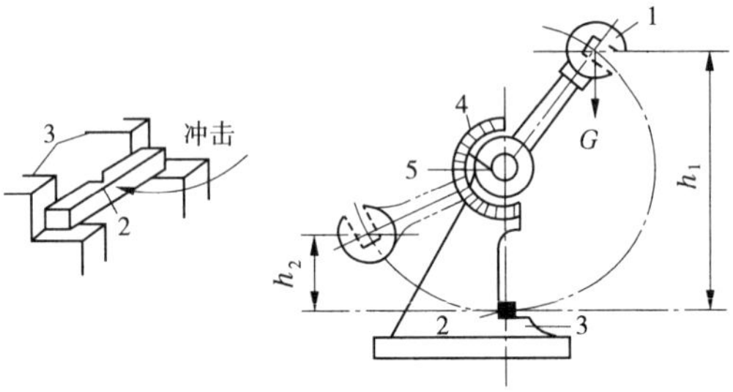

1—摆锤;2—试件;3—试验台;4—刻度盘;5—指针

图6-4 冲击韧性试验

用试验机摆锤冲击标准试件的背面,将其折断后,计算试件单位面积上所消耗的功,作为冲击韧性指标,用冲击韧性值 α_k(J/cm^2)表示,计算公式为:

$$\alpha_k = \frac{A_k}{A} = \frac{mg(H - h)}{A} \quad (6\text{-}2)$$

式中 m——摆锤质量,kg;

g——重力加速度,数值为9.81 m/s^2;

H、h——摆锤冲击前、后的高度,m;

A——试件缺口处截面积,cm^2。

α_k 愈大,表示冲断试件消耗的能量愈大,钢材冲击韧性愈好,脆性破坏的危险性愈小。

常温下,随着温度的下降,冲击韧性平缓降低,钢件破坏断口呈韧性断裂状。当温度降到某一温度时,冲击韧性突然发生大幅度下降,钢材呈脆性断裂,这种性质称为冷脆性。

1912年4月10日,号称"不沉之轮"的泰坦尼克号超级豪华渡轮从英国南安普顿驶往美国纽约。在启航第五天,行驶到北大西洋多冰海域时,因撞击冰山遇险沉没。事后科学家研究,肇事的祸根是从北冰洋飘过来的冰块使船底局部出现低温,船底焊接部分产生低温脆性而造成的。非合金钢出现这种现象的温度约为-20 ℃,因此在较寒冷的地区使用的非合金钢构件,如车辆、桥梁、输运管道等在冬天易发生脆断现象。对于含碳高的钢,在-100 ℃时,其耐冲击强度接近于零,即此时钢的韧性几乎完全丧失。正是金属材料的这种冷脆转变现象使"不沉之轮"惨遭灭顶之灾。

6. 2. 1. 3 **耐疲劳性**

受交变荷载反复作用,钢材在应力低于其屈服强度的情况下突然发生脆性断裂破坏的现象,称为疲劳破坏。钢材的疲劳破坏一般是由拉应力引起的,首先在局部开始形成细小断裂,随后由于微裂纹尖端的应力集中而使其逐渐扩大,直至突然发生瞬时疲劳断裂。疲劳破坏是在低应力状态下突然发生的,所以危害极大,往往造成灾难性的事故。

6. 2. 1. 4 **硬度**

硬度表示钢材表面局部体积内抵抗另一更硬物体压入产生塑性变形的能力。一般硬度高时，耐磨性能好，但脆性亦大。建筑钢材硬度常用测定方法为布氏法。

布氏硬度是在布氏硬度计上进行测量的，用一定直径的钢球或硬质合金球为压头，以相应的实验力压入试样表面，保持规定的时间后，卸除实验力，在试样表面形成压痕，以压痕球形表面所承受的平均负荷作为布氏硬度值，如图 6-5 所示。

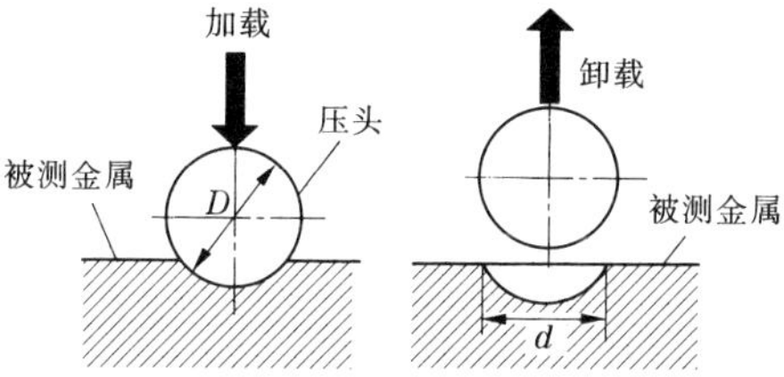

图 6-5　布氏硬度测定

在做布氏试验时，只需测量出 d 值即可从有关表格上查出相应的布氏硬度值。压头为钢球时，为 HBS，适用于布氏硬度 450 以下的材料；压头为硬质合金球时，为 HBW，适用于布氏硬度 650 以下的材料。

6.2.1.5　应力松弛

应力松弛是指钢材受到一定的张拉力之后，在长度保持不变的条件下，钢材的应力随时间的增长而降低的现象，其降低值称为应力松弛损失。产生应力松弛的原因主要是金属内部位错运动使一部分弹性变形转化为塑性变形。

6.2.2　工艺性能

6.2.2.1　冷弯性能

冷弯性能是指钢材在常温下承受弯曲变形的能力，以试验时的弯曲角度 α 和弯心直径 D 为指标表示。钢材的冷弯试验是通过直径（或厚度）为 d 的试件，采用标准规定的弯心直径 D（$D=nd$，n 为整数），弯曲到规定的角度时（180°或 90°），检查弯曲处有无裂纹、断裂及起层等现象。若没有这些现象则认为冷弯性能合格。钢材冷弯时的弯曲角度越大，弯心直径越小，则表示冷弯性能越好，如图 6-6 所示。

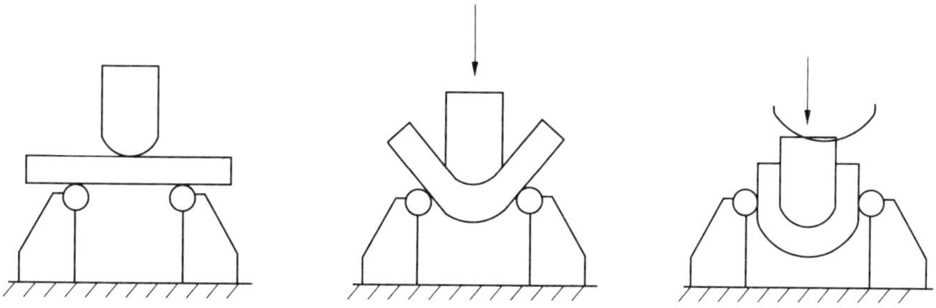

图 6-6　钢材冷弯

6.2.2.2　焊接性能

建筑工程中，钢材间的连接 90%以上采用焊接方式。因此，要求钢材具有良好的焊接性能。在焊接中，由于高温作用和焊接后急剧冷却作用，焊缝及其附近的过热区将发生晶体组织及结构变化，产生局部变形及内应力，使焊缝周围的钢材产生硬脆倾向，降低了焊接的质量。可焊性良好的钢材,焊缝处性质应尽可能与母材相同,焊接才牢固可靠。

钢材的化学成分、冶炼质量、冷加工、焊接工艺及焊条材料等都会影响焊接性能。含碳量小于0.25%的碳素钢具有良好的可焊性,含碳量大于0.3%时可焊性变差;硫、磷及气体杂质会使可焊性降低;加入过多的合金元素,也会降低可焊性。对于高碳钢和合金钢,为改善焊接质量,一般须要采用预热和焊后处理,以保证质量。

钢材焊接后必须取样进行焊接质量检验,一般包括拉伸试验,有些焊接种类还包括了弯曲试验,要求试验时试件的断裂不能发生在焊接处。同时,还要检查焊缝处有无裂纹、砂眼、咬肉和焊件变形等缺陷。

6.2.3　强化与加工

6.2.3.1　冷加工

冷加工是指在结晶温度下(一般为常温)进行的机械加工,包括冷拉、冷拔、冷扭、冷轧、刻痕等方式。建筑工程中大量使用的钢筋采用冷加工强化具有明显的经济效益。冷拔钢丝的屈服点可提高40%~60%。由此可适当减小钢筋混凝土结构设计截面或减小混凝土中配筋数量,从而达到节约钢材的目的。

6.2.3.2　冷拉

冷拉是将钢筋拉至其σ—ε曲线的强化阶段内任一点K处,然后缓慢卸去荷载,当再度加载时,其屈服极限将有所提高,而其塑性变形能力都有所降低的冷加工强化,如图6-7所示。钢筋经冷拉后,一般屈服点可提高20%~25%。

6.2.3.3　冷拔

将直径为6.5~8 mm的碳素结构钢的Q235(或Q215)盘条,通过拔丝机中钨合金做成的比钢筋直径小0.5~1.0 mm的冷拔模孔,冷拔成比原直径小的钢丝,称为冷拔低碳钢丝,如图6-8所示。如果经过多次冷拔,可得规格更小的钢丝。冷拔作用比纯拉伸的作用强烈,钢筋不仅受拉,而且同时受到挤压作用。经过一次或多次冷拔后得到的冷拔低碳钢丝,其屈服点可提高40%~60%,但失去软钢的塑性和韧性,而具有硬质钢材的特点。

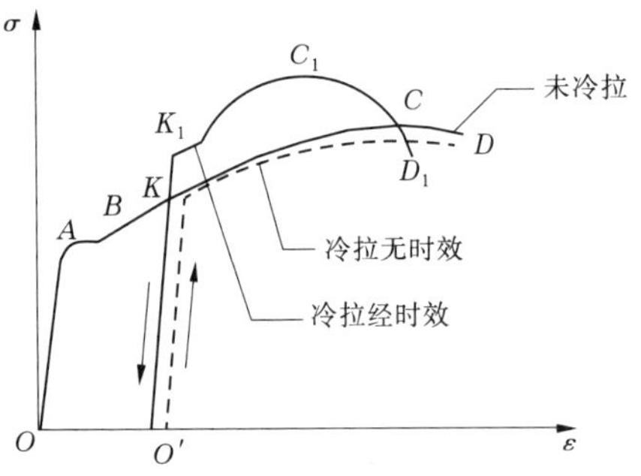

图6-7　钢筋经冷拉时效后应力—应变曲线的变化

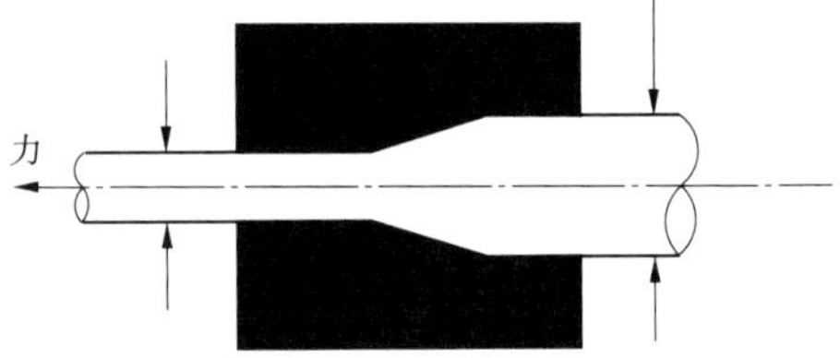

图6-8　冷拔加工示意图

6.2.3.4　冷轧

冷轧是将圆钢在轧钢机上轧成断面形状规则的钢筋,可以提高其强度及与混凝土的黏结力。钢筋在冷轧时,纵向与横向同时产生变形,因而能较好地保持其塑性和内部结构的均匀性。

6.2.3.5　**时效处理**

将冷加工处理后的钢筋,在常温下存放15~20 d,或加热至100~200 ℃后保持一定时间(2~3 h),其屈服强度进一步提高,且抗拉强度也提高,同时塑性和韧性也进一步降低,弹性模量则基本恢复。这个过程称为时效处理。

时效处理方法有两种:

在常温下存放15~20 d,称为自然时效,适合于低强度钢筋。

加热至100~200 ℃后保持一定时间(2~3 h),称人工时效,适合于高强钢筋。

6.2.3.6　**热处理**

热处理是将钢材按规定的温度进行加热、保温和冷却处理,以改变其组织,得到所需要的性能的一种工艺。热处理包括淬火、回火、退火和正火,各种处理过程及目的见表6-1。

表6-1　钢铁材料的一般热处理

名称	热处理过程	热处理目的
淬火	将钢件加热到淬火温度,保温一段时间,然后在水、盐水或油(个别材料在空气中)中急速冷却	①使钢件获得较高的硬度和耐磨性 ②使钢件在回火以后得到某种特殊性能,如较高的强度、弹性和韧性等
回火	将淬火后的钢件加热到临界温度以下,保温一段时间,然后在空气或油中冷却。回火是紧接着淬火以后进行的,也是热处理的最后一道工序	①减少和消除淬火应力 ②稳定工件尺寸,防止变形和开裂 ③获得工件所需的组织和性能,即获得要求的强度、硬度和韧性
退火	将钢材加热至基本组织转变温度以下(低温退火)或以上(完全退火),适当保温后缓慢冷却	①降低钢的硬度,提高塑性,以利于切削加工及冷变形加工 ②消除钢中的残余内应力,以防工件变形和开裂 ③改善组织,细化晶粒,改变钢的性能或为以后热处理做准备
正火	将钢件加热到临界温度以上40~60 ℃,保温一定时间,然后在空气中冷却	①对不太重要的零件,可细化晶粒,使组织均匀,提高机械性能,作为最终热处理 ②对低碳钢或低碳合金钢,可提高硬度,改善切削加工性

任务3　钢材的化学性能

6.3.1　钢材的锈蚀

钢材表面与其所处的环境接触,在一定条件下,可发生相互作用而使钢材表面产生腐蚀。钢材表面与其周围介质发生化学反应而遭到的破坏,称为钢材的锈蚀。根据锈蚀作用的机制,钢材的锈蚀可分为化学锈蚀和电化学锈蚀两种。钢材的锈蚀以电化学锈蚀为主。

6.3.1.1　化学锈蚀

化学锈蚀是指钢材直接与周围介质发生化学反应而产生的锈蚀。这种锈蚀多数是氧化作用,使钢材表面形成疏松的氧化物;在常温下,钢材表面能形成一薄层起保护作用的氧化膜(FeO),可以防止钢材进一步锈蚀;因而在干燥环境下,钢材锈蚀进展缓慢,但在温度和湿度较高的环境中,这种锈蚀发展迅速。

6.3.1.2　电化学锈蚀

电化学锈蚀是建筑钢材在存放和使用中发生锈蚀的主要形式,它是指钢材与电解质溶液接触而产生电流,形成微电池而引起的锈蚀。由于钢材中的不同晶体组织和杂质成分的电极电位不同,于是在钢材表面形成许多微小电池。也就是说,在电解质溶液中,铁素体失去电子而成为阳极,渗碳体成为阴极。在阳极,铁失去电子成为 Fe^{2+} 进入水膜;在阴极,溶于水膜中的氧被还原生成 OH^-,随后两者结合生成不溶于水的 $Fe(OH)_2$,并进一步氧化成为 $Fe(OH)_3$ 及其脱水产物 Fe_2O_3,这就是疏松易剥落的红褐色铁锈的主要成分。由于铁素体基体的逐渐锈蚀,钢组织中的渗碳体等暴露出来得越来越多,于是形成的微电池数目也越来越多,钢材的锈蚀速度也就愈益加速。锈蚀的结果是在钢材表面形成疏松的氧化物,使钢结构的实际断面减小,降低钢材的性能,因而承载力降低。

影响钢材锈蚀的主要因素是水、氧及介质中所含的酸、碱、盐等。同时钢材本身的组织成分对锈蚀影响也很大。埋于混凝土中的钢筋,由于普通混凝土的 pH 为 12 左右,处于碱性环境,使之表面形成一层碱性保护膜,它有较强的阻止锈蚀继续发展的能力,故混凝土中的钢筋一般不易锈蚀。

6.3.2　钢材的防锈

钢材的锈蚀既有内因(材质),又有外因(环境介质的作用),要防止或减少钢材的锈蚀可以从改变钢材本身的易腐蚀件、隔离环境中的侵蚀性介质或改变钢材表面的电化学过程三方面入手。在工程上,防止钢材锈蚀的主要措施有以下三种。

6.3.2.1　保护层法

通常的方法是采用在表面施加保护层,使钢材与周围介质隔离。保护层可分为金属保护层和非金属保护层两类。

非金属保护层常用的是在钢材表面刷漆,常用底漆有红丹、环氧富锌漆、铁红环氧底漆等,面漆有调和漆、醇酸磁漆、酚醛磁漆等,该方法简单易行,但不耐久。此外,还可以采用塑料保护层、沥青保护层、搪瓷保护层等。

金属保护层是用耐蚀性较好的金属,以电镀或喷镀的方法覆盖在钢材表面,如镀锌、镀锡、镀铬等。薄壁钢材可采用热浸镀锌或镀锌后加涂塑料涂层等措施。

混凝土配筋的防锈措施，根据结构的性质和所处环境条件等考虑混凝土的质量要求，主要是保证混凝土的密实度（控制最大胶水比和最小水泥用量、加强振捣），保证足够的保护层厚度，限制氯盐外加剂的掺和量和保证混凝土一定的碱度等；还可掺用阻锈剂（如亚硝酸钠等）。对于预应力钢筋，一般含碳量较高，又经过变形加工或冷加工，因而对锈蚀破坏较敏感，特别是高强度热处理钢筋，容易产生应力锈蚀现象，故重要的预应力承重结构，除禁止掺用氯盐外，应对原材料进行严格检验。

6.3.2.2 电化学保护法

对于一些不易或不能覆盖保护层的地方（如轮船外壳、地下管道、道桥建筑等），可采用电化学保护法。阴极保护法是根据电化学原理进行保护的一种方法，这种方法可用两种方式来实现。

（1）牺牲阳极保护法。此法是在要保护的钢结构上，特别是位于水下的钢结构上，接以较钢材更为活泼的金属，如锌、镁等。于是这些更为活泼的金属在介质中成为原电池的阳极而遭到腐蚀，而钢结构均成为阴极而得到保护。

（2）外加电源保护法。此法是在钢结构的附近，安放一些废钢铁或其他难熔金属，如高硅铁、铅银合金等。将外加直流电源的负极接在被保护的钢结构上，正极接在废钢铁或难熔金属上。通电后阳极被腐蚀，钢结构成为阴极而得到保护。另外，也可采用保护层与外加电源联合保护法，效果更好。

6.3.2.3 制成合金

钢材的组织及化学成分是引起锈蚀的内因。通过调整钢的基本组织或加入某些合金元素，可有效地提高钢材的抗腐蚀能力。例如，在钢中加入一定量的合金元素铬、镍、钛等，制成不锈钢，可以提高耐锈蚀能力。

另外，在水泥的水化产物中，埋于混凝土中的钢筋经常有一层碱性保护膜（新浇混凝土的 pH 约为 13），故在碱性介质中不致锈蚀。但是一些外加剂中含有的氯离子会破坏保护膜，促进钢材的锈蚀。因此，混凝土的防锈措施应考虑限制水胶比和最小水泥用量，限制氯盐外加剂的使用，采取措施保证混凝土的密实性，还可以采用掺加防锈剂（如重铬酸盐等）的方法。

6.3.3 不同化学成分对钢材性能的影响

钢材的化学成分主要是指碳、硅、锰、硫、磷等，在不同情况下往往还需考虑氧、氮及各种合金元素。

（1）碳：土木工程用钢材含碳量不大于 0.8%。在此范围内，随着钢中碳含量的提高，强度和硬度相应提高，而塑性和韧性则相应降低。碳还可显著降低钢材的可焊性，增加钢材的冷脆性和时效敏感性，降低抗大气锈蚀性。

（2）硅：当硅在钢中的含量较低（小于 1%）时，可提高钢材的强度，而对塑性和韧性影响不明显。

（3）锰：锰是我国低合金钢的主加合金元素，锰含量一般为 1%～2%，它的作用主要是使强度提高。锰还能消减硫和氧引起的热脆性，使钢材的热加工性质改善。

（4）硫：硫是很有害的元素。非金属硫化物夹杂物存在于钢中，具有强烈的偏析作用,降低各种机械性能。硫化物造成的低熔点使钢在焊接时易于产生热裂纹,显著降低可焊性。

(5)磷:有害元素,含量提高,钢材的强度提高,塑性和韧性显著下降,特别是温度愈低,对韧性和塑性的影响愈大。磷在钢中的偏析作用强烈,使钢材冷脆性增大,并显著降低钢材的可焊性。磷可提高钢的耐磨性和耐腐蚀性,在低合金钢中可配合其他元素作为合金元素使用。

(6)氧:有害元素。主要存在于非金属夹杂物内,可降低钢的机械性能,特别是韧性。氧有促进时效倾向的作用,氧化物造成的低熔点亦使钢的可焊性变差。

(7)氮:氮对钢材性质的影响与碳、磷相似,使钢材的强度提高,塑性特别是韧性显著下降。氮可加剧钢材的时效敏感性和冷脆性,降低可焊性。在铝、铌、钒等的配合下,氮可作为低合金钢的合金元素使用。

(8)钛:钛是强脱氧剂。它能显著提高强度,改善韧性和可焊性,减少时效倾向,是常用的合金元素。

(9)钒:钒是强的碳化物和氮化物形成元素,能有效提高强度,并能减少时效倾向,但增加焊接时的淬硬倾向。

任务 4　建筑常用钢材

6.4.1　建筑主要钢种

6.4.1.1　碳素结构钢

1. *碳素结构钢的牌号表示方法*

碳素结构钢的牌号由代表屈服强度的字母、屈服强度数值、质量等级符号、脱氧方法符号等 4 个部分按顺序组成。

Q——钢的屈服强度的“屈”字汉语拼音的首位字母;

A、B、C、D——质量等级;

F——沸腾钢“沸”字汉语拼音首位字母;

Z——镇静钢“镇”字汉语拼音首位字母;

TZ——特殊镇静钢“特镇”两字汉语拼音首位字母。

在牌号组成表示方法中,“Z”与“TZ”符号可以省略。

例如,Q235AF 表示屈服点为 235 MPa 的 A 级沸腾钢。

随着牌号的增大,其含碳量增加,强度提高,塑性和韧性降低,冷弯性能逐渐变差。同一钢号内质量等级越高,钢材的质量越好,如 Q235C、Q235D 级优于 Q235A、Q235B 级。

2. *碳素结构钢的技术要求*

根据《碳素结构钢》(GB/T 700—2006)的规定,碳素结构钢的技术要求包括化学成分、力学性能、冷弯性能、冶炼方法、交货状态、表面质量,各牌号碳素结构钢的化学成分及力学性能应分别符合表 6-2 和表 6-3 的要求。

表 6-2 碳素结构钢的化学成分(GB/T 700—2006)

牌号	质量等级	厚度(或直径)(mm)	脱氧方法	化学成分(质量分数)(%),不大于				
				C	Si	Mn	P	S
Q195	—	—	F、Z	0.12	0.30	0.50	0.035	0.040
Q215	A	—	F、Z	0.15	0.35	1.20	0.045	0.050
	B							0.045
Q235	A	—	F、Z	0.22	0.35	1.40	0.045	0.050
	B			0.20				0.045
	C		Z	0.17			0.040	0.040
	D		TZ				0.035	0.035
Q275	A	—	F、Z	0.24	0.35	1.50	0.045	0.050
	B	≤40	Z	0.21			0.045	0.045
		>40		0.22				
	C	—	Z	0.20			0.040	0.040
	D		TZ				0.035	0.035

表 6-3 碳素结构钢的力学性能(GB/T 700—2006)

牌号	质量等级	拉伸试验													冲击试验(V 形缺口)	
		屈服强度①R_{eH}(N/mm^2),不小于						抗拉强度② R_m (N/mm^2)	断后伸长率 A(%),不小于						温度(℃)	冲击吸收功(纵向)(J),不小于
		厚度(或直径)(mm)							厚度(或直径)(mm)							
		≤16	>16~40	>40~60	>60~100	>100~150	>150~200		≤40	>40~60	>60~100	>100~150	>150~200			
Q195	—	195	185	—	—	—	—	315~430	33	—	—	—	—		—	—
Q215	A	215	205	195	185	175	165	335~450	31	30	29	27	26		—	—
	B														+20	27
Q235	A	235	225	215	215	195	185	370~500	26	25	24	22	21		—	—
	B														+20	27③
	C														0	
	D														-20	
Q275	A	275	265	255	245	225	215	410~540	22	21	20	18	17		—	—
	B														+20	27
	C														0	
	D														-20	

注:①Q195 的屈服强度值仅供参考,不作为交货条件。

②厚度大于 100 mm 的钢材,抗拉强度下限允许降低 20 N/mm^2。宽带钢(包括剪切钢板)抗拉强度上限不作为交货条件。

③厚度小于 25 mm 的 Q235B 级钢材,如供方能保证冲击吸收功值合格,经需方同意,可不做检验。

3. 几种常用碳素结构钢的用途

Q195——强度不高,塑性、韧性、加工性能与焊接性能较好,主要用于轧制薄板和盘条等。

Q215——与 Q195 钢基本相同,其强度稍高,大量用作管坯、螺栓等。

Q235——强度适中,有良好的承载性,又具有较好的塑性和韧性,可焊性和可加工性也较好,是钢结构常用的牌号,大量制作成钢筋、型钢和钢板用于建造房屋和桥梁等。Q235 良好的塑性可保证钢结构在超载、冲击、焊接、温度应力等不利因素作用下的安全性,因而 Q235 能满足一般钢结构用钢的要求。Q235A 一般用于只承受静荷载作用的钢结构。Q235B 适合用于承受动荷载焊接的普通钢结构,Q235C 适合用于承受动荷载焊接的重要钢结构,Q235D 适合用于低温环境使用的承受动荷载焊接的重要钢结构。

Q275——强度、硬度较高,耐磨性较好,但塑性、冲击韧性和可焊性差,不宜在建筑结构中使用,主要用于制造轴类、农具、耐磨零件和垫板等。

6.4.1.2　优质碳素结构钢

优质碳素结构钢的钢材一般以热轧状态供应,硫、磷等杂质含量比普通碳素钢少,其他缺陷限制也较严格,所以性能好,质量稳定,在使用优质碳素结构钢时应符合《优质碳素结构钢》(GB/T 699—2015)的相关规定。

6.4.1.3　低合金高强度结构钢

低合金高强度结构钢是在碳素结构钢的基础上,添加少量的一种或多种合金元素(总含量<5%)的一种结构钢。其目的是提高钢的屈服强度、抗拉强度、耐磨性、耐蚀性与耐低温性等。因而,它是综合性较为理想的建筑钢材,在大跨度、承重动荷载和冲击荷载的结构中更适用。此外,与使用碳素结构钢相比,可以节约钢材 20%~30%,而成本并不很高。

1. 低合金高强度结构钢的牌号及其表示方法

根据国家标准《低合金高强度结构钢》(GB/T 1591—2018)的规定,我国低合金高强度结构钢共有 5 个牌号,所加元素主要有锰、硅、钒、钛、铌、铬、镍及稀土元素。其牌号由屈服强度字母 Q、最小上屈服强度数值、质量等级(A、B、C、D、E 五级)三部分组成。

2. 低合金高强度结构钢的应用

低合金高强度结构钢主要用于轧制各种型钢(角钢、槽钢、工字钢)、钢板、钢管及钢筋,广泛用于钢结构和钢筋混凝土结构中,特别适用于各种重型结构、大跨度结构、高层结构及桥梁工程等,尤其对用于大跨度和大柱网的结构,其技术经济效果更为显著。

6.4.2　钢筋混凝土结构用钢

混凝土具有较高的抗压强度,但抗拉强度很低。用钢筋增强混凝土,可大大扩展混凝土的应用范围,而混凝土又对钢筋起保护作用。钢筋混凝土结构的钢筋,主要由碳素结构钢和优质碳素钢制成,包括热轧钢筋、冷轧带肋钢筋、预应力混凝土用钢丝和钢绞线、钢筋焊接网。

6.4.2.1　热轧钢筋

热轧钢筋是经热轧成型并自然冷却的成品钢筋，主要有用 Q235 轧制的光圆钢筋和用合金钢轧制的带肋钢筋两类，如图 6-9 所示。

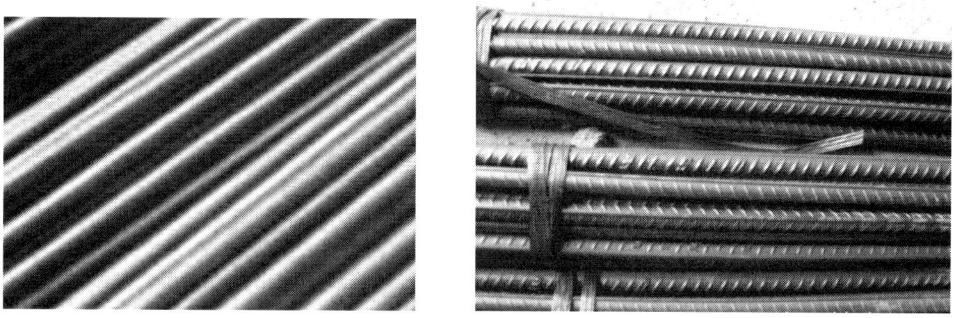

(a) 光圆钢筋　　(b) 带肋钢筋

图 6-9　热轧钢筋

1. 热轧光圆钢筋

根据《钢筋混凝土用钢　第 1 部分：热轧光圆钢筋》(GB/T 1499.1—2017)的规定，热轧光圆钢筋应符合表 6-4、表 6-5 的要求。

表 6-4　钢筋牌号的构成及其含义

产品名称	牌号	牌号构成	英文字母含义
热轧光圆钢筋	HPB300	由 HPB+屈服强度特征值构成	HPB—热轧光圆钢筋的英文(Hot rolled Plain Bars)

表 6-5　化学成分及力学性能

牌号	化学成分(质量分数)(%) 不大于					下屈服强度(MPa)	抗拉强度(MPa)	断后伸长率(%)	最大总伸长率(%)	冷弯试验180°
	C	Si	Mn	P	S					
HPB300	0.25	0.55	1.50	0.045	0.045	300	420	25.0	10.0	$d=a$

热轧光圆钢筋的公称直径范围为 6~22 mm，强度较低，但塑性及焊接性能很好，便于各种冷加工，广泛用作普通钢筋混凝土构件的构造筋及受力筋。

2. 热轧带肋钢筋

根据《钢筋混凝土用钢　第 2 部分：热轧带肋钢筋》(GB/T 1499.2—2018)的规定，热轧带肋钢筋应符合表 6-6 的要求。

热轧带肋钢筋的化学成分应符合表 6-7 的要求，力学性能应符合表 6-8 的要求。

表 6-6　钢筋牌号及构成

类别	牌号	牌号构成	英文字母含义
普通热轧钢筋	HRB400	由 HRB+屈服强度特征值构成	HRB—热轧带肋钢筋的英文(Hot rolled Ribbed Bars)缩写； E—“地震”的英文(Earthquake)首位字母
	HRB500		
	HRB600		
	HRB400E	由 HRB+屈服强度特征值+E 构成	
	HRB500E		
细晶粒热轧钢筋	HRBF400	由 HRBF+屈服强度特征值构成	HRBF—在热轧带肋钢筋的英文缩写后面加“细”的英文(Fine)首位字母； E—“地震”的英文(Earthquake)首位字母
	HRBF500		
	HRBF400E	由 HRBF+屈服强度特征值+E 构成	
	HRBF500E		

表 6-7　热轧带肋钢筋化学成分

牌号	化学成分(质量分数)(%)					碳当量(Ceq)(%)
	不大于					
	C	Si	Mn	P	S	
HRB400 HRBF400 HRB400E HRBF400E	0.25	0.80	1.60	0.045	0.045	0.54
HRB500 HRBF500 HRB500E HRBF500E						0.55
HRB600	0.28					0.58

表 6-8　热轧带肋钢筋力学性能

牌号	下屈服强度 R_{eL}(MPa)	抗拉强度 R_m(MPa)	断后伸长率 A(%)	最大力总延伸度 A_{gt}(%)	R_m^0/R_{eL}^0	R_{eL}^0/R_{eL}
	不小于					不大于
HRB400 HRBF400	400	540	16	7.5	—	—
HRB400E HRBF400E			—	9.0	1.25	1.30
HRB500 HRBF500	500	630	15	7.5	—	—
HRB500E HRBF500E			—	9.0	1.25	1.30
HRB600	600	730	14	7.5	—	—

注：R_m^0 为钢筋实测抗拉强度；R_{eL}^0 为钢筋实测下屈服强度。

热轧带肋钢筋应进行弯曲试验,按表 6-9 规定的弯曲压头直径弯曲 180°后,钢筋受弯曲部位表面不得产生裂纹。

表 6-9　热轧带肋钢筋弯曲压头直径

牌号	公称直径 d(mm)	弯曲压头直径(mm)
HRB400 HRBF400 HRB400E HRBF400E	6~25	4d
	28~40	5d
	>40~50	6d
HRB500 HRBF500 HRB500E HRBF500E	6~25	6d
	28~40	7d
	>40~50	8d
HRB600	6~25	6d
	28~40	7d
	>40~50	8d

6.4.2.2　冷轧带肋钢筋

冷轧带肋钢筋是由热轧圆盘条经冷轧后,在其表面带有沿长度方向均匀分布的三面或二面横肋的钢筋,如图 6-10 所示。根据《冷轧带肋钢筋》(GB/T 13788—2017)的规定,冷轧带肋钢筋按延性高低分为两类,一是冷轧带肋钢筋,牌号用 CRB 表示;另一个是高延性冷轧带肋钢筋,牌号由 CRB 和钢筋的抗拉强度特征值和 H 构成。C、R、B、H 分别为冷轧(cold rolled)、带肋(ribbed)、钢筋(bar)、高延性(high elongation)四个词的英文首位字母。

图 6-10　冷轧带肋钢筋

冷轧带肋钢筋与热轧圆盘条相比,强度提高 17%左右;与冷拔低碳钢丝相比,伸长率高,塑性好;由于表面带肋,提高了钢筋与混凝土之间的黏结力,是一种比较理想的预应力钢材(见表 6-10)。CRB550 宜用于普通钢筋混凝土结构,其他牌号的钢筋宜用于预应力混凝土结构。

表 6-10 冷轧带肋钢筋的力学性能和工艺性能

分类	牌号	规定塑性延伸强度 $R_{p0.2}$ (MPa) 不小于	抗拉强度 R_m (MPa) 不小于	$R_m/R_{p0.2}$ 不小于	断后伸长率(%)不小于		最大力总延伸率(%)不小于	弯曲试验①180°	反复弯曲次数	应力松弛初始应力应相当于公称抗拉强度的70%
					A	$A_{100\ mm}$	A_{gt}			1 000 h,% 不小于
普通钢筋混凝土用	CRB550	500	550	1.05	11.0	—	2.5	$D=3d$	—	—
	CRB600H	540	600	1.05	14.0	—	5.0	$D=3d$	—	—
	CRB680H②	600	680	1.05	14.0	—	5.0	$D=3d$	4	5
预应力混凝土用	CRB650	585	650	1.05	—	4.0	2.5	—	3	8
	CRB800	720	800	1.05	—	4.0	2.5	—	3	8
	CRB800H	720	800	1.05	—	7.0	4.0	—	4	5

注:①D 为弯心直径,d 为钢筋公称直径。

②当该牌号钢筋作为普通钢筋混凝土用钢筋使用时,对反复弯曲和应力松弛不做要求;当该牌号钢筋作为预应力混凝土用钢筋使用时应进行反复弯曲试验代替 180°弯曲试验,并检测松弛率。

6.4.2.3 预应力混凝土用钢丝和钢绞线

1. 预应力混凝土用钢丝

根据《预应力混凝土用钢丝》(GB/T 5223—2014)的规定,预应力钢丝按加工状态分为冷拉钢丝和消除应力钢丝两类,按外形可分为光圆、螺旋肋、刻痕三种。其代号为:冷拉钢丝—WCD,低松弛级钢丝—WLR,光圆钢丝—P,螺旋肋钢丝—H,刻痕钢丝—I。

标记示例:直径为 4 mm,抗拉强度为 1 670 MPa 的冷拉光圆钢丝,标记为:预应力钢丝 4.00-1670-WCD-P-GB/T 5223—2014。

预应力混凝土用钢丝质量稳定、安全可靠、强度高、无接头、施工方便,主要用于大跨度的屋架、薄腹梁、吊车梁或桥梁等大型预应力混凝土构件,还可用于轨枕、压力管道等预应力混凝土构件。其技术性能应符合《预应力混凝土用钢丝》(GB/T 5223—2014)的要求。

2. 预应力混凝土用钢绞线

钢绞线是用 2、3 或 7 根钢丝在绞线机上,经绞捻后,再经低温回火处理而成。

根据《预应力混凝土用钢绞线》(GB/T 5224—2014)的规定,钢绞线按结构分为 8 类,结构代号为:

(1)用两根钢丝捻制的钢绞线 1×2。

(2)用三根钢丝捻制的钢绞线 1×3。

(3)用三根刻痕钢丝捻制的钢绞线 1×3 I 。

(4)用七根钢丝捻制的标准型钢绞线 1×7。

(5)用六根刻痕钢丝和一根光圆中心钢丝捻制的钢绞线 1×7 I 。

(6)用七根钢丝捻制又经模拔的钢绞线(1×7)C。

(7)用十九根钢丝捻制的 1+9+9 西鲁式钢绞线 1×19 s。

(8)用十九根钢丝捻制的 1+6+6/6 瓦林吞式钢绞线 1×19 w。

【例 6-1】 公称直径为 15.20 mm,强度级别为 1 860 MPa 的七根钢丝捻制的标准型钢绞线,标记为:预应力钢绞线 1×7-15.20-1860-GB/T 5224—2014。

【例 6-2】 公称直径为 8.74 mm,强度级别为 1 720 MPa 的三根刻痕钢丝捻制的钢绞线,标记为:预应力钢绞线 1×3 I -8.74-1720-GB/T 5224—2014。

钢绞线具有强度高、与混凝土黏结好、断面面积大、使用根数少、在结构中排列布置方便、易于锚固等优点,主要用于大跨度、大荷载的预应力屋架、薄腹梁等构件,还可用于岩土锚固。钢绞线施工如图 6-11 所示。

图 6-11 钢绞线施工

6.4.2.4 钢筋焊接网

钢筋焊接网是通过专用设备在工厂加工,纵向钢筋和横向钢筋分别以一定间距垂直叠交排列,全部交叉点均通过全自动智能化的钢筋焊接网生产线用电阻熔接法点焊在一起形成的钢筋网片,是一种代替传统人工制作、绑扎的新型、高效、优质的钢筋混凝土结构用建筑钢筋。钢筋焊接网是建设部重点推广应用的新技术之一。钢筋焊接网如图 6-12 所示。

图 6-12 钢筋焊接网

根据《钢筋混凝土用钢　第 3 部分:钢筋焊接网》(GB/T 1499.3—2010)的规定,钢筋焊接网按钢筋的牌号、直径、长度和间距分为定型钢筋焊接网和定制钢筋焊接网两种。按原材料可分为冷轧带肋钢筋焊接网、冷拔光圆钢筋焊接网和热轧带肋钢筋焊接网,其中冷轧带肋钢筋焊接网应用最广泛。

1. 钢筋焊接网标记

定型钢筋焊接网应按下列内容次序标记:

焊接网型号—长度方向钢筋牌号×宽度方向钢筋牌号—网片长度(mm)×网片宽度(mm)。

例如:A10—CRB550×CRB550—4 800 mm×2 400 mm。

定制钢筋焊接网采用的钢筋及其长度和间距应根据需方要求,由供需双方协商确定,并以设计图表示。

2. 钢筋焊接网技术要求

钢筋焊接网应采用《冷轧带肋钢筋》(GB/T 13788—2017)规定牌号的 CRB550 冷轧带肋钢筋和 GB/T 1499.2—2018 规定牌号的热轧带肋钢筋。采用热轧带肋钢筋时,宜采用无纵肋的热轧钢筋。应采用公称直径 5~18 mm 的钢筋,经供需双方协议,也可采用其他公称直径的钢筋。

钢筋焊接网两个方向均为单根钢筋时,较细钢筋的公称直径不小于较粗钢筋的公称直径的 0.6 倍。当纵向钢筋采用并筋时,纵向钢筋的公称直径不小于横向钢筋公称直径的 0.7 倍,也不大于横向钢筋公称直径的 1.25 倍。

钢筋焊接网焊点开焊数量不应超过整张网片交叉点总数的 1%,并且任一根钢筋开焊点不应超过该支钢筋上交叉点总数的一半。最外边钢筋上的交叉点不应开焊。

钢筋焊接网纵向钢筋间距为 50 mm 的整倍数,横向钢筋间距宜为 25 mm 的整倍数,最小间距宜采用 100 mm,间距的允许偏差取±10 mm 和规定间距的±5 mm 的较大值。钢筋的伸出长度不宜小于 25 mm。

钢筋焊接网既可用于制作钢筋混凝土预制构件,也可用于现浇混凝土结构,大量用于工业与民用建筑的墙板、楼板、屋面板等。混凝土路面、桥面铺装、桥涵挡墙和基础混凝土以及污水处理池、水库等工程中也有广泛用途。焊接网也可利用弯网机弯成各种不同的形状来适应不同构件的需要。目前,焊接网的应用范围已从板类构件为主扩大到包括剪力墙、梁、柱类构件的多种类型结构。

6.4.3　钢结构用钢

钢结构用钢主要是热轧成型的钢板和型钢等;薄壁轻型钢结构中主要采用薄壁型钢、圆钢和小角钢;钢材所用的母材主要是普通碳素结构钢及低合金高强度结构钢。钢结构用钢有热轧型钢、冷弯薄壁型钢、棒材、钢管和板材。

6.4.3.1　热轧型钢

钢结构常用热轧型钢有工字钢、H 型钢、槽钢、等边角钢和不等边角钢等。图 6-13 所示为几种常用型钢示意图。型钢由于截面形式合理,材料在截面上分布对受力最为有利,且构件间连接方便,所以广泛应用于各类钢结构。

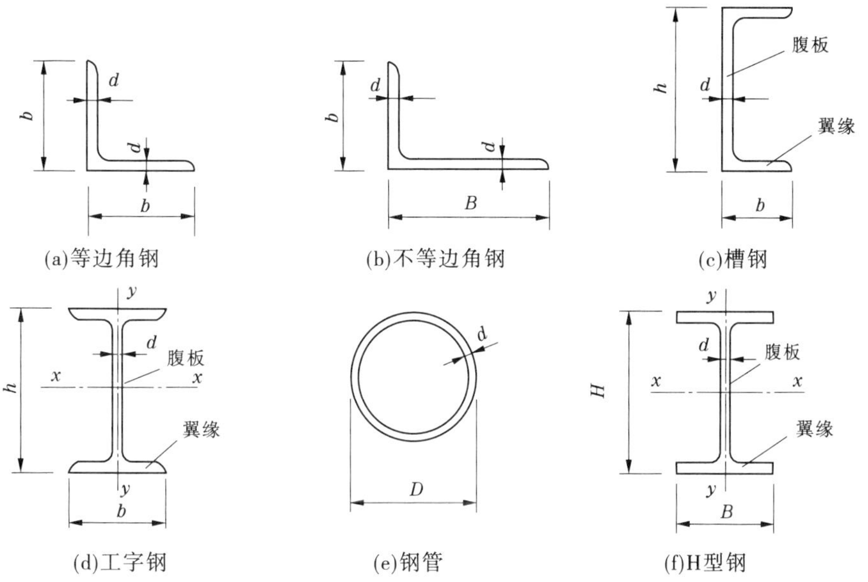

图 6-13　几种常用热轧型钢截面示意图

钢结构用钢的钢种和钢号，主要根据结构与构件的重要性、荷载的性质（静载或动载）、连接方法（焊接、铆接或螺栓连接）、工作条件（环境温度及介质）等因素来选择。我国建筑用热轧型钢主要采用碳素结构钢和低合金钢，其中应用最多是碳素钢 Q235A，低合金钢 Q345 及 Q390，前者适用于一般钢结构工程，后者可用于大跨度、承受动荷载的钢结构工程。

工字钢广泛应用于各种建筑结构和桥梁，主要用于承受横向弯曲（腹板平面内受弯）的杆件，但不宜单独用作轴心受压构件或双向弯曲的构件。

与工字钢相比，H 型钢优化了截面的分布，有翼缘宽、侧向刚度大、抗弯能力强、翼缘两表面相互平行、连接构造方便、省劳力、质量轻、节省钢材等优点。常用于承载力大、截面稳定性好的大型建筑，其中宽翼缘和中翼缘 H 型钢适用于钢柱等轴心受压构件，窄翼缘 H 型钢适用于钢梁等受弯构件。

槽钢可用作承受轴向力的杆件、承受横向弯曲的梁以及联系杆件，主要用于建筑结构、车辆制造等。

角钢主要用作承受轴向力的杆件和支撑杆件，也可作为受力构件之间的连接零件。

6.4.3.2　冷弯薄壁型钢

冷弯薄壁型钢通常用 2~6 mm 薄钢板冷弯或模压而成，有角钢、槽钢等开口薄壁型钢及方形、矩形等空心薄壁型钢，可用于轻型钢结构。

6.4.3.3　棒材

常用的棒材有六角钢、八角钢、扁钢、圆钢和方钢。热轧六角钢和八角钢是截面为六角形和八角形的长条钢材，规格以“对边距离”表示。建筑钢结构的螺栓常以此种钢材为坯材。

6.4.3.4　钢管

按照生产工艺,钢结构所用钢管分为热轧无缝钢管和焊接钢管两大类。

(1)热轧无缝钢管以优质碳素钢和低合金结构钢为原材料,多采用热轧—冷拔联合工艺生产,也可用冷轧方式生产,但后者成本高昂。热轧无缝钢管主要用于压力管道和一些特定的钢结构。

(2)焊接钢管采用优质或普通碳素钢钢板卷焊而成,表面镀锌或不镀锌(视使用而定)。按其焊缝形式有直缝电焊钢管和螺旋焊钢管,适用于各种结构、输送管道等用途。焊接钢管成本较低,容易加工,但多数情况下抗压性能较差。

在土木工程中,钢管多用于制作桁架、塔桅、钢管混凝土等,广泛应用于高层建筑、厂房柱、塔柱、压力管道等工程中。

6.4.3.5　板材

钢板是矩形平板状的钢材,可直接轧制成或由宽钢带剪切而成,按轧制方式分为热轧钢板和冷轧钢板。冷轧钢板一般质量较好,性能优良,但其成本高,土木工程中使用的薄钢板多为热轧型。钢板的钢种主要是碳素钢,某些重型结构、大跨度桥梁等也采用低合金钢。钢板规格表示方法为宽度(mm)×厚度(mm)×长度(mm)。钢板分厚板(厚度>4 mm)和薄板(厚度≤4 mm)两种。厚板主要用于承重结构,薄板主要用于屋面板、楼板和墙板等。在钢结构中,单块钢板不能独立工作,必须用几块板组合成工字型、箱形等结构来承受荷载。

任务 5　钢筋性能试验

6.5.1　一般规定

6.5.1.1　组批原则及取样规定

组批原则及取样规定见表 6-11。

6.5.1.2　试件的长度

拉伸检验:$5d_0$(d_0 为钢筋直径)+200 mm(可根据试验机上下夹头间最小距离和夹头长度确定)。

冷弯检验:$5d_0$+150 mm,拉伸、冷弯试件不允许进行车削加工。

6.5.1.3　钢筋检测(试验)依据

(1)《钢及钢产品　力学性能试验取样位置及试样制备》(GB/T 2975—2018)。

(2)《金属材料　拉伸试验　第 1 部分:室温试验方法》(GB/T 228.1—2010)。

(3)《金属材料　弯曲试验方法》(GB/T 232—2010)。

6.5.1.4　检测(试验)环境

检测一般在 10~35 ℃的室温范围内进行。对温度要求严格的试验,试验温度应为(23±5)℃。

表 6-11　钢筋组批原则及取样规定

材料名称	组批原则及取样规定
(1)碳素结构钢	由同一牌号、同一炉号、同一质量等级、同一品种、同一尺寸、同一交货状态的钢材组成,每批质量应不大于 60 t
(2)钢筋混凝土用热轧带肋钢筋 (3)钢筋混凝土用热轧光圆钢筋 (4)钢筋混凝土用余热处理钢筋 (5)钢筋混凝土用低碳钢热轧圆盘条 (6)钢筋混凝土用冷轧带肋钢筋	(1)同一厂别、同一炉罐号、同一规格、同一交货状态每 60 t 为一验收批,不足 60 t 也按一批计。超过 60 t 的部分,每增加 40 t(或不足 40 t 的余数),增加一个拉伸试验试样和一个弯曲试验试样。 (2)每一验收批取两个试件的(低碳钢热轧圆盘条冷弯试件除外)均应从任意两根(两盘)中分别切取,每根钢筋上切取一个拉伸试件,一个冷弯试件。 (3)钢筋试件数量:热轧光圆钢筋拉伸试验 2 根、弯曲试验 2 根。 热轧带肋钢筋拉伸试验 2 根、弯曲试验 2 根。 低碳钢热轧圆盘条拉伸试验 1 根、弯曲试验 2 根。 余热处理钢筋拉伸试验 2 根、弯曲试验 2 根。 冷轧带肋钢筋拉伸试验每盘 1 根、弯曲试验每批 2 根
(7)预应力混凝土用钢丝	(1)由同一牌号、同一规格、同一生产工艺制造的钢丝组成,每批质量不大于 60 t; (2)钢丝的检查应按《钢丝验收、包装、标志及质量证明书的一般规定》(GB/T 2013—2008)的要求执行,在每盘钢丝的两端进行抗拉强度、弯曲和伸长率的试验,每次至少 3 根
(8)预应力混凝土用钢铰线	(1)预应力用钢绞线应成批验收,每批由同一牌号、同一规格、同一生产工艺的钢绞线组成,每批质量不大于 60 t; (2)从每批钢绞线中任取 3 盘,从每盘所选的钢绞线端部正常部位截取一根进行表面质量、直径偏差、捻距和力学性能试验,如每批少于 3 盘,则应逐盘进行上述检查,屈服试验和松弛试验每季度抽检一次,每次不少于 1 根

6.5.2　钢筋内径偏差检测

6.5.2.1　目的

钢筋内径偏差的测定主要用来衡量钢筋质量。

6.5.2.2　仪器设备

游标卡尺,精度 0.01 mm。

6.5.2.3　试验步骤

(1)从不同根钢筋上截取,数量不少于 5 支,每支试样长度不小于 500 mm。

(2)应逐支清除钢筋表面的锈蚀和污垢。

(3)在与轴线垂直的平面上,以垂直方向逐支测量钢筋内径,钢筋内径的测量应精确到 0.1 mm,计算出 5 个试样钢筋内径的平均值。

6.5.2.4　试验结果处理与评定

(1)内径偏差=试样内径平均值-公称尺寸。

(2)钢筋内径偏差检验结果符合表 6-12、表 6-13 要求为合格。

表 6-12　钢筋混凝土用热轧带肋钢筋(GB/T 1499.2—2018)

公称直径(mm)	内径(mm)		公称直径(mm)	内径(mm)	
	公称尺寸	允许偏差		公称尺寸	允许偏差
6	5.8	±0.3	20	19.3	±0.5
8	7.7	±0.4	22	21.3	
10	9.6		25	24.2	
12	11.5		28	27.2	±0.6
14	13.4		32	31.0	
16	15.4		36	35.0	
18	17.3		40	38.7	±0.7
			50	48.5	±0.8

表 6-13　钢筋混凝土用热轧光圆钢筋(GB/T 1499.1—2017)

公称直径(mm)	内径(mm)	公称直径(mm)	内径(mm)
	允许偏差		允许偏差
6	±0.3	14	±0.4
8		16	
10		18	
12		20	
		22	

6.5.3　钢筋质量偏差检测

6.5.3.1　检测目的

钢筋质量偏差的测定主要用来衡量钢筋交货质量。

6.5.3.2　主要仪器设备

(1)钢直尺:量程 100 cm,最小刻度 1 mm。

(2)电子天平:最小分度不大于总质量的 1%,精确至 1 g。

6.5.3.3　试样准备

试样应从不同根钢筋上截取,数量不少于 5 支,每支试样长度不小于 500 mm。为方便试验操作,推荐取 5 根长度为 520 mm 左右的钢筋试样,每根钢筋两端需打磨成与钢筋轴线垂直的平整面。

6.5.3.4　试验步骤

(1)试验前准备:

①先清理干净钢筋表面附着的异物(混凝土、沙、泥等)。

②检查钢直尺,检查电子天平并归零。

③检查钢筋规格是否与接样单及质保书对应,钢筋两端是否平整,初步测量试样长度看是否符合标准要求(不小于 500 mm)。

(2)将钢筋试样放置于已归零的电子天平上,称量总质量并记录。

(3)用钢尺逐支量取钢筋试样长度并记录。

6.5.3.5　试验结果计算与评定

(1)钢筋实际质量与理论质量的偏差(%)按式(6-3)计算:

$$\text{质量偏差}=\frac{\text{试样实际总质量}-(\text{试样总长度}\times\text{理论质量})}{\text{试样总长度}\times\text{理论质量}}\times 100\% \tag{6-3}$$

(2)检验结果的数值修约与判定应符合 YB/T 081 的规定,即修约至 1%。

(3)其检测结果按照标准《钢筋混凝土用钢　第 1 部分:热轧光圆钢筋》(GB/T 1499.1—2017)与《钢筋混凝土用钢　第 2 部分:热轧带肋钢筋》(GB/T 1499.2—2018)中的规定作"符合标准要求"或者"不符合标准要求"的判定。

6.5.4　拉伸试验

6.5.4.1　试验目的

测定钢材的力学性能,评定钢材质量。

6.5.4.2　主要仪器设备

(1)试验机:应按照《静力单轴试验机的检验　第 1 部分:拉力和(或)压力试验机测力系统的检验与校准》(GB/T 16825.1—2008)进行检测,并应为Ⅰ级或优于Ⅰ级准确度。

(2)引伸计:其准确度应符合《金属材料　单轴试验用引伸计系统的标定》(GB/T 12160—2019)的要求。

(3)试样尺寸的量具:按截面尺寸不同,选用不同精度的量具。

6.5.4.3　试验条件

(1)检测速率。除非产品标准另有规定,试验速率取决于材料特性并应符合《金属材料　拉伸试验　第 1 部分:室温试验方法》(GB/T 228.1—2010)的规定。

(2)夹持方法。应使用楔形夹头、螺纹夹头、套环夹头等合适的夹具夹持试样。应尽最大努力确保夹持的试样受轴向拉力的作用。

6.5.4.4　试件的制备

(1)试件的长度:一般可以取($5d_0+200$) mm 或($10d_0+200$) mm,也可以根据试验机上、下夹头间最小距离和夹头的长度确定。

(2)直径为 8~40 mm 的钢筋试件一般不经车削加工。如受试验机吨位限制,直径为 22~40 mm 的钢筋可进行车削加工,制成直径为 20 mm 的标准试件。

(3)原始标距长度 L_0 的标记。在试件表面用铅笔画出平行于其轴线的直线,在直线上用浅冲眼冲出标距端点,并沿标距长度用油漆画出 10 等分点,以便计算试件的伸长率。长试件的标距为 $10d_0$,短试件的标距为 $5d_0$。

6.5.4.5　试验步骤

1. 试件原始尺寸的测定

(1)测量标距长度 L_0,精确至 0.1 mm。

(2)横截面面积 S_0 的测定。

①未经过车削加工的试样,要按质量法求出横截面面积 S_0,见式(6-4):

$$S_0 = \frac{Q}{\rho L} \tag{6-4}$$

式中 S_0—— 试件的横截面面积,cm^2;

Q—— 试件的质量,g;

L—— 试件的长度,cm;

ρ—— 钢筋密度,7.85 g/cm^3。

②经过车削加工的标准圆形试件横截面直径应在标距的两端及中间处两个相互垂直的方向上各测一次,取算术平均值,选用3处测得的横截面面积中最小值,横截面面积按式(6-5)计算:

$$S_0 = \frac{1}{4}\pi d_0^2 \tag{6-5}$$

式中 S_0——试件的横截面面积,cm^2;

d_0——圆形试件原始横截面直径,mm。

2. 屈服点荷载、抗拉极限荷载测定

1)指针方法

(1)调整试验机测力度盘的指针,使其对准零点,并拨动副指针,使其与主指针重叠。

(2)将试件固定在试验机夹头内,开动试验机进行拉伸。拉伸速度为:屈服前,应力增加速度为 10 MPa/s;屈服后,试验机活动夹头在荷载下的移动速度为不大于 0.5 L_c/min,$L_c = L_0 + 2h_1$(L_c 为平行长度,L_0 为原始标距,h_1 为预留长度)。

(3)拉伸中,测力度盘的指针停止转动时的恒定荷载,或指针第一回转时的最小荷载,即为求得的屈服点荷载 P_s。

(4)向试件连续施荷直至拉断,由测力度盘读出最大荷载,即为所求的抗拉极限荷载 P_b。

2)微机处理法

(1)关闭送油阀门,按上夹具和下夹具按钮,将试件固定在试验机夹头内。

(2)调出拉伸试验程序,调出要标志的屈服荷载和抗拉荷载,让微机数据记录归零,开动送油阀门装置,控制送油速度。

(3)微机自动记录荷载与变形图、应力应变图或者屈服强度和抗拉强度,微机自动分析。

3. 伸长率的测定

将已拉断试件的两端在断裂处对齐,尽量使其轴线位于一条直线上。如拉断处由于各种原因形成缝隙,则此缝隙应计入试件拉断后的标距部分长度内。此时标距内的长度 L_1 测定方法有两种。

(1)直测法。如拉断处到邻近标距端点的距离大于 $1/3L_0$,可用卡尺直接量出已被拉长的标距长度 L_1。

(2)移位法。如拉断处到邻近标距端点的距离小于或等于 $1/3L_0$,可按下述移位法计

算标距 L_1。

在长段上，从拉断 O 点取基本等于短段格数，得 B 点。接着取等于长段所余格数，如果格数为偶数，取其一半，得 C 点；如果为奇数，取等于长段所余格数减1与一半加1之和，得 C 与 C_1 点；移位后 L_1 分别为 $AO+OB+2BC$ 或 $AO+OB+BC+BC_1$。

6.5.4.6　**试验结果处理**

(1)屈服强度按式(6-6)计算：

$$\sigma_s = \frac{P_s}{S_0} \tag{6-6}$$

式中　σ_s——屈服强度，MPa；

P_s——屈服时的荷载，N；

S_0——试件原始横截面面积，mm^2。

(2)抗拉强度按式(6-7)计算：

$$\sigma_b = \frac{P_b}{S_0} \tag{6-7}$$

式中　σ_b——抗拉强度，MPa；

P_b——抗拉破坏时的荷载，N；

S_0——试件原始横截面面积，mm^2。

(3)伸长率按式(6-8)计算(精确至1%)：

$$\delta_{10}(\delta_5) = \frac{L_1 - L_0}{L_0} \times 100\% \tag{6-8}$$

式中　$\delta_{10}(\delta_5)$——$10d_0$ 或 $5d_0$ 时的伸长率；

L_0——原始标距长度，mm，$L_0 = 10d_0$ 或 $L_0 = 5d_0$；

L_1——试件拉断后直接量出或按移位法确定的标距部分长度，mm(精确0.1 mm)。

当试验结果有一项不合格时，应另取双倍数量的试样重做试验；如仍有不合格项目，则该批钢材判为拉伸性能不合格。如试件在标距端点上或标距处断裂，则试验结果无效，应重新试验。

6.5.5　钢筋的冷弯试验

6.5.5.1　**试验目的**

通过检验钢筋的工艺性能评定钢筋的质量，从而确定其可加工性能，并显示其缺陷。

6.5.5.2　**主要仪器设备**

(1)万能试验机。

(2)压力机。

(3)特殊试验机或圆口老虎钳和弯钩机等。

6.5.5.3　**试件的制备**

(1)试件不经车削，长度$(5a+150a)$mm，a 为试件的直径或厚度。

(2)试件的弯曲表面不得有刻痕。

(3)试样加工时，应去除剪切或火焰切割等形成的影响区域。

(4)当钢筋直径小于 35 mm 时,不需加工,直接试验;若试验机能量允许,可加工直径不大于 50 mm 的试件。

(5)直径大于 35 mm 时,应加工成直径 25 mm 的试件。加工时应保留一侧原表面,弯曲试验时,原表面应位于弯曲的外侧。

6.5.5.4　**试验步骤**

(1)试验前,测量试验尺寸是否合格。

(2)按图 6-14 所示调整试验机平台上支辊距离为 L_1,$L_1=(d+2.5a)\pm0.5a$,并且在试验过程中不允许有变化。d 为冷弯冲头直径,$d=na$,a 为钢筋直径,n 为自然数,其值大小根据钢筋级别确定。

(3)将试件按图 6-14(a)所示安放好后,平稳地加荷,钢筋弯曲至规定角度(90°或 180°)后,停止冷弯,见图 6-14(b)、(c)。

(4)卸载,关闭试验机,取下试件进行结果评定。

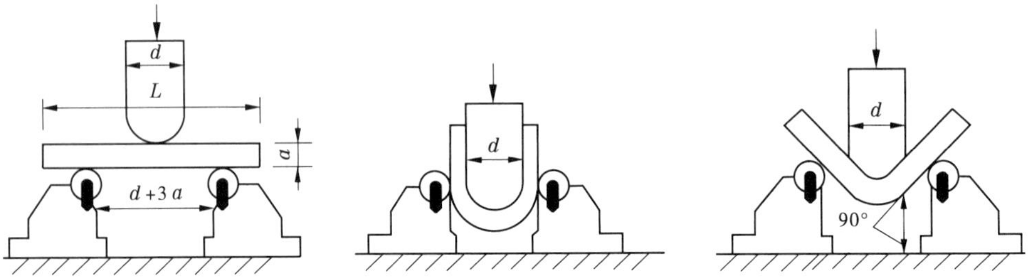

(a)装好的试件　(b)弯曲180°　(c)弯曲90°

图 6-14　钢筋弯曲试验示意图

6.5.5.5　**试验结果处理**

按以下 5 种试验结果评定方法进行,若无裂纹、裂缝或断裂,则评定试件合格。

(1)完好。试件弯曲处的外表面金属基本上无肉眼可见因弯曲变形产生的缺陷时,称为完好。

(2)微裂纹。试件弯曲外表面金属出现细小裂纹,其长度不大于 2 mm,宽度不大于 0.2 mm,称为微裂纹。

(3)裂纹。试件弯曲外表面金属出现裂纹,其长度大于 2 mm,而小于或等于 5 mm,宽度大于 0.2 mm,而小于或等于 0.5 mm 时,称为裂纹。

(4)裂缝。试件弯曲外表面金属基本上出现明显开裂,其长度大于 5 mm,宽度大于 0.5 mm,称为裂缝。

(5)裂断。试件弯曲外表面出现沿宽度贯穿的开裂,其深度超过试件厚度的 1/3 时,称为裂断。

在微裂纹、裂纹、裂缝中规定的长度和宽度,只要有一项达到某规定范围,即应该按级评定。

基础训练

6-1 下列符号的含义是什么：σ_s，σ_b，$\sigma_{0.2}$，δ_5，δ_{10}，HB，α_k？对同种钢材来说，δ_5 和 δ_{10} 有何关系？

6-2 碳素结构钢如何划分牌号？牌号与性能之间有何关系？为什么 Q235 号钢被广泛应用于建筑工程？

6-3 低合金高强度结构钢较之碳素结构钢有何优点？建筑上常用哪些牌号？

能力训练

6-1 解释下列钢牌号的含义（所属钢种及各符号、数字的意义），若以 Q235 的力学性能为基准，试估计其他牌号钢的力学性能。

(1) Q235DZ　　(2) Q420D　　(3) HRB400

(4) 45　　(5) CTB 650ϕ^T8—Ⅲ　　(6) CRB650

(7) 预应力钢绞线(1×7)C-12.70-1860-GB/T 5224—2014。

6-2 简述钢筋试验的要点。

6-3 从进货的一批热轧带肋钢筋中抽样，并截取两根钢筋做拉伸试验，测得如下结果：达到屈服下限的荷载分别为 42.4 kN 和 41.5 kN，拉断时荷载分别为 62.0 kN 和 61.6 kN。钢筋公称直径为 12 mm，标距为 60 mm，拉断时长度分别为 71.1 mm 和 71.5 mm。试确定其牌号，并说明其使用中的安全可靠程度。

项目 7　防水材料

【学习目标】

知识目标

1. 了解几种防水材料。

2. 掌握几种防水材料的性能。

技能目标

1. 能进行防水材料的选择。

2. 具有对常用防水材料试验的能力。

【项目导图】

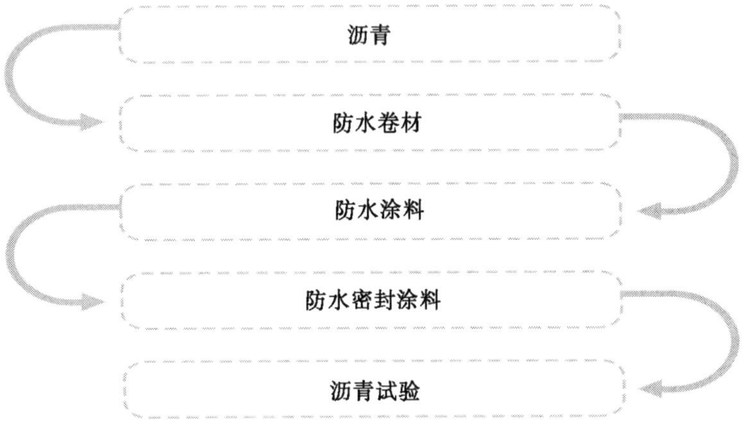

任务 1　沥　青

沥青是一种有机胶凝材料，它是复杂的高分子碳氢化合物及非金属(氧、硫、氮等)衍生物的混合物。在常温下为黑色或黑褐色液体、固体或半固体，具有明显树脂特性，能溶于二硫化碳、四氯化碳、苯及其他有机溶剂。沥青极难溶于水，而且构造密实，具有良好的憎水性、黏结性和塑性，能抵抗冲击荷载的作用，是建筑工程中应用最广泛的一种防水材料；沥青能抵抗一般酸、碱、盐等侵蚀性液体和气体的侵蚀，故在工程中广泛应用于防水、防潮、防腐和路面等材料。

生产防水材料的基本材料有石油沥青、煤沥青、改性沥青等。

沥青可分为地沥青和焦油沥青两大类：

- 沥青
  - 地沥青(松香柏油)
    - 石油沥青
    - 天然沥青
  - 焦油沥青(柏油、臭柏油)
    - 煤沥青
    - 木沥青
    - 泥炭沥青
    - 页岩沥青

地沥青俗称松香柏油,按其产源不同分为石油沥青和天然沥青两种。石油沥青是由石油原油炼制出汽油、煤油、柴油及润滑油等以后的副产品经过加工而成的,天然沥青是由沥青矿提炼加工而成的。

焦油沥青俗称柏油、臭柏油,是干馏各种固体或液体燃料及其他有机材料所得的副产品,包括煤焦油蒸馏后的残余物即煤沥青、木焦油蒸馏后的残余物即木沥青等。页岩沥青是由页岩提炼石油后的残渣加工制得的。

沥青与许多材料的表面有良好的黏结力,它不仅能黏附于矿物材料的表面,而且能黏附在木材、钢铁等材料的表面。它的资源丰富、价格低廉、施工方便、实用价值很高。在建筑工程上主要用于屋面及地下建筑防水或用于耐腐蚀地面及道路路面等,也可用于制造防水卷材、防水涂料、嵌缝油膏、黏合剂及防锈防腐涂料。沥青已成为建筑中不可缺少的建筑材料。

工程中常用的沥青材料主要为石油沥青和煤沥青,石油沥青的技术性质优于煤沥青,在工程中应用更为广泛。本项目主要介绍常用的石油沥青、沥青防水材料及沥青混合料。

7.1.1　石油沥青

石油沥青是由石油原油经蒸馏等炼制工艺提炼出各种轻质油(汽油、煤油、柴油等)和润滑油后的残余物,经加工所得的重质产品。石油沥青是黑色或棕褐色的黏稠状或固体状物质,燃烧时略有松香或石油味,但无刺激性臭味,韧性较好,略有弹性。石油沥青的化学成分很复杂,很难把其中的化合物逐个分离出来,且化学组成与技术性质间没有直接的关系,因此为了便于研究,通常将其中的化合物按化学成分和物理性质比较接近的,划分为若干组分(又称组丛)。

7.1.1.1　石油沥青的组分

一般情况下,石油沥青分为三大组分,即油分、树脂和地沥青质。除三大组分外,还含有其他成分,但由于含量很少,因此可忽略不计。

1. 油分

油分为流动至黏稠的液体,颜色为无色至浅黄色,有荧光,密度为 0.6~1.00 g/cm^3,分子量为 100~500,是沥青分子中分子量最低的化合物,能溶于大多数有机溶剂,但不溶于酒精。在石油沥青中,油分的含量为 40%~60%。油分使石油沥青具有流动性,在 170 ℃加热较长时间可挥发。油分含量越高,沥青的软化点越低,流动性越大,但温度稳定性差。

2. 树脂

树脂为红褐色至黑褐色的黏稠半固体,密度为 1.00~1.10 g/cm^3,分子量为 650~

1 000，能溶于大多数有机溶剂，但在酒精和丙酮中的溶解度极低，熔点低于 100 ℃、在石油沥青中，树脂的含量为 15%～30%，在沥青中绝大部分属于中性树脂，它使石油沥青具有良好的塑性和黏结性，另有少量（约 1%）的酸性树脂，是沥青中表面活性物质，能增强沥青与矿物材料的黏结。

3. 地沥青质

地沥青质为深褐色至黑色的硬、脆的无定形不溶性固体，密度为 1.10～1.15 g/cm^3，分子量为 2 000～6 000。除不溶于酒精、石油醚和汽油外，易溶于大多数有机溶剂。在石油沥青中，地沥青质含量为 10%～30%。地沥青质是决定石油沥青热稳定性和黏性的重要组分，含量越多，软化点越高，也越硬、脆。地沥青质加热时会分解，逸出气体而成焦炭。

此外，石油沥青中往往还含有一定量的固体石蜡，是沥青中的有害物质，会使沥青的黏结性、塑性、耐热性和稳定性变坏。

石油沥青的性质与各组分之间的比例密切相关。液体沥青中油分、树脂多，流动性好；而固体沥青中树脂、地沥青质多，特别是地沥青质多，热稳定性和黏性好。

石油沥青中的这几个组分的比例，并不是固定不变的，在热、阳光、空气和水等外界因素作用下，组分在不断改变，即由油分向树脂、树脂向地沥青质转变，油分、树脂逐渐减少，而地沥青质逐渐增多，使沥青流动性、塑性逐渐变小，脆性增加直至脆裂。这个现象称为沥青材料的老化。

7.1.1.2　石油沥青的结构

沥青中的油分和树脂可以互溶，而只有树脂才能浸润地沥青质。以地沥青质为核心，周围吸附部分树脂和油分，构成胶团，无数胶团分散在油分中形成胶体结构，并随着各化学组分的含量及温度而变化，使沥青形成了不同类型的胶体结构，这些结构使石油沥青具有各种不同的技术性质。

当地沥青质含量较少时，油分及树脂含量较多，地沥青质在胶体结构中运动较为自由，形成了溶胶结构，如图 7-1（a）所示，这是液体石油沥青的结构特征。具有溶胶结构的石油沥青，黏滞性小而流动性大，塑性好，但温度稳定性较差。

当地沥青质含量适当，并有较多的树脂作为保护层时，它们组成的胶团之间有一定的吸引力。这类沥青在常温下变形的最初阶段，表现出明显的弹性效应。大多数优质沥青属于溶、凝胶型沥青，也称弹性溶胶。在常温下的黏稠沥青（固体、半固体状）即属于此种结构，如图 7-1（b）所示。

当地沥青质含量增多，油分及树脂含量减少时，地沥青质成为不规则空间网状的凝胶结构，如图 7-1（c）所示。这种结构的石油沥青具有弹性，且黏结性及温度稳定性较好，但塑性较差。

石油沥青的结构状态随温度不同而改变。当温度升高时，固体石油沥青中易熔成分逐渐转变为液体，使原来的凝胶结构状态逐渐转变为溶胶状态；但当温度降低时，它又可以恢复为原来的结构状态。

7.1.1.3　石油沥青的主要技术性质

1. 黏滞性

黏滞性是指石油沥青在外力作用下抵抗变形的性能。黏滞性的大小，反映了胶团之

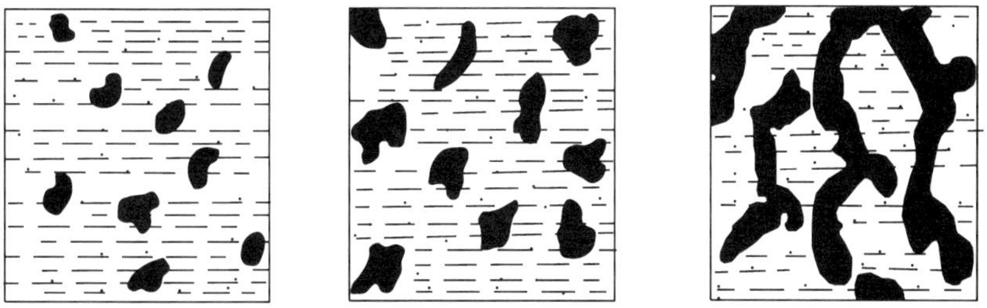

(a)溶胶结构　(b)溶、凝胶结构　(c)凝胶结构

图 7-1　沥青胶体结构示意

间吸引力的大小,即反映了胶体结构的致密程度。当地沥青质含量较高,有适量树脂,但油分含量较少时,黏滞性较大。在一定温度范围内,当温度升高时,黏滞性随之降低,反之则增大。表征沥青黏滞性的指标,对于液体沥青是黏滞度,它表示液体沥青在流动时的内部阻力。测试方法是液体沥青在一定温度(25 ℃或 60 ℃)条件下,经规定直径(3.5 mm 或 10 mm)的孔漏下 50 mL 所需的秒数。半固体或固体石油沥青黏滞性用针入度表示,针入度值大,说明沥青流动性越大,黏滞性越小。针入度的范围在 5~200 度。它是很重要的技术指标,是划分沥青牌号的主要依据。

2. 塑性

塑性是指石油沥青在外力作用时产生变形,除去外力后仍保持变形后的形状不变,而且不发生破坏(裂缝或断开)的性能。塑性反映了沥青开裂后自愈能力及受机械应力作用后变形而不破坏的能力。沥青之所以能被制成性能良好的柔性防水材料,在很大程度上取决于这种性质。

沥青的塑性与它的组分和所处温度及沥青膜层厚度密切相关。沥青的塑性一般随其温度的升高而增大,随温度的降低而减小;膜层增厚,则塑性也增大。在常温下,沥青的塑性较好,对振动和冲击作用有一定的承受能力,因此常将沥青铺作路面。地沥青质含量相同时,树脂和油分的比例决定沥青的塑性大小,树脂含量越多,其他组分含量适当,沥青的塑性越大。

沥青的塑性用延度("延伸度"或"延伸率")表示,常用沥青延度仪来测定。具体测试是将沥青制成 8 字形试件,试件中间最窄处横断面面积为 1 cm^2。一般在 25 ℃水中,以每分钟 5 cm 的速度拉伸,至拉断时试件的伸长值即为延度,单位为 cm。其延度测试如图 7-2 所示。延度越大,说明沥青的塑性越好,变形能力越强,在使用中能随建筑物的变形而变形,且不开裂。

3. 温度敏感性(温度稳定性)

温度敏感性也称温度稳定性,是指沥青的黏滞性和塑性在温度变化时不产生较大变化的性能。温度敏感性越大,则沥青的温度稳定性越低。温度敏感性大的沥青,在温度降低时,很快变成脆硬的物体,受外力作用极易产生裂缝以致破坏;而当温度升高时即成为液体流淌,失去防水能力。因此,温度敏感性是评价沥青质量的重要性质。使用温度稳定性好的沥青,可以保证在夏天不流淌,冬天不脆裂,保持良好的工程应用性能。温度稳定性包括耐高温的性质及耐低温的性质。

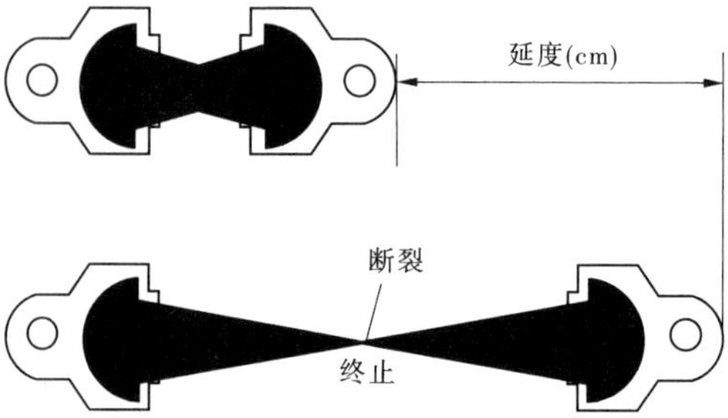

图 7-2 延度测定示意图

耐高温即耐热性是指石油沥青在高温下不软化、不流淌的性能,通常用“软化点”表示。软化点是指沥青材料由固体状态转变为具有一定流动性膏体的温度。软化点可通过“环球法”试验测定,如图 7-3 所示。将沥青试样装入规定尺寸的铜杯中,上置规定尺寸和质量的钢球,放在水或甘油中,以每分钟升高 5 ℃的速度加热至沥青软化下垂达 25.4 mm 时的温度(℃),即为沥青软化点。

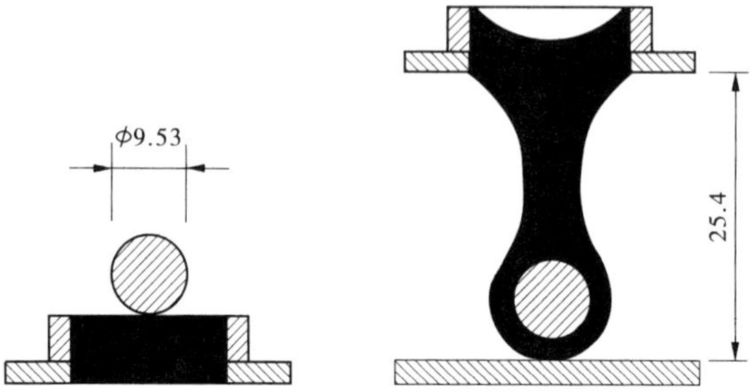

图 7-3 软化点测定示意图 (单位:mm)

不同的沥青软化点不同,大致为 25~100 ℃。软化点高,说明沥青的耐热性好,但软化点过高,又不易加工;软化点低的沥青,夏季易产生变形,甚至流淌。

耐低温一般用脆点表示。将沥青涂在一标准金属片上(厚度约 0.5 mm),将金属片放在脆点仪中,一边降温,一边将金属片反复弯曲,直至沥青薄层开始出现裂缝时的温度(℃)称为脆点。

在实际应用中,总希望沥青具有高软化点和低脆化点(当温度在非常低的范围时,整个沥青就好像玻璃一样脆硬,一般称作“玻璃态”,沥青由玻璃态向高弹态转变的温度即为沥青的脆化点)。为了提高沥青的耐寒性和耐热性,常常对沥青进行改性,如在沥青中掺入增塑剂、橡胶、树脂和填料等。沥青的软化点越高、脆点越低,则沥青的温度敏感性越小,温度稳定性越好。

4. 大气稳定性

大气稳定性是指石油沥青在热、阳光、水分和空气等大气因素作用下性能稳定的能力,也即沥青的抗老化性能,它反映了沥青材料的耐久性。在自然气候的作用下,沥青的化学组分和性能都会发生变化,低分子物质将逐渐转变为大分子物质,流动性和塑性逐渐减小,脆硬性逐渐增大,直至脆裂,甚至完全松散而失去黏结力。

石油沥青的大气稳定性常用蒸发损失和针入度变化等试验结果进行评定。蒸发损失少,蒸发后针入度变化小,则大气稳定性高,即老化较慢。测定方法是:先测定沥青试样的质量和针入度,然后将试样置于加热损失专用烘箱内,在160 ℃下蒸发5 h,待冷却后再测定其质量及针入度。蒸发损失越小,蒸发后与蒸发前的针入度之比越大,表示大气稳定性越高,老化越慢。石油沥青技术标准规定:160 ℃ 5 h的加热损失不超过1.0%,蒸发后与蒸发前的针入度之比不小于60%。

5. 最高加热温度

各种沥青都必须有其固定的最高加热温度,其值必须低于闪点和燃点。在施工现场熬制沥青时,应特别注意加热温度。当超过最高加热温度时,由于油分的挥发,可能发生沥青锅起火、爆炸、烫伤人等事故。

闪点是指沥青达到软化点后再继续加热,产生的挥发性气体与空气混合,在一定条件下与火焰接触,初次产生蓝色闪光时的沥青温度。燃点是指沥青温度达到闪点,温度如再上升,与火接触而产生的火焰能持续燃烧5 s以上时,这个开始燃烧时的温度即为燃点。沥青的闪点和燃点的温度值通常相差10 ℃。液体沥青由于轻质成分较多,闪点和燃点的温度值相差很小。

6. 溶解度

溶解度是指沥青在溶剂中(苯或二硫化碳)可溶部分质量占全部质量的百分数。沥青溶解度可用来确定沥青中有害杂质含量。沥青中有害杂质含量多,会降低沥青的黏滞性。一般石油沥青溶解度高达98%以上,而天然沥青因含不溶性矿物质,溶解度低。

7. 水分

沥青几乎不溶于水,具有良好的防水性能。但沥青材料也不是绝对不含水的,水在纯沥青中的溶解度为0.001%~0.01%。沥青吸收的水分取决于其所含能溶于水的盐分的多少,沥青含盐分越多,水作用时间越长,水分就越大。

由于沥青中含有水分,施工中挥发太慢,影响施工进度,施工前要进行加热熬制。沥青在加热过程中水分形成泡沫,并随温度的升高而增多,易发生溢锅现象,以致引起火灾。所以在加热过程中,应不断搅拌,促进水分蒸发,并降低加热温度。锅内沥青不要装得过满。

7.1.1.4 石油沥青的分类、标准及应用

1. 石油沥青的分类及技术标准

按原油的成分分为石蜡基沥青、沥青基沥青和混合基沥青;按加工方法不同分为直馏沥青、氧化沥青、裂化沥青等;按沥青用途不同分为道路石油沥青、建筑石油沥青、专用石油沥青和普通石油沥青。

道路石油沥青是石油蒸馏的残留物或将残留物氧化而制得的,适用于铺筑道路及制作屋面防水层的黏结剂,或制造防水纸及绝缘材料用。

建筑石油沥青是用原油蒸馏后的重油经氧化所得的产物,适用于建筑工程及其他工程的防水、防潮、防腐蚀、胶结材料和涂料,制造油毡、油纸等防水卷材和绝缘材料等。

专用石油沥青指有特殊用途的沥青,是石油经减压蒸馏的残渣经氧化而制得的高熔点沥青,适用于电缆防潮防腐、电气绝缘填充材料、配制油漆等。

普通石油沥青(又称多蜡沥青)是由石蜡基原油减压蒸馏的残渣经空气氧化而得的。

由于其含有较多的石蜡,温度稳定性、塑性较差,黏性较小,一般不宜直接用于防水工程,常与建筑石油沥青等掺配使用,或经脱蜡处理后使用。

石油沥青的牌号主要根据针入度、延度和软化点等指标划分,并以针入度值表示。每个牌号的沥青应保证相应的延度、软化点、溶解度、蒸发损失、蒸发后针入度比、闪点等。各类按技术性质划分牌号。各牌号的主要技术指标如表 7-1 所示。

表 7-1　各品种石油沥青的技术标准

质量标准	道路石油沥青(SH 0522—2010)					建筑石油沥青(GB/T 494—2010)			防水防潮石油沥青(SH/T 0002—1990)				普通石油沥青(SY 1665—77)(1988 确认)		
	200号	180号	140号	100号	60号	10号	30号	40号	3号	4号	5号	6号	75	65	55
针入度(25 ℃,100 g,1/10 mm)	200~300	150~200	110~150	80~110	50~80	10~25	26~35	36~50	25~45	20~40	20~40	30~50	75	65	55
延度(25 ℃),不小于(cm)	20	100	100	90	70	1.5	2.5	3.5					2	1.5	1
软化点(环球法)(℃)	30~45	35~45	38~48	42~52	45~55	95	75	60							
针入度指数,不小于									3	4	5	6			
溶解度(三氯乙烯三氯甲烷或苯),不小于(%)	99.0	99.0	99.0	99.0	99.0	99.5	99.5	99.5	98	98	95	92	98	98	98
蒸发损失(160 ℃,5 h),不大于(%)	1	1	1	1	1	1	1	1							
蒸发后针入度比,不小于(%)	50	60	65	65	70	65	65	65							
闪点(开口),不低于(℃)	180	200	230	230	230	260	260	260	250	270	270	270	230	230	230
脆点,不高于(℃)						报告	报告	报告	-5	-10	-15	-20			

从表 7-1 可知,道路石油沥青、建筑石油沥青的牌号主要是依据针入度大小来划分

的。牌号越大,沥青越软;牌号越小,沥青越硬。随着牌号增大,沥青的黏性变小,塑性增大,温度敏感性增大(软化点降低)。

2. 石油沥青的应用

使用石油沥青时,应对其牌号加以鉴别。在施工现场的简易鉴别方法如表 7-2 和表 7-3 所示。

表 7-2　石油沥青外观简易鉴别

沥青形态	外观简易鉴别
固体	敲碎,检查新断口处,色黑而发亮的质好,暗淡的质差
半固体	膏状体,取少许,拉成细丝,越细长,质量越好
液体	黏性强,有光泽,没有沉淀和杂质的较好。也可用一根小木条,轻轻搅动几下后提起,成细丝越长的质量越好

表 7-3　石油沥青牌号简易鉴别

牌号	简易鉴别方法
140~100	质软
60	用铁锤敲,不碎,只变形
30	用铁锤敲,成为较大的碎块
10	用铁锤敲,成为较小的碎块

建筑石油沥青主要用于屋面、地下防水及沟槽防水、防腐蚀等工程。道路石油沥青主要用于配制沥青混凝土或沥青砂浆,用于道路路面或工业厂房地面等工程。根据工程需要还可以将建筑石油沥青与道路石油沥青掺配使用。一般屋面使用的沥青,软化点应比本地区屋面可能达到的最高温度高 20~25 ℃,以避免夏季流淌。

沥青在使用时,应根据当地的气候条件、工程性质(房屋、道路、防腐)、使用部位(屋面、地下)及施工方法具体选择沥青的品种和牌号。对一般温暖地区,受日晒或经常受热部位,为防止受热软化,应选择牌号较小的沥青;在寒冷地区,夏季暴晒、冬季受冻的部位不仅要考虑受热软化,还要考虑低温脆裂,应选用中等牌号沥青;对一些不易受温度影响的部位,可选用牌号较大的沥青。

水利工程中所用的沥青,要求具有较高的塑性和一定的耐热性。当缺乏所需牌号的石油沥青时,可采用两种不同牌号的沥青掺配(称调配沥青)使用。

两种牌号的沥青掺配时,参照下式计算:

$$\text{较硬沥青掺量} = \frac{\text{较硬沥青软化点} - \text{欲配沥青软化点}}{\text{较硬沥青软化点} - \text{较软沥青软化点}} \times 100\%$$

$$\text{较硬沥青掺量} = 100\% - \text{较软沥青掺量}$$

三种沥青掺配时,先求出两种沥青的配比,再与第三种沥青进行配比计算。

按计算结果试配,若软化点不能满足要求,应进行调整。

试配调整时,应以计算的掺配比例及相邻的掺配比例分别测出软化点,绘制掺配比—软化点曲线,从线上即可确定掺配比。

7.1.2　煤沥青

煤沥青是将煤在隔绝空气的条件下,高温加热干馏得到黏稠状煤焦油,再经蒸馏制取轻油、中油、重油、蒽油,所得残渣为煤沥青。烟煤干馏时所挥发的物质冷凝为煤焦油,煤焦油经分馏加工以后剩余的残渣即为煤沥青,实际上是炼制焦炭或制造煤气时所得到的副产品。

煤沥青可分为硬煤沥青和软煤沥青两种。硬煤沥青是从煤焦油中蒸馏出轻油、中油、重油及蒽油之后的残留物,常温下一般呈硬的固体;软煤沥青是从煤焦油中蒸馏出水分、轻油及部分中油后所得的产品。由于软煤沥青中保留一部分油质,故常温下呈黏稠液体或半固体。建筑工程中使用硬煤沥青时需掺入一定量的焦油进行掺配。

其化学成分和性质类似于石油沥青,煤沥青的主要技术性质大都不如石油沥青好,且有毒,易污染水质;韧性较差,容易因变形而开裂;温度敏感性较大,夏天易软化而冬天易脆裂;含挥发性成分和化学稳定性差的成分多,大气稳定性差,易老化;加热燃烧时,烟呈黄色,含有蒽、奈和酚,有刺激性臭味,有毒性,具有较高的抗微生物腐蚀作用;含表面活性物质较多,与矿物粒料表面的黏附能力较好。煤沥青在一般建筑工程上使用的不多,主要用于铺路、配制黏合剂与防腐剂,也有的用于地面防潮、地下防水等方面。按软化点的不同,煤沥青分为低温沥青、中温沥青和高温沥青,其技术标准[《煤沥青》(GB/T 2290—2012)]如表 7-4 所示。

表 7-4　煤沥青的技术标准

指标名称	低温沥青		中温沥青		高温沥青	
	1 号	2 号	1 号	2 号	1 号	2 号
软化点(℃)	35~45	46~75	80~90	75~95	95~100	95~120
甲苯不溶物含量(%)	—	—	15~25	≤25	≥24	—
灰分(%)	—	—	≤0.3	≤0.5	≤0.3	—
水分(%)	—	—	≤5.0	≤5.0	≤4.0	≤5.0
喹啉不溶物含量(%)	—	—	≤10	—	—	—
结焦值(%)	—	—	≥45	—	≥52	—

注:1. 水分只作生产操作指标,不作质量考核依据。
2. 沥青喹啉不溶物含量每月至少测定一次。

煤沥青的主要组分为油分、软树脂、硬树脂、游离碳和少量酸和碱物质等。煤沥青是一个复杂的胶体结构,在常温下,游离碳和硬树脂被软树脂包裹成胶团,分散在油分中,当温度升高时,油分的黏度明显下降,也使软树脂的黏度下降。

煤沥青与石油沥青在外观上有些相似,如不加以认真鉴别,易将它们混存或混用,造成防水材料的品质变坏。鉴别方法如表7-5所示。

表7-5 煤沥青与石油沥青的简易鉴别方法

鉴别方法	煤沥青	石油沥青
密度(g/cm^3)	约1.25	接近于1.0
锤击	韧性差(性脆),声音清脆	韧性较好,有弹性感,声哑
燃烧	烟呈黄色,有刺激性臭味	烟无色,无刺激性臭味
溶解颜色	用30~50倍汽油或煤油溶化,用玻璃棒沾一点滴于滤纸上,斑内棕外黑	按左面方法试验,斑点呈棕色

当石油沥青的某些性质达不到要求时,可用煤沥青掺配到石油沥青中制成混合沥青。混合沥青是煤沥青与石油沥青相互有限互溶的分散体系。体系的稳定性与分散介质的表面张力有关;二者的表面张力越小,混合体系越稳定。随着温度升高,煤沥青与石油沥青表面张力减小,在接近闪点时它们的表面张力最小,最易混合均匀,如超过闪点易发生火灾,因此混合温度以不超过闪点为宜。如将煤沥青与石油沥青分别溶解在溶剂里配成表面张力接近的溶液,或制成表面张力相近的乳状液和悬浮液,也可配成混合均匀的混合沥青。

7.1.3 改性沥青

改性沥青是掺加橡胶、树脂、高分子聚合物、磨细的橡胶粉或其他填料等外掺剂(改性剂),或采取对沥青轻度氧化加工等措施,使沥青或沥青混合料的性能得以改善制成的沥青结合料。其机制有两种:一是改变沥青化学组成,二是使改性剂均匀分布于沥青中形成一定的空间网络结构。

沥青具有良好的塑性,能加工成良好的柔性防水材料。但沥青耐热性与耐寒性较差,即高温下强度低,低温下缺乏韧性。这是沥青防水屋面渗漏现象严重、使用寿命短的原因之一。如前所述,沥青是由分子量为几百到几千的大分子组成的复杂混合物,但分子量比通常高分子材料(几万到几百万或以上)小得多,而且其分子量最高(几千)的组分在沥青中的比例比较小,决定了沥青材料的强度不高、弹性不好。为此,常添加高分子的聚合物对沥青进行改性。高分子的聚合物分子和沥青分子相互扩散、发生缠结,形成凝聚的网络混合结构,因而具有较高的强度和较好的弹性。

在固定的工厂生产成品改性沥青供应施工现场的方式,最大优点是使用十分方便,它与使用普通的沥青相比,除温度控制需要提高要求外,其余没有丝毫差别。但成品改性沥青的缺点是用户对基质沥青、改性剂的品种剂量不知情,尤其是成品改性沥青的离析问题有相当风险。用户和改性沥青厂家常常为质量问题发生纠纷,基本上都是离析问题。

现场加工模式是在沥青拌和厂工地,由一台改性沥青制作设备制作改性沥青供应一台拌和机的联机制作模式。这种现场制作、现场使用的方式的最大优点是基质沥青的品种、质量、改性剂品种、添加量清晰明确,一般不会出现弄虚作假的情况,只要检查其磨细的程度,改性沥青的质量一般有保证。通常情况下,它不考虑在使用过程中的改性剂的离析问题,可以适用于 SBS、PE 等各种难加工及与沥青相容性很差的改性剂,改性效果也比较显著。

按掺用高分子材料的不同,改性沥青一般分为橡胶改性沥青、树脂改性沥青、橡胶和树脂共混改性沥青、再生胶改性沥青及矿物填充剂改性沥青等。

7.1.3.1　橡胶改性沥青

橡胶改性沥青与橡胶的混溶性较好,二者混溶后的改性沥青高温变形很小,常温弹性较好,低温时具有一定塑性。所用的橡胶有天然橡胶、合成橡胶(氯丁橡胶、丁基橡胶和丁苯橡胶等)、废旧橡胶。使用不同品种橡胶及掺入的量与方法不同,形成的改性沥青性能也不同。

7.1.3.2　树脂改性沥青

在沥青中掺入适量树脂后,可使沥青具有较好的耐高低温性、耐热性、黏结性和不透气性。树脂与石油沥青的相溶性较差,与煤沥青相溶性较好。常用树脂有 APP(无规聚丙烯)、聚乙烯和聚丙烯等。

7.1.3.3　橡胶和树脂共混改性沥青

在沥青中掺入适量的橡胶和树脂后,沥青兼具橡胶和树脂的特性,能获得较好的技术经济效果,常见的有氯化聚乙烯橡胶共混改性沥青及聚氯乙烯-橡胶共混改性沥青等。

7.1.3.4　矿物填充剂改性沥青

在沥青中掺入矿物填充料,用以增加沥青的黏结力、耐热性等,减小沥青的温度敏感性。常用的矿物粉有滑石粉、石灰粉、云母粉、石棉粉、硅藻土等。

任务 2　防水卷材

防水卷材是一种具有一定宽度和厚度的能够卷曲成卷状的带状定型防水材料。防水卷材是建筑防水工程中应用的主要材料,约占整个防水材料的 90%。防水卷材是主要用于建筑墙体、屋面、隧道、公路、垃圾填埋场等处,起到抵御外界雨水、地下水渗漏的一种可卷曲成卷状的柔性建材产品,作为工程基础与建筑物之间的无渗漏连接,是整个工程防水的第一道屏障,对整个工程起着至关重要的作用。防水卷材的品种很多,一般每一种防水卷材均使用多种原材料制成,如沥青防水卷材会用到沥青、纸或纤维织物(作基材)、聚合物(作改性材料)等。可以根据防水卷材中构成防水膜层的主要原料,将防水卷材分成沥青防水卷材、高分子改性沥青防水卷材和合成高分子防水卷材三类。但无论是何种防水卷材,要满足建筑防水工程的需要,均需具备以下性能:

(1)耐水性。

耐水性是指在水的作用下和被水浸润后其性能基本不变,在压力水作用下具有不透水性,常用不透水性、吸水性等指标表示。

(2)温度稳定性。

温度稳定性指在高温下不流淌、不起泡、不滑动,低温下不脆裂的性能,即在一定温度变化下保持原有性能的能力。常用耐热度、耐热性等指标表示。

(3)机械强度、延伸性和抗断裂性。

它指防水卷材承受一定荷载、应力或在一定变形的条件下不断裂的性能,常用拉力、拉伸强度和断裂伸长率等指标表示。

(4)柔韧性。

柔韧性指在低温条件下保持柔韧的性能。它对保证易于施工、不脆裂十分重要,常用柔度、低温弯折性等指标表示。

(5)大气稳定性。

大气稳定性指在阳光、热、臭氧及其他化学侵蚀介质等因素的长期综合作用下抵抗侵蚀的能力。常用耐老化性、热老化保持率等指标表示。

7.2.1　沥青防水卷材

沥青防水卷材是以沥青(石油沥青或煤焦油、煤沥青)为主要防水材料,以原纸、织物、纤维毡、塑料薄膜和金属箔等为胎基(载体),用不同矿物粉料或塑料薄膜等作隔离材料所制成的防水卷材,通常称为油毡。胎基是油毡的骨架,使卷材具有一定的形状、强度和韧性,从而保证了在施工中的铺设性和防水层的抗裂性,对卷材的防水效果有直接影响。

防水卷材要求有良好的耐水性,对温度变化的稳定性(高温下不流淌、不起泡、不滑动,低温下不脆裂),一定的机械强度、延伸性和抗断裂性,要有一定的柔韧性和抗老化性等。沥青防水卷材由于卷材质量轻、价格低廉、防水性能良好、施工方便、能适应一定的温度变化和基层伸缩变形,多年来在工业与民用建筑的防水工程中得到了广泛应用。目前,我国大多数屋面防水工程仍采用沥青防水卷材。通常根据沥青和胎基的种类对油毡进行分类,如石油沥青纸胎油毡和石油沥青玻纤油毡等。

7.2.1.1　**石油沥青纸胎油纸、油毡**

凡用低软化点热熔沥青浸渍原纸而制成的防水卷材都称为油纸;在油纸两面再浸涂软化点较高的沥青后,撒上防粘物料即成油毡。表面撒石粉作隔离材料的称为粉毡,撒云母片作隔离材料的称为片毡。

油纸主要用于建筑防潮和包装,也可用于多叠层防水层的下层或刚性防水层的隔离层。油毡适用面广,但石油沥青纸胎油毡的防水性能差、耐久年限低。建设部于1991年6月颁发的《关于治理屋面渗漏的若干规定》的通知中已明确规定:“屋面防水材料选用石油沥青油毡的,其设计应不少于三毡四油”。所以,纸胎油毡按规定一般只能做多叠层防水;片毡用于单层防水。石油沥青纸胎油毡按卷重和物理性能分为Ⅰ型、Ⅱ型、Ⅲ型。Ⅰ型、Ⅱ型油毡适用于辅助防水、保护隔离层、临时性建筑防水、防潮及包装等。Ⅲ型油毡适用于屋面工程的多层防水。石油沥青纸胎油毡的物理性能如表7-6所示。

表 7-6 各种类型的石油沥青纸胎油毡的物理性能(GB 326—2007)

项目		指标		
		Ⅰ型	Ⅱ型	Ⅲ型
单位面积浸涂材料总量(g/m^2) ≥		600	750	1 000
不透水性	压力(MPa) ≥	0.02	0.02	0.10
	保持时间(min) ≥	20	30	30
吸水率(%) ≤		3.0	2.0	1.0
耐热度		(85±2)℃,2 h 涂盖层无滑动、流淌和集中性气泡		
拉力(纵向)(N/50 mm)≥		240	270	340
柔度		(18±2)℃,绕 ϕ20 mm 棒或弯板无裂缝		

7.2.1.2 新型有胎油毡

新型有胎油毡是以玻璃纤维布、石棉布、麻布等为胎基,用沥青浸渍涂盖而成的防水卷材。与纸胎油毡相比,其抗拉强度、耐腐蚀性、耐久性都有较大提高,适用于防水性、耐久性和防腐性要求较高的工程。

7.2.1.3 沥青再生胶油毡

沥青再生胶油毡是用再生橡胶、10 号石油沥青和碳酸钙经混炼、压延而成的无胎防水卷材。它价格低廉,具有较好的弹性、抗蚀性、不透水性和低温柔韧性,并有较高的抗拉强度。适用于水工、桥梁、地下建筑物、管道等重要的防水工程和建筑物变形缝处防水。可进行单层冷防水施工。

7.2.2 高分子改性沥青防水卷材(SBS)

随着科学技术的发展,除传统的沥青防水卷材外,近年来研制出不少性能优良的新型防水卷材:如各种弹性或弹塑性的高分子改性沥青防水卷材,以及以橡胶改性沥青为主的新型防水材料,它们具有使用年限长、技术性能好、冷施工、操作简单、污染性低等特点。可以克服传统的纯沥青纸胎油毡低温柔性差、延伸率较低、拉伸强度及耐久性比较差等缺点,改善其各项技术性能,有效提高防水质量。

合成高分子改性沥青防水卷材,是以合成高分子聚合物改性沥青为涂盖层,纤维织物或纤维毡为胎体,粉状、粒状、片状和薄膜材料为覆盖面制成的可卷曲的片状防水材料,属新型中档防水材料。

7.2.2.1 合成高分子改性沥青防水卷材的质量要求

合成高分子改性沥青防水卷材的规格、外观质量、物理性能要求如表 7-7~表 7-9 所示。

表 7-7　合成高分子改性沥青防水卷材的规格

厚度(mm)	宽度(mm)	每卷长度(m)
2.0	≥1 000	15.0~20.0
3.0	≥1 000	10.0
4.0	≥1 000	7.5
5.0	≥1 000	5.0

表 7-8　合成高分子改性沥青防水卷材的外观质量要求

项目	外观质量要求
断裂、皱折、孔洞、剥离	不允许
边缘不整齐、砂砾不均匀	无明显差异
胎体未浸透、漏胎	不允许
涂盖不均匀	不允许

表 7-9　合成高分子改性沥青防水卷材的物理性能

项目		性能要求			
		Ⅰ型	Ⅱ型	Ⅲ型	Ⅳ型
拉伸性能	拉力(N)	≥400	≥400	≥50	≥200
	延伸率(%)	≥30	≥5	≥200	≥3
耐热度(85±2)℃,2 h		不流淌,无集中性气泡			
柔性(-5 ~ 25 ℃)		绕规定直径圆棒无裂痕			
不透水性	压力	≥0.2 MPa			
	保持时间	≥30 min			

7.2.2.2　弹性体改性沥青防水卷材(SBS)

弹性体改性沥青防水卷材(SBS)是以聚酯纤维无纺布为胎体,以苯乙烯-丁二烯-苯乙烯弹性体改性沥青为浸渍涂盖层,以塑料薄膜或矿物细料为隔离层制成的防水卷材。这类卷材具有较高的弹性、延伸率、耐疲劳性和低温柔性,主要用于屋面及地下室防水,尤其适用于寒冷地区,以冷法施工或热熔铺贴,适于单层铺设或复合使用。这类卷材的物理性能及其他技术指标如表 7-10 和表 7-11 所示。

表 7-10　弹性体改性沥青防水卷材的物理性能(GB 18242—2008)

序号	项目		指标				
			Ⅰ		Ⅱ		
			PY	G	PY	G	PYG
1	可溶物含量(g/m^3) ≥	3 mm	2 100				—
		4 mm	2 900				—
		5 mm	3 500				
		试验现象	—	胎基不燃	—	胎基不燃	—
2	耐热性	℃	110		130		
		≤mm	2				
		试验现象	无流淌、滴落				
3	低温柔性(℃)		-7		-15		
			无裂缝				
4	不透水性(30 min)(MPa)		0.3	0.2	0.3		
5	拉力	最大峰拉力(N/50 mm)≥	500	350	800	500	900
		次大峰拉力(N/50 mm)≥	—	—	—	—	800
		试验现象	拉伸过程中,试件中部无沥青涂盖层开裂或与胎基分离现象				
6	延伸率	最大峰时延伸率(%)≥	25	—	40	—	—
		第二峰时延伸率(%)≥	—		—		15
7	浸水后质量增加(%) ≤	PE、S	1.0				
		M	2.0				
8	热老化	拉力保持率(%) ≥	90				
		延伸率保持率(%) ≥	80				
		低温柔性(℃)	-2		-10		
			无裂缝				
		尺寸变化率(%) ≤	0.7	—	0.7	—	0.3
		质量损失(%) ≤	1.0				
9	接缝剥离强度(N/mm) ≥		1.0				
10	钉杆撕裂强度①(N) ≥		—				300
11	矿物粒料黏附性②(G) ≤		2.0				
12	卷材下表面沥青涂盖层厚度③(mm)≥		1.0				
13	人工气候加速老化	外观	无滑动、流淌、滴落				
		拉力保持率(%) ≥	80				
		低温柔性(℃)	-2		-10		
			无裂缝				

注:①仅适用于单层机械固定施工方式卷材。

②仅适用于矿物粒料表面的卷材。

③仅适用于热熔施工的卷材。

PY 为聚酯毡;G 为玻纤毡;PYG 为玻璃纤维增强聚酯毡;PE 为聚乙烯膜;S 为细砂;M 为矿物颗粒。

表 7-11 弹性体和塑性体改性沥青防水卷材的单位面积质量、面积及厚度

规格(公称厚度)(mm)		3			4			5		
上表面材料		PE	S	M	PE	S	M	PE	S	M
下表面材料		PE	PE、S		PE	PE、S		PE	PE、S	
面积 (m^2/卷)	公称面积	10、15			10、7.5			7.5		
	允许偏差	±0.10			±0.10			±0.10		
单位面积质量(kg/m^2)≥		3.3	3.5	4.0	4.3	4.5	5.0	5.3	5.5	6.0
厚度 (mm)	平均值≥	3.0			4.0			5.0		
	最小单值	2.7			3.7			4.7		

7.2.2.3 塑性体(APP)改性沥青防水卷材

塑性体(APP)改性沥青防水卷材是以 APP(无规聚丙烯)树脂改性沥青浸涂玻璃纤维或聚酯纤维(布或毡)胎基,上表面撒以细矿物粒料,下表面覆以塑料薄膜制成的防水卷材。这类卷材的弹塑性好,具有突出的热稳定性和抗强光辐射性,适用于高温和有强烈太阳辐射地区的屋面防水。单层铺设,可冷、热施工。其物理力学性能及技术指标见表 7-11 和表 7-12。

表 7-12 塑性体改性沥青防水卷材的物理性能(GB 18243—2008)

序号	项目		指标				
			Ⅰ		Ⅱ		
			PY	G	PY	G	PYG
1	可溶物含量 (g/m^3) ≥	3 mm	2 100				—
		4 mm	2 900				—
		5 mm	3 500				
		试验现象	—	胎基不燃	—	胎基不燃	—
2	耐热性	℃	110		130		
		≤mm	2				
		试验现象	无流淌、滴落				
3	低温柔性(℃)		-7		-15		
			无裂缝				
4	不透水性(30 min)(MPa)		0.3	0.2	0.3		

续表 7-12

序号	项目		指标				
			I		II		
			PY	G	PY	G	PYG
5	拉力	最大峰拉力(N/50 mm)≥	500	350	800	500	900
		次大峰拉力(N/50 mm)≥	—	—	—	—	800
		试验现象	拉伸过程中,试件中部无沥青涂盖层开裂或与胎基分离现象				
6	延伸率	最大峰时延伸率(%)≥	25	—	40	—	—
		第二峰时延伸率(%)≥	—		—		15
7	浸水后质量增加(%) ≤	PE、S	1.0				
		M	2.0				
8	热老化	拉力保持率(%) ≥	90				
		延伸率保持率(%) ≥	80				
		低温柔性(℃)	-2		-10		
			无裂缝				
		尺寸变化率(%) ≤	0.7	—	0.7	—	0.3
		质量损失(%) ≤	1.0				
9	渗油性	张数 ≤	2				
10	接缝剥离强度(N/mm) ≥		1.0				
11	钉杆撕裂强度①(N) ≥		—				300
12	矿物粒料黏附性②(G) ≤		2.0				
13	卷材下表面沥青涂盖层厚度③(mm) ≥		1.0				
14	人工气候加速老化	外观	无滑动、流淌、滴落				
		拉力保持率(%) ≥	80				
		低温柔性(℃)	-2		-10		
			无裂缝				

注:①仅适用于单层机械固定施工方式卷材。

②仅适用于矿物粒料表面的卷材。

③仅适用于热熔施工的卷材。

7.2.2.4 铝箔面石油沥青防水卷材

铝箔面石油沥青防水卷材是以玻璃纤维毡为胎基,用石油沥青为浸渍涂盖层,以银白色铝箔为上表面反光保护层,以矿物粒料和塑料薄膜为底面隔离层制成的防水卷材。

这种卷材对阳光的反射率高,具有一定的抗拉强度和延伸率,弹性好,低温柔性好,在

-20~80 ℃温度范围内适应性较强，抗老化能力强，具有装饰功能，适用于外露防水面层，并且价格较低，是一种中档的新型防水材料。

铝箔面石油沥青防水卷材的物理性能应符合表 7-13 规定的要求。

表 7-13　铝箔面石油沥青防水卷材的物理性能（JC/T 504—2007）

项目	指标	
	30 号	40 号
可溶物含量（g/m^3）　≥	1 550	2 050
拉力（N/50 mm）　≥	450	500
耐热度	（90±2）℃，2 h 涂盖层无滑动，无起泡、流淌	
柔度（℃）	5	
	绕半径 35 mm 圆弧无裂纹	
分层	（50±2）℃，7 d 无分层现象	

铝箔面石油沥青防水卷材的配套材料如表 7-14 所示。

表 7-14　铝箔面石油沥青防水卷材配套材料

名称	包装	用量
基层处理剂（底子油）	180 kg/桶	0.2 kg/m^2
氯丁系黏结剂（如 404 胶等）	15 kg/桶	0.3 kg/m^2
接缝嵌缝膏 CSPE-A	330 mL/筒	20 m/筒

其他常见的还有再生橡胶改性沥青防水卷材、丁苯橡胶改性沥青防水卷材、PVC 改性煤焦油防水卷材等。

7.2.3　合成高分子防水卷材

随着合成高分子材料的发展，出现了以合成橡胶、合成树脂为主的新型防水卷材——合成高分子防水卷材。合成高分子防水卷材是以合成橡胶、合成树脂或它们两者的共混体为基料，再加入硫化剂、软化剂、促进剂、补强剂和防老剂等助剂和填充料，经过密炼、拉片、过滤、挤出（或压延）成型、硫化、检验和分卷等工序而制成的可卷曲的片状防水卷材。其中，又可分为加筋增强型和非加筋增强型两种。

合成高分子防水卷材具有高弹性、拉伸强度高、延伸率大、耐热性和低温柔性好、耐腐蚀、耐老化、冷施工、单层防水和使用寿命长等优点。它是继石油沥青防水卷材之后发展起来的性能更优的新型高档防水材料，目前成为仅次于沥青防水卷材的又一主体防水材料，在屋面、地下及水利工程中均有广泛应用，特别是在中、高档建筑物防水方面更显出其优异性。在我国虽仅有十余年的发展史，但发展十分迅猛。现在可生产三元乙丙橡胶、丁基橡胶、氯丁橡胶、再生橡胶、聚氯乙烯、氯化聚乙烯和氯磺化聚乙烯等几十个品种。其总体的外观质量、规格和物理性能应分别符合表 7-15~表 7-17 的要求。

表 7-15　合成高分子防水卷材外观质量

项目	判断标准
折痕	每卷不超过 2 处,总长度不超过 20 mm
杂质	颗粒不允许大于 0.5 mm
胶块	每卷不超过 6 处,每处面积不大于 4 mm^2
缺胶	每卷不超过 6 处,每处不大于 7 mm,深度不超过本身厚度的 30%

表 7-16　合成高分子防水卷材规格

厚度(mm)	宽度(mm)	长度(m)
1.0	≥1 000	20
1.2	≥1 000	20
1.5	≥1 000	20
2.0	≥1 000	10

表 7-17　合成高分子防水卷材的物理性能

<table>
<tr><td colspan="2" rowspan="2">项目</td><td colspan="3">性能要求</td></tr>
<tr><td>Ⅰ类</td><td>Ⅱ类</td><td>Ⅲ类</td></tr>
<tr><td colspan="2">拉伸强度(MPa)　≥</td><td>7.0</td><td>2.0</td><td>9.0</td></tr>
<tr><td rowspan="2">断裂伸长率(%)　≥</td><td>加筋</td><td>—</td><td>—</td><td>10</td></tr>
<tr><td>不加筋</td><td>450</td><td>100</td><td>—</td></tr>
<tr><td colspan="2">低温弯折性(℃)　无裂纹</td><td>-40</td><td colspan="2">-20</td></tr>
<tr><td rowspan="2">不透水性</td><td>压力(MPa)　≥</td><td>0.3</td><td>0.2</td><td>0.3</td></tr>
<tr><td>保持时间(min)　≥</td><td colspan="3">30</td></tr>
<tr><td rowspan="2">热老化保持率(%)
(80±2)℃,168 h</td><td>拉伸强度　≥</td><td colspan="3">80</td></tr>
<tr><td>断裂伸长率　≥</td><td colspan="3">70</td></tr>
</table>

7.2.3.1　三元乙丙橡胶防水卷材

三元乙丙橡胶防水卷材是以乙烯、丙烯和双环戊二烯三种单体共聚合成的三元乙丙橡胶为主体,掺入适量的丁基橡胶、硫化剂、促进剂、软化剂、补强剂和填充剂等,经密炼、拉片、过滤、挤出(或压延)成型、硫化、检验、分卷、包装等工序加工制成的高弹性防水材料。三元乙丙橡胶防水卷材与传统的沥青防水材料相比,具有防水性能优异、耐候性好、耐臭氧及耐化学腐蚀性强、弹性和抗拉强度高,对基层材料的伸缩或开裂变形适应性强,质量轻、使用温度范围宽(-60~+120 ℃)、使用年限长(30~50 年),可以冷施工、施工成本低等优点。三元乙丙橡胶防水卷材适宜高级建筑防水,单层使用,也可复合使用。施工用冷粘法或自粘法。其物理性能如表7-18所示。

表7-18　三元乙丙橡胶防水卷材的物理性能

项目		指标值	
		JL1	JF1
拉伸强度(MPa)	常温　≥	7.5	4.0
	60 ℃　≥	2.3	0.8
拉断伸长率(%)	常温　≥	450	450
	-20 ℃　≥	200	200
撕裂强度(kN/m)　≥		25	18
低温弯折(℃)　≤		-40	-30
加热伸缩量(mm)	延伸　<	2	2
	收缩　>	4	4
热空气老化(80 ℃×168 h)	断裂延伸强度保持率(%)≥	80	90
	拉断伸长率保持率(%)≥	70	70
	100%伸长率外观	无裂纹	无裂纹
耐碱性[10%$Ca(OH)_2$,常温×168 h]	断裂延伸强度保持率(%)≥	80	80
	拉断伸长率保持率(%)≥	70	70
臭氧老化(40 ℃×168 h)	伸长率40%,500 pphm	无裂纹	无裂纹
	伸长率20%,500 pphm	—	—
	伸长率20%,200 pphm	—	—
	伸长率20%,100 pphm	—	—

7.2.3.2　聚氯乙烯(PVC)防水卷材

聚氯乙烯防水卷材是以聚氯乙烯树脂为主要原料,加入一定量的稳定剂、增塑剂、改性剂、抗氧剂及紫外线吸收剂等辅助材料,经捏合、混炼、造粒、挤出或压延等工序制成的防水卷材,是我国目前用量较大的一种卷材。这种卷材具有较高的拉伸和撕裂强度,延伸率较大,耐老化性能好。其原料丰富,价格便宜,容易黏结,适用于屋面、地下防水工程和防腐工程。单层或复合使用,冷粘法或热风焊接法施工。

聚氯乙烯防水卷材,按产品的组成分为均质卷材(代号H)、带纤维背衬卷材(代号L)、织物内增强卷材(代号P)、玻璃纤维内增强卷材(代号G)、玻璃纤维内增强带纤维背衬卷材(代号GL)。

卷材长度规格为15 m、20 m、25 m。

卷材厚度规格为1.20 mm、1.50 mm、1.80 mm、2.00 mm。

卷材宽度规格为 1.00 mm、2.00 mm。

聚氯乙烯(PVC)防水卷材的物理力学性能应符合 GB 12952—2011 的规定,如表 7-19 所示。

表 7-19　聚氯乙烯(PVC)防水卷材性能指标

序号	项目			指标				
				H	L	P	G	GL
1	中间胎基上面树脂层厚度(mm)		≥	—		0.40		
2	拉伸性能	最大拉力(N/cm)	≥	—	120	250	—	120
		拉伸强度(MPa)	≥	10.0	—	—	10.0	—
		最大拉力时伸长率(%)	≥	—	—	15	—	—
		断裂伸长度(%)	≥	200	150	—	200	100
3	热处理尺寸变化率(%)		≤	2.0	1.0	0.5	0.1	0.1
4	低温弯折性			-25 ℃无裂纹				
5	不透水性			0.3 MPa,2 h 不透水				
6	抗冲击性能			0.5 kg·m,不渗水				
7	抗静态荷载			—	—	20 kg 不渗水		
8	接缝剥离强度(N/mm)		≥	4.0 或卷材破坏		3.0		
9	直角撕裂强度(N/mm)		≥	50	—	—	50	—
10	梯形撕裂强度(N/mm)		≥	—	150	250	—	220
11	吸水率(70 ℃,168 h)(%)	浸水后	≤	4.0				
		晾置后	≥	-0.40				

7.2.3.3　氯化聚乙烯防水卷材

氯化聚乙烯防水卷材是以含氯量为 30%~40%的氯化聚乙烯树脂为主要原料,掺入适量的化学助剂和大量的填充材料,采用塑料(或橡胶)的加工工艺,经过捏合、塑炼及压延等工序加工而成,属于非硫化型高档防水卷材。

氯化聚乙烯防水卷材按有无复合层分类,无复合层的为 N 类,用纤维单面复合的为 L 类,织物内增强的为 W 类。每类产品按理化性能分为Ⅰ型和Ⅱ型。

卷材长度规格为 10 m、15 m、20 m。

卷材厚度规格为 1.2 mm、1.5 mm、2.0 mm。

N 类无复合层氯化聚乙烯防水卷材的物理力学性能应符合《氯化聚乙烯防水卷材》(GB 12953—2003)的规定,如表 7-20 所示。

表7-20 N类无复合层氯化聚乙烯防水卷材的物理力学性能

<table>
<tr><th>序号</th><th colspan="2">项目</th><th>Ⅰ型</th><th>Ⅱ型</th></tr>
<tr><td>1</td><td colspan="2">拉伸强度(MPa) ≥</td><td>5.0</td><td>8.0</td></tr>
<tr><td>2</td><td colspan="2">断裂伸长率(%) ≥</td><td>200</td><td>300</td></tr>
<tr><td>3</td><td colspan="2">热处理尺寸变化率(%) ≤</td><td>3.0</td><td>纵向 2.5
横向 1.5</td></tr>
<tr><td>4</td><td colspan="2">低温弯折性</td><td>-20 ℃无裂纹</td><td>-25 ℃无裂纹</td></tr>
<tr><td>5</td><td colspan="2">抗穿孔性</td><td colspan="2">不渗水</td></tr>
<tr><td>6</td><td colspan="2">不透水性</td><td colspan="2">不渗水</td></tr>
<tr><td>7</td><td colspan="2">剪切状态下的黏合性(N/mm)</td><td colspan="2">3.0或卷材破坏</td></tr>
<tr><td rowspan="4">8</td><td rowspan="4">热老化处理</td><td>外观</td><td colspan="2">无起泡、裂纹、黏结和孔洞</td></tr>
<tr><td>拉伸强度变化率(%)</td><td>+25
-20</td><td rowspan="2">±20</td></tr>
<tr><td>断裂伸长率变化率(%)</td><td>+50
-30</td></tr>
<tr><td>低温弯折性</td><td>-15 ℃无裂纹</td><td>-20 ℃无裂纹</td></tr>
<tr><td rowspan="3">9</td><td rowspan="3">人工气候
加速老化</td><td>拉伸强度变化率(%)</td><td>+25
-20</td><td rowspan="2">±20</td></tr>
<tr><td>断裂伸长率变化率(%)</td><td>+50
-30</td></tr>
<tr><td>低温弯折性</td><td>-15 ℃无裂纹</td><td>-20 ℃无裂纹</td></tr>
<tr><td rowspan="3">10</td><td rowspan="3">耐化学侵蚀</td><td>拉伸强度变化率(%)</td><td rowspan="2">±30</td><td rowspan="2">±20</td></tr>
<tr><td>断裂伸长率变化率(%)</td></tr>
<tr><td>低温弯折性</td><td>-15 ℃无裂纹</td><td>-20 ℃无裂纹</td></tr>
</table>

L类纤维单面复合及W类织物内增强的卷材的物理力学性能应符合《氯化聚乙烯防水卷材》(GB 12953 —2003)的规定,如表7-21所示。

7.2.3.4 氯化聚乙烯-橡胶共混防水卷材

氯化聚乙烯-橡胶共混防水卷材是以氯化聚乙烯树脂与合成橡胶为主体,加入硫化剂、促进剂、稳定剂、软化剂及填料等,经塑炼、混炼、过滤、压延或挤出成型及硫化等工序制成的防水卷材。

这类卷材既具有氯化聚乙烯的高强度和优异的耐久性,又具有橡胶的高弹性和高延伸性以及良好的耐低温性能。其性能与三元乙丙橡胶卷材相近,使用年限保证在十年以上,但价格却低得多。与其配套的氯丁黏结剂,较好地解决了与基层黏结的问题。属中、高档防水材料,可用于各种建筑、道路、桥梁、水利工程的防水,尤其是适用寒冷地区或变形较大的屋面。单层或复合使用,冷粘法施工。

表 7-21　L 类及 W 类氯化聚乙烯防水卷材的物理力学性能

<table>
<tr><th>序号</th><th colspan="2">项目</th><th>Ⅰ型</th><th>Ⅱ型</th></tr>
<tr><td>1</td><td colspan="2">拉力(N/cm)　≥</td><td>70</td><td>120</td></tr>
<tr><td>2</td><td colspan="2">断裂伸长率(%)　≥</td><td>125</td><td>250</td></tr>
<tr><td>3</td><td colspan="2">热处理尺寸变化率(%)　≤</td><td colspan="2">1.0</td></tr>
<tr><td>4</td><td colspan="2">低温弯折性</td><td>-20 ℃无裂纹</td><td>-25 ℃无裂纹</td></tr>
<tr><td>5</td><td colspan="2">抗穿孔性</td><td colspan="2">不渗水</td></tr>
<tr><td>6</td><td colspan="2">不透水性</td><td colspan="2">不渗水</td></tr>
<tr><td rowspan="2">7</td><td rowspan="2">剪切状态下的黏合性(N/mm)</td><td>L 类</td><td colspan="2">3.0 或卷材破坏</td></tr>
<tr><td>W 类</td><td colspan="2">6.0 或卷材破坏</td></tr>
<tr><td rowspan="4">8</td><td rowspan="4">热老化处理</td><td>外观</td><td colspan="2">无起泡、裂纹、黏结和孔洞</td></tr>
<tr><td>拉力(N/cm)　≥</td><td>55</td><td>100</td></tr>
<tr><td>断裂伸长率变化率(%)</td><td>100</td><td>200</td></tr>
<tr><td>低温弯折性</td><td>-15 ℃无裂纹</td><td>-20 ℃无裂纹</td></tr>
<tr><td rowspan="3">9</td><td rowspan="3">人工气候加速老化</td><td>拉力(N/cm)　≥</td><td>55</td><td>100</td></tr>
<tr><td>断裂伸长率变化率(%)</td><td>100</td><td>200</td></tr>
<tr><td>低温弯折性</td><td>-15 ℃无裂纹</td><td>-20 ℃无裂纹</td></tr>
<tr><td rowspan="3">10</td><td rowspan="3">耐化学侵蚀</td><td>拉力(N/cm)　≥</td><td>55</td><td>100</td></tr>
<tr><td>断裂伸长率变化率(%)</td><td>100</td><td>200</td></tr>
<tr><td>低温弯折性</td><td>-15 ℃无裂纹</td><td>-20 ℃无裂纹</td></tr>
</table>

7.2.3.5　氯磺化聚乙烯防水卷材

氯磺化聚乙烯防水卷材是以氯磺化聚乙烯橡胶为主,加入适量的软化剂、交联剂、填料、着色剂后,经混炼、压延或挤出、硫化等工序加工而成的弹性防水卷材。

氯磺化聚乙烯防水卷材的耐臭氧、耐老化、耐酸碱等性能突出,且拉伸强度高、耐高低温性能好、断裂伸长率高,对防水基层伸缩和开裂变形的适应性强,使用寿命为 15 年以上,属于中高档防水卷材。氯磺化聚乙烯防水卷材可制成多种颜色,用这种彩色防水卷材做屋面外露防水层可起到美化环境的作用。氯磺化聚乙烯防水卷材特别适用于有腐蚀介质影响的部位做防水与防腐处理,也可用于其他防水工程。

氯磺化聚乙烯防水卷材的技术要求主要有不透水性、断裂伸长率、低温柔性及拉伸强度等。

任务 3　防水涂料

防水涂料是一种流态或半流态物质,涂布在基层表面,经溶剂或水分挥发或各组分间的化学反应,形成有一定弹性和一定厚度的连续薄膜,使基层表面与水隔绝,起到防水、防潮作用。防水涂料固化成膜后的防水涂膜具有良好的防水性能,特别适合于各种复杂、不规则部位的防水,能形成无接缝的完整防水膜。它大多采用冷施工,不必加热熬制,既减少了环境污染,改善了劳动条件,又便于施工操作,加快了施工进度。此外,涂布的防水涂料既是防水层的主体,又是胶黏剂,因而施工质量容易保证,维修也较简单。但是,防水涂料须采用刷子或刮板等逐层涂刷(刮),故防水膜的厚度较难保持均匀一致。因此,防水涂料广泛适用于工业与民用建筑的屋面防水工程、地下室防水工程和地面防潮、防渗等。

建筑防水涂料在常温下呈液态或无固定形状黏稠体,涂刷在建筑物表面后,由于水分或溶剂挥发,或成膜物组分之间发生化学反应,形成一层完整坚韧的膜,使建筑物的表面与水隔绝起防水密封作用。有的防水涂料还兼具装饰功能或隔热功能。

7.3.1 防水涂料的特点、性能和选用

7.3.1.1 防水涂料的特点

(1)整体防水性好。能满足各类屋面、地面、墙面防水工程的要求。在基材表面形状复杂的情况下,如管道根、阴阳角处等,涂刷防水涂料较易满足使用要求。为了增加强度和厚度,还可以与玻璃布、无纺布等增强材料复合作用,如一布四涂、二布六涂等,更增强了防水涂料的整体防水性和抵抗基层变形的能力。

(2)温度适应性强。因为防水涂料的品种多,用户选择余地很大,可以满足不同地区气候环境的需要。防水涂层在-30 ℃低温下不开裂,在80 ℃高温下不流淌。溶剂型涂料可在负温下施工。

(3)操作方便,施工速度快。涂料可喷可刷,节点处理简单,容易操作。水乳型涂料在基材稍潮湿的条件下仍可施工。冷施工不污染环境,比较安全。

(4)易于维修。当屋面发生渗漏时,不必完全铲除整个旧防水层,只需在渗漏部位进行局部修理,或在原防水层上重做一层防水处理。

7.3.1.2 防水涂料的性能

防水涂料的品种很多,各品种之间的性能差异很大,但无论何种防水涂料,要满足防水工程的要求,必须具备以下性能:

(1)固体含量,指防水涂料中所含固体比例。由于涂料涂刷后靠其中的固体成分形成涂膜,因此固体含量多少与成膜厚度及涂膜质量密切相关。

(2)耐热度指,防水涂料成膜后的防水薄膜在高温下不发生软化变形、不流淌的性能。它反映防水涂膜的耐高温性能。

(3)柔性,指防水涂料成膜后的膜层在低温下保持柔韧的性能。它反映防水涂料在低温下的施工和使用性能。

(4)不透水性,指防水涂料在一定水压(静水压或动水压)和一定时间内不出现渗漏的性能,是防水涂料满足防水功能要求的主要质量指标。

(5)延伸性,指防水涂膜适应基层变形的能力。防水涂料成膜后必须具有一定的延伸性,以适应由于温差、干湿等因素造成的基层变形,保证防水效果。

7.3.1.3 防水涂料的选用

防水涂料的使用应考虑建筑的特点、环境条件和使用条件等因素,结合防水涂料的特点和性能指标选择。

（1）沥青基防水涂料指以沥青为基料配制而成的水乳型或溶剂型防水涂料。这类涂料对沥青基本没有改性或改性作用不大，有石灰乳化沥青、膨润土沥青乳液和水性石棉沥青防水涂料等。主要适用于Ⅲ级和Ⅳ级防水等级的工业与民用建筑屋面、混凝土地下室和卫生间防水。

（2）高聚物改性沥青防水涂料指以沥青为基料，用合成高分子聚合物进行改性，制成的水乳型或溶剂型防水涂料。这类涂料在柔韧性、抗裂性、拉伸强度、耐高低温性能、使用寿命等方面比沥青基涂料有很大的改善。品种有再生橡胶改性沥青防水涂料、水乳型氯丁橡胶沥青防水涂料、SBS 橡胶改性沥青防水涂料等。适用于Ⅱ、Ⅲ、Ⅳ级防水等级的屋面、地面、混凝土地下室和卫生间等的防水工程。

防水涂料目前主要按成膜物质分类，大致可分为三类：第一类是沥青与改性沥青防水涂料，按所用分散介质又可分为水乳型和溶剂型两种；第二类是合成树脂和橡胶系防水涂料，按所用的分散介质也可分为溶剂型和水乳型两种；第三类是无机系防水涂料，如水泥类、无机铝盐类等。其中以粉末形式存放的，都在现场配制。

根据涂层外观又可分为薄质防水涂料和厚质防水涂料。前者常温时为液体，具有流平性；后者常温时为膏状或黏稠体，不具有流平性。

7.3.2 建筑防水涂料分类

7.3.2.1 水乳型沥青防水涂料

水乳型沥青防水涂料是以水为介质，采用化学乳化剂和（或）矿物乳化剂制得的沥青防水涂料。产品按性能分为 H 型和 L 型，其物理力学性能如表 7-22 所示。

表 7-22 水乳型沥青防水涂料物理力学性能（JC/T 408—2005）

<table>
<tr><th colspan="2">项目</th><th>L 型</th><th>H 型</th></tr>
<tr><td colspan="2">固体含量（%） ≥</td><td colspan="2">45</td></tr>
<tr><td colspan="2" rowspan="2">耐热度（℃）</td><td>80±2</td><td>110±2</td></tr>
<tr><td colspan="2">无滑动、流淌、滴落</td></tr>
<tr><td colspan="2">不透水性</td><td colspan="2">0.10 MPa，30 min 无渗水</td></tr>
<tr><td colspan="2">黏结强度（MPa） ≥</td><td colspan="2">0.30</td></tr>
<tr><td colspan="2">表干时间（h） ≤</td><td colspan="2">8</td></tr>
<tr><td colspan="2">实干时间（h） ≤</td><td colspan="2">24</td></tr>
<tr><td rowspan="4">低温柔度（℃）</td><td>标准条件</td><td rowspan="4">10</td><td rowspan="4">5</td></tr>
<tr><td>碱处理</td></tr>
<tr><td>热处理</td></tr>
<tr><td>紫外线处理</td></tr>
<tr><td rowspan="4">断裂延伸率（%）</td><td>标准条件</td><td colspan="2" rowspan="4">600</td></tr>
<tr><td>碱处理</td></tr>
<tr><td>热处理</td></tr>
<tr><td>紫外线处理</td></tr>
</table>

水乳型沥青基防水涂料施工安全不污染环境。施工应用特点如下：

(1)施工温度一般要求在0 ℃以上,最好在5 ℃以上;储存和施工时防止受冻。

(2)对基层表面的含水率要求不很严格,但应无明水,下雨天不能施工,下雨前2 h也不能施工。

(3)不能与溶剂型防水涂料混用,也不能在料桶中混入油类溶剂,以免破乳影响涂料质量。施工时应注意涂料产品的使用要求,以便保证施工质量。

7.3.2.2 溶剂型沥青防水涂料

溶剂型沥青防水涂料由沥青、溶剂、改性材料和辅助材料所组成,主要用于防水、防潮和防腐,其耐水性、耐化学侵蚀性均好,涂膜光亮平整,丰满度高。主要品种有:冷底子油、再生橡胶沥青防水涂料、氯丁橡胶沥青防水涂料和丁基橡胶沥青防水涂料等。其中,除冷底子油不能单独用作防水涂料,仅作为基层处理剂以外,其他均为较好的防水涂料。溶剂型沥青防水涂料弹性大、延伸性好、抗拉强度高,能适应基层的变形,并有一定的抗冲击和抗老化性。由于使用有机溶剂,不仅在配制时易引起火灾,且施工时要求基层必须干燥。由于有机溶剂挥发时还会引起环境污染,加之溶剂价格不断上扬,因此除特殊情况外,已很少使用。近年来,着力发展的是水性沥青防水涂料。

7.3.2.3 合成树脂和橡胶系防水涂料

它属合成高分子防水涂料,是以合成橡胶或合成树脂为主要成膜物质,加入其他辅料制成的单组分或多组分防水涂膜材料。此种涂料的产品质量应符合表7-23的要求。

表7-23 合成树脂和橡胶系防水涂料

项目		质量要求	
		Ⅰ类	Ⅱ类
固体含量(%) ≥		94	65
拉伸强度(MPa) ≥		1.65	0.5
断裂延伸率(%) ≥		300	400
柔性		-30 ℃,弯折,无裂纹	-20 ℃,弯折,无裂纹
不透水性	压力(MPa) ≥	0.3	0.3
	保持时间(min) ≥	30不渗透	30不渗透

注:Ⅰ类为反应固化型防水涂料,Ⅱ类为挥发固化型防水涂料。

合成树脂和橡胶系防水涂料的品种很多,但目前应用比较多的主要有以下几种。

1.聚氨酯防水涂料

聚氨酯防水涂料有单组分(S)和多组分(M)两种。其中,单组分涂料的物理性能和施工性能均不及双组分涂料,故我国自20世纪80年代聚氨酯防水涂料研制成功以来,主要应用双组分聚氨酯防水涂料。双组分聚氨酯防水涂料产品由甲、乙组分组成,甲组分是聚氨酯预聚体,乙组分是固化剂等多种改性剂组成的液体,两者按一定的比例混合均匀,经过固化反应,形成富有弹性的整体防水膜。

聚氨酯防水涂料按拉伸性能分为Ⅰ、Ⅱ型聚氨酯防水涂料。

这两类聚氨酯防水涂料形成的薄膜具有优异的耐候性、耐油性、耐碱性、耐臭氧性及耐海水侵蚀性，使用寿命为9～15年，而且强度高、弹性好、延伸率大(可达350%～500%)。其物理性能应符合《聚氨酯防水涂料》(GB/T 19250—2013)中的要求，如表7-24所示。

表7-24　聚氨酯防水涂料物理性能

<table>
<tr><th rowspan="2">序号</th><th rowspan="2" colspan="2">项目</th><th colspan="3">性能要求</th></tr>
<tr><th>Ⅰ</th><th>Ⅱ</th><th>Ⅲ</th></tr>
<tr><td rowspan="2">1</td><td rowspan="2">固体含量(%)　≥</td><td>单组分</td><td colspan="3">85.0</td></tr>
<tr><td>多组分</td><td colspan="3">92.0</td></tr>
<tr><td>2</td><td colspan="2">表干时间(h)　≤</td><td colspan="3">12</td></tr>
<tr><td>3</td><td colspan="2">实干时间(h)　≤</td><td colspan="3">24</td></tr>
<tr><td>4</td><td colspan="2">流平性</td><td colspan="3">20 min时，无明显齿痕</td></tr>
<tr><td>5</td><td colspan="2">拉伸强度(MPa)　≥</td><td>2.00</td><td>6.00</td><td>12.0</td></tr>
<tr><td>6</td><td colspan="2">断裂伸长率(%)　≥</td><td>500</td><td>450</td><td>250</td></tr>
<tr><td>7</td><td colspan="2">撕裂强度(N/mm)　≥</td><td>15</td><td>30</td><td>40</td></tr>
<tr><td>8</td><td colspan="2">低温弯折性</td><td colspan="3">-35 ℃，无裂纹</td></tr>
<tr><td>9</td><td colspan="2">不透水性</td><td colspan="3">0.3 MPa，120 min，不透水</td></tr>
<tr><td>10</td><td colspan="2">加热伸缩率(%)</td><td colspan="3">-4.0～+1.0</td></tr>
<tr><td>11</td><td colspan="2">黏结强度(MPa)　≥</td><td colspan="3">1.0</td></tr>
<tr><td>12</td><td colspan="2">吸水率(%)　≤</td><td colspan="3">5.0</td></tr>
<tr><td rowspan="2">13</td><td rowspan="2">定伸时老化</td><td>加热老化</td><td colspan="3">无裂纹及变形</td></tr>
<tr><td>人工气候老化</td><td colspan="3">无裂纹及变形</td></tr>
<tr><td rowspan="3">14</td><td rowspan="3">热处理
(80 ℃，168 h)</td><td>拉伸强度保持率(%)</td><td colspan="3">80～150</td></tr>
<tr><td>断裂伸长率(%)　≥</td><td>450</td><td>400</td><td>200</td></tr>
<tr><td>低温弯折性</td><td colspan="3">-30 ℃，无裂纹</td></tr>
<tr><td rowspan="3">15</td><td rowspan="3">碱处理
[0.1% NaOH+饱和 $Ca(OH)_2$ 溶液，168 h]</td><td>拉伸强度保持率(%)</td><td colspan="3">80～150</td></tr>
<tr><td>断裂伸长率(%)　≥</td><td>450</td><td>400</td><td>200</td></tr>
<tr><td>低温弯折性</td><td colspan="3">-30 ℃，无裂纹</td></tr>
<tr><td rowspan="3">16</td><td rowspan="3">酸处理
(2% H_2SO_4 溶液，168 h)</td><td>拉伸强度保持率(%)</td><td colspan="3">80～150</td></tr>
<tr><td>断裂伸长率(%)　≥</td><td>450</td><td>400</td><td>200</td></tr>
<tr><td>低温弯折性</td><td colspan="3">-30 ℃，无裂纹</td></tr>
<tr><td rowspan="3">17</td><td rowspan="3">人工气候老化
(1 000 h)</td><td>拉伸强度保持率(%)</td><td colspan="3">80～150</td></tr>
<tr><td>断裂伸长率(%)　≥</td><td>450</td><td>400</td><td>200</td></tr>
<tr><td>低温弯折性</td><td colspan="3">-30 ℃，无裂纹</td></tr>
</table>

聚氨酯防水涂料与混凝土、马赛克、大理石、木材、钢材、铝合金黏结良好,且耐久性较好。并且聚氨酯防水涂料色浅,可制成铁红、草绿、银灰等彩色涂料,涂膜反应速度易于控制,属于高档防水涂料。主要用于中高级建筑的屋面、外墙、地下室、卫生间、储水池及屋顶花园等防水工程。

2. 丙烯酸酯防水涂料

丙烯酸酯防水涂料是以丙烯酸树脂乳液为主,加入适量的颜料、填料等配置而成的水乳型防水涂料。具有耐高低温性好、不透水性强、无毒、无味、无污染、操作简单等优点,可在各种复杂的基层表面上施工,并具有白色、多种浅色、黑色等,使用寿命为 10~15 年。丙烯酸酯防水涂料广泛应用于外墙防水装饰及各种彩色防水层。丙烯酸酯涂料的缺点是延伸率较小,为此可加入合成橡胶乳液予以改性,使其形成橡胶状弹性涂膜。丙烯酸酯防水涂料按产品的理化性能分为Ⅰ型和Ⅱ型,其性能指标如表 7-25 所示。

表 7-25　丙烯酸酯防水涂料的性能指标

项目	性能指标	
	Ⅰ型	Ⅱ型
抗拉强度(MPa)　>	0.5	1.6
断裂延伸率(%)　>	400	300
黏结强度(MPa)　>	1.0	1.2
低温柔性(℃)	-20	-20
耐热性	80 ℃,5 h,合格	
固体含量(%)　>	65	
表干时间(h)	4	
实干时间(h)	20	

3. 硅橡胶防水涂料

硅橡胶防水涂料是以硅橡胶乳液以及其他乳液的复合物为基料,掺入无机填料及各种助剂配制而成的乳液型防水涂料。该涂料兼有涂膜防水和渗透性防水材料的优良特性,具有良好的防水性、渗透性、成膜性、弹性、黏结性、延伸性、耐高低温性、抗裂性、耐氧化性和耐候性,并且无毒、无味、不燃、使用安全,适用于地下室、卫生间、屋面以及地上地下构筑物的防水防渗和渗漏水修补等工程。

硅橡胶防水涂料由冶金部建筑研究总院研制生产,于 1991 年列入建设部科技成果重点推广项目。

硅橡胶防水涂料共有Ⅰ型涂料和Ⅱ型涂料两个品种。Ⅱ型涂料加入了一定量的改性剂以降低成本，但性能指标除低温柔性略有升高外，其余指标与Ⅰ型涂料都相同。Ⅰ型涂料和Ⅱ型涂料均由1号涂料和2号涂料组成，涂布时复合使用，1号、2号均为单组分，1号涂布于底层和面层，2号涂布于中间加强层。硅橡胶建筑防水涂料的物理性能如表7-26所示。

表7-26　硅橡胶建筑防水涂料的物理性能

项目		性能指标	
		Ⅰ型	Ⅱ型
外观(均匀、细腻、无杂质、无结皮)		乳白色	乳白色
固体含量(%)　≤	1号胶	40	40
	2号胶	60	60
固化时间(h)　≤	表干:1号、2号胶	1	1
	实干:1号、2号胶	10	10
黏结强度(MPa)(1号胶与水泥砂浆基层的黏结力)　≥		0.4	0.4
抗裂性(涂膜厚0.5~0.8 mm,当基层裂缝小于2.5 mm时)		涂膜无裂缝	涂膜无裂缝
扯断强度(MPa)　≥		1.0	1.0
拉断伸长率(%)　≥		420	420
低温柔性(℃)(绕直径10 mm圆棒)		-30不裂	-20不裂
耐热性[延伸率保持率(%)](80 ℃,168 h)≥		80,外观合格	80,外观合格
耐湿性[延伸率保持率(%)],≥		80,外观合格	80,外观合格
耐老化[延伸率保持率(%)],≥		80,外观合格	80,外观合格
耐碱性[延伸率保持率(%)],≥ [饱和 $Ca(OH)_2$ 和0.1%NaOH混合溶液浸泡15 d,恒温15 ℃]		80,外观合格	80,外观合格
不透水性(MPa)(涂膜厚1 mm,0.5 h)≥		0.3	0.3

7.3.2.4　无机防水涂料和有机无机复合防水涂料

1. 水泥基高效无机防水涂料

水泥基高效无机防水涂料大都是一类固体粉末状无机防水涂料。使用时，有的需加砂和水泥，再加水配成涂料；有的直接加水配成涂料。无毒、无味、不污染环境、不燃耐腐蚀、黏结力强(能与砖、石、混凝土、砂浆等结合成牢固的整体，涂膜不剥落、不脱离)，防水、抗渗及堵漏功能强，在潮湿面上能施工，操作简单，背水面迎水面都有同样效果。适合于新老屋面、墙面、地面、卫生间和厨房及各种地下工程、水池等的堵漏防水和抗渗防潮，还可以粘贴瓷砖和马赛克等材料。

2. 溶剂型铝基反光隔热涂料

该涂料适用于各种沥青材料的屋面防水层，起反光隔热和保护作用；涂刷在工厂架空管道保温层表面起装饰保护作用；在金属瓦楞板、纤维瓦楞板、白铁泛水及天沟等表面涂刷，起防锈防腐作用。其技术性能：外观为银白色漆状液体，黏度为25~50 s，遮盖力为60 g/m^2，附着力为100%。

3. 水泥基渗透结晶型防水材料（适用GB 18445—2001标准）

水泥基渗透结晶型防水涂料是以普通硅酸盐材料为基料，掺有多种特殊的活性化学物质的粉末状材料。其中的活性化学物质能利用混凝土本身固有的化学特性及多孔性，在水的引导下，以水为载体，借助强有力的渗透作用，在混凝土微孔及毛细管中随水压逆向进行传输、充盈，催化混凝土内微粒再次发生水化作用，而形成不溶于水的枝蔓状结晶体，封堵混凝土中微孔和毛细管及微裂缝，并与混凝土结合成严密的整体，从而使来自任何方向的水及其他液体都被堵住和封闭，达到永久性的防水、防潮目的。

性能特点：

(1) 能穿透探入混凝土中的毛细管地带及收缩裂缝，增强混凝土的抗渗性能。

(2) 在表面受损的情况下，其防水及抗化学特性仍能保持不变，具有对毛细裂缝的自修复功能。

(3) 与混凝土、砖块、灰浆及石质材料均100%相溶。

(4) 不影响混凝土透气，不让水蒸气积聚，使混凝土保持全面干爽。

(5) 无毒、无害、无味、无污染，可安全应用于饮水和食品工业建筑结构。

(6) 可在迎水面或背水面施工，也可在混凝土初凝潮湿时直接干撒，随结构一起养护。大底板浇捣前2 h的干撒，无需养护便可达到同样效果，可在48 h后回填。当进行回填土、轧钢筋、强化网或其他惯常程序时，无须做保护层。

4. 聚合物水泥防水涂料

聚合物水泥防水涂料（简称JS防水涂料）是近年来发展较快、应用广泛的新型建筑防水涂料。该涂料是以丙烯酸等聚合物乳液和水泥为主要原料，加入其他外加剂制得的双组分水性建筑防水涂料，可在干燥或稍潮湿的砖石、砂浆、混凝土、金属、木材、硬塑料、玻璃、膏板、泡沫板、沥青、橡胶及SBS、APP、聚氨酯等防水材料基面上施工，对于新旧建筑物（房屋、地下工程、隧道、桥梁、水池、水库等）均可使用。同时，也可用作黏结剂及外墙装饰涂料。

产品分为Ⅰ型、Ⅱ型和Ⅲ型三种：Ⅰ型是以聚合物为主的防水涂料，主要用于非长期浸水环境下的建筑防水工程；Ⅱ型是以水泥为主的防水涂料，适用于长期浸水环境下的建筑防水工程。物理力学性能应符合表7-27的要求。

表 7-27　聚合物水泥防水涂料物理力学性能(GB/T 23445—2009)

序号	试验项目			技术指标		
				Ⅰ型	Ⅱ型	Ⅲ型
1	固体含量(%)		≥	70	70	70
2	拉伸强度	无处理(MPa)	≥	1.2	1.8	1.8
		加热处理后保持率(%)	≥	80	80	80
		碱处理后保持率(%)	≥	60	70	70
		浸水处理后保持率(%)	≥	60	70	70
		紫外线处理后保持率(%)	≥	80	—	—
3	断裂伸长率	无处理(%)	≥	200	80	30
		加热处理(%)	≥	150	65	20
		碱处理(%)	≥	150	65	20
		浸水处理(%)	≥	150	65	20
		紫外线处理(%)	≥	150	—	—
4	低温柔性(φ10 mm 棒)			-10 ℃,无裂纹	—	—
5	黏结强度	无处理(MPa)	≥	0.5	0.7	1.0
		潮湿基层(MPa)	≥	0.5	0.7	1.0
		碱处理(MPa)	≥	0.5	0.7	1.0
		浸水处理(MPa)	≥	0.5	0.7	1.0
6	不透水性(0.3 MPa,30 min)			不透水	不透水	不透水
7	抗渗性(砂浆背水面)(MPa)		≥	—	0.6	0.8

任务 4　防水密封涂料

防水密封材料是指嵌填于建筑物接缝、裂缝、门窗框和玻璃周边以及管道接头处起防水密封作用的材料。此类材料应具有弹塑性、黏结性、施工性、耐久性、延伸性、水密性、气密性、储存及耐化学稳定性,并能长期经受抗拉与压缩或振动的疲劳性能而保持黏附性。

防水密封材料分为定型密封材料(密封带、密封条止水带等)与不定型密封材料(密封膏)。

7.4.1　不定型密封材料

不定型密封材料通常为膏状材料,俗称密封膏或嵌缝膏。该类材料应用非常广泛,如屋面、墙体等建筑物的防水堵漏,门窗的密封及中空玻璃的密封等;与定型密封材料配合使用既经济又有效。

不定型密封材料的品种很多,仅建筑窗用弹性密封胶就包括以硅酮、改性硅酮、聚硫聚氨酯、丙烯酸、丁基、丁苯和氯丁等合成高分子材料为基础的弹性密封胶(不包括塑性体或以塑性为主要特征的密封剂及密封腻子,也不包括水下、防火等特种门窗密封胶和玻璃黏结剂)。建筑窗用弹性密封胶的物理力学性能必须符合表 7-28 的要求。

表 7-28　建筑窗用弹性密封胶的物理力学性能要求(JC/T 485—2007)

序号	项目		1 级	2 级	3 级
1	密度(g/cm^3)		规定值±0.1		
2	挤出性(mL/min)　≥		50		
3	试用期(h)　≥		3		
4	表干时间(h)		24	48	72
5	下垂度(mm)　≤		2		
6	拉伸黏结性能(MPa)		0.40	0.50	0.60
7	低温储存稳定性①		无凝胶、离析现象		
8	初期耐水性①		不产生混浊		
9	污染性①		不产生污染		
10	热空气-水循环后定伸性能(%)		100	60	25
11	水-紫外线辐照后定伸性能(%)		100	60	25
12	低温柔性(℃)		-30	-20	-10
13	热空气-水循环后弹性恢复率(%)　≥		60	30	5
14	拉伸-压缩循环性能	耐久性等级	9030	8020、7020	7010、7005
		黏结破坏面积(%)　≤	25		

注:①仅对乳液品种产品。

7.4.1.1　改性沥青基嵌缝油膏

改性沥青基嵌缝油膏是以石油沥青为基料,加入橡胶改性材料及填充料等混合制成的冷用膏状材料。油膏按耐热和低温柔性分为 702 和 801 两个标号,具有优良的防水防潮性能,黏结性好,延伸率高,能适应结构的适当伸缩变形,能自行结皮封膜。可用于嵌填建筑物的水平、垂直缝及各种构件的防水,使用很普遍。

7.4.1.2　聚氯乙烯建筑防水接缝材料

聚氯乙烯建筑防水接缝材料是以聚氯乙烯树脂为基料,加以适量的改性材料及其他填加剂配制而成的(简称 PVC 接缝材料),按耐热性(80 ℃)和低温柔性(分-10 ℃和-20 ℃)分为 801 和 802 两个型号,按施工工艺分为热塑性和热熔型两种。通常称热塑性为聚氯乙烯胶泥(J 型),热熔型为塑料油膏(G 型)。聚氯乙烯胶泥和塑料油膏由煤焦油、聚氯乙烯树脂和增塑剂及其他填料加热塑化而成。胶泥是橡胶状弹性体,塑料油膏是在此基础上改进的热施工塑性材料,热熔后成为黑色的黏稠体。其特点是耐温性好,使用温度范围广,适合我国大部分地区的气候条件和坡度,黏结性好,延伸恢复率高,耐老化,对钢筋无锈蚀,适用于各种建筑、构筑物的防水、接缝。

聚氯乙烯胶泥和塑料油膏原料易得,价格较低,除适用于一般性建筑嵌缝外,还适用于有硫酸、盐酸、硝酸和氢氧化钠等腐蚀性介质的屋面工程和地下管道工程。

7.4.1.3　丙烯酸酯建筑密封胶

丙烯酸酯建筑密封胶是以丙烯酸乳液为胶黏剂,掺入少量表面活性剂、增塑剂、改性剂及颜料、填料等配制而成的单组分水乳型建筑密封胶。这种密封膏具有优良的耐紫外线性能和耐油性、黏结性、延伸性、耐低温性、耐热性和耐老化性能,并且以水为稀释剂,无污染、无毒、不燃,安全可靠,价格适中,可配成各种颜色,操作方便;干燥速度快,保存期长。但固化后有15%~20%的收缩率,应用时应予事先考虑;该密封胶应用范围广泛,可用于钢、铝、混凝土、玻璃和陶瓷等材料的嵌缝防水以及用作钢窗、铝合金窗的玻璃腻子等,还可用于各种预制墙板、屋面板、门窗及卫生间等的接缝密封防水及裂缝修补。

我国制定了《丙烯酸酯建筑密封胶》(JC/T 484—2006)行业标准。产品系列代号为AC,按拉伸-压缩循环性能分有7020、7010和7005三个级别,分为优等品、一等品和合格品。产品外观应为无结块、无离析的均匀细腻的膏状体。产品颜色以供需双方商定的色标为准,应无明显差别。产品理化性能应符合表7-29的要求。

表7-29　丙烯酸酯建筑密封胶理化性能要求(JC/T 484—2006)

序号	项目		技术要求		
			优等品	一等品	合格品
1	密度(g/cm³)		规定值±0.1		
2	挤出性(mL/min)　≥		100		
3	渗出性指数　≤		3		
4	表干时间(h)　≤		24		
5	下垂度(mm)　≤		3		
6	初期耐水性		无混浊液		
7	低温储存稳定性		不凝胶、离析		
8	收缩率(%)　≤		30		
9	低温柔性(℃)		-20	-30	-40
10	黏结拉伸强度(MPa)		0.02~0.15		
11	最大伸长率(%)≥		400	250	150
12	弹性恢复率(%)≥		75	70	65
13	拉伸-压缩循环性能	级别	7020	7010	7005
		平均破坏面积(%)≤	25		

7.4.1.4　聚氨酯建筑密封胶

聚氨酯建筑密封胶是由多异氰酸酯与聚醚通过加聚反应制成预聚体后,加入固化剂、助剂等在常温下交联固化成的高弹性建筑用密封胶。这类密封胶分单、双组分两种规格。我国制定的《聚氨酯建筑密封胶》(JC/T 482—2003)行业标准,适用于以氨基甲酸酯聚合物为主要成分的单组分(Ⅰ)和多组分(Ⅱ)建筑密封胶。按产品的流动性分为非下垂型(N型)和自流平型(L型)两类。按拉伸模量分为高模量(HM)和低模量(LM)两个次级别。产品外观应为细腻均匀的膏状物或黏稠液,不应有气泡,无结皮凝胶或不易分散的固体物。聚氨酯建筑密封胶的物理力学性能必须符合表7-30的规定。

表7-30 聚氨酯建筑密封胶的物理力学性能(JC/T 482—2003)

序号	项目		技术要求		
			20HM	25LM	20LM
1	密度(g/cm^3)		规定值±0.1		
2	挤出性①(mL/min) ≥		80		
3	试用期②(h) ≥		1		
4	流动性	下垂度(N型)(mm)	3		
		流平性(L型)	光滑平整		
5	表干时间(h) ≤		24		
6	弹性恢复率(%) ≥		70		
7	拉伸模量(MPa)	23 ℃	>0.4或>0.6	≤0.4和≤0.6	
		-20 ℃			
8	定伸黏结性		无破坏		
9	浸水后定伸黏结性		无破坏		
10	冷压-热压后的黏结性		无破坏		
11	质量损失率(%) ≤		7		

注:①此项指单组分产品。
②此项指多组分产品,允许采用供需双方商定的其他指标值。

这类密封胶弹性高、延伸率大、黏结力强、耐油、耐磨、耐酸碱、抗疲劳性和低温柔性好,使用年限长,适用于各种装配式建筑的屋面板、楼地板、墙板、阳台、窗框和卫生间等部位的接缝及施工密封,也可用于储水池、引水渠等工程的接缝密封、伸缩缝的密封和混凝土修补等。

7.4.2 定型密封材料

将具有水密、气密性能的密封材料按基层接缝的规格制成一定形状(条状、环状等),以便于对构件接缝、穿墙管接缝、门窗框密封、伸缩缝、沉降缝及施工缝等结构缝隙进行防水密封处理的材料称为定型密封材料。有遇水非膨胀型定型密封材料和遇水膨胀型定型密封材料两类。这两类密封材料的共同特点是:

(1)具有良好的弹塑性和强度,不会由于构件的变形、振动、位移而发生脆裂和脱落。

(2)具有良好的防水、耐热及耐低温性能。

(3)具有良好的拉伸、压缩和膨胀、收缩及恢复性能。

(4)具有优异的水密、气密及耐久性能。

(5)定型尺寸精确,应符合要求,否则影响密封性能。

7.4.2.1 遇水非膨胀型定型密封材料

1. 聚氯乙烯胶泥防水带

聚氯乙烯胶泥防水带是以煤焦油和乙烯树脂为基料,按一定比例加入增塑剂、稳定剂和填充剂,混合后再加热搅拌,在 130~140 ℃温度下塑化成型,有一定的规格,即为聚氯乙烯胶带,与钢材有良好的黏结性。其防水性能好,弹性大,高温不流,低温不脆裂,能适应大型墙板因荷重和温度变化等原因引起的构件变形,可用于混凝土墙板的垂直和水平接缝的防水工程以及建筑墙板、屋面板、穿墙管、厕浴间等建筑接缝密封防水。其主要性能指标见表 7-31。

表 7-31　聚氯乙烯胶泥防水带的性能指标

指标名称	指标数据	主要生产单位
抗拉强度(MPa)	20 ℃>0.5, -25 ℃>1	上海汇丽化学建材总厂 湖南湘潭市新型建筑材料厂
延伸率	>200	
黏结强度(MPa)	>0.1	
耐热性(℃)	>80	
长度	1~2	
截面尺寸(cm×cm)	2×3	

注:截面尺寸可以按照具体要求进行加工。

2. 塑料止水带

塑料止水带是以聚氯乙烯树脂、增塑剂、稳定剂和防老剂等原料,经塑炼、挤出和成型等工艺加工而成的带状防水隔离材料。其特点是原料充足、成本低廉、耐久性好、强度高、生产效率高,物理力学性能满足使用要求,可节约相同用途的橡胶止水带和紫铜片,用于工业与民用建筑地下防水工程、隧道、涵洞、坝体、溢洪道和沟渠等水工构筑物的变形缝隔离防水。

3. 止水橡皮和橡皮止水带

止水橡皮和橡皮止水带以天然橡胶或合成橡胶及优质添加剂为基料压制而成。品种规格很多,有 P 型、R 型、Φ 型、U 型、Z 型、L 型、J 型、H 型、E 型、Ω 型、桥型和山型等;另外,还可按具体要求规格制作。其特点是具有良好的弹性、耐磨、耐老化和撕裂性能,适应结构变形能力强,防水效果好,是水电工程、堤坝、涵洞、农田水利、建工构件、人防工事等防止漏水渗水、减震缓冲、坚固密封、保证工程及其设备正常运转不可缺少的部件。

7.4.2.2 遇水膨胀型定型密封材料

该材料是以改性橡胶为主要原料(以多种无机及有机吸水材料为改性剂)而制成的

一种新型条状防水止水材料。改性后的橡胶除保持原有橡胶防水制品优良的弹性、延伸性和密封性外,还具有遇水膨胀的特性。当结构变形量超过止水材料的弹性复原时,结构和材料之间就会产生一道微缝,膨胀止水条遇到缝隙中的渗漏水后,其体积能在短时间内膨胀将缝隙涨填密实,阻止渗漏水通过。所以,膨胀止水条能在其膨胀倍率范围内起到防水止水的作用。

1. SWER 水膨胀橡胶

SWER 水膨胀橡胶是以改性橡胶为基本材料制成的一种新型防水材料。其特点是既具有一般橡胶制品优良的弹性、延伸性和反压缩变形能力,又能遇水膨胀,膨胀率可在100%~500%调节,而且不受水质影响。它还有优良的耐水性、耐化学性和耐老化性,可以在很广的温度范围内发挥防水效果;同时,可根据用户需要制成各种不同形状的密封嵌条或密封卷,可以与其他橡胶复合制成复合型止水材料。适用于工农业给排水工程,铁路、公路、水利工程及其他工程中的变形缝、施工缝、伸缩缝、各种管道接缝及工业制品在接缝处的防水密封。

2. SPJ 型遇水膨胀橡胶

SPJ 型遇水膨胀橡胶是以亲水性聚氨酯和橡胶为原料,用特殊方法制得的结构型遇水膨胀橡胶。膨胀率在 100%~200%,能起到以水止水的作用。遇水后,体积得到膨胀,并充满整个接缝内不规则基面、空穴及间隙,同时产生不定的接触压力,足以阻止渗漏水通过;高倍率的膨胀,使止水条能够在接缝内任意自由变形;能长期阻挡水分和化学物质的渗透,材料膨胀性能不受外界水质的影响,比任何普通橡胶更具有可塑性和弹性,有很高的抗老化性和良好的耐腐蚀性;具备足够的承受外界压力的能力和优良的机械性能,并能长期保持其弹性和防水性能;材料结构简单,安装方便、省时、安全,不污染环境;它不但能做成纯遇水膨胀橡胶制品,而且能与普通橡胶复合做成复合型遇水膨胀橡胶制品,降低了材料成本。该材料适用于地下铁道、涵洞、山洞、水库、水渠、拦河坝、管道和地下室钢筋混凝土施工缝等建筑接缝的密封防水。

3. BW 遇水膨胀止水条

BW 遇水膨胀止水条是用橡胶膨润土等无机及有机吸水材料、高黏性树脂等十余种材料,经密炼挤制而成的自黏性遇水膨胀型条状密封材料。其特点为:

(1)可依靠自身黏性直接粘贴在混凝土施工缝基面上,施工方便、快速简捷。

(2)遇水后即可在几十分钟内逐渐膨胀,形成胶黏性密封膏,一方面堵塞一切渗水孔隙,另一方面与混凝土接触面粘贴得更加紧密,从根本上切断渗水通道。

(3)主体材料为无机矿物料,所以耐老化、抗腐蚀、抗渗能力不受温湿度交替变化的影响,具有可靠的耐久性。

(4)具有显著的自愈功能,当施工缝出现新的细小缝隙时,止水条可继续吸水膨胀,进一步堵塞新的微缝,自动强化防水效果。

BW 遇水膨胀止水条适合在地下建筑外墙、底板、地脚或地台、游泳池、厕浴间等混凝土施工缝中进行密封防水处理。在有约束的条件下能良好地发挥其遇水膨胀止水防渗的作用。

任务 5　沥青试验

7.5.1　一般规定

7.5.1.1　检测依据

按《沥青软化点测定法　环球法》(GB/T 4507—2014)、《沥青延度测定法》(GB/T 4508—2010)、《沥青针入度测定法》(GB/T 4509—2010)的规定执行。

7.5.1.2　沥青取样

同一批出厂、同一规格牌号的沥青以 20 t 为一个取样单位,不足 20 t 也按一个取样单位取样。从每个取样单位的不同部位取 5 处洁净试样,每处所取数据大致相等,约 1 kg 作为平均试样。

7.5.2　沥青针入度测定

7.5.2.1　试验目的

测定沥青针入度,评定其黏滞性并依针入度值确定沥青的牌号。

7.5.2.2　主要仪器设备

(1)针入度测定仪,如图 7-4 所示。

(2)标准针、盛样皿、温度计(0~50 ℃,分度 0.5 ℃)。

(3)恒温水浴、平底保温皿、砂浴、秒表、金属皿。

7.5.2.3　试样制备

(1)小心加热样品,不断搅拌以防局部过热,加热到使样品能够流动。加热时焦油沥青的加热温度不超过软化点 60 ℃,石油沥青不超过软化点 90 ℃。加热时间在保证样品充分流动的基础上尽量少。加热、搅拌过程中避免试样中进入气泡。

(2)将试样倒入预先选好的试样皿中。试样深度应至少是预计锥入深度的 120%。如果试样皿的直径小于 65 mm,而预期针入度高于 200,每个试验条件都要倒三个样品。

(3)将沥青加热至 120~180 ℃温度下脱水,用筛过滤,注入盛样皿内,注入深度应比预计针入度大 10 mm,置于 10~30 ℃的空气中冷却 1~2 h,冷却时应防止灰尘落入。然后将盛样皿移入温度为(25±5) ℃的恒温水浴中,恒温 1~2 h。浴中水面应高出试样表面 25 mm 以上。

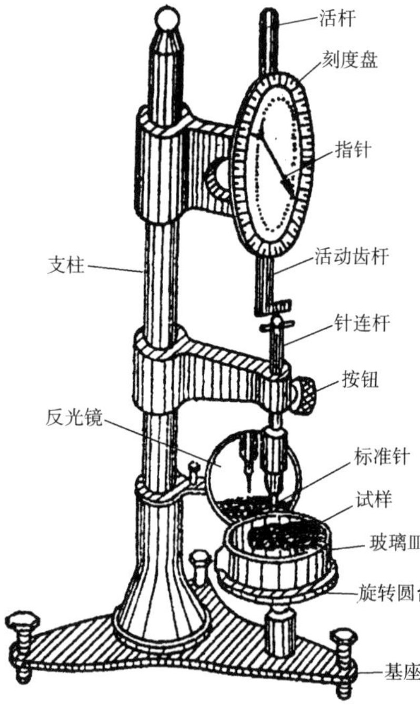

图 7-4　针入度测定仪

7.5.2.4　**试验步骤**

(1)调节针入度测定仪的水平,检查针连杆和导轨,确保上面没有水和其他物质。先用合适的溶剂将针擦干净,再用干净的布擦干,然后将针插入针连杆中固定。按试验条件放好砝码,正常情况为:标准针、针连杆与附加砝码的总质量为(100±0.05)g。

(2)将已恒温到试验温度(35 ℃)的盛样皿和平底玻璃皿取出,放置在针入度测定仪的平台上。慢慢放下针连杆,使针尖刚刚接触到试样的表面,必要时用放置在合适位置的光源反射来观察。拉下活杆,使其与针连杆顶端相接触,调节针入度测定仪上的表盘读数为零。

(3)用手紧压按钮,同时启动秒表,使标准针自由下落穿入沥青试样,到规定时间(5 s)停压按钮,使标准针停止移动。

(4)拉下活杆,再使其与针连杆顶端相接触,此时表盘指针的读数即为试样的针入度,用1/10 mm表示。

(5)同一试样至少重复测定三次。每一试验点的距离和试验点与盛样皿边缘的距离都不得小于10 mm。每次试验前都应将试样和平底玻璃皿放入恒温水浴中,每次测定都要用干净的针。当针入度超过200时,至少用三根针,每次试验用的针留在试样中,直到三根针扎完时再将针从试样中取出。针入度小于200时可将针取下用合适的溶剂擦净后继续使用。

7.5.2.5　**试验结果处理与评定**

(1)取三次测定针入度的平均值(保留整数)作为试验结果。三次测定的针入度值相差不应大于下列数值:针入度为0~49,最大差值2;针入度为50~149,最大差值4;针入度为150~249,最大差值6;针入度为250~350,最大差值8;针入度为350~500,最大差值20。若差值超过上述数值,应重做试验。

(2)关于试验的重复性与再现性的要求。重复性:同一操作者同一样品利用同一台仪器测得的两次结果不超过平均值的4%。再现性:不同操作者同一样品利用同一类型仪器测得的两次结果不超过平均值的11%。

7.5.3　沥青延度测定

7.5.3.1　**试验目的**

测定石油沥青的延度,了解其塑性的大小,并作为评定石油沥青牌号的指标之一。

7.5.3.2　**主要仪器设备**

(1)延度仪。由长方形水槽和传动装置组成,由丝杆带动滑板以(50±5)mm/min的速度拉伸试样,滑板上的指针在标尺上显示移动距离,见图7-5。

(2)"8"字模(见图7-6),由两个端模和两个侧模组成。

(3)其他仪器同针入度试验。

7.5.3.3　**制备试样**

将隔离剂(甘油:滑石粉=2:1)均匀地涂于金属(或玻璃)底板或两侧模的内侧面(端模勿涂),将试模组装在底板上。将加热熔化并脱水的沥青过滤后,以细流状缓慢自试模一端注入至另一端,经往返几次而注满,并略高于试模。然后在15~30 ℃环境中冷却30 min,放入(25±0.5)℃的水浴中,保持30 min再取出,用热刀将高出试模的沥青刮去,使沥

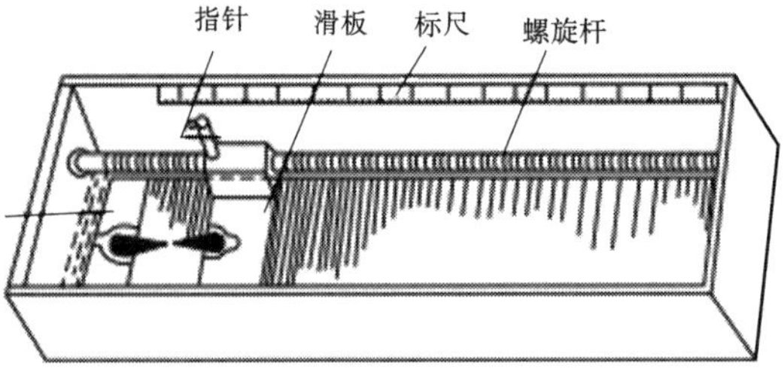

图 7-5 沥青延度仪

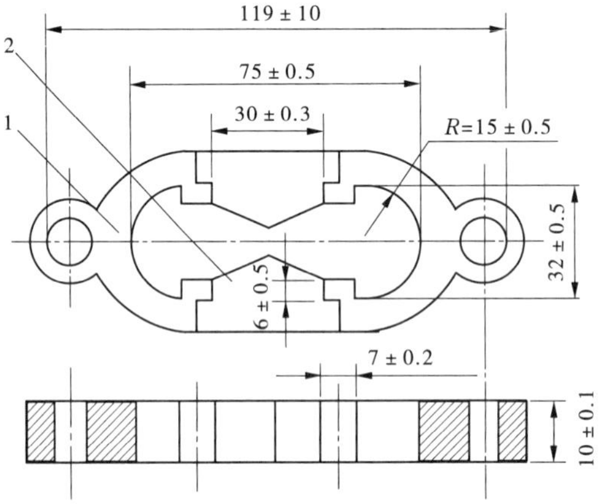

1—端模;2—侧模

图 7-6 沥青延度仪模具 (单位:mm)

青面与模面齐平。沥青的刮法应自模的中间刮向两边,试样表面应平整光滑,最后移入(25±0.1) ℃水浴中恒温 1~1.5 h。

7.5.3.4 试验步骤

(1)检查延度仪滑板移动速度是否符合要求,调节水槽中水位为水面高于试样表面不小于 25 mm 及水温保持在(25±0.5) ℃。

(2)从恒温水浴中取出试件,去掉底板与侧模,将其两端模孔分别套在水槽内滑板及横端板的金属小柱子上,再检查水温,并保持在(25±0.5)℃。

(3)将滑板指针对零,开动延度仪,观察沥青拉伸情况。测定时,若发现沥青细丝浮于水面或沉入槽底,则应分别向水中加乙醇或食盐水,调整至水的密度与试样密度相近,然后继续进行测定。

7.5.3.5 试验结果处理与评定

取平行测定的 3 个试件延度的平均值作为该试样的延度值。若 3 个测定值与其平均值之差不在其平均值的 5%以内,但其中两个在较高值的 5%以内,而最低值不在平均值 5%之内,则弃去最低值,取 2 个较高值的算术平均值作为测定结果。

7.5.4 石油沥青软化点测定

7.5.4.1 试验目的

测定石油沥青的软化点,了解其黏滞性与塑性随温度升高而改变的程度,并作为评定石油沥青牌号的指标之一。

7.5.4.2　**主要仪器设备**

（1）软化点测定仪，包括 800 mL 烧杯、测定架、试样环、套环、钢球、温度计等。

（2）电炉或其他可加温的加热器、金属板或玻璃板、筛（筛孔为 0.3~0.5 mm 的金属网）等。

7.5.4.3　**试样制备**

将黄铜环置于涂有隔离剂的金属板或玻璃板上，将已加热熔化、脱水且过滤后的沥青试样注入铜环内至略高出环面为止（若估计软化点在 120 ℃以上，应将黄铜环与金属板预热至 80~100 ℃）。试样在 15~30 ℃的空气中冷却 30 min 后，用热刀刮去高出环面的沥青，使与环面齐平。

7.5.4.4　**试验步骤**

（1）烧杯内注入新煮沸并冷却至约 5 ℃的蒸馏水（估计软化点不高于 80 ℃的试样），或注入预热至 32 ℃的甘油（估计软化点高于 80 ℃的试样），使液面略低于环架连接杆上的深度标记。

（2）将装有试样的铜环置于环架上层板的圆孔中，放入套环，把整个环架放入烧杯内，调整液面至深度标记，环架上任何部分均不得有气泡。将温度计由上层板中心孔垂直插入，使水银球与铜环下面齐平，恒温 15 min，水温保持在（5±0.5）℃，甘油温度保持在（32±1）℃。

（3）将烧杯移至放有石棉网的电炉上，然后将钢球放在试样上（须使各环的平面在全部加热时间内完全处于水平状态）立即加热，使烧杯内水或甘油温度在 3 min 后保持升温速度为（5±0.5）℃/min，否则重做。

（4）观察试样受热软化情况，当其软化下坠至与环架下层板面接触（25.4 mm）时，记下此时的温度，即为试样的软化点（精确至 0.5 ℃）。

7.5.4.5　**试验结果**

取平行测定的两个试样软化点的算术平均值作为测定的结果。

基础训练

7-1　什么是石油沥青？按用途分为哪几类？

7-2　石油沥青的技术性质是什么？各用什么指标表示？

7-3　石油沥青的牌号是如何划分的？

7-4　怎样根据屋面防水等级来选择防水材料？

能力训练

7-1　试各举一例说明高分子改性沥青卷材、涂料、密封材料的性能和应用。

7-2　试各举一例说明合成高分子卷材、涂料、密封材料的性能和应用。

7-3　简述沥青试验的要点。

项目 8　土工合成材料

【学习目标】

知识目标

1. 掌握土工合成材料的种类、技术性能。
2. 理解土工合成材料的功能。

技能目标

1. 能全面了解土工合成材料。
2. 具有对土工合成材料试验的能力。

【项目导图】

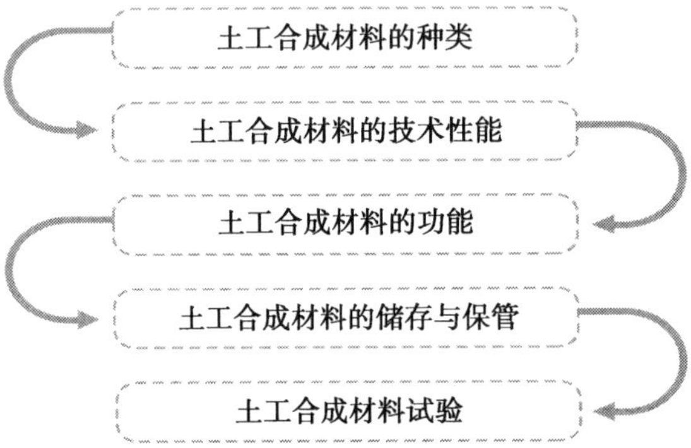

土工合成材料是 20 世纪 50 年代末期发展起来的一种新型建筑材料,它是应用于岩土工程、以高分子聚合物为原材料制成的各种产品的统称。土工合成材料具有满足多种工程需要的性能,而且由于其寿命长(在正常使用条件下,可达 50~100 年)、强度高(在埋置 20 年后,强度仍保持 75%)、柔性好、抗变形能力强、施工简易、造价低廉、材料来源丰富等优点,在水利水电、道路、海港、采矿、军工、环境等工程领域得到了广泛的应用。

任务 1　土工合成材料的种类

我国《土工合成材料应用技术规范》(GB/T 50290—2014)将土工合成材料分为土工织物、土工膜、土工复合材料和土工特种材料四大类。

8.1.1　土工织物

土工织物又称土工布,它是由聚合物纤维制成的透水性土工合成材料。按制造方法不同,可分为织造(有纺)型土工织物与非织造(无纺)型土工织物两大类。

8.1.1.1　织造型土工织物

1. 结构

织造型土工织物是问世最早的土工织物产品，又称为有纺土工织物。它是由单丝或多丝织成的，或由薄膜形成的扁丝编织成的布状卷材。其制造工序是：将聚合物原材料加工成丝、纱、带，再借织机织成平面结构的布状产品。织造时有相互垂直的两组平行丝，如图 8-1 所示。沿织机（长）方向的称为经丝，横过织机（宽）方向的称为纬丝。

单丝的典型直径为 0.5 mm，它是将聚合物热熔后从模具中挤压出来的连续长丝。在挤出的同时或刚挤出后将丝拉伸，使其中的分子定向，以提高丝的强度。多丝是由若干根单丝组成的，在制造高强度土工织物时常采用多丝。扁丝是由聚合物薄片经利刃切成的薄条，在切片前后都要牵引拉伸以提高其强度，宽度约为 3 mm，是其厚度的 10~20 倍。

目前，大多数织造型土工织物是由扁丝织成的，而圆丝和扁丝结合成的织物有较高的渗透性，如图 8-2 所示。

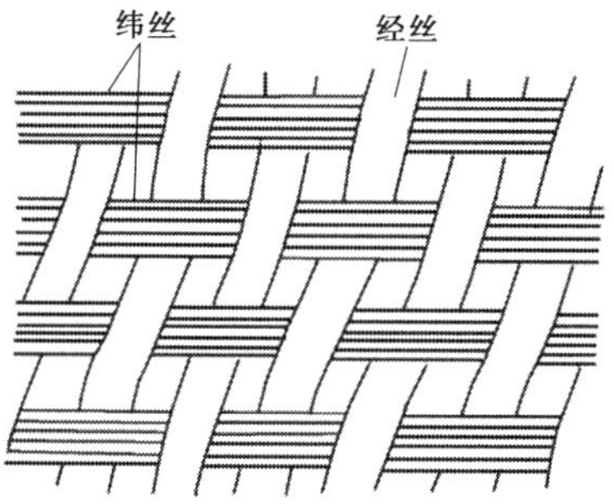

图 8-1　土工织物的经纬丝

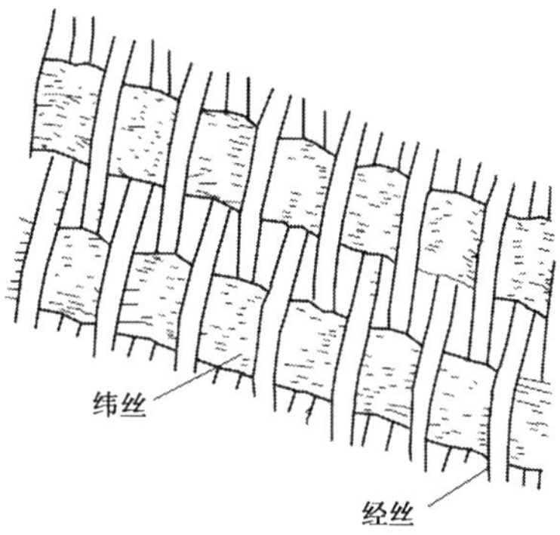

图 8-2　圆丝和扁丝织成的织物

2. 织造形式

织造型土工织物有三种基本的织造形式：平纹、斜纹和缎纹。平纹是最简单、应用最多的织法，其形式是经、纬纹一上一下，如图 8-1、图 8-2 所示。斜纹是经丝跳越几根纬丝，最简单的形式是经丝二上一下，如图 8-3 所示。缎纹是经丝和纬丝长距离地跳越，如经丝五上一下，这种织法适用于衣料类产品。

图 8-3　斜纹土工织物

3. 各产品的特性

不同的丝和纱及不同的织法，织成的产品具有不同的特性。平纹织物有明显的各向异性，其经、纬向的摩擦系数也不一样；圆丝织物的渗透性一般比扁丝的高，每百米长的经丝间穿越的纬丝愈多，织物愈密愈强，渗透性愈低。单丝的表面积较多丝的小，其防止生物淤堵的性能好。聚丙烯的老化速度比聚酯和聚乙烯的要快。由此可见，可以借助调整丝（纱）的材质、品种和织造方式等来得到符合工程要求的强度、经纬强度比、摩擦系数、等效孔径和耐久性等项指标。

8.1.1.2　非织造型土工织物

非织造型土工织物又称无纺土工织物,是由短纤维或喷丝长纤维按随机排列制成的絮垫,经机械缠合,或热黏合,或化学黏合而成的布状卷材。

1. 热黏合

热黏合是将纤维在传送带上成网,让其通过两个反向转动的热辊之间热压,纤维网受热达到一定温度后,部分纤维软化熔融,互相黏连,冷却后得到固化。这种方法主要用于生产薄型土工织物,厚度一般为0.5~1.0 mm。由于纤维是随机分布的,织物中形成无数大小不一的开孔,又无经纬丝之分,故其强度的各向异性不明显。

2. 化学黏合

化学黏合是通过不同工艺将黏合剂均匀地施加到纤维网中,待黏合剂固化,纤维之间便互相黏连,使网得以加固,厚度可达3 mm。常用的黏合剂有聚烯酯、聚酯乙烯等。

3. 机械黏合

机械黏合是以不同的机械工具将纤维加固,有针刺法和水刺法两种。针刺法利用装在针刺机底板上的许多截面为三角形或棱形且侧面有钩刺的针,由机器带动,做上下往复运动,让网内的纤维互相缠结,从而使织网得以加固。产品厚度一般在1 mm以上,孔隙率高,渗透性大,反滤、排水性能好,在工程中应用很广。水刺法是利用高压喷射水流射入纤维网,使纤维互相缠结加固。产品柔软,主要用于卫生用品,工程中尚未应用。

8.1.2　土工膜

土工膜是透水性极低的土工合成材料。土工膜根据原材料不同,可分为聚合物和沥青两大类。按制作方法不同,可分为现场制作和工厂预制两大类。为满足不同强度和变形需要,又有加筋和不加筋之分。聚合物膜在工厂制作,而沥青膜则大多在现场制作。

制作土工膜的聚合物有热塑塑料(如聚氯乙烯)、结晶热塑塑料(如高密度聚乙烯)、热塑弹性体(如氯化聚乙烯)和橡胶(如氯丁橡胶)等。

现场制作是指在工地现场地面上喷涂一层或敷一层冷或热的黏性材料(沥青和弹性材料混合物或其他聚合物)或在工地先铺设一层织物在需要防渗的表面,然后在织物上喷涂一层热的黏性材料,使透水性低的黏性材料浸在织物的表面,形成整体性的防渗薄膜。

工厂制作是采用高分子聚合物、弹性材料或低分子量的材料,通过挤出、压延或加涂料等工艺过程所制成的,是一种均质薄膜。挤出是将熔化的聚合物通过模具制成土工膜,厚0.25~4 mm。压延是将热塑性聚合物通过热辊压成土工膜,厚0.25~2.0 mm。加涂料是将聚合物均匀涂在纸片上,待冷却后将土工膜揭下来而成的。

制作土工膜时,掺入一定量的添加剂,可使其在不改变材料基本特性的情况下,改善某些性能和降低成本。例如,掺入碳黑可提高抗日光紫外线能力,延缓老化;掺入滑石等润滑剂可改善材料可操作性;掺入铅、盐、钡、钙等衍生物以提高材料的抗热、抗光照稳定性;掺入杀菌剂可防止细菌破坏等。在沥青类土工膜中,掺入填料(如细矿粉)或纤维,可提高膜的强度。

8.1.3　土工复合材料

土工复合材料是两种或两种以上的土工合成材料组合在一起的制品。这类制品将各种组合料的特性相结合，以满足工程的特定需要。

8.1.3.1　复合土工膜

复合土工膜是将土工膜和土工织物（包括织造型和非织造型）复合在一起的产品。应用较多的是非织造针刺土工织物，其单位面积质量一般为 200～600 g/m^2。复合土工膜在工厂制造时有两种方法：一是将织物和膜共同压成，二是在织物上涂抹聚合物以形成二层（一布一膜）、三层（二布一膜）、五层（三布二膜）的复合土工膜。

复合土工膜具有许多优点，例如：以织造型土工织物复合，可以对土工膜加筋，保护其不受运输或施工期间的外力损坏；以非织造型织物复合，可以对土工膜起加筋、保护、排水排气作用，提高膜的摩擦系数，在水利工程和交通隧洞工程中有广泛的应用。

8.1.3.2　塑料排水带

塑料排水带是由不同凹凸截面形状并形成连续排水槽的带状芯材，外包非织造土工织物（滤膜）构成的排水材料。芯板的原材料为聚丙烯、聚乙烯或聚氯乙烯。芯板截面形式有城垛式、口琴式和乳头式等，如图 8-4 所示。

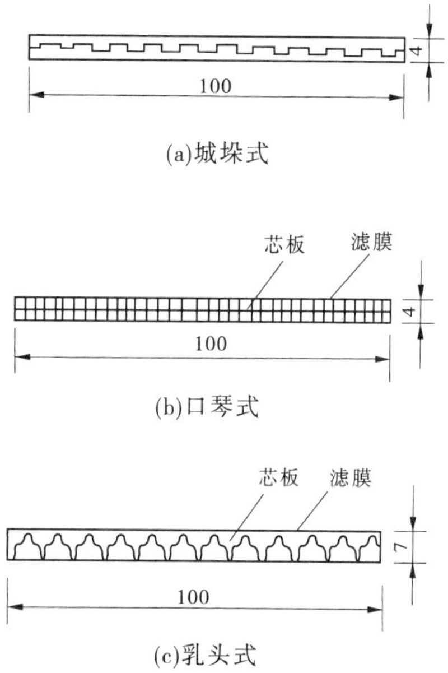

图 8-4　塑料排水板断面　（单位：mm）

芯板起骨架作用，截面形成的纵向沟槽供通水用，而滤膜多为涤纶无纺织物，作用是滤土、透水。塑料排水带的宽度一般为 100 mm，厚度为 3.5～4 mm，每卷长 100～200 m，单位长度质量 0.125 g/m。排水带在公路、码头、水闸等软基加固工程中应用广泛。

8.1.3.3　软式排水管

软式排水管又称为渗水软管，是由高强度钢丝圈（作为支撑体）及具有反滤、透水、保护作用的管壁包裹材料两部分构成的，如图 8-5 所示。

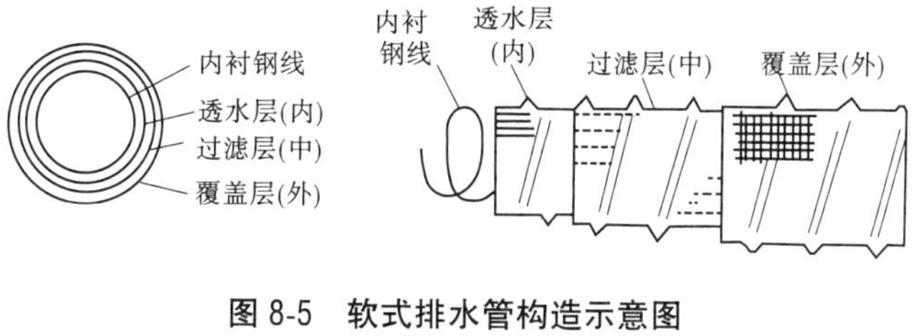

图 8-5　软式排水管构造示意图

高强钢丝由钢线经磷酸防锈处理，外包一层 PVC 材料，使其与空气、水隔绝，避免氧化生锈。包裹材料有三层，内层为透水层，由高强度尼龙纱作为经纱，特殊材料作为纬纱制成；中层为非织造土工织物过滤层；外层为与内层材料相同的覆盖层。在支撑体和管壁外裹材料间、外裹各层之间都采用了强力黏结剂黏合牢固,以确保软式排水管的复合整体性。目前,管径有 50.1 mm、80.4 mm 和 98.3 mm,相应的通水量(坡度 $i=1/250$)分别为 45.7 cm^3/s、162.7 cm^3/s、311.4 cm^3/s。

软式排水管兼有硬水管的耐压与耐久性能,又有软水管的柔软和轻便特点,过滤性强,排水性好,可用于各种排水工程中。

8.1.4　土工特种材料

土工特种材料是为工程特定需要而生产的产品,常见的有以下几种。

8.1.4.1　土工格栅

土工格栅是在聚丙烯或高密度聚乙烯板材上先冲孔,然后进行拉伸而成的带长方形孔的板材,如图 8-6 所示。

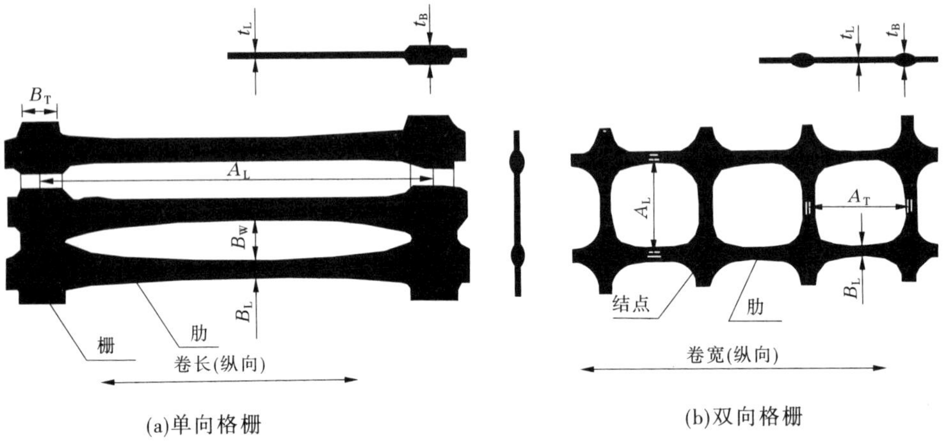

图 8-6　土工格栅

加热拉伸是让材料中的高分子定向排列,以获得较高的抗拉强度和较低的延伸率。按拉伸方向不同,可分为单向拉伸(孔近矩形)和双向拉伸(孔近方形)两种。单向拉伸在拉伸方向上皆有较高强度。

土工格栅强度高、延伸率低,是加筋的好材料。土工格栅埋在土内,与周围土之间不仅有摩擦作用,而且由于土石料嵌入其开孔中,还有较高的咬合力,它与土的摩擦系数高达 0.8~1.0。

8.1.4.2　土工网

土工网是由聚合物经挤塑成网,或由粗股条编织,或由合成树脂压制成的具有较大孔眼和一定刚度的平面结构网状材料,如图 8-7 所示。网孔尺寸、形状、厚度和制造方法不同,其性能也有很大差异。一般而言,土工网的抗拉强度都较低,延伸率较高。这类产品常用于坡面、防护、植草、软基加固垫层或用于制造复合排水材料。

8.1.4.3　土工模袋

土工模袋是由上下两层土工织物制成的大面积连续袋状材料,袋内充填混凝土或水泥砂浆,凝固后形成整体混凝土板,可用作护坡。模袋上下两层之间用一定长度的尼龙绳

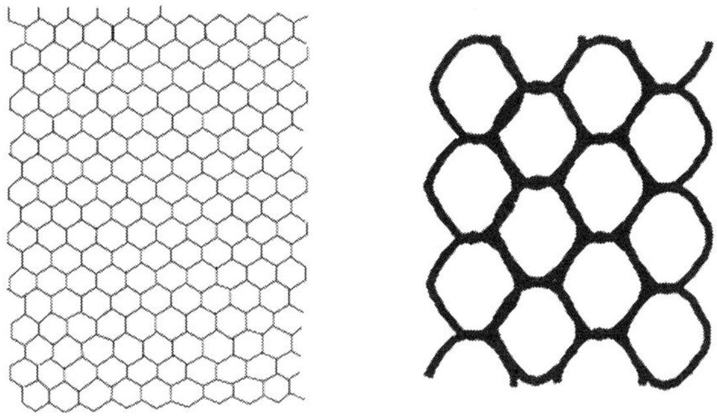

图8-7 土工网

来保持其间隔,可以控制填充时的厚度。浇筑在现场用高压泵进行。混凝土或砂浆注入模袋后,多余水量可从织物孔隙中排走,故降低了水分,加快了凝固速度,提高了强度。

按加工工艺不同,模袋可分为机织模袋和简易模袋两类。前者是由工厂生产的定型产品,后者是用手工缝制而成的。

8.1.4.4 土工格室

土工格室是由强化的高密度聚乙烯宽带,每隔一定间距以强力焊接而形成的网状格室结构,如图8-8所示。格室张开后,可填土料,由于格室对土的侧向位移的限制,可大大提高土体的刚度和强度。土工格室可用于处理软弱地基,增大其承载力,沙漠地带可用于固沙,还可用于护坡等。

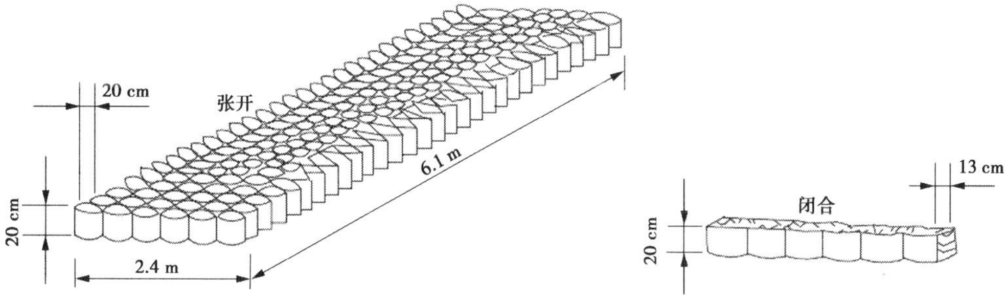

图8-8 土工格室

8.1.4.5 土工管、土工包

土工管是用经防老化处理的高强度土工织物制成的大型管袋及包裹体,可有效地护岸和用于崩岸抢险,或利用其堆筑堤防。

土工包是将大面积高强度的土工织物摊铺在可开底的空驳船内,充填200~800 m^3,料物将织物包裹闭合,运送沉放到一定预定位置。在国外,该技术主要用于环境保护。

8.1.4.6 聚苯乙烯板块

聚苯乙烯板块又称为泡沫塑料,是以聚苯乙烯为原料,加入发泡剂制成的。其特点是质量轻、导热系数低、吸水率小、有一定抗压强度。由于其质量轻,可用它代替土料,填筑桥端的引堤,解决桥头跳车问题。其导热系数低,在寒冷地带,可用该材料板块防止结构物冻害,例如,在挡墙背面或闸底板下,放置泡沫塑料以防止冻胀等。

8.1.4.7 **土工合成材料黏土垫层**

土工合成材料黏土垫层是由两层或多层土工织物(或土工膜)中间夹一层膨润土粉末(或其他低渗透性材料)以针刺(缝合或黏结)而成的一种复合材料。其优点是体积小、质量轻、柔性好、密封性良好、抗剪强度较高、施工简便、适应不均匀沉降,比压实黏土垫层具有无比的优越性,可代替一般的黏土密封层,用于水利或土木工程中的防渗或密封设计。

任务2 土工合成材料的技术性能

土工合成材料广泛应用于水利和岩土工程的各个领域。不同的工程对材料有不同的功能要求,并因此而选择不同的类型和不同品种的土工合成材料。根据国家有关规范、规程,土工合成材料的技术性能大体可分为物理性能、力学性能、水力性能、土工合成材料与土的相互作用及耐久性等。

8.2.1 物理性能

表示土工合成材料的物理性能的指标主要是单位面积质量、厚度、等效孔径和孔隙率。

8.2.1.1 **单位面积质量**

单位面积质量是指 1 m^2 土工合成材料的质量,单位为 g/m^2。它是土工合成材料的一个重要指标,土工合成材料的单价与其大致成正比,强度也随单位面积质量增大而增大。

单位面积质量的测试方法为称量法。

8.2.1.2 **厚度**

土工合成材料的厚度是指在承受一定压力的情况下,土工合成材料的实际厚度,单位为 mm。土工织物的厚度在承受压力时变化很大,并随加压持续时间的延长而减小。因此,规范规定,在测定厚度时应按要求施加一定的压力,在加压 30 s 时读数。施加的压力分别为(2±0.01)kPa、(20±0.1) kPa 和(200±1)kPa,可以对每块试样逐级持续加压测读。测量时取样方法与测量单位面积质量时相同,将试样放置在厚度试验仪基准板上,用一与基准板平行、下表面光滑、面积为 25 cm^2 的圆形压脚对试件施加压力,压脚与基准板间的距离即为土工合成材料厚度。土工织物的厚度一般为 0.1~5 mm,对厚度超过 0.5 mm 的织物,测量精度为 0.01 mm,厚度小于 0.5 mm 时,精度为 0.001 mm。

8.2.1.3 **等效孔径(表观孔径)**

等效孔径相当于织物的表观最大孔径,也是能通过的土颗粒的最大粒径,以 O 表示,单位为 mm。测定土工织物孔径的方法有直接法和间接法两种,直接法有显微镜测读法和投影放大测读法,间接法包括干筛法、湿筛法、动力水筛法、水银压入法和渗透法等。目前多采用干筛法。干筛法是用织物试样作为筛布,将预先定出粒径的石英砂放在筛布上振筛,称量通过筛布的石英砂的质量,计算出截留在织物内部和上部砂的质量占砂粒总投放量的百分比(筛余率)。取筛余率为 95%(过筛率为 5%)所对应的粒径为织物的等效孔径 O_{95} 用同样方法可得到 O_{85}、O_{50}、O_{15} 的孔径值，绘制出不同粒径下筛余率与粒径(对数坐标)的关系曲线，如图 8-9 所示。

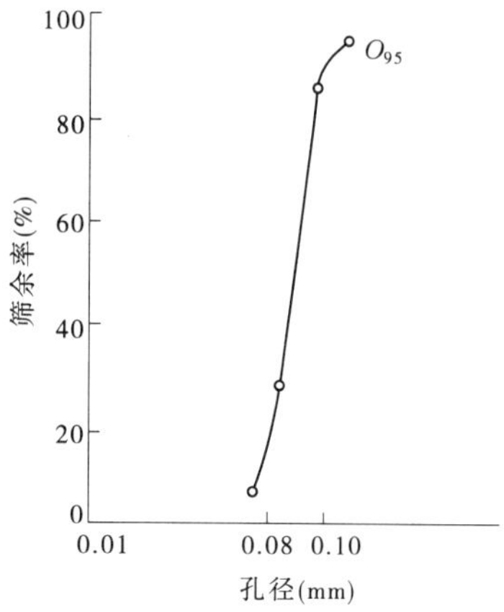

图 8-9 孔径分布曲线

8.2.1.4 **孔隙率**

土工合成材料的孔隙率是指其所含孔隙体积与总体积之比，以 n_p(%)表示。它与土工合成材料孔径的大小有关，直接影响到织物的透水性、导水性和阻止土粒随水流流失的能力。孔隙率的大小不直接测定，由单位面积质量、密度和厚度计算得到，按式(8-1)计算：

$$n_p = (1 - \frac{G}{\rho\delta}) \times 100\% \tag{8-1}$$

式中 G——单位面积质量，g/m²；

ρ——无纺织物原材料密度，g/m³；

δ——无纺织物的厚度，m。

无纺织物在不受压力的情况下，孔隙率一般在 90% 以上，随着压力的增大，孔隙率减小。

8.2.2 力学性能

土工合成材料力学性能指标主要有抗拉强度、握持强度、撕裂强度、胀破强度、顶破强度、刺破强度、蠕变性能等。其中，抗拉强度是最基本的力学性能指标。

8.2.2.1 **抗拉强度**

1. 抗拉强度计算公式

土工合成材料的抗拉强度是指试样在拉力机上拉伸至断裂时，单位宽度所承受的最大拉力，其单位为 kN/m，计算式为

$$T_s = \frac{P_f}{B} \tag{8-2}$$

式中 T_s——抗拉强度，kN/m；

P_f——拉伸过程中最大拉力，kN；

B——试样的初始宽度，m。

2. 延伸率计算公式

延伸率是试样拉伸时对应最大拉力时的应变，是指试样长度的增加值与试样初始长度的比值，以百分数(%)表示。计算式为：

$$\varepsilon_p = \frac{L_f - L_0}{L_0} \times 100\% \tag{8-3}$$

式中 ε_p——延伸率(%)；

L_0——试样的计算长度(夹具间距),mm;

L_f——最大拉力时的试样长度,mm。

影响抗拉强度和延伸率的因素有原材料、结构形式、试样的宽度、拉伸速率和拉伸方向等。

不同材料的合成纤维或纱线,其拉伸特性不同,由它们制成的织物也具有各异的拉伸特性(尤其是有纺织物)。无纺织物纤维的排列是随机的,拉伸性能主要取决于纤维之间加固和黏合的程度。

有纺织物的经纱(或扁丝)和纬纱,其粗细和单位长度内的根数,甚至材料都可能不同。因此,经纬向拉伸特性也有差别。对于无纺织物,根据铺网时交错的方式不同,经纬强度也不一样。为此,在进行拉伸试验时,要进行两个方向的拉伸试验,并分别给出沿经向和纬向的抗拉强度与延伸率。

我国《土工合成材料测试规程》(SL 235—2012)中规定了两种宽度,即窄条试验宽 50 mm 和宽条试验宽 200 mm。采用窄条试验时,无纺织物横向收缩很大,有时高达 50%以上,测得的抗拉强度偏小;而有纺织物的横向收缩很小,测得的结果要好一些。

拉伸速率越快,测得的抗拉强度越高。规范规定拉伸速率为 20 mm/min。目前,我国典型的有纺织物和无纺织物的拉伸过程曲线如图 8-10 所示。

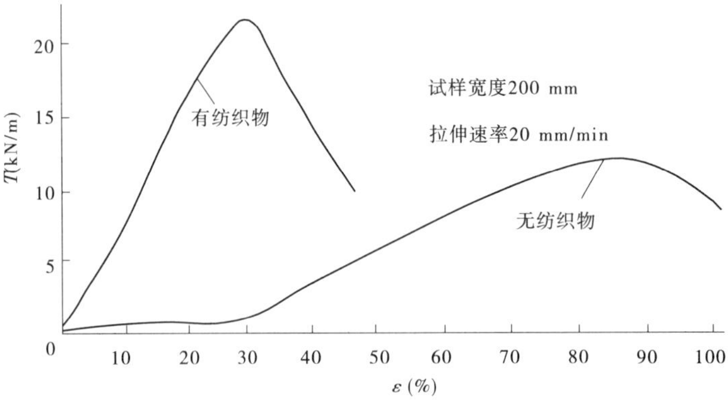

图 8-10　土工织物的拉伸过程曲线

8.2.2.2　握持强度

握持强度是表示土工织物抵抗外来集中荷载的能力。其测试方法与抗拉强度基本相同,只是试验时仅 1/3 试样宽度被夹持,故该指标除反映抗拉强度的影响外,还与握持点相邻纤维提供的附加强度有关。握持强度试验如图 8-11 所示。拉伸速率为 100 mm/min,试样破坏过程中出现的最大拉力即为握持强度,单位为 kN。

8.2.2.3　撕裂强度

撕裂强度是指沿土工织物某一裂口将裂口逐步扩大过程中的最大拉力,单位为 kN。测定撕裂强度的试样有梯形试样、舌形试样和翼形试样。梯形试样的测试方法是将梯形轮廓画在试样上,如图 8-12(a)所示,并预先剪出 15 mm 长的裂口,然后沿梯形的两个腰将试样夹在拉力机的夹具中,如图 8-12(b)所示。拉伸速度为 100 mm/min,使裂口扩展到整个试样宽度，撕裂过程的最大拉力即为撕裂强度，单位为 N。

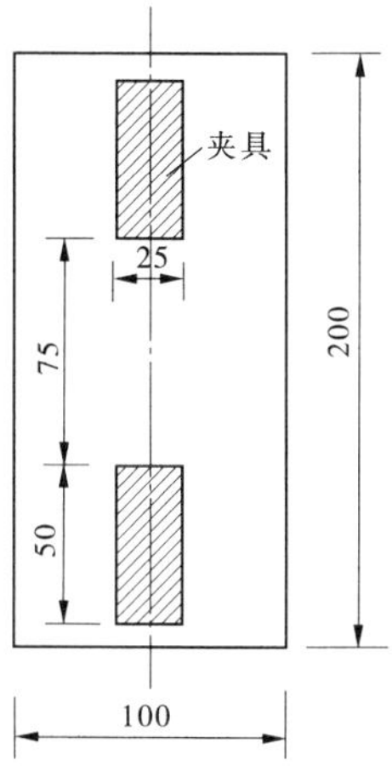

图 8-11　握持强度试验　（单位：mm）

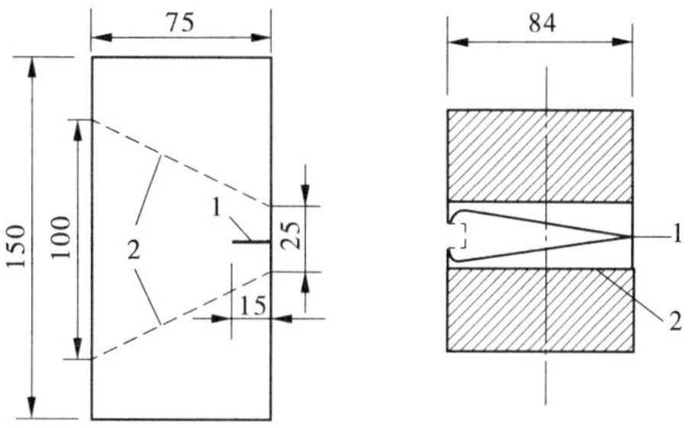

(a)平面形状　(b)夹持形状

1—切缝；2—夹持线

图 8-12　梯形撕裂试样　（单位：mm）

8.2.2.4　胀破强度

胀破强度表示土工合成材料抵抗外部冲击荷载的能力，试验装置如图 8-13 所示。取直径为不小于 55 mm 的圆形试样铺放在试验机的人造橡胶膜上，并夹在内径为 30.5 mm 的环形夹具间。以 170 mL/min 的速率加液压使橡胶冲胀，直至试样胀破。施加的最大液压即为该试样的胀破强度 p_{bi}，单位为 kPa。共完成 10 个试样的试验，取其平均值作为胀破强度 p_b。

8.2.2.5　圆球顶破强度

圆球顶破强度是指土工合成材料抵抗法向荷载的能力，用以模拟凹凸不平的地基和上部块石压入的影响。

试验装置如图 8-14 所示。环形夹具内径为 44.5 mm，钢球的直径为 25.4 mm。试样在不受预应力的状态下牢固地夹在环形夹具之间，钢球沿试样中心的法向以 100 mm/min 的速率顶入，测得钢球顶破试样需要的最大压力，即为该试样的圆球顶破强度 T_{bi}，单位为 N。试验共进行 10 次，取其平均值作为圆球顶破强度 T_b。

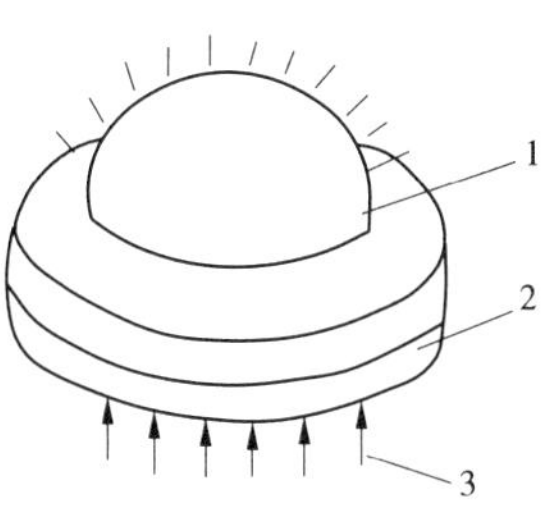

1—试样；2—环形夹具；3—液压

图 8-13　胀破试验示意

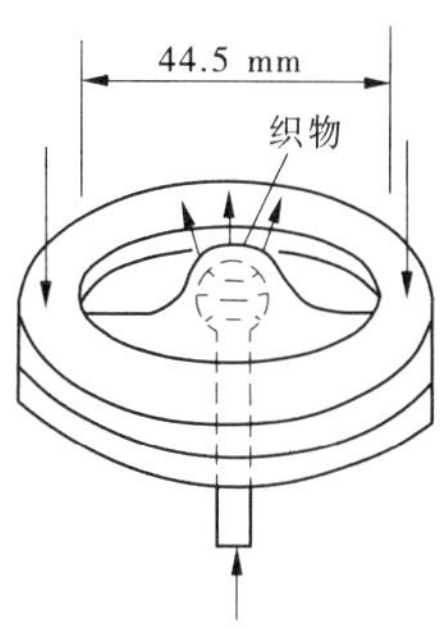

图 8-14　圆球顶破试验

8.2.2.6 CBR 顶破强度

试验装置如图 8-15 所示。将直径为 230 mm 的织物试样在不受预应力的状态下固定在内径为 150 mm 的 CBR 仪圆筒顶部，然后用直径为 50 mm 的标准圆柱活塞以 60 mm/min 的速率顶推织物，直至试样顶破，记录最大荷载即为该试样的 CBR 顶破强度，单位为 N。每组试样应取 6~10 块，取其平均值作为 CBR 顶破强度。

8.2.2.7 **刺破强度**

刺破试验是模拟土工合成材料受到夹有尖锐棱角的石子或树根的压入而刺破的情况。刺破强度是织物在小面积上受到法向集中荷载，直到刺破所能承受的最大力 T_p，单位为 N。刺破试验的环形夹具与圆球顶破试验完全相同，如图 8-16 所示，顶杆直径 80 mm，杆端为半球形。我国水利部测试规程用平头顶杆，移动速率为 100 mm/min，共进行 10 次试验。

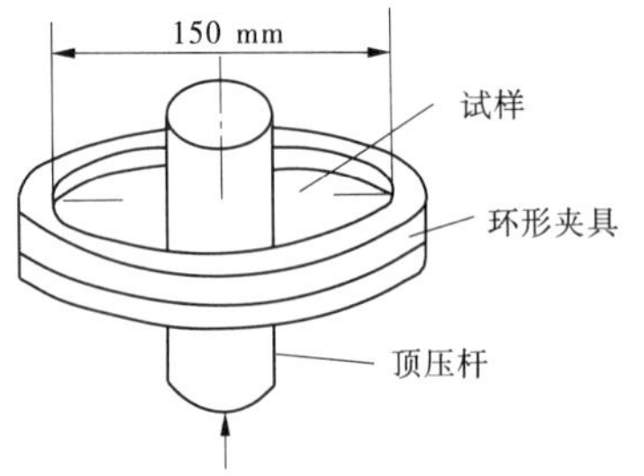

图 8-15 CBR 顶破试验示意

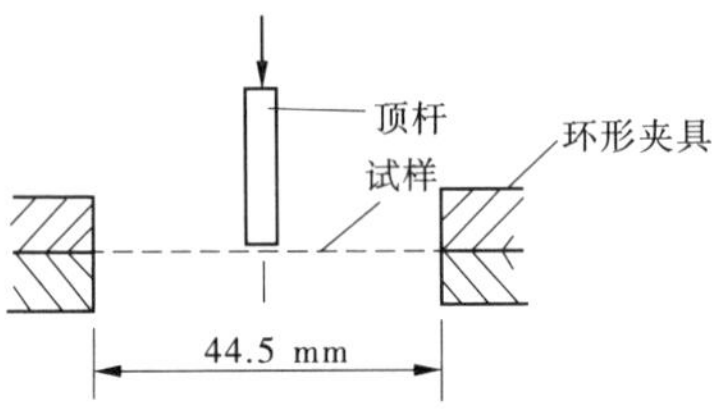

图 8-16 刺破试验示意

8.2.2.8 **落锥穿透试验**

落锥穿透试验是模拟工程施工中，具有尖角的石块或其他锐利之物掉落在土工合成材料上，并穿透土工合成材料的情况，穿透孔眼的大小反映了材料抗冲击刺破的能力。

落锥试验试样尺寸与 CBR 试验试样尺寸相同，其他参数如下：落锥直径 50 mm，尖锥角 45°，质量 1 kg，落锥置于试样的正上方，锥尖距试样 500 mm，令落锥自由下落，测定结果以试样刺破的孔洞直径 D_f 表示，单位为 mm。

8.2.2.9 **蠕变性能**

蠕变是指材料在受力大小不变的情况下，变形随时间增长而逐渐加大的现象。蠕变特性是土工合成材料的重要性能之一，是材料能否长期工作的关键，影响蠕变的因素有原材料、结构、应力、周围介质、温度等。

8.2.3 水力性能

土工合成材料的水力性能主要是指各类土工织物和土工复合材料的透水性能。主要指标有孔隙率、等效孔径和渗透系数，这些因素决定了土工织物和土工复合材料在反滤、排水及防止淤堵等方面的能力。目前，以保土和透水作用作为选择土工织物反滤层的准则。因此，等效孔径和渗透系数是反滤与排水功能中的重要指标。

8.2.3.1 **垂直渗透系数和透水率**

垂直渗透系数是水流垂直于土工织物平面水力梯度等于 1 时的渗透流速，单位为 cm/s，用 k 表示。

土工织物的透水性能除取决于织物本身的材料、结构、孔隙的大小和分布外,还与织物平面所受的法向应力、水质、水温和水中含气量等因素有关。

8.2.3.2　水平渗透系数和导水率

水平渗透系数是水流沿土工织物平面水力梯度等于1时的渗透流速,单位为cm/s,用k_h表示。

土工织物的水平渗透系数和导水率除与织物的原材料、织物的结构有关外,还与织物平面的法向压力、水流状态、水流方向与织物经纬向夹角、水的含气量和水的温度等因素有关。

8.2.4　土工织物与土的相互作用

土工织物应用于岩土工程,相互作用的性质最重要的有两个:一是土工织物被土颗粒淤堵的特性,二是土工织物与土的界面摩擦特性。

8.2.4.1　淤堵

土工织物用作滤层时,水从被保护的土料中流过织物,水中颗粒可能封闭织物表面的孔口或堵塞在织物内部,产生淤堵现象,渗透流量逐渐减小。同时,在织物上产生过大的渗透力,严重的淤堵会使滤层失去作用。

目前,还没有防止淤堵的设计公式,也没有统一的标准说明淤堵容许的程度,只有通过长期淤堵试验来判断。淤堵试验历时达500~1 000 h,观测渗透流量(或渗透系数)随时间的变化,检验是否能稳定在某一数值上。

8.2.4.2　土工织物的界面摩擦特性

土工织物与周围的土产生相对位移时,在接触面上将产生摩擦阻力,界面摩擦剪切强度符合库仑定律。

8.2.5　耐久性

土工合成材料的耐久性是指其物理和化学性能的稳定性,是土工合成材料能否应用于永久性工程的关键。土工合成材料的耐久性主要包括抗老化能力、抗化学侵蚀能力、抗生物侵蚀能力、抗磨损能力及湿度、水分和冻融的影响。

8.2.5.1　抗老化能力

土工合成材料的老化是指在加工、储存和使用过程中,受环境的影响,材料性能逐渐劣化的过程。老化的现象主要表现在外观、手感、物理化学性能、力学性能、电性能等方面。产生老化的主要原因是高分子聚合物都具有碳氢链式结构,受到太阳光、氧气、热、水分、工业有害气体和废物、微生物、机械损害等外界因素的影响后会发生降解反应和交联反应。降解反应是高分子聚合物变为低分子聚合物的反应,包括主链断裂和主链分解两种情况;而交联反应是大分子之间相联,产生网状或立体结构,也使材料性能发生变化。

此外,老化还与材料的组成、配方、颜色、成型加工工艺及内部所含的添加剂有关。延缓老化的措施有:在原材料中加入防老化剂,抑制光、氧、热等外界因素对材料的作用,如掺适量的抗氧剂、光稳定剂和碳黑等;在工程中采取防护措施,如尽量缩短材料在日光中的暴露时间,用岩土(30 cm厚以上)或深水覆盖等。实践证明,土工合成材料在有覆盖的情况下老化速度非常缓慢,可以满足工程的应用年限要求。

8.2.5.2 抗化学侵蚀能力

聚合物对化学侵蚀一般具有较高的抵抗能力,例如在 pH 高达 9~10 的泥炭土中用作加筋的土工织物,15 年后发生的化学侵蚀非常轻微。但是某些特殊的化学材料或废液对聚合物有侵蚀作用,柴油对聚乙烯、碱性很大(pH=12)的物质对聚酯、酸性很大(pH=2)的物质对聚酰胺、盐水对某些土工织物有一定影响。氧化铁沉积在土工织物上可能发生化学淤堵,影响滤层的透水性。

8.2.5.3 抗生物侵蚀能力

土工合成材料一般能抵御各种微生物的侵蚀。但在土工膜或土工织物下面,如有昆虫或兽类藏匿和建巢,或者是树根的穿透,会产生局部的破坏作用,但整体性能不会显著降低。

8.2.5.4 抗磨损能力

磨损是指土工合成材料与其他材料接触摩擦时,部分纤维被剥离,有强度下降的现象。土工合成材料在装卸、铺设过程中,在施工机械碾压、运行中都会发生磨损。不同的聚合物材料抗磨损能力不同,例如聚酰胺优于聚酯和聚丙烯,圆丝厚型有纺织物比扁丝薄型有纺织物抗磨损能力强,厚的针刺无纺织物表层易磨损,但内层一般不会被磨损。

8.2.5.5 温度、水分和冻融的影响

在高温作用下(例如在土工织物上铺放热沥青时),土工合成材料将发生熔融,在低温条件下,柔性降低,质地变脆,强度下降。聚酯材料在水中会发生水解反应,干湿变化和冻融循环可能使一部分空气或冰屑积存在土工织物内,影响它的渗透性能。

任务 3 土工合成材料的功能

土工合成材料在土建工程中应用时,不同的材料用在不同的部位,能起到不同的作用,这就是土工合成材料的功能。其主要功能可归纳为六类,即反滤、排水、隔离、防渗、防护和加筋。

8.3.1 反滤功能

由于土工织物具有良好的透水性和阻止颗粒通过的性能,是用作反滤设施的理想材料,在土石坝、土堤、路基、涵闸、挡土墙等各种土建工程中,用以替代传统的砂砾反滤设施,可以获得巨大的经济效益和良好的技术性能。反滤功能应用示意图如图 8-17 所示。

用作反滤的土工织物一般是非织造(无纺)型土工织物,有时也可使用织造型土工织物,基本要求如下:

(1)被保护的土料在水流作用下,不得被水流带走,即需要有“保土性”,以防止管涌破坏。

(2)水流必须能顺畅通过织物平面,即需要有“透水性”,以防止积水产生过高的渗透压力。

(3)织物孔径不能被水流挟带的土粒所阻塞,即要有“防堵性”,以避免反滤作用

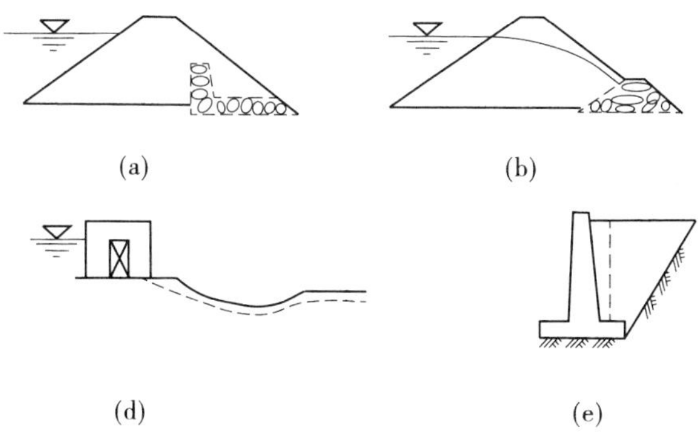

图 8-17　反滤功能应用示意图

失效。

8.3.2　排水功能

一定厚度的土工织物或土工席垫,具有良好的垂直和水平透水性能,可用作排水设施,有效地把土体中的水分汇集后予以排出。例如,在堤坝工程中用以降低浸润线位置,控制渗透变形;土坡排水,减小孔隙压力,防止土坡失稳;软土地基排水,加速土固结,提高地基承载能力;挡墙背面排水,以减小压力,提高墙体稳定性,等等。排水功能应用示意图如图 8-18 所示。土工织物用作排水时兼起反滤作用,除满足反滤的基本要求外,织物还应有足够的平面排水能力以导走来水。

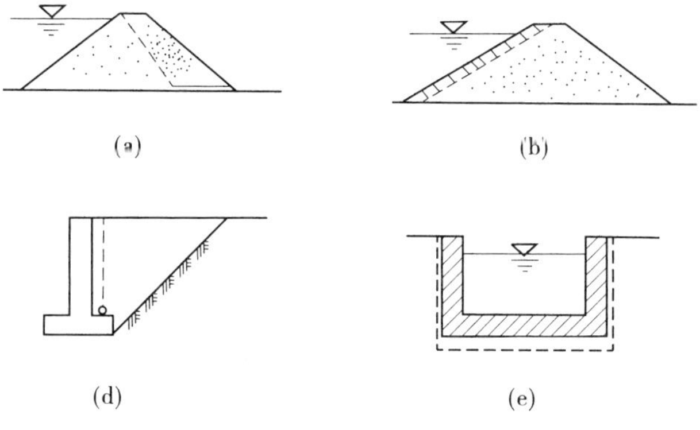

图 8-18　排水功能应用示意图

8.3.3　隔离功能

隔离是将土工合成材料放置在两种不同材料之间或两种不同土体之间,使其不互相混杂。例如将碎石和细粒土隔离,软土和填土之间隔离等。隔离可以产生很好的工程技术效果,当结构承受外部荷载作用时,隔离作用使材料不致互相混杂或流失,从而保持其整体结构和功能。例如,土石坝、堤防、路基等不同材料的各界面之间的分隔层;在冻胀性土中,用以切断毛细水流以消减土的冻胀和上层土融化而引起的沉陷或翻浆现象,防止粗粒材料陷入软弱路基和防止开裂反射到表面的作用,等等。隔离功能应用示意图如图 8-19 所示。用于隔离的土工合成材料应以它们在工程中的用途来确定,应用最多的是有纺土工织物。如果对材料的强度要求较高,可以用土工网或土工格栅做材料的垫层,当要求隔离防渗时,用土工膜或复合土工膜。用于隔离的材料必须具有足够的抗顶破能力和抗刺破能力。

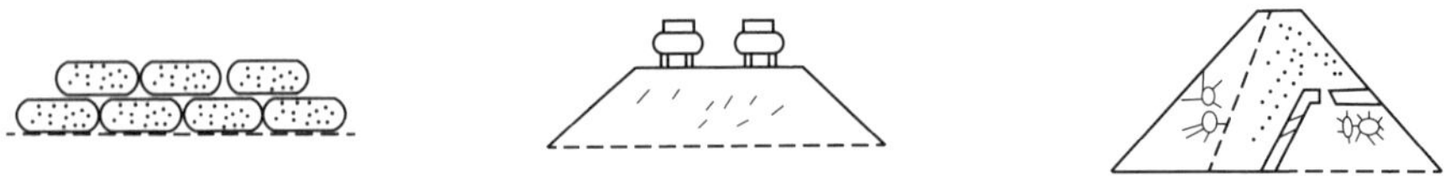

(a) (b) (c)

图 8-19 隔离功能应用示意图

8.3.4 防渗功能

防渗是防止液体渗透流失的作用,也包括防止气体的挥发扩散。土工膜及复合土工膜防渗性能很好,其渗透系数一般为 $10^{-11} \sim 10^{-15}$ cm/s,在水利工程中利用土工膜或复合土工膜,可有效防止水或其他液体的渗漏。例如,堤坝的防渗斜墙或心墙,透水地基上堤坝的水平防渗铺盖和垂直防渗墙,混凝土坝、圬工坝及碾压混凝土坝的防渗体,渠道和蓄水池的衬砌防渗,涵闸、海漫与护坦的防渗,隧洞和堤坝内埋管的防渗,施工围堰的防渗,等等。防渗功能应用示意图如图 8-20 所示。

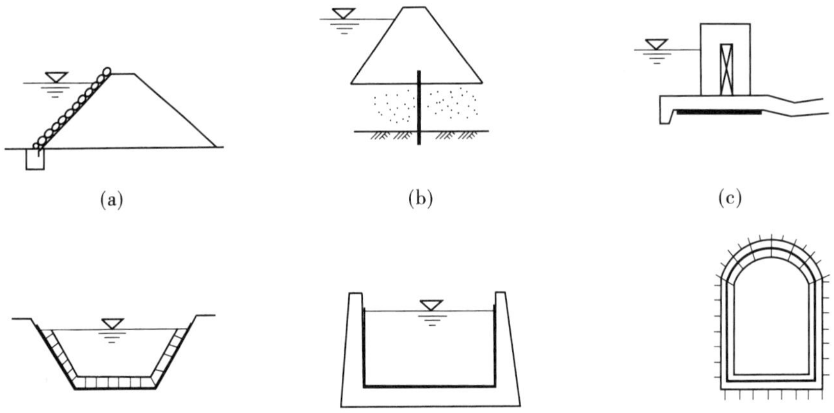

(a) (b) (c)

(d) (e) (f)

图 8-20 防渗功能应用示意图

土工膜防渗效果好,质量轻,运输方便,施工简单,造价低,为保证土工膜发挥其应有的防渗作用,应注意以下几点:

(1)土工膜材质选择。土工膜的原材料有多种,应根据当地气候条件进行适当选择。例如,在寒冷地带,应考虑土工膜在低温下是否会变脆破坏,是否会影响焊接质量;土质和水质中的某些化学成分会不会给膜材或黏结剂带来不良作用等。

(2)排水、排气问题。铺设土工膜后,由于种种原因,膜下有可能积气、积水,若不将它们排走,可能因受顶托而破坏。

(3)表面防护。聚合物制成的土工膜容易因日光紫外线照射而降解或破坏,故在储存、运输和施工等各个环节,必须注意封盖遮阳。

8.3.5 防护功能

防护功能是指土工合成材料及由土工合成材料为主体构成的结构或构件对土体起到的防护作用。例如,把拼成大片的土工织物或者是用土工合成材料做成土工模袋、土工网垫、土工格室、土工管袋、土工箱笼或各种排体铺设在需要保护的岸坡、堤脚及其他需要保护的地方,用以抵抗水流及波浪的冲刷和侵蚀;将土工织物置于两种材料之间,当一种材料受力时,它可使另一种材料免遭破坏。水利工程中利用土工合成材料的常见防护工程有:江河湖泊岸坡防护,水库岸坡防护,水道护底和水下防护,渠道和水池护坡,水闸护底,岸坡防冲植被,水闸、挡墙等防冻胀措施等。防护功能应用示意图如图 8-21 所示。用于防护的土工织物应符合反滤准则和具有一定的强度。

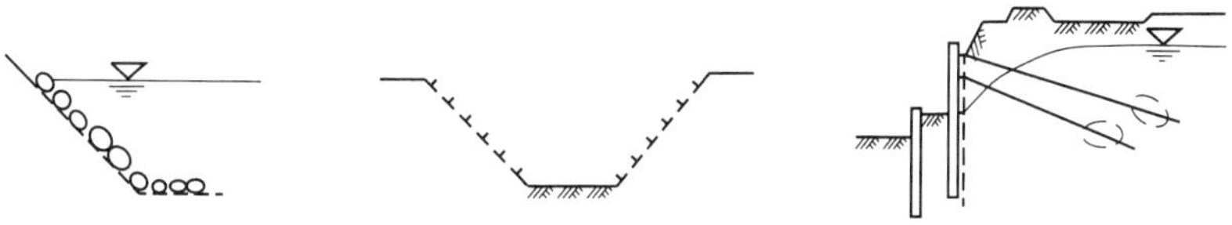

(a) (b) (c)

图 8-21 防护功能应用示意图

8.3.6 加筋功能

加筋是将具有高拉伸强度、拉伸模量和表面摩擦系数较大的土工合成材料(筋材)埋入土体中,通过筋材与周围土体界面间摩擦阻力的应力传递,约束土体受力时侧向位移,从而提高土体的承载力或结构的稳定性。用于加筋的土工合成材料有织造土工织物、土工带、土工网和土工格栅等,较多地应用于软土地基加固、堤坝陡坡、挡土墙等。加筋功能应用示意图如图 8-22 所示。用于加筋的土工合成材料与土之间结合力良好,蠕变性较低。目前,土工格栅最为理想。

以上六种功能的划分是为了说明土工合成材料在实际应用中所起的主要作用。事实上,在实际应用中,一种土工合成材料往往同时发挥多种功能,例如反滤和排水,隔离和防冲、防渗、防护等,不能截然分开。此外,有的土工合成材料还具有减荷功能,如利用泡沫塑料质量轻、变形大的特点,用以替代工程结构中某些部位的填土,可大幅度减小其荷载强度和填土产生的压力;有的土工合成材料具有很好的隔离、保温性能,在严寒地区修建大型渠道和道路工程时,可使用这类土工合成材料作为渠道保温衬砌和道路隔离层。

以上对土工合成材料的功能做了简要介绍,在实际工程中,应用土工合成材料时,应按工程要求,根据相应的规范规程做合理的设计。

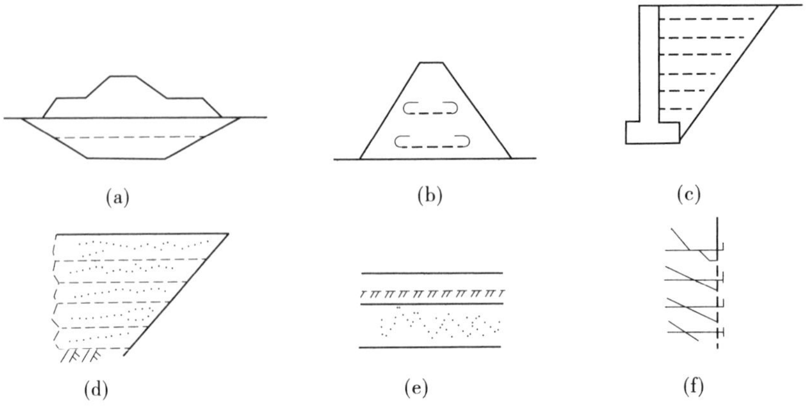

图 8-22　加筋功能应用示意图

任务 4　土工合成材料的储存与保管

土工合成材料是以高分子聚合物为原料的化纤产品，在阳光照射下易发生强度降低，即老化。除在加工制造时采取防老化的措施外，在采购、运输、储存与保管等环节中都应注意保护，使其老化速度尽可能降低。

土工合成材料在采购时，要严格按设计要求的各项技术指标选购，如物理性能指标、力学性能指标、水力学性能指标、耐久性指标等都要符合设计标准，运送时材料不得受阳光的照射，要有篷盖或包装，并避免机械性损伤，如刺破、撕裂等。材料存放在仓库时，要注意防鼠，按用途分别存放，并标明进货时间、有效期、材料的型号、性能特征和主要用途，存放期不得超过产品的有效期限。产品在工地存放时应避免阳光的照射及苇根植物的穿透破坏，应搭设临时存放遮棚。当种类较多、用途不一时，也应分别存放，标明性能指标和用途等。存放时还要注意防火。

任务 5　土工合成材料试验

8.5.1　一般规定

8.5.1.1　制样方法及引用标准

1. 制样原则

(1) 每项试验的试样应从样品的长度和宽度两个方向上随机剪取，距样品的边缘应等于或大于 100 mm，送检样品应不小于 1 延米（或 2 m^2）。

(2) 试样应不含有折痕、孔洞、损伤部分和可见疵点。

(3) 对同一项试验剪取两个以上的试样时，应避免它们位于同一纵向和横向位置上，即采用梯形取样法，如不可避免（如卷装，幅宽较窄），应在试验报告中注明情况。

(4) 剪取试样时应满足精度要求。

(5)剪取试样前,应先有剪裁计划,然后再剪。

(6)对每项试验所用全部试样,应予以编号。

2. 适用范围

上述规定适用于各类土工织物、土工膜和土工复合品,但不包括土工格栅等专门用途制品。

3. 引用标准

(1)《土工合成材料 取样和试样准备》(GB/T 13760—2009)。

(2)《土工织物 取样和试样的制备标准》(ISO9862—2005)。

(3)《土工合成材料测试规程》(SL 235—2012)。

8.5.1.2 试样调湿

(1)试样应置于温度为(20±2)℃,相对湿度为60%±10%和标准大气压的环境中调湿24 h。

(2)如果确认试样不受环境影响,则可省去调湿处理,但应在记录中注明试验时的温度和湿度。

8.5.1.3 算术平均值、标准差和变异系数的计算

(1)算术平均值 $\bar{x}$ 按式(8-4)计算:

$$\bar{x} = \frac{1}{n}\sum_{i=1}^{n} x_i \tag{8-4}$$

式中 n——试验次数;

x_i——第 i 块试样的测试值;

$\bar{x}$——n 块试样测试值的算术平均值。

(2)标准差 σ 按式(8-5)计算:

$$\sigma = \sqrt{\frac{\sum_{i=1}^{n}(x_i - \bar{x})^2}{n-1}} \tag{8-5}$$

式中符号意义同式(8-4)。

(3)变异系数 C_v 按式(8-6)计算:

$$C_v = \frac{\sigma}{\bar{x}} \times 100\% \tag{8-6}$$

式中符号意义同式(8-4)、式(8-5)。

8.5.2 单位面积质量的测定

8.5.2.1 试验目的

通过试验,测定土工合成材料单位面积的质量,用以评定土工合成材料的质量。本试验适用于各类土工织物、土工膜和土工复合材料。

8.5.2.2 试验设备及用具

(1)剪刀。

(2)尺:最小分度值为 1 mm。

(3)天平:感量 0.01 g。

8.5.2.3　试样准备

按相关规程规定裁剪试样。

8.5.2.4　试验方法及步骤

(1)试样面积应不小于 100 cm^2,试样长度和宽度的裁剪及测量读数应精确到 1 mm。

(2)试样数量应不少于 10 块,并进行编号。

(3)称量:将裁剪好的试样按编号顺序逐一在天平上称量,读数应精确到 0.01 g。

8.5.2.5　试验结果确定

每块试样的单位面积质量 G 按式(8-7)计算:

$$G = m/A \tag{8-7}$$

式中　m——试样质量,g;

A——试样面积,m^2。

8.5.3　厚度测定

8.5.3.1　试验目的

通过试验,测定出一定压力下土工合成材料的厚度,为应用土工合成材料提供依据。本试验适用于各类土工织物、土工膜和土工复合材料。

8.5.3.2　试验设备及用具

(1)基准板:面积应大于 2 倍的压块面积。

(2)压块:圆形,表面光滑平整,底面积为 25 cm^2。

(3)荷重:使压块上产生 2 kPa、20 kPa、200 kPa 等压力的荷载。

(4)厚度计量表:最小分度值 0.01 mm。

(5)计时器:准确至秒(s)。

8.5.3.3　试样准备

按相关的规定裁剪试样。试样数量应不少于 10 块,并进行编号。

8.5.3.4　试验步骤

1. 测定 2 kPa 压力下厚度的操作方法

(1)擦净基准板和压块,压块放在基准板上,调整百分表零点。

(2)提起压块,将试样自然平放在基准板与压块之间,轻轻放下压块,试样受力为(2±0.01)kPa,接触后开始计时,达 30 s 时记录百分表读数。提起压块,取出试样。

(3)重复上述步骤,测试完 10 块试样。

2. 测定 20 kPa 及 200 kPa 压力下厚度的操作方法

(1)将基准板放在加压仪上,再将压块放在基准板上,调整百分表零点。

(2)提起压块,将试样自然平放在基准板和压块之间,轻轻放下压块,调节加压仪上荷重,使试样受力达(20±0.01)kPa,压力加上后开始计时,达 30 s 时记录百分表读数。

(3)仍按上述步骤调节加压仪上荷重,试样受力达(200±0.01)kPa,压力加上后开始计时,达 30 s 时记录百分表读数。

（4）重复上述步骤（2）、（3），测试完 10 块试样。

8.5.3.5　**试验结果处理**

按规定分别计算每种压力下 10 块试样厚度的算术平均值 $\bar{x}$、标准差 σ 及变异系数 C_v。

8.5.4　水平渗透试验

水平渗透试验就是测定水平渗透系数和导水率。水平渗透系数是水流沿土工织物平面水力梯度等于 1 时的渗透流速。导水率是指水力梯度等于 1 时的水流沿土工织物平面单位宽度内输导的水量。

8.5.4.1　**试验目的和适用范围**

通过试验，检测土工织物在常水头水流下的水平渗透系数和导水率，评定土工织物的水平渗透性能。本试验适用于水平方向具有输水能力的各类土工织物和土工复合材料。

8.5.4.2　**试验设备及用具**

（1）试样容器：应密封不漏水，有两种形式，如图 8-23 所示。

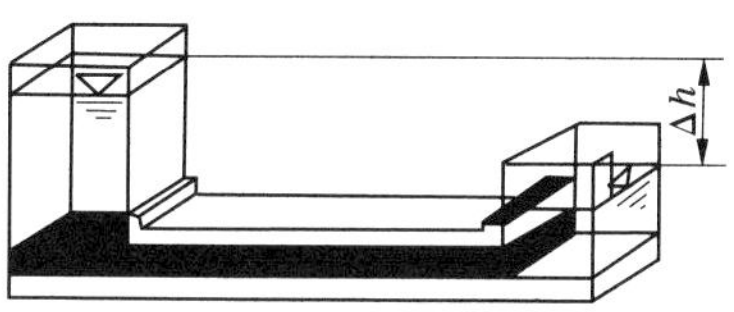

(a)直接加荷

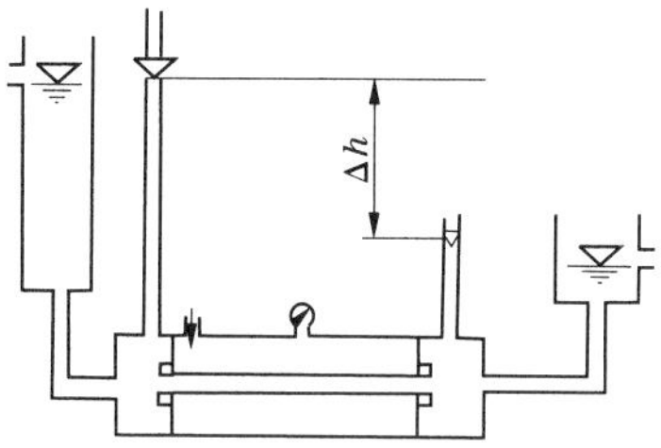

(b)气压加荷

图 8-23　水平渗透试验仪

（2）上下游水位容器：水位容器应能调节水位，并在试验过程中保持水位差不变，水位容器高度应满足水力梯度大于 1.0。

（3）加荷装置：施加于试样的法向压力范围宜为 10~250 kPa，并在试验过程中保持恒压。对于直接加荷型，在试样上下面应放置塑料橡胶垫层，使荷载均匀施加于整个宽度和长度上，且橡胶垫层应无水流通道。

（4）其他用具：秒表、量筒、水桶、温度计等。

8.5.4.3　**试验准备**

1. 试验用水

试验用水应为脱气水或蒸馏水。

2. 试样准备

（1）按相应规定裁剪试样。

（2）试样数量和尺寸：①分别裁剪顺机向和横机向试样各 3 块，当试样较薄时，应取 2 层或 3 层试样重叠为一组进行试验，这时应相应各裁剪 6 块或 9 块试样。②试样宽度应大于 100 mm，长度应大于 2 倍宽度。

8.5.4.4　**试验步骤**

(1)将试样包封在乳胶膜或橡皮套内,试样应平整无折皱,周边应无渗漏。对于直接加荷型,应仔细安装试样上下垫层,使试样承受均匀法向压力。

(2)施加 2~5 kPa 的压力,使试样就位,随即向水位容器内注入脱气水,排走试样内的气泡。试验过程中试样应饱和。

(3)按现场条件选用水力梯度,当情况不明时,选用水力梯度不大于 1.0。

(4)按现场条件或设计要求选择法向压力,至少进行三种压力的试验,其中一种压力稍大于设计值,一种稍小于设计值。

(5)对试样施加最小一级法向压力,持续 15 min。

(6)抬高容器的水位,使其达到要求的水力梯度。

(7)当水流稳定后,测读通过 500 cm^3 渗透水量的时间,或记录 15 min 内通过的水量。每个水力梯度下平行测定 3 次。

(8)换一种水力梯度,重复步骤(6)、(7)。

(9)增大法向压力,重复步骤(5)~(8),对其余法向压力下的试验进行完毕。

8.5.4.5　**试验结果处理**

(1)土工织物 20 ℃时的水平渗透系数 k_{h20} 按式(8-8)计算:

$$k_{h20} = \frac{WL}{\delta Bt\Delta h}\frac{\eta_T}{\eta_{20}} \tag{8-8}$$

式中　k_{h20}——土工织物 20 ℃时水平渗透系数,cm/s;

W——渗透水量,cm^3;

L、B、δ——试样长度、宽度和厚度,cm;

Δh——上下面水位差,cm;

t——通过水量 W 的历时,s;

η_T——试验水温 T ℃时水的动力黏滞系数,kPa · s;

η_{20}——20 ℃时水的动力黏滞系数,kPa · s。

水的动力黏滞系数比 η_T/η_{20} 参见相关规范。

(2)土工织物 20 ℃时的导水率 θ_{20} 按式(8-9)计算:

$$\theta_{20} = k_{h20}\delta \tag{8-9}$$

式中　θ_{20}——土工织物 20 ℃时的导水率,cm^2/s;

其他符号意义同前。

(3)计算各个法向压力下的平均水平渗透系数和平均导水率。

8.5.5　条样法拉伸试验

条样法抗拉强度是指试样拉伸时能承受的最大拉力,该拉力发生在断裂时或断裂前。

8.5.5.1　**试验目的**

通过试验,检测条带试样的拉伸强度和延伸率,并评定其质量。本试验适用于各类土工织物、土工膜和土工复合材料。

8.5.5.2 **试验设备及用具**

1. 拉力机

拉力机应具有等速拉伸功能,并能测读拉伸过程中试样的拉力和伸长量,记录拉力—伸长量曲线。

2. 夹具

一对可夹持试样的夹具,钳口面应能防止试样在钳口内打滑,并能防止试样在钳口内被夹坏。两个夹具中的一个支点应能自由转动或为万向接头,以保证两夹具在一个平面内。

(1)宽条试样有效宽度 200 mm,夹具实际宽度应不小于 210 mm。

(2)窄条试样有效宽度 50 mm,夹具实际宽度应不小于 60 mm。

3. 量测设备

(1)荷载批示值或记录值的误差应不大于相应实际荷载的 2%。

(2)伸长量的测量设备读数应精确至 1 mm。

(3)可绘制试样的拉力—伸长量曲线。

8.5.5.3 **试样准备**

(1)按相关规程规定裁剪试样。

(2)纵向和横向试样分别应不少于 6 块。

(3)试样尺寸:

①宽条试样。裁剪试样宽度 200 mm,长度至少 200 mm,实际长度视夹具而定,必须有足够的长度使试样伸出夹具,试样计量长度为 100 mm。对于编织型土工织物,裁剪试样宽度 210 mm,在两边抽去大约相同数量的边纱,使试样宽度达到 200 mm。

②窄条试样。裁剪试样宽度 50 mm,长度至少 200 mm,必须有足够长度的试样伸出夹具,试样计量长度为 100 mm。对编织型土工织物,裁剪试样宽度 60 mm,在两边抽去大约相同数量的边纱,使试样宽度达到 50 mm。

(4)除测干态抗拉强度外,还需测湿态抗拉强度时,应裁剪 2 倍的长度,然后一剪为二,一块测干态抗拉强度,另一块测湿态抗拉强度。

8.5.5.4 **操作步骤**

(1)准备好干湿试样。对湿态试样,从水中取出至上机拉伸的时间间隔应不大于 10 min。

(2)将两夹具的初始间距调至 100 mm。

(3)选择拉力机的负荷满量程范围,使试样的最大断裂力在满量程的 10%~90%,设定拉伸速率为 200 mm/min。

(4)将试样对中放入夹具内。为方便对中,事先在试样上画垂直于拉伸方向的两条相距 100 mm 的平行线,使两条线尽可能贴近上下夹具的边缘。

(5)开动拉力机,同时启动记录装置,记录拉力—伸长量曲线,连续运转直至试样破坏、停机。

①若试样在钳口内打滑,或在钳口边缘或钳口内被夹坏,该试验结果应予剔除,并增补试样。

②若试样在钳口内打滑或大多数试样被钳口夹坏,宜采取在钳口内加衬垫、钳口内的

试样用涂料加强或改进钳口面等措施。

(6)重复步骤(4)、(5),对其余试样进行试验。

8.5.5.5　**试验结果处理**

(1)拉伸强度 T_s 按式(8-10)计算:

$$T_s = \frac{P_f}{B} \tag{8-10}$$

式中　T_s——抗拉强度,kN/m;

P_f——实测最大拉力,kN;

B——试样宽,m。

(2)延伸率 ε_p 按式(8-11)计算:

$$\varepsilon_p = \frac{L_f - L_0}{L_0} \times 100\% \tag{8-11}$$

式中　ε_p——延伸率(%);

L_0——试样计量长度,mm;

L_f——最大拉力时的试样长度,mm。

(3)按相关规程规定分别计算拉伸强度及延伸率的平均值 $\bar{x}$、标准差 σ 及变异系数 C_v。

8.5.6　梯形撕裂试验

撕裂强度是指试样沿规定的切缝逐渐扩展裂口至整个试样的过程中出现的最大撕裂力。

8.5.6.1　**试验目的**

通过试验,测定土工织物的撕裂力,并评定土工织物的质量。本试验适用于各类土工织物。

8.5.6.2　**试验设备**

(1)拉力机:应符合相关规程的规定。

(2)夹具:夹持面应平行,应能防止试样滑动。夹具宽度应不小于 85 mm,宽度方向垂直于力的作用方向。

(3)梯形模板:用于剪样,见图 8-12。

8.5.6.3　**试样准备**

(1)按相关规程的规定裁剪试样。

(2)测定纵向撕裂力时,试样切缝应剪断纵向纱线;测定横向撕裂力时,切缝应剪断横向纱线。

(3)纵向试样和横向试样分别应取 10 块试样。

8.5.6.4　**试验步骤**

(1)准备好干湿试样。湿态试样应符合相关规程的规定。

(2)将拉力夹具的初始距离调整为 25 mm,设定拉力机负荷满量程范围,使最大撕裂力在满量程的 10%~90%,设定拉伸速率为 100 mm/min。

(3)将试样放入夹具内,使试样梯形的两腰与夹具边缘齐平。梯形的短边平整绷紧,其余部分呈折皱叠合状,见图 8-12(b)。

(4)开动拉力机,并记录撕裂力,取最大值作为撕裂强度,单位为 N。当试样在钳口内打滑或被钳口夹坏时,按相关规程的规定处理。

(5)重复步骤(3)、(4),对其余试样进行试验。

8.5.6.5　试验结果处理

(1)撕裂强度 T_T 为全部试样最大撕裂力的平均值,单位为 N。

(2)按相应规程的规定,分别计算撕裂强度的标准差 σ 和变异系数 C_v。

8.5.7　CBR 顶破试验

CBR 顶破强度是指用一直径 50 mm 的圆柱顶压杆垂直顶入试样过程中,直至试样顶破的最大顶压力。

8.5.7.1　试验目的和适用范围

通过试验,测定土工织物 CBR 顶破强度,用以评定土工织物的质量。本试验适用于各类型土工织物、土工膜及土工复合材料。

8.5.7.2　试验设备

CBR 顶破试验示意图见图 8-15,试验仪器应符合下列规定。

(1)试验仪:最大出力应大于 50 kN,行程应大于 150 mm,顶压速率为 60 mm/min。

(2)环形夹具:夹具内径 150 mm,夹具中心应在圆柱顶压杆的轴线上,见图 8-24。

8.5.7.3　试样准备

(1)按相关规程的规定裁剪试样。

(2)每组试验应取 6~10 块试样,试样直径为 230 mm。

8.5.7.4　操作步骤

(1)将试样放入环形夹具内,呈自然绷紧状态时拧紧夹具。

(2)将夹具放在加压系统的底座上,调整高度,使试样与顶压杆刚好接触。

(3)将顶压速率设定为 60 mm/min,开动机器。

(4)记录顶压过程中顶力—变形曲线,直至试样破坏,读出最大顶力。

(5)停机,取下已破坏试样。

(6)重复步骤(1)~(5),对其余试样进行试验。

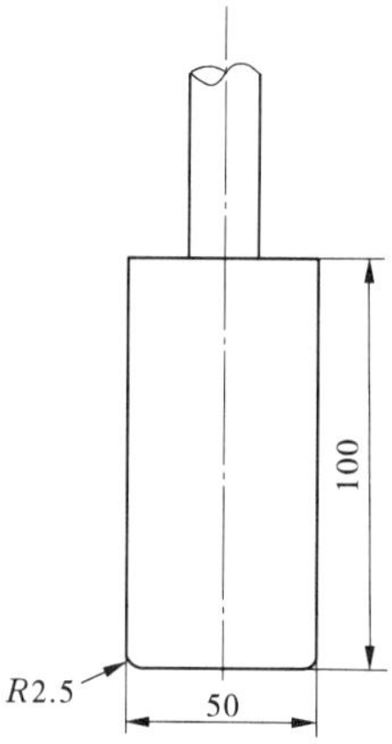

图 8-24　顶压杆示意图　(单位:mm)

8.5.7.5　试验结果处理

(1)CBR 顶破强度 T_c:计算全部试样最大顶力的平均值,单位为 N。

(2)按相关规程的规定计算全部试样标准差 σ 和变异系数 C_v。

基础训练

8-1 土工合成材料的种类和特点有哪些?

8-2 土工合成材料的加筋有什么特点?

8-3 防止土工合成材料老化的措施有哪些?

能力训练

8-1 土工合成材料的物理性能指标有哪些? 分别如何测定?

8-2 土工合成材料的力学性能指标有哪些? 分别如何测定?

8-3 土工合成材料的水力性能指标有哪些? 分别如何测定?

8-4 利用工程举例说明如何选用土工合成材料。

项目9　止水材料

【学习目标】

知识目标

1. 了解几种止水材料。

2. 掌握几种止水材料的性能。

技能目标

1. 具有对常用止水材料检测的能力。

2. 能进行橡胶止水带试验。

【项目导图】

为了使建筑物在温度变化、基础沉降等情况下能够自由伸缩变形,避免裂缝发生,混凝土建筑物在建造时人工设置变形缝。为防止压力水通过变形缝渗漏,需要在接缝内设置各种止水结构,以确保建筑物的安全与正常运行。

止水按结构形式可分为止水塞、止水带、沥青止水井、接缝面填料等,按所用材料可分为金属止水片、塑料止水片、橡胶止水带、沥青、油毛毡、聚氯乙烯胶泥等。对大体积挡水建筑物的横缝等重要部位,为了运用可靠,止水设施常采用不同止水的组合,如图9-1所示。

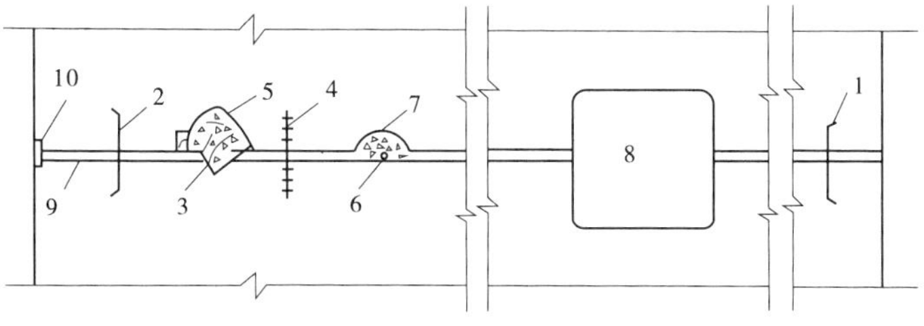

1—止水塞;2,4—止水铜片;3—沥青井;5—预制槽井板;
6—备用注浆孔;7—预制半圆管;8—检查井;9—“二毡三油”;10—三角木塞

图9-1　大体积结构的止水

常用的止水结构有铜片止水、橡胶止水、塑料止水和填料止水等。

任务1 止水铜片

止水铜片是用于建筑物变形缝的传统止水材料,已拥有成熟的实践经验,至今仍是水利工程中最常用的一种止水材料,常作为接缝的第一道止水。止水铜片是根据建筑物在运行中可能产生的接缝变形量、变形方向及上游最高水位等数据设计的一种软铜片,在建筑物施工时将其骑缝浇筑在基础和接缝两侧的混凝土块体中,以阻止上游的压力水沿接缝发生渗漏。其工作原理是利用铜片的不透水性和耐水性,以及其与水泥砂浆的黏附性,阻止上游压力水通过铜片本身和绕过铜片与混凝土接触界面的渗漏,并利用软质铜材的柔韧性和铜片断面几何形状的变形承受接缝的伸缩变形和接缝两侧块体的相对变形。

金属止水带常用的断面形状有 W 形和 F 形,如图 9-2、图 9-3 所示。

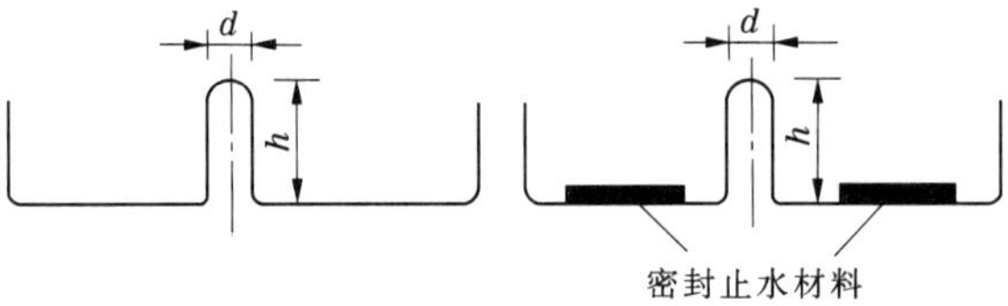

(a)W形普通金属止水带 (b)W形复合金属止水带

图 9-2 W 形金属止水带

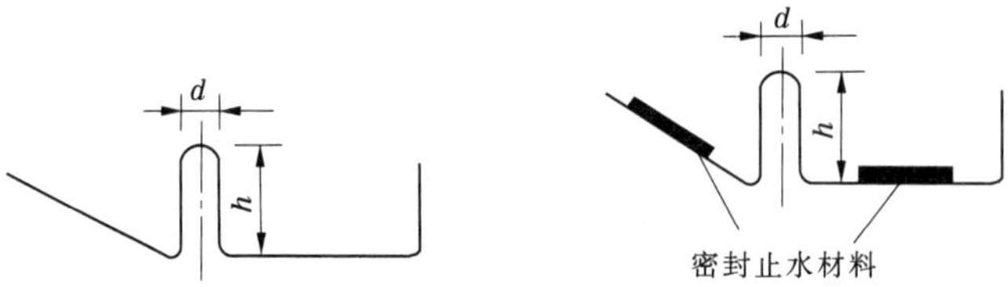

(a)F形普通金属止水带 (b)F形复合金属止水带

图 9-3 F 形金属止水带

9.1.1 铜片的性能指标

国内外水工混凝土接缝止水用铜材多为紫铜,其 Cu 含量不低于 99.5%,表面呈紫红色,常见的紫铜牌号有 T1、T2、T3 及 T4,其 Cu 含量分别为 99.95%、99.9%、99.7% 及 99.5%以上。紫铜的基本物理性能见表 9-1。

表 9-1 紫铜的基本物理性能

性能指标	抗拉强度(MPa)	延伸率(%)	密度(g/cm^3)	熔点(℃)	弹性模量(MPa)	线膨胀系数($\times10^{-6}$/K)
软态(M)	196~235	50	8.94	1 083	1.287×10^5	16.8
硬态(Y)	392~490	6				

9.1.2 止水铜片的技术性能

9.1.2.1 铜片与混凝土的黏附性能

W形止水铜片埋入混凝土中的翼板是折曲断面，与两侧混凝土块体连接牢固，接缝变形时不被拔出。而F形止水铜片有一边翼板以平直的断面形状嵌入混凝土中，是借助铜片与混凝土的黏附力将翼板固结于混凝土中，如果翼板嵌入混凝土中的长度较小，则黏附力较小，接缝变形时，该翼板可能从混凝土中被拔出，故平直翼板埋入混凝土中的长度要根据混凝土对铜片的黏附强度确定，为此，需要进行铜片与混凝土的黏附检测。

为了检测铜片与混凝土的黏附性能，一般需进行埋入混凝土中的铜片拉拔试验。试验用混凝土配合比与面板坝采用的混凝土配合比相同，见表9-2。

表9-2 铜片拉拔试验用混凝土配合比

水胶比	42.5级水泥（kg/m^3）	砂（kg/m^3）	小石（kg/m^3）	中石（kg/m^3）	DH_9引气剂掺量（%）	抗压强度（MPa）
0.45~0.5	320	663	565	565	0.01	39.7

将10个断面为50 mm×1.0 mm的铜片按2 cm、4 cm、6 cm、8 cm、10 cm、12 cm、14 cm、16 cm、18 cm、20 cm的深度浇入混凝土中，以加载速率10 kN/min进行拉拔试验。试验结果表明，拉拔力随铜片位移的增大而增加，并存在一个最大值。将该值除以铜片与混凝土的黏附面积，即得铜片与混凝土间的平均剪切应力，绘入图9-4(a)，由不同埋深试件的平均剪切应力可得图9-4(b)。

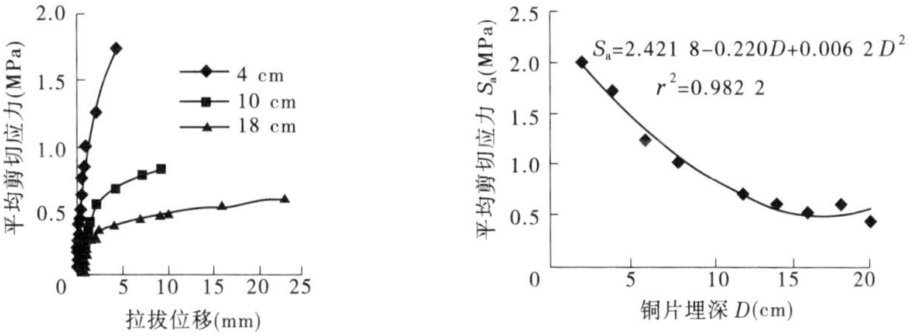

(a)拉拔位移与平均剪切应力　　(b)铜片埋深与平均剪切应力

图9-4 不同埋深铜片拉拔试验结果

从中可以推断出铜片埋深趋于零时的平均剪切应力，即黏附强度约为2.4 MPa。平均剪切应力S_a(MPa)与铜片埋深D(cm)之间试验回归关系为$S_a=2.421\ 8-2.220\ D+0.006\ 2D^2$，最后将各试件出现最大拉拔力时的铜片拔出的位移作为破坏位移，与埋深的关系如图9-5所示。

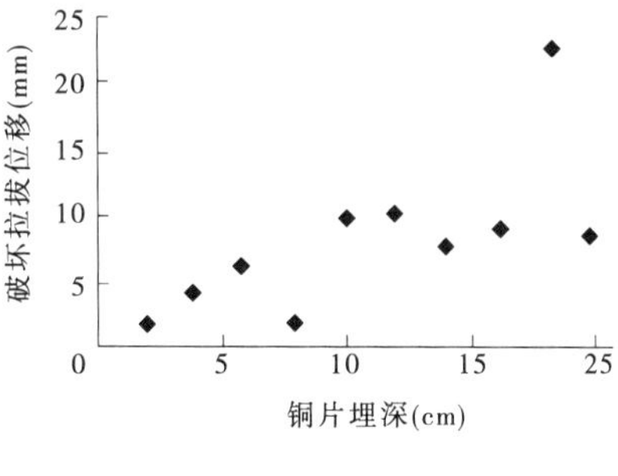

图9-5 铜片破坏拉拔位移与埋深的关系

试验结束后，对埋深为16 cm、18 cm、

20 cm 的三个试件的混凝土沿铜片平面劈开后,发现 18 cm 埋深试件中铜片被拉断,断裂位置距缝口 4 cm,这表明 F 形的止水铜片平直翼板埋入混凝土中的长度不宜超过 18~20 cm。同时,也表明铜片承受水压力产生拉拔位移时破坏了铜片与混凝土的黏附界面,降低了界面阻止水流绕渗性能。

9.1.2.2　**F 形止水铜片的抗剪切性能**

F 形止水铜片的抗剪切性能需进行剪切试验来确定。

首先进行平面的剪切试验,主要剪切试件如图 9-6 所示,止水铜片尺寸见表 9-3。

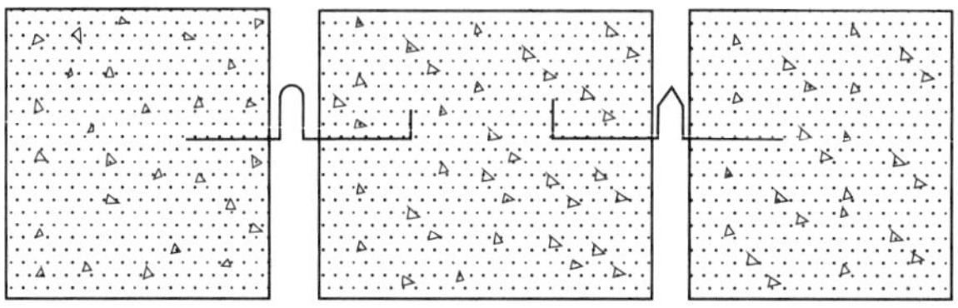

图 9-6　止水铜片平面剪切

表 9-3　止水铜片尺寸

组号	铜片长度 L(mm)	折曲直线段长度(mm)	折曲段宽度 B(mm)	折曲总高度 H(mm)	折曲段总长(mm)	H/B
1	50	60	25	72.5	159.3	2.9
2	80	60	25	72.5	159.3	2.9
3	50	40	25	52.5	119.3	2.1

试验剪切速率为 0.5 mm/min,总剪切变形量为 50~55 mm,铜片与混凝土交接处的平均剪切应力达到 30 MPa 时的剪切位移仅为 1.0 mm。铜片已进入屈服阶段,如图 9-7 所示。位移为 50 mm 时第 3 组的平均剪切应力达到 85 MPa,第 1 组为 68 MPa,第 3 组比第 1 组大约 25%。这表明 H/B 值越大,其折曲段吸收剪切变形的能力越好。铜片长度的影响不够明显。

再进行三维变形试验:先对铜片做张开及沉降变形试验,由于此两项位移均平行于铜片横断面,因此可简化处理,即将止水铜片一次张开达到两项位移的矢量和,然后在此基础上对铜片施加纵向剪切位移 5 cm,如图 9-8 所示。

控制变形速率为 0.5 mm/min,最终剪切变形量为 5 cm。铜与混凝土相交直线段的平均剪切应力为 39 MPa。试验后观察铜片无任何损坏,然后进行铜片抗绕渗性能试验,在水压为 0.4 MPa 时渗漏,稳压 60 min,单位渗量为 6.8 mL/(m · s)。

9.1.2.3　**止水铜片抗绕渗性能**

止水铜片抗绕渗性能优劣可通过模型试验来确定,三种铜片止水结构模型如图 9-9 所示,用 1 mm 厚铜片加工成直径 20 cm 的圆桶,圆桶两端各埋入混凝土中 20 cm。模型 A 是传统的光紫铜片;模型 B 在圆桶的上游面复合亲水泥浆的 GB 黏弹性止水条,圆桶下游面紧贴一层 1.0 mm 厚的 PVC 垫片,模拟实际工程的垫层表面;模型 C 不同于模型 B

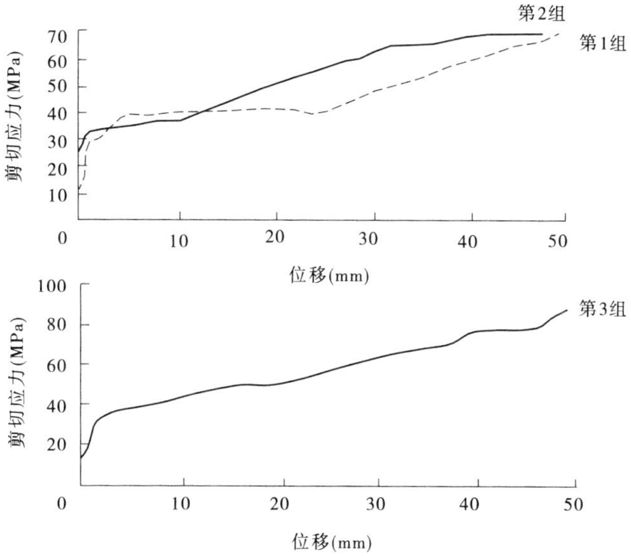

图 9-7　剪切位移与剪切应力关系曲线

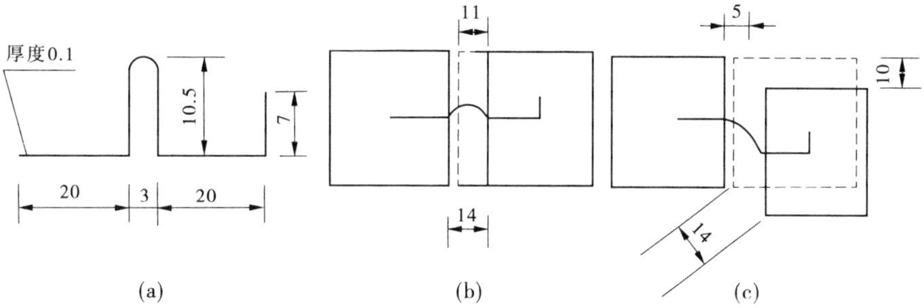

图 9-8　F 形止水铜片变形示意　(单位:cm)

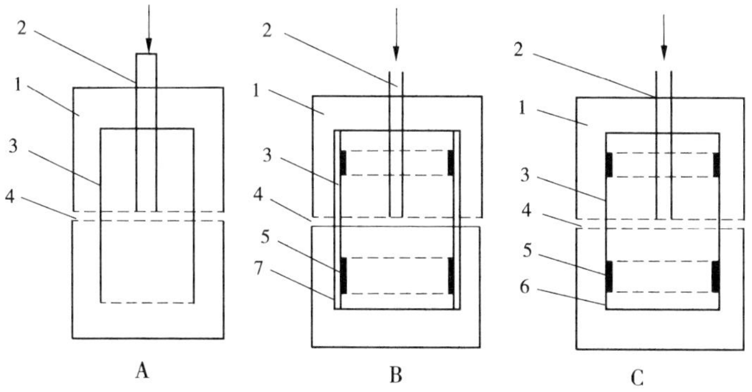

1—混凝土块;2—压力水管;3—铜片;4—接缝开度;
5—复合 GB 胶条(长 10 cm,厚 0.6 cm);6—涂抹机油;7—PVC 垫片(厚 0.1 cm)

图 9-9　止水铜片抗绕渗模型示意

之处是将 PVC 垫片去掉，改涂一层机油，使铜片下游面与混凝土脱开，以了解铜片复合亲水泥浆 GB 胶条后的抗绕渗效果。

止水铜片抗绕渗模型压水试验结果见表 9-4。

表 9-4　止水铜片抗绕渗模型压水试验成果

模型	接缝开度 (cm)	水压力 (MPa)	稳压时间 (min)	渗漏量 (mL)	单位渗漏量 [mL/(m·s)]
A	0	0.5	10	0	0
		1.0	10	0	0
		1.5	10	开始渗	未测
		2.0	60	340	0.15
		2.5	30	220	0.10
B	0	1.0	60	0	0
		2.0	60	0	0
		2.5	>1 440	0	0
	1.0	2.5	>1 440	0	0
C	0	1.0	60	0	0
		2.0	60	0	0
		2.5	>1 440	0	0
	1.0	2.5	>1 440	0	0
	4.0	2.0	>60	0	0

从试验结果可以看出，传统形式的止水铜片，接缝无伸缩变形的情况下只能承受约小于 1.5 MPa 水压力的抗绕渗能力，而在铜片的上游面复合亲水泥浆的 GB 胶条后，在接缝张开 4 cm 情况下，能承受大于 2.0 MPa 水压力的绕渗。

9.1.3　不锈钢止水片的性能

近些年不锈钢止水片在水工建筑物中应用越来越广泛，不锈钢的强度、韧性均比紫铜片好；同时，不锈钢的价格低于紫铜片，而且不锈钢波纹片加工方便、施工质量容易保证；同等条件下破坏试验表明，紫铜片止水本身拉裂，不锈钢本身只发生扭曲变形，混凝土拉裂；而且，不锈钢止水的焊接性能略优于紫铜止水带。

在《水工建筑物止水带技术规范》(DL/T 5215—2005)中列出了黑泉面板坝和引子渡面板坝的周边缝止水采用的不锈钢止水带的物理力学性能指标，见表 9-5。

表 9-5　不锈钢止水带物理力学性能指标

不锈钢牌号	类别	抗拉强度 σ_b (MPa)	屈服强度 σ_a(MPa)	延伸率 ψ (%)	弹性模量 E (MPa)	泊松比 υ
OCr18Ni9	实测	700	365	59	2×10^5	0.27
	GB 3280	≥520	≥205	≥40	—	—

不锈钢止水片应采用钨极氩弧焊。

9.1.4 止水铜片的焊缝质量检测

工程中的接缝止水结构,通常是由水平止水和竖向止水组成的止水系统,止水铜片的加工大多是在现场焊接拼装而成的。常用的焊接方法是熔焊、钎焊等。而铜片焊接质量直接影响着止水的效果,因此必须对焊缝的质量进行检测。

9.1.4.1 常规检查

(1)止水铜片应平整,表面的浮皮、锈污、油渍均应清除干净,若有砂眼、钉孔、裂纹,应予补焊。

(2)止水铜片的现场接头宜用搭接焊接。搭接长度应不小于 2 cm,且应双面焊接。若经试验能够保证质量,亦可采用对接焊接,但均不得采用手工电弧焊。

(3)焊接接头表面应光滑、无砂眼或裂纹、不渗水。在工厂加工的接头应抽查,抽查数量不少于接头总数的 20%。在现场焊接的接头,应逐个进行外观和渗透检查合格。

(4)止水铜片应安装准确、牢固,其鼻子中心线与接缝中心线偏差为±5 mm。定位后应在鼻子空腔内满填塑性材料。

9.1.4.2 焊缝厚度量测

焊缝厚度可用自制的厚度测规量测,如图 9-10 所示。量测前先将测规垂直立在玻璃表面,将百分表调至零刻度。量测时测规的两个脚板的长度方向与焊缝中轴线平行,百分表测杆尖端落在焊缝中轴线上,且与铜片表面垂直。在鼻梁顶点及中轴线顶点前后各 10~15 mm 取一个测点进行量测,取三点的平均值。在鼻梁量测的直线段各测一点,点距 8~10 mm,也可视峰、谷情况,要求测到峰厚和谷厚。

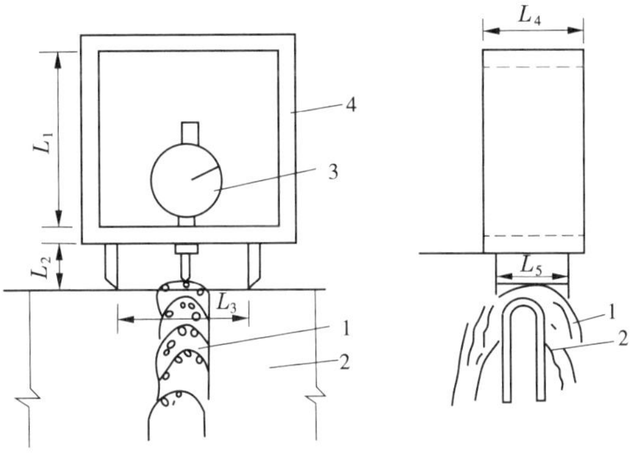

1—焊缝;2—铜片;3—百分表;4—测规框架;L_1>百分表最大长度;

L_2≥焊缝厚度的 2 倍(5 mm);L_3≥焊缝宽度(30~40 mm);L_4≥百分表厚度;L_5=30 mm

图 9-10 焊缝厚度测规示意图

9.1.4.3 焊缝宽度量测

焊缝宽度的测点应在相应厚度测点的两侧,骑缝用卡规量测,卡规两尖脚应靠近焊缝边缘。尖脚连线与焊缝中轴线正交。缝宽测点的位置应与缝厚测点的位置相对应,即宽度测点与厚度测点在同一个断面上,取三个测点的平均值。

9.1.4.4　**焊缝渗透检测**

焊缝渗透检测主要检测焊缝熔体与铜片表面接触情况,常用的检测方法是着色渗透探伤法。

渗透探伤是一种以毛细管作用原理为基础的检测表面开口缺陷的无损检测方法。其检测原理为:首先,在金属止水焊缝表面施涂含有染料的渗透液后,在毛细管作用下,经过一定时间的渗透,渗透液可以渗进焊接表面开口缺陷中,经过擦除焊缝表面多余的渗透液和干燥后,再在焊缝表面施涂吸附介质——显像剂。同样,在毛细管作用下,显像剂将吸引缺陷中的渗透液,即渗透液回渗到显像剂中,在一定的光源下,缺陷中的渗透液痕迹被显示(鲜艳红色),从而可观察出焊缝缺陷的种类及分布状态。最后在检测完毕后对焊缝作出是否合格的结论。对于不合格的焊缝进行补焊返修后,再次进行检测。其中,金属止水焊接中,焊缝夹渣、未融合、气孔等是常见缺陷。

任务 2　橡胶止水带

橡胶止水带又名止水橡皮,由天然或者合成橡胶加入硫化剂、防老剂、补强剂等添加剂后经成型硫化等工艺挤压而成。在混凝土建筑物施工过程中,将有一定断面形状和尺寸的橡胶止水带的一端骑变形缝埋入基础,其断面两边的翼板分别埋入变形缝两侧的混凝土块体中,以阻止上游压力水通过变形缝渗漏。

橡胶止水带具有良好的弹性、强度、耐腐性和耐酸碱性,变形能力强,止水性能好,目前已普遍应用于土建工程的止水结构中。夹布型的橡胶止水带强度更大,适用于高水头大型工程。

9.2.1　常用橡胶止水带的断面形式

常用的橡胶止水带形式有平板型、中心孔型、中心开敞型、波形、Ω 形等 5 种,如图 9-11~图 9-15 所示。

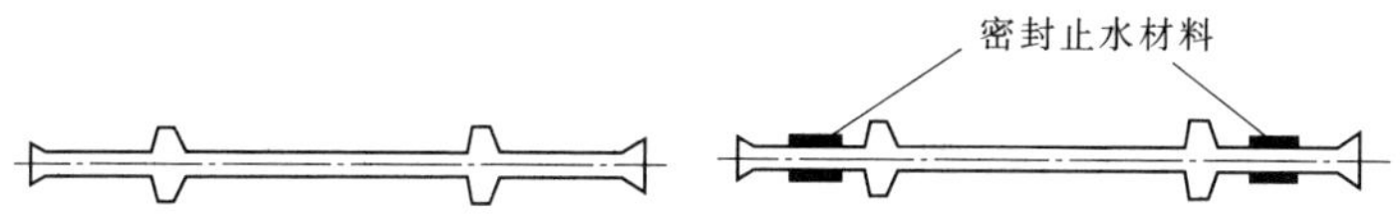

(a)平板型普通止水带　(b)平板型复合止水带

图 9-11　平板型止水带

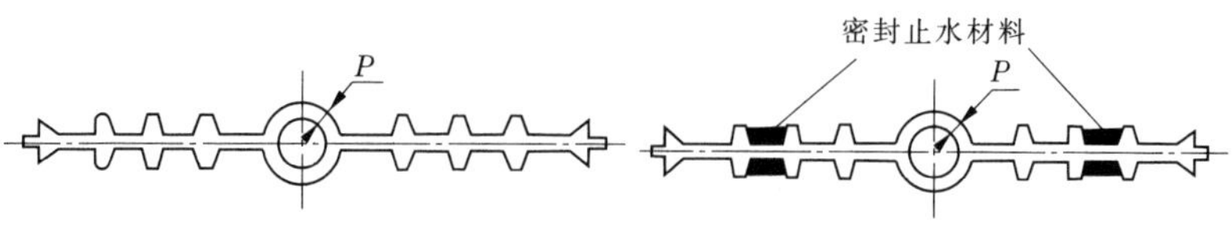

(a)中心孔型普通止水带　(b)中心孔型复合止水带

图 9-12　中心孔型止水带

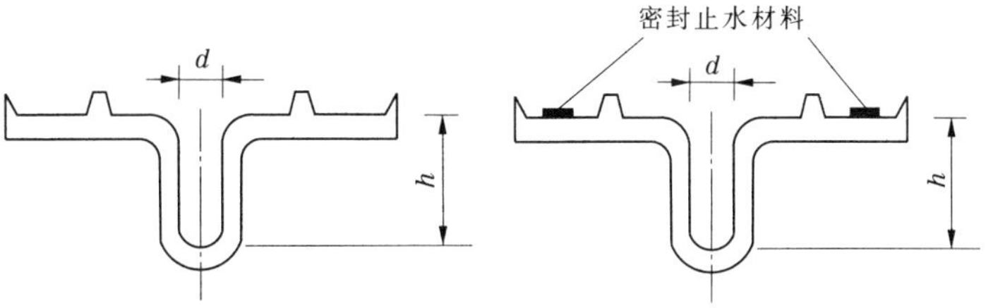

(a)中心开敞型普通止水带　(b)中心开敞型复合止水带

图 9-13　中心开敞型止水带

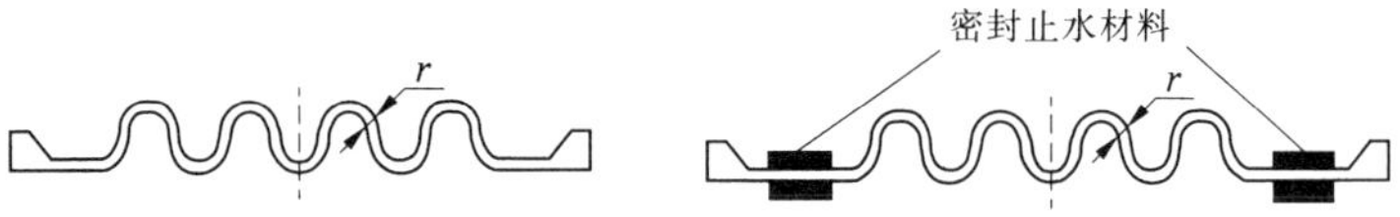

(a)波形普通止水带　(b)波形复合止水带

图 9-14　波形止水带

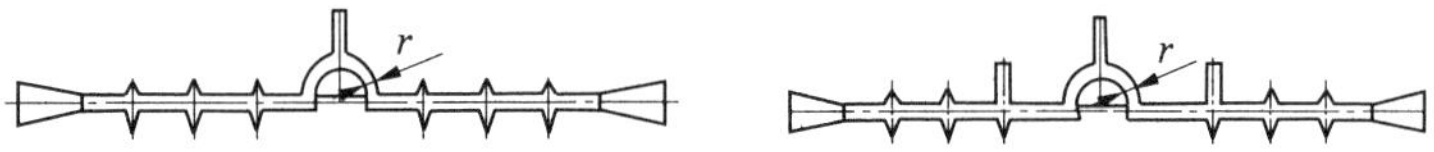

(a)654型止水带　(b)831型止水带

图 9-15　Ω 形止水带

9.2.2　橡胶止水带的物理力学性能

《水工建筑物止水带技术规范》(DL/T 5215—2005)规定了橡胶止水带的物理力学性能,见表 9-6。

9.2.3　橡胶止水带的质量检测

(1)外观质量用目测及量具检查。表面不允许有开裂、缺胶、海绵状等影响使用的缺陷,中心孔偏心不允许超过管状断面厚度的 1/3。止水带表面允许有深度不大于 2 mm、面积不大于 16 mm^2 的凹痕、气泡、杂质、明疤等缺陷,每延米不超过 4 处。

(2)止水带的规格尺寸用量具测量。厚度精确到 0.05 mm,宽度精确到 1 mm,其中,厚度测量取制品上的任意 1 m 作为样品(必须包括一个接头),然后自其两端起在制品的设计工作面的对称部位取四点进行测量,取其平均值。

(3)止水带应有产品合格证和施工工艺文件。现场抽样检查每批不得少于一次。

(4)物理性能的测定。经规格尺寸及外观检验合格的制品,裁取试验所需的足够长度试样,按《橡胶物理试验方法试样制备和调节通用程序》(GB/T 2941—2006)的规定制备试样,并在标准状态下静置 24 h 后,按要求进行试验。试验方法按相关的规范进行。

(5)对止水带的安装位置、紧固密封情况、接头连接情况、止水带的完好情况进行检查。

表 9-6　橡胶止水带的物理力学性能

<table>
<tr><th rowspan="2">序号</th><th rowspan="2" colspan="3">项目</th><th rowspan="2">单位</th><th colspan="3">指标</th></tr>
<tr><th>B</th><th>S</th><th>J</th></tr>
<tr><td>1</td><td colspan="3">硬度(邵尔 A)</td><td>度</td><td>60±5</td><td>60±5</td><td>60±5</td></tr>
<tr><td>2</td><td colspan="3">拉伸强度</td><td>MPa</td><td>≥15</td><td>≥12</td><td>≥10</td></tr>
<tr><td>3</td><td colspan="3">扯断延长率</td><td>%</td><td>≥380</td><td>≥380</td><td>≥300</td></tr>
<tr><td rowspan="2">4</td><td colspan="2" rowspan="2">压缩永久变形</td><td>70 ℃,24 h</td><td>%</td><td>≤35</td><td>≤35</td><td>≤35</td></tr>
<tr><td>23 ℃,24 h</td><td>%</td><td>≤20</td><td>≤20</td><td>≤20</td></tr>
<tr><td>5</td><td colspan="3">撕裂强度</td><td>kN/m</td><td>≥30</td><td>≥25</td><td>≥25</td></tr>
<tr><td>6</td><td colspan="3">脆性温度</td><td>℃</td><td>≤-45</td><td>≤-40</td><td>≤-40</td></tr>
<tr><td rowspan="6">7</td><td rowspan="6">热空气老化</td><td rowspan="3">70 ℃,168 h</td><td>硬度变化</td><td>度</td><td>≤+8</td><td>≤+8</td><td rowspan="3">—</td></tr>
<tr><td>拉伸强度</td><td>MPa</td><td>≥12</td><td></td></tr>
<tr><td>扯断伸长率</td><td>%</td><td>≥300</td><td>≥300</td></tr>
<tr><td rowspan="3">100 ℃,168 h</td><td>硬度变化</td><td>度</td><td rowspan="3">—</td><td rowspan="3">—</td><td>≤+8</td></tr>
<tr><td>拉伸强度</td><td>MPa</td><td>≥9</td></tr>
<tr><td>扯断伸长率</td><td>%</td><td>≥250</td></tr>
<tr><td>8</td><td colspan="3">臭氧老化 50 pphm;20%,48 h</td><td>—</td><td>2 级</td><td>2 级</td><td>2 级</td></tr>
<tr><td>9</td><td colspan="3">橡胶与金属黏合</td><td>—</td><td colspan="3">断面在弹性体内</td></tr>
</table>

注:1. B 为适用于变形缝的止水带;S 为适用于施工缝的止水带,J 为适用于有特殊耐老化要求接缝的止水带。
2. 橡胶与金属黏合项仅适用于具有钢边的止水带。
3. 若对止水带防霉性能有要求,应考虑霉菌试验,且其防毒性能应等于或高于 2 级。
4. 试验方法应按照 GB 18173.2 的要求执行。

任务 3　塑料止水带

塑料止水带是由聚氯乙烯(PVC)加入增塑剂、稳定剂等添加剂后,在一定温度下通过模具挤出成型的。其优点是弹性好、耐磨蚀,可加工成任何形状,施工简便、接头少,与紫铜片和橡胶止水带相比,成本低,同时塑料止水带具有较好的弹性、耐磨性和耐撕裂性;适应变形能力强,伸长率、脆性温度、稳定性等均优于橡胶止水带。但塑料止水带的硬度、强度、耐久性等不如橡胶止水带,且在主体结构温度超过 50 ℃、受强烈氧化作用及在油类物质与有机溶剂环境下不得使用。

塑料止水带的性能按其不同配方和塑化条件而有变化。中国水利水电科学研究院曾提出塑料止水带的标准要求为:抗拉强度不小于 12 N/mm^2,伸长率不小于 220%;老化后的变化系数不大于 0.85;冻融循环及耐硫酸盐溶液试验后,长度及伸长率损失不大于

15%;耐寒性在 25 ℃以下。

塑料止水带的工作原理、断面形式同橡胶止水带。

9.3.1 塑料止水带的物理力学性能

《水工建筑物止水带技术规范》(DL/T 5215—2005)规定了塑料止水带的物理力学性能,见表 9-7。

表 9-7 塑料止水带的物理力学性能

项目		单位	指标	试验方法
拉伸强度		MPa	≥14	GB/T 1040 Ⅱ型试件
扯断伸长率		%	≥300	
硬度		度	≥65	GB 2411
低温弯折		℃	≤-20	GB 18173.1 试件厚度采用 2 mm
热空气老化 (70 ℃,168 h)	拉伸强度	MPa	≥12	GB/T 1040 Ⅱ型试件
	扯断伸长率	%	≥280	
耐碱性[10%$Ca(OH_2)$, 常温(23±2)℃,168 h]	拉伸强度保持率	%	≥80	GB/T 1690
	扯断伸长率保持率	%	≥80	

9.3.2 塑料止水带的质量检测

(1)外观质量用目测及量具检查。表面不允许有开裂、缺胶、海绵状等影响使用的缺陷,中心孔偏心不允许超过管状断面厚度的 1/3。止水带表面允许有深度不大于 2 mm、面积不大于 16 mm^2 的凹痕、气泡、杂质、明疤等缺陷,每延米不超过 4 处。

(2)取三片 150 mm×150 mm 的试片,厚度为 2~8 mm。将试片擦洗干净,并晾置约 1 h。

(3)称取每个试片的质量,精确至 0.01 g,并测出每个试片的硬度。

(4)将试片浸没在 20~25 ℃新配置的碱溶液中 7 d。碱溶液按 1 L 蒸馏水添加 5 g 化学纯 NaOH 和 5 g 化学纯 KOH 的比例配置而成。

(5)浸泡 7 d 以后将试片取出清洗干净、擦干,并晾置约 1 h。

(6)按照前述方法称取每个试片的质量,并测出每个试片的硬度。

(7)数据处理:将每个试片的质量和硬度的变化值除以该试片的原始质量和硬度,并用百分数表示,即得到该试片的原始质量变化值和硬度变化值,对三个试片的结果取平均值。

任务 4 填料止水

填料止水是将具有一定物理化学性能的止水填料填充于嵌入变形接缝两侧的混凝土

块体中及具有一定断面形状和尺寸的止水结构的腔体内，借助止水填料的止水工作机制，在接缝变形的情况下阻止压力水经过缝腔和绕过止水结构渗漏的一种止水措施。其特点是能适应接缝三维大变形的工作条件要求，尤其能满足接缝两侧混凝土块体发生相对不均匀沉降变形下的止水要求。

9.4.1　填料止水的工作机制及性能要求

止水填料是胶结材料（黏结剂）、增强剂、活性剂和活性填料（粉粒料）等膏状混合物。其材质具有耐久性、不透水性和流动变形（自行坍落）性能，以及与水泥混凝土面的黏附性。止水填料的耐水性和不透水性，可以阻止压力水经过接缝缝腔的渗流；止水填料与混凝土面的黏附性和流动变形性产生的侧压强，可以阻止压力水绕过止水填料与混凝土接触界面的渗漏；止水填料的流动变形性能，则能够满足混凝土温度变形引起的缝腔中止水结构腔体的伸缩变形和基础沉降引起的两侧腔壁相对不均匀沉降变形的要求。

不同结构形式混凝土建筑物的填料止水结构的止水工作方式不同，因而对止水填料性能的要求也不同。

建在软基或基岩破碎带上的建筑物横缝（如重力式水工混凝土建筑物的横缝），一般是温度—沉降变形缝，接缝中的填料止水结构设置在靠近止水铜片的上、下游，填料止水的结构形式一般采用直边形断面的缝槽，如图 9-16 所示。

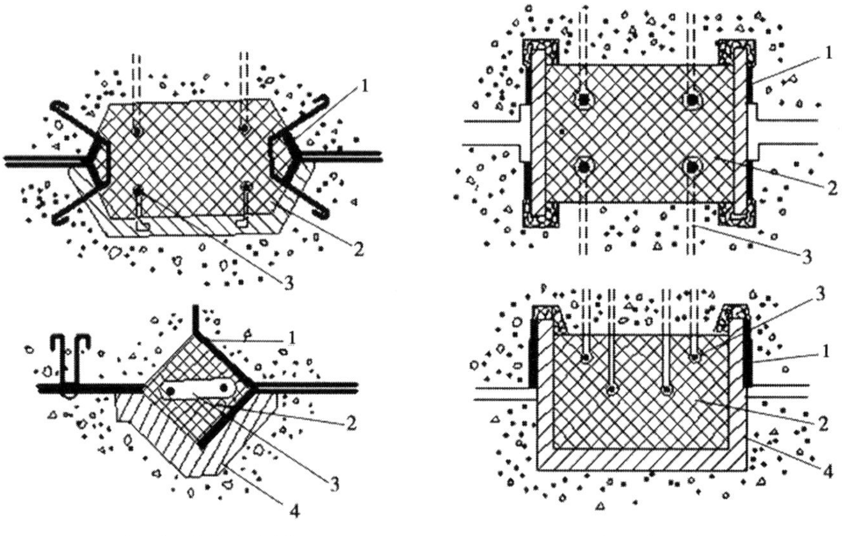

(a)温度—沉降缝止水键　　(b)沉降缝中止水键(软基)

1—止水设施；2—止水填料；3—加热设施；4—施工用钢筋混凝土槽

图 9-16　填料止水缝断面示意图

当止水键周围环境温度没有明显变化时，接缝处于相对静止状态，此时要求填料具有一定的密度；当气温骤降时，建筑物混凝土块体收缩而接缝张开，此时要求填料满足工程要求的最低温度时的填料流变参数，黏结剂的脆化温度应低于实际工程运行过程中可能发生的绝对最低温度；当气温升高时，混凝土块体膨胀引起接缝缩小，此时要求填料具有高温黏性；为防止在高温或低温时键腔破坏，研制填料时应选择有触变性的黏结剂。同时，应控制填料的拉伸强度小于填料与混凝土的黏结强度，且具有一定的低温拉伸变形性能。

建在软基或不均匀沉降基础上、高度较小的混凝土建筑物块体之间的接缝（如混凝土面板坝的周边缝和面板之间的缝），其变形受温度的影响较小，止水结构形式如图9-17所示。

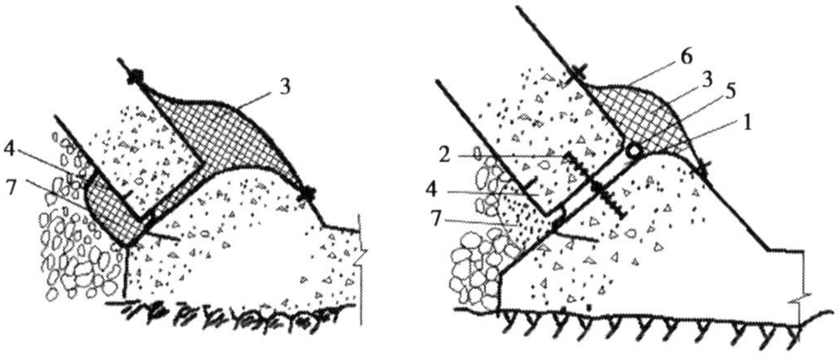

1—木板；2—止水带；3—止水填料；4—铜片；5—氯丁胶管；6—PVC盖片；7—沥青砂浆

图9-17 周边墙缝止水结构形式

9.4.2 填料止水的质量检测

9.4.2.1 止水填料黏性系数的测定

不同的接缝变形状态要求止水填料具有不同力度的流动变形性能，反映填料流动变形力度的指标是黏性系数，因而要通过测定止水填料的黏性系数，评定止水填料对实际工程的适用性。

止水填料黏性系数的测定需用平行板式流变仪，如图9-18所示，试样宽度 b 和长度 h 是固定的，而厚度 a 应通过实测确定。需调小厚度使剪切位移条纹呈直线，确定厚度 a 后，可组装3块平行板，使中间板的两侧形成腔体，将试样加热呈现塑流状态，浇筑在腔体中，冷却后则可进行试验。实际上是在恒定的温度 T_1 下的剪切徐变试验，施加一定的荷载 P_1，记录中间板剪切位移变形与时间曲线，当呈现出直线段时，则表明试样呈现等速剪切变形，求得 P_1 荷载下的等速位移速度 v_1，然后在同一恒定温度 T_1 下再求得 P_2 荷载下的 v_2，将 v_1、v_2 代入式(9-1)，可求得 β：

$$\beta = \frac{\lg v_1 - \lg v_2}{\lg\left(\frac{P_1}{bh + a\rho g}\right) - \lg\left(\frac{P_2}{bh + a\rho g}\right)} \tag{9-1}$$

将两个荷载中的任意一个荷载（如 P_1）及其相应的变形速度 v_1 代入式(9-2)，求得黏性系数$[\eta]$：

$$[\eta] = \frac{\left(\frac{P_1}{abg} + a\rho g\right)^{\beta+1} - \left(\frac{P_1}{abh}\right)^{\beta+1}}{(\beta + 1)v_1\rho g} \tag{9-2}$$

式中 g——重力加速度，980 cm/s^2；

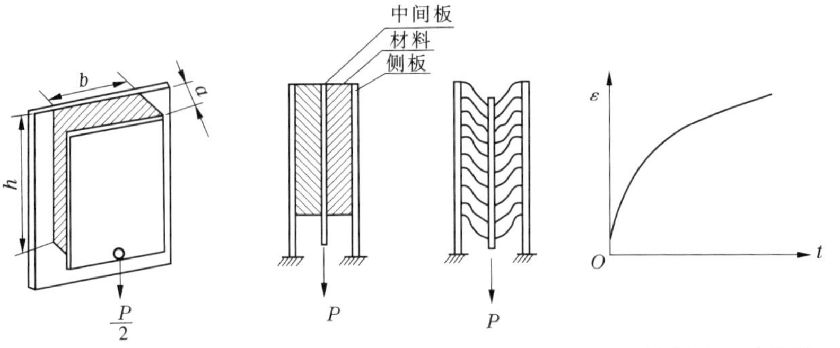

(a)　(b)　(c)　(d)填料的流动曲线

图 9-18　平行板式流变仪

ρ——试样材料的密度,g/cm^3。

平行板式流变仪测定黏性系数需时间较长,不宜在施工现场操作,因而建议求出不同温度下黏性系数[η]与针入度 P_T 的关系,在现场可用图 9-19 所示的针入度仪测定止水填料的针入度 P_T 进行止水填料的质量检测。

9.4.2.2　黏结剂的脆化温度(或玻璃化温度)测试

为使止水填料在实际工程中全部运行过程的温度范围内具有一定的流动变形性能,要求其黏结剂的脆化温度低于实际工程运行过程中可能发生的绝对最低温度。一般情况下,应针对具体材料的性状制定出材料脆化温度的测试方法。如石油沥青类的热塑性材料脆化温度的测试方法可详见《公路工程沥青及沥青混合料试验规程》(JTG E20—2011)。

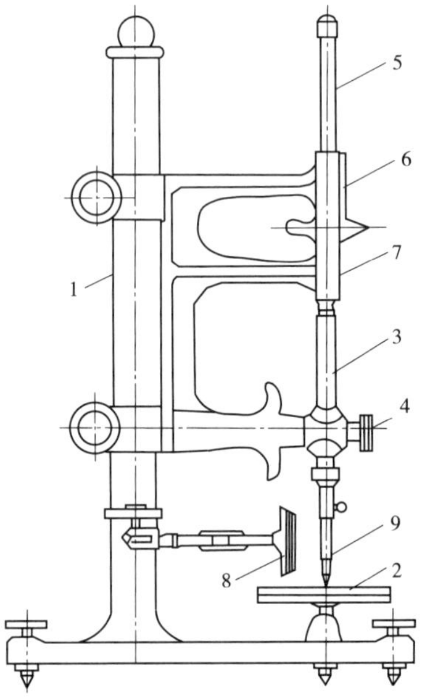

1—金属柱石;2—试样皿平台;
3—针连杆;4—按钮;5—测杆;6—指示针;
7—刻度盘;8—反光镜;9—标准针

图 9-19　针入度仪

9.4.2.3　填料(粉粒料)与黏结剂亲和性的测定

为调整止水材料的黏性和密度,使其满足实际工程应用要求,一般情况下需在止水材料中掺入粉粒填料,利用粉粒填料的亲和性增强粉粒料与黏结剂的黏合强度。石油沥青和橡胶类的聚合物要求采用亲油性粉粒填料(亲水系数小于 1.0 的填料)。亲和性可用体积法测定,即将一定质量粉粒填料分别投入盛有煤油和蒸馏水的试管中,分别观测其最终沉降后的体积 V_1 和 V_2,亲水系数 $\frac{V_2}{V_1} < 1.0$ 即为亲油性填料。具体测试方法详见《公路工程沥青及沥青混合料试验规程》(JTG E20—2011)。

9.4.2.4　止水填料耐水或耐溶液的稳定性试验

止水填料的炼制是在一定的工艺条件下进行的,黏结剂与填料粒子之间互相牢固地黏附着,且形成黏性较大的扩散结构层。但是遇到极性较强的水介质、水蒸气,可通过黏结剂的扩散结构层在填料粒子表面形成吸附水膜，剥离开黏结剂结构层与填料粒子的接触界面。聚合物还有一定的透水系数，而且止水填料中的其他配料也可能有溶水性，故应进行耐水或耐溶液的稳定性试验。测试方法和指标可依据北京中水科海利工程技术有限公司企业标准 Q/HD KHL 003—2005《GB 柔性填料》进行。

9.4.2.5　**止水填料动水中自愈性测试**

如果止水填料在水中有一定的自愈性，则可以提高接缝止水结构运行中的安全度。如果填料的特性随时间而改变，则填料具有触变性，可能有自愈性。

检验填料是否有自愈性，可用如图 9-20 所示的填料流动止水试验仪进行填料的水中自愈性试验。先将填料预制成与试验仪上部储料室相似的梯形棱柱体试件，将仪器底盖关住，将储料室内充满水，然后将试件置入储料室的水中。从仪器顶盖加水压（恒定水头），再打开仪器底盖，在持续水流的冲切作用下填料的黏度变小，开始流动变形，则将试件与仪器的储料表面粘牢，水流中断，填料被压入仪器的接缝中，然后将试件取去，切下流入仪器接缝中的片状填料，再将片状填料试件置于仪器接缝的底部仪器底盖上，底盖与仪器底端面间留有一定缝隙，使压力水能排出。再加恒定的水头的水流冲切接缝中的试件，持续一定时间后，片状试件将仪器接缝底部封堵住，水流中断，表明填料的自愈性符合要求。

9.4.2.6　**止水填料的初始剪切强度 τ_y 的测定**

初始剪切强度 τ_y 是评定止水填料的热稳定性指标，所以要采用实际工程运行中的绝对最高温度为试验温度，可用有控温、控速（变形速度）的万能材料试验机，慢速均匀施加荷载并记录 $\tau—\gamma$（变形）。

9.4.2.7　**GB 柔性填料的性能测试**

混凝土面板坝周边缝中滞留型缝端止水结构用的 GB 柔性填料的性能测试，可按北

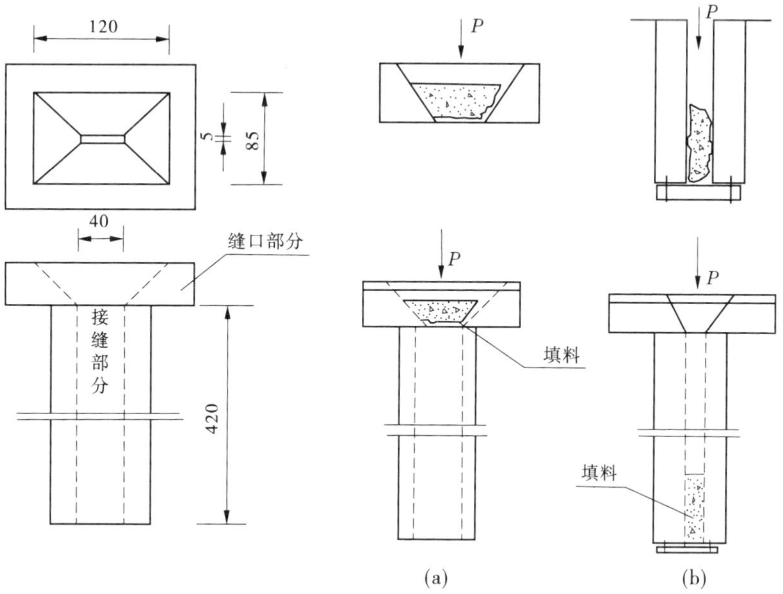

图 9-20　柔性填料流动止水试验仪　（单位：mm）

京中水科海利工程技术有限公司企业标准 Q/HD KHL 003—2005《GB 柔性填料》进行。

任务 5　止水材料试验

9.5.1　橡胶止水带邵尔 A 硬度试验

9.5.1.1　试验目的

测定橡胶止水带的邵尔 A 硬度,检验材料的品质,对材料质量做出评价。

9.5.1.2　试验依据

试验依据《硫化橡胶或热塑性橡胶　压入硬度试验方法　第 1 部分:邵氏硬度计法(邵尔硬度)》(GB/T 531.1—2008)进行。

9.5.1.3　主要仪器设备

经检定的袖珍式数显邵氏硬度计。

9.5.1.4　试验原理

在特定的条件下,测量以特定形状的压针压入橡胶试样而形成的压入深度,再把压入深度转换为硬度值。

9.5.1.5　试验环境

在试验前,试样应在温度为(23±2)℃的标准实验室调节至少 1 h。

9.5.1.6　试样制备

试样尺寸要求具有足够的面积。邵氏 A 型硬度计的测量位置分别距离任一边缘分别至少 12 mm;试样表面在一定范围内应平整,上下平行,以使压足能和试样在足够面积内进行接触,其接触半径至少 6 mm。

9.5.1.7　试验步骤及结果处理

(1)将试样放在平整、坚硬的表面上,尽可能快速地将压足压到试样上或反之把试样压到压足上。应没有振动,保持压足和试样表面平行,以使压针垂直于橡胶表面,当使用支架操作时,最大速度为 3.2 mm/s。

(2)邵氏 A 型硬度计以(1+0.10)kg 的试验力使压足和试样表面紧密接触,当压足和试样紧密接触后,在规定的时刻读数。对于硫化橡胶,标准弹簧试验力保持在 3 s,热塑性橡胶则为 15 s。未知类型橡胶当作硫化橡胶处理。

(3)在试样表面不同位置进行 5 次测量,不同测量位置两两相距至少 6 mm。

(4)对 5 次试验结果取其中位数。

9.5.2　橡胶止水带的拉伸强度、伸长率试验

9.5.2.1　试验目的

用来评定试样的质量。

9.5.2.2　检测依据标准规范

(1)《硫化橡胶或热塑性橡胶　拉伸应力应变性能的测定》(GB/T 528—2009)。

（2）《橡胶物理试验方法试样制备和调节通用程序》（GB/T 2941—2006）。

（3）《高分子防水材料　第2部分：止水带》（GB 18173.2—2014）。

9.5.2.3　试验检测环境条件

温度（23±2）℃、湿度（50±5）%，或温度（27±2）℃、湿度（65±4）%。

注：23 ℃通常是适用于温带地区的标准实验室温度，27 ℃通常是适用于热带和亚热带地区的标准实验室温度。

当不需要控制温度和湿度时，应使用经常出现的环境温度和湿度。

9.5.2.4　主要仪器设备

（1）裁刀和裁片机。

（2）测厚计。

（3）拉力试验机。

拉力试验机应符合《橡胶塑料拉力、压力和弯曲试验机（恒速驱动）技术规范》（GB/T 17200—2008）的规定，具有2级测力精度。试验机中使用的伸长计的精度：1型、2型和1A型哑铃状试样和A型环形试样为D级；3型和4型哑铃状试样和B型环形试样为E级。试验机应至少能在（100±10）mm/min、（200±20）mm/min和（500±50）mm/min移动速度下进行操作。

9.5.2.5　试样制备

1. 试样规格

哑铃状试样的形状标准厚度，1型、2型、3型和1A型为（2.0±0.2）mm，4型为（1.0±0.1）mm。试验长度应符合表9-8规定。

表9-8　哑铃状试验长度

试样类型	1型	1A型	2型	3型	4型
试验长度（mm）	25.0±0.5	20.0±0.5①	20.0±0.5	10.0±0.5	10.0±0.5

注：①试验长度不应超过试样的狭窄部位的长度（表9-9中尺寸C）。

哑铃状试样的其他尺寸应符合相应的裁刀所给出的要求（见表9-9）。

非标准试样，例如取自成品的试样，狭窄部分的最大厚度，1型和1A型为3.0 mm，2型和3型为2.5 mm，4型为2.0 mm。

2. 试样数量

试验的试样不少于3个。

注：试样的数量应事先决定，使用5个试样的不确定度低于用3个试样的试验。

3. 样品和试样的调节

1）硫化与试验之间的时间间隔

对所有试验，硫化与试验之间的最短时间间隔应为16 h。

对非制品试验，硫化与试验之间的时间间隔最长为4星期。对于比对评估试验，应尽可能在相同时间间隔内进行。

表 9-9　哑铃状试样用裁刀尺寸

尺寸	1 型	1A 型	2 型	3 型	4 型
A 总长度(最小)①(mm)	115	100	75	50	35
B 端部宽度(mm)	25.0±1.0	25.0±1.0	12.5±1.0	8.5±0.5	6.0±0.5
C 狭窄部分长度(mm)	33.0±2.0	20.0_{0}^{+2}	25.0±1.0	16.0±1.0	12.5±0.5
D 狭窄部分长度(mm)	6.0_{0}^{+2}	5.0±0.1	4.0±0.1	04.0±0.1	2.0±0.1
E 外侧过渡边半径(mm)	14.0±1.0	11.0±1.0	8.0±0.5	7.5±0.5	3.0±0.1
F 内侧过渡边半径(mm)					

注:①为确保只有两端宽大部分与机器夹持器接触,增加总长度从而避免"肩部断裂"。

对制品试验,只要有可能,硫化与试验之间的时间间隔应不超过 3 个月。在其他情况下,从用户收到制品之日起,试验应在 2 个月之内进行。

2)样品和试样的防护

在硫化与试验之间的时间间隔内,样品和试样应尽可能完全地加以防护,使其不受可能导致其损坏的外来影响,例如应避光、隔热。

3)样品的调节

在裁切试样前,来源于胶乳以外的所有样品,都应符合《橡胶物理试验方法试样制备和调节通用程序》(GB/T 2941—2006)的规定,在标准实验室温度下(不控制湿度),调节至少 3 h。

在裁切试样前,所有胶乳制备的样品均应按《橡胶物理试验方法试样制备和调节通用程序》(GB/T 2941—2006)的规定,在标准实验室温度下(控制湿度),调节至少 96 h。

4)试样的调节

所有试样应按《橡胶物理试验方法试样制备和调节通用程序》(GB/T 2941—2006)的规定进行调节。如果试样的制备需要打磨,则打磨与试验之间的时间间隔应不少于 16 h,但不应大于 72 h。

对于在标准实验室温度下的试验,如果试样是从经调节的试验样品上裁取,无需做进一步的制备,则试样可直接进行试验。对需要进一步制备试样,应使其在标准实验室温度下调节至少 3 h。

对于在标准实验室温度以外的温度下的试验,试样应按《橡胶物理试验方法试样制备和调节通用程序》(GB/T 2941—2006)的规定在该试验温度下调节足够长的时间,以保证试样达到充分平衡。对于在标准实验室温度以外的试验,拉伸试验机应配备一台合适的恒温箱。高于或低于正常温度的试验应符合《橡胶物理试验方法试样制备和调节通用程序》(GB/T 2941—2006)要求。

4. 哑铃状试样的标记

如果使用非接触式伸长计,则应使用适当的打标器按表 9-8 规定的试验长度在哑铃状试样上标出两条基准标线。打标记时,试样不应发生变形。

两条标记线应标在试样的狭窄部分,即与试样中心等距,并与其纵轴垂直。

9.5.2.6　**试验步骤**

(1)哑铃状试样:将试样对称地夹在拉力试验机的上、下夹持器上,使拉力均匀地分布在横截面上。根据需要,装配一个伸长测量装置。启动试验机,在整个试验过程连续监测试验长度和力的变化,精度在±2%之内。

夹持器的移动速度:1 型、1A 型和 2 型试样为(500±50)mm/min,3 型和 4 型试样为(200±20)mm/min。如果试样在狭窄部分以外断裂,则舍弃该试验结果,并另取一试样进行重复试验。

(2)环状试样:将环状试样以张力最小的形式放在两个滑轮上。启动试验机,在整个试验过程中连续监测滑轮之间的距离和应力,精确到 2%。

可动滑轮的标称移动速度:A 型试样应为(500±50)mm/min,B 型试样应为(100±10)mm/min。

9.5.2.7　**试验结果处理与评定**

哑铃状试样试验结果的计算

(1)拉伸强度 T_s 按式(9-3)计算,单位为 MPa:

$$T_s = \frac{F_m}{W_t} \tag{9-3}$$

(2)断裂拉伸强度 T_{sb} 按式(9-4)计算,单位为 MPa:

$$T_{sb} = \frac{F_b}{W_t} \tag{9-4}$$

(3)拉断伸长率 E_b 按式(9-5)计算,以百分数表示:

$$E_b = \frac{100(L_b - L_0)}{L_0} \tag{9-5}$$

式中　F_b——断裂时记录的力,N;

F_m——记录的最大力,N;

L_0——初始试验长度,mm;

L_b——断裂时的试验长度,mm。

在所有的情况下,应报告每一性能的中位数。

9.5.3　橡胶止水带热空气老化试验

9.5.3.1　**试验目的**

测定材料的热空气老化性能,评定其品质。

9.5.3.2　**试验依据**

试验依据《硫化橡胶或热塑性橡胶热空气加速老化和耐热试验》(GB/T 3512—2014)进行。

9.5.3.3　**主要仪器设备**

主要仪器设备为热空气老化箱,应符合以下要求:

(1)具有强制空气循环装置,空气流速 0.5~1.5 m/s,试样的最小表面积正对气流以避免干扰空气流速。

(2)老化箱的尺寸大小应满足样品的总体积不超过老化箱有效容积的 10%,悬挂试样的间距至少为 10 mm,试样与老化箱壁至少相距 50 mm。

(3)必须有温度控制装置,保证试样的温度保持在规定的试验温度的公差范围内。

(4)加热室内有测温装置记录实际加热温度。

(5)在加热室结构中不得使用铜或者铜合金。

(6)老化箱的空气置换次数为 3~10 次/h。

(7)空气进入老化箱前应加热到老化箱规定的试验温度的公差范围内。

9.5.3.4　**试验原理**

试样在高温和大气压力下的空气中老化后,测定其性能,并与未老化试样的性能做比较。

应使用与实际应用有关的物理性能判定老化程度,但在没有这些性能的确切鉴定的情况下,建议测定拉伸强度、定伸应用力、断裂伸长率和硬度。

9.5.3.5　**操作步骤**

(1)试样制备应符合 GB/T 2941 的相关规定;

(2)热空气加速老化和耐热试验的试样应按 GB/T 2941 的相关规定进行调节,不使用完整的制品或试片。

(3)老化后的试样不能再进行机械、化学或热处理。

(4)测定老化前和老化后的试样数量通常采用 5 个,不应少于 3 个。

(5)只有尺寸规格相同的试样才能做比较。

(6)将老化箱调至试验温度,把试样呈自由状态悬挂在老化箱中进行试验,试样放入老化箱即开始计算时间,到达规定时间,取出试样。

(7)取出的试样按 GB/T 2941 的相关规定进行环境调节 16~144 h。

(8)有关性能的测定按相应测试标准(或本项目的 9.5.1 和 9.5.2)的规定进行。

9.5.3.6　**试验结果处理与评定**

试验结果处理与评定见表 9-10。

表 9-10　试验结果处理与评定

检测项目			计量单位	指标		
				B、S	J	
					JX	JY
热空气老化	70 ℃×168 h	硬度变化(邵尔 A)	度	≤+8	≤+6	≤+10
		拉伸强度	MPa	≥9	≥13	≥13
		扯断伸长率	%	≥300	≥320	≥300

基础训练

9-1　常用的止水结构有哪些?

9-2　常用的止水的性能是什么?

能力训练

9-1　简述金属止水焊缝常用的检测方法。

9-2　简述橡胶止水带的质量检测方法。

9-3　简述塑料止水带的质量检测方法。

9-4　简述填料止水的质量检测方法。

参 考 文 献

[1] 陈宇翔, 陈瑾, 杨玉泉. 建筑材料与检测技术[M]. 郑州:黄河水利出版社,2018.
[2] 许明丽,张志,崔瑞建. 建筑材料[M]. 武汉:华中科技大学出版社,2014.
[3] 刘进宝,张梦宇,余学芳. 建筑材料与检测技术[M]. 郑州:黄河水利出版社,2010.
[4] 何雄. 建筑工程见证类建筑材料质量检测[M]. 2 版. 北京:中国广播电视出版社,2009.
[5] 高军林,李念国,杨胜敏. 建筑材料与检测[M]. 北京:中国电力出版社,2008.
[6] 丁凯,曹征齐. 水利水电工程质量检测人员从业资格考核培训系列教材——混凝土工程类[M]. 郑州:黄河水利出版社,2008.
[7] 孟祥礼,高传彬. 建筑材料实训指导[M]. 郑州:黄河水利出版社,2009.
[8] 崔长江. 建筑材料[M]. 郑州:黄河水利出版社,2006.
[9] 武桂芝,张守平,刘进宝. 建筑材料[M]. 郑州:黄河水利出版社,2009.
[10] 陈宇翔. 建筑材料[M]. 北京:中国水利水电出版社,2005.
[11] 中华人民共和国水利部. 水工混凝土施工规范:SL 677—2014[S]. 北京:中国水利水电出版社, 2014.
[12] 中国水力发电工程学会混凝土面板堆石坝专业委员会. 混凝土面板堆石坝接缝止水技术规范:DL/T 5115—2016[S]. 北京:中国电力出版社,2017.
[13] 孙建青,王江涛. 不锈钢止水材料在黑泉工程上的应用[J]. 水利水电施工,2002(4):61-63.
[14] 姚元成. 不锈钢止水材料在引子渡面板堆石坝的应用[J]. 水电勘测设计,2002.
[15] 中国水利水电科学研究院,南京水利科学研究院. 水工混凝土试验规程:SL 352—2006[S]. 北京:中国水利水电出版社,2006.
[16] 中华人民共和国国家技术监督局. 建筑石膏　净浆物理性能的测定:GB/T 17669. 4—1999[S]. 北京:中国标准出版社,1999.
[17] 中华人民共和国国家技术监督局. 建筑石膏　力学性能的测定:GB/T 17669. 3—1999[S]. 北京:中国标准出版社,1999.
[18] 南京水利科学研究院,中国土工合成材料工程协会. 土工合成材料测试规程:SL 235—2012[S]. 北京:中国水利水电出版社,2012.
[19] 中华人民共和国国家质量监督检验检疫总局,中国国家标准化管理委员会. 弹性体改性沥青防水卷材:GB 18242—2008[S]. 北京:中国标准出版社,2008.
[20] 中华人民共和国国家质量监督检验检疫总局,中国国家标准化管理委员会. 塑性体改性沥青防水卷材:GB 18243—2008[S]. 北京:中国标准出版社,2008.
[21] 中华人民共和国国家建筑材料工业局. 建筑石灰试验方法　第 1 部分:物理试验方法:JC/T 478. 1—2013[S]. 北京:中国建材工业出版社,2013.